U0392659

# The Elements of Murder

A History of Poison

©John Emsley 2005

*The Elements of Murder: A History of Poison* was originally published in English in 2005. This translation is published by arrangement with Oxford University Press. SDX Joint Publishing Company is solely responsible for this translation from the original work and Oxford University Press shall have no liability for any errors, omissions or inaccuracies or ambiguities in such translation or for any losses caused by reliance thereon.

*The Elements of Murder: A History of Poison* 原版为英文，出版于 2005 年，本中文版由牛津大学出版社授权生活·读书·新知三联书店翻译出版。对于中文版中可能出现的错误或其他问题，均与牛津大学出版社无关。

# 致命元素

## 毒药的历史

［英］约翰·埃姆斯利 著

毕小青 译

生活·讀書·新知 三联书店

Simplified Chinese Copyright © 2024 by SDX Joint Publishing Company.
All Rights Reserved.

本作品简体中文版权由生活·读书·新知三联书店所有。

未经许可，不得翻印。

**图书在版编目（CIP）数据**

致命元素：毒药的历史 ／（英）约翰·埃姆斯利
(John Emsley) 著；毕小青译. -- 北京：生活·读书·
新知三联书店，2024. 11. --（新知文库精选）.
ISBN 978-7-108-07909-1

Ⅰ. O611-49

中国国家版本馆 CIP 数据核字第 2024KY4068 号

责任编辑　陈富余

装帧设计　康　健

责任印制　卢　岳

出版发行　生活·讀書·新知 三联书店
　　　　　（北京市东城区美术馆东街 22 号　100010）

网　　址　www.sdxjpc.com

图　　字　01-2021-4559

经　　销　新华书店

印　　刷　河北松源印刷有限公司

版　　次　2024 年 11 月北京第 1 版
　　　　　2024 年 11 月北京第 1 次印刷

开　　本　889 毫米 × 1194 毫米　1/32　印张 17.25

字　　数　371 千字

印　　数　0,001－6,000 册

定　　价　89.00 元

（印装查询：01064002715；邮购查询：01084010542）

# 目 录

Contents

# 导　言

　　在早些时候出版的名为《磷：令人震惊的历史》〔*The Shocking History of Phosphorus*，它在美国以《第十三号元素》（*The Thirteenth Element*）的书名出版〕的书中，我介绍了在过去数百年中这一危险的元素是如何危害人类的。其中有几章介绍了它对环境的影响，以及它在日常生活中的使用、误用和滥用，尤其是谋杀者对它的滥用。这些章节提供了这一元素与人类密切相关的各个方面的知识。它引发了我对其他危险元素的思考。而本书就是这一思考的结果。与磷一样，本书中所介绍的危险有毒元素的故事始于炼金术的时代。

　　通过投毒实施谋杀在今天也许已经成为一门没落的艺术，这主要应该感谢法医分析领域所取得的进展：如今只要一个人的死因被怀疑为投毒，那么肯定可以从他的身体中找出致死毒物。在本书中，我们将会看到，投毒者在各种食物、饮料和药物中下毒的案例。有一个凶手甚至将毒药作为灌肠水注入受害者体内。历史上的那些著名的投毒案件之所以令人如此着迷，是因为现在我们可以用最新的技术对其进行重新分析，从而发现前人所无法发现的真相。在过去，很难证明一个人是被用毒药谋杀的。老到的律师总是能够利用当时人们科学知识的匮乏使他们那些犯有谋杀

1

罪的当事人逍遥法外。

## 读者须知

本书是一本科普读物，因此会使用一些读者们可能不熟悉的术语，包括一些名称以及货币或计量单位。

**名称**：在历史上，化学药物有着与如今非常不同的名称。在附录二"术语解释"中列出了它们的历史名称和医学名称、它们正确的化学名称以及相关的化学式。

**货币单位**：在本书中，我尽可能将过去的货币换算成现在的货币，但即使对于有一千多年历史的英镑来说，这种换算也不可能很准确。（1 英镑相当于 20 先令，1 先令相当于 12 便士。）1 英镑在萨克森时代（11 世纪）是一大笔财富，在伊丽莎白时代（15 世纪）相当于平均周工资的很多倍，在维多利亚时代（18 世纪）相当于一名养家糊口的普通男子一周的工资，而如今甚至不够买一份周报。在本书中提到金钱的时候我将尽量给出这些钱相当于今天的英镑或美元的数额。如果书中出现任何不一致的地方，责任都在我。

**测量单位**：在中毒者死后，其体内可能只残存极少量的毒药。因此在讨论法医分析过程中所探测到的微量毒药的时候，需要使用很小的单位，如毫克（mg），即千分之一克；微克（μg），即百万分之一（$10^{-6}$）克；以及纳克（ng），即十亿分之一（$10^{-9}$）克。在帝国时期所使用的单位中，后两者分别相当于两万八千分之一盎司或两千八百万分之一盎司。我们的先辈通常使用的重量单位是磅和盎司，而谷则是他们所使用的最小的重量单位。但是1谷相当于65毫克，因此根据现代的标准这一重量单位仍然较大。在讨论毒物在被分析样本中的含量的时候用 ppm（百万分之一）、ppb（十亿分之一）和 ppt（万亿分之一）——它们分别相当于在每百万、十亿和百亿公斤（或升）的样本中含有一克（或毫升）某种物质——这些单位更为恰当。

　　你即将进入一个曾经神秘莫测的世界。如今我们能够揭开前辈们曾经费尽心机想要破解的秘密，并且了解到人类为了使其生活免受那些有毒元素的危害而作出的巨大努力。在过去那些年代中，化学元素曾经使数以百万计的人中毒，并被一些人用作谋杀工具。虽然我们如今的世界已经比以前安全得多了，但是我们仍然可以从过去的故事中学到很多东西。

# 第一章

## 炼金术中的有毒元素

1720 年的"南海泡沫事件"使伦敦股票市场的价格上涨到了难以维持的高度，许多新公司纷纷成立，以利用人们投资的热情。就像 20 世纪 90 年代末的"dot.com 泡沫"一样，它们多数是用一些虚无缥缈的东西骗人的皮包公司。其中有一家公司声称它将开发"将水银转化为一种延展性良好的贵重金属"的技术。在 18 世纪初，包括像艾萨克·牛顿这样的著名科学家在内的许多人仍然普遍相信水银可以被转变为黄金。正如我们将要在下文所看到的，牛顿在其早年曾经在炼金术实验上花费了很多时间。而像他这样的人还大有人在。事实上，许多公爵、皇帝、君主和教会都曾经积极支持过炼金术。

1720 年 7 月，政府试图控制"南海泡沫事件"（这一泡沫最终于当年 9 月破灭），并取缔那个寻求用水银制造黄金的公司以及数百家其他类似的公司。另一家公司的招股说明书揭示了当时的股市已经疯狂到了何等地步。该公司在招股说明书中声称，它"将从事一项有着巨大优势的事业，但是不会告诉任何人这一事业究竟是什么"。成立这家公司的那个骗子并不发行股票，只是兜售购买其声称不久将要发行的股份的权利：购买一份股份的权利为 2 英镑。他在其位于科恩希尔的公司办事处开门五个小时之内就骗到了 2000 英镑（大约相当于现在的 100 万英镑）。在当天公司办事处关门之后他就带着这笔钱消失了。

以上就是一些炼金术士在发现容易上当的顾客之后所惯用的伎俩。但是并非所有的炼金术士都是骗子。他们中的有些人的确试图制造黄金。这些炼金术士所追求的目标主要有以下三个：可以将不值钱的金属转变为金子的"点金石"，可以使人长生不老的"仙丹"，以及可以溶解任何东西的"万能溶剂"。由于这些目标都是不可能实现的，因此他们所做的事情在科学上是没有意义的。尽管如此，这些炼金术士在过去数百年中发展出了一些基本的实验室仪器并且发现了一些重要的化合物。

他们在炼金的过程中总是会使用到毒性极强的元素，尤其是水银，这对他们的健康构成了巨大的威胁。炼金术士都特别喜欢水银这种金属，因为他们相信包括黄金在内的其他金属都是由水银、硫磺和盐构成的，而其中水银是最重要的成分。本章主要介绍这一剧毒金属对其中一些炼金术士的身体所产生的影响。

那么，炼金术是如何产生的？炼金术士都是些什么人？他们是如何使自己中毒的？

## 炼金术士

在中国、印度、中东、欧洲以及任何人们珍视黄金并渴望发现更多产黄金的地方，炼金术都曾经兴盛一时。在西方，炼金术可以追溯到古埃及。最早的可以考证的炼金术士就出自那里。他名叫德莫克里特斯（Democritus），于公元前 200 年左右生活在尼罗河三角洲地区。他所写的《自然和神秘之物》（*Physica et Mystica*）一书不仅包括了许多有用的染料的配方，而且还包括一些制造黄金的配方。但是他的这些配方是用非常隐晦的语言写成的，因此很难理解。他之所以使用如此隐晦的语言，很可能是因为这些配方是用来制造假黄金的。

另一个古埃及炼金术士是生活在公元 3 世纪左右的索席摩斯（Zosimos）。他在其书中描述了蒸馏和升华等过程，并将这些过程的发现归功于较早的一个炼金术士——犹太人玛丽亚（Maria）。后者于公元 1 世纪左右生活在埃及。她曾经用汞和硫磺做过实验，但是她最著名的发明还是双重蒸锅，这一发明至今仍然被使用在需要文火加热的烹饪之中。索席摩斯也留下了有关如何用贱金属制作黄金的晦涩的文字。他提到了"酊剂"和"粉剂"，后来的炼金术士认为它们分别指的是"点金石"和"不老仙丹"。生活在差不多同一时代的另一个炼金术士是阿加索戴亚蒙（Agathodiamon）。他描述了一种矿物。当他将这种矿物与泡碱（存在于自然界的碳酸钠）熔合的时候就会产生一种剧毒物质，它溶解在水中，形成一种透明的溶液。很明显，他所得到的这种物质是三氧化砷，而他所用的这种矿物是含砷的雄黄或者雌黄。我们之所以如此肯定，是因为当他将一块铜放进这种溶液之后，它变成了美丽的绿色，而这正是砷化铜生成时所发生的情况。正如我们将要看到的，这种绿色颜料在 1500 年之后又一次出现，并导致了大规模的家庭环境污染以及许多死亡事件。

到了索席摩斯的时代，随着罗马帝国的衰亡，炼金术也已经开始走向没落，但是许多有关炼金术的文献被基督教的一个非正统教派——于公元 4 世纪逃到波斯的涅斯托耳教派——保存了下来。这些文献最终被传给了阿拉伯人。因此炼金术又在阿拉伯世界兴盛起来，而英文炼金术（alchemy）一词就源自阿拉伯语。早期的穆斯林统治者鼓励各种学问的传播。在 7 世纪的时候，随着阿拉伯帝国扩展到西班牙，新的炼金术又引起了西欧人的关注。在这一时期出现了两个著名的阿拉伯炼金术士：被欧洲人称为贾比尔（Geber）的阿布·穆萨·贾比尔·伊本·哈延（Abu Musa Jabir ibn Hayyan）（721—815 年）和被欧洲人称为拉哈齐斯（Rahazes）的阿布·巴卡尔·穆罕马德·伊本·扎卡里亚·阿尔—拉齐（Abu Bakr Muhammad ibn Zakariya Ar-Razi）（865—925 年），他们的著作被翻译成拉丁文，在欧洲广为传播，并影响了后来所有的炼金术士。

被认为是贾比尔所写的著作有两千多部。他声称所有的东西都是由火、土、水和空气这四种元素构成的。这四种元素结合产生了汞和硫磺。而所有的金属都是由汞和硫磺构成的，只不过在不同的金属中基本元素的比例不同。贾比尔知道汞与硫磺结合会产生朱砂（一硫化汞），但是他相信，如果两者的比例恰到好处，它们的结合可以产生黄金。

拉哈齐斯写了一本很有影响力的书，名叫《秘密的秘密》（Secret of Secrets）。该书描述了许多化学物质、矿物和工具，包括几种不同类型的玻璃器皿。他是第一个提炼出酒精并将其用于消毒的人。他还建议将汞用作强效泻药。他所知道的另一种化学物质就是被他称为"腐蚀性升华物"的氯化汞。用这种物质制成的膏药被用来治疗"皮肤瘙痒"。所幸的是如今这种被称为疥疮的疾病已经很罕见了。它是由一种钻入皮肤的螨虫引起的，会使人的皮肤特别是阴部的皮肤瘙痒难耐，并且这种疾病是可以通过性交传染的。由于汞具有毒性并且能够穿透皮肤，因此它成为治疗这一疾病的有效药物。

在公元 7 世纪印度的炼金术士也很活跃。出现在 8 世纪的一本名叫《拉萨拉特纳卡拉》（*Rasaratnakara*）的书概要介绍了他们在这方面的知识。该书主要描述了汞以及它与其他化合物之间的反应。它也声称汞可用来制造黄金以及可以使人成仙的"琼浆玉液"。传统印医和中医都将汞及其化合物入药。

在中世纪初出现了一批著名的炼金术士，如阿维森纳（Avicenna，985—1037 年）、阿尔伯特·马格努斯（Albert Magnus，1193—1280 年）、罗杰·培根（Roger Bacon，1220—1292 年）和托马斯·阿奎那斯（Thomas Aquinas，1225—1274 年）。其中一些人的神学著作比他们的炼金术更为出名。这一时期最著名的炼金术士是一个自称贾比尔的西班牙人。他之所以给自己起这么一个名字，是想借助过去的那个贾比尔的名声使自己的著作更具权威性。他的著作果然因此而广为流传。他是第一个介绍如何制作硝酸、硝酸银和红色的氧化汞的人。他的书中最为人所知的部分就是对他自己所发明的各种炼金工具及其使用方法的清晰描述。这使他的影响超出了炼金术的领域。\* 事实上，贾比尔赢得了人们

---

\*　他的著作包括 *Summa perfectionis magisterii*（《完美的总和》）、*Liber fornacum*（《炼丹炉》）、*De investigatione perfectionis*（《对完美的调查》）和 *De inventione veritatis*（《真理的发明》）。

对炼丹术的尊敬。

欧洲的炼金术士们不断积累化学知识。他们最引人注目的一个发现就是"王水"——一种可以溶解黄金的浓硝酸和浓盐酸的混合物。这一发现更加坚定了人们有关黄金可以转化的信念。在这种溶液中加入迷迭香油之后黄金仍然处于溶解状态。人们认为这种被称为"黄金饮料"（aurum potabile）的混合物是一种包治百病的万灵药。不幸的是，大多数炼金术士都喜欢使用晦涩难懂的语言，我们几乎不可能看懂他们的手稿。他们往往会使用几种不同的名称来描述同一种物质。例如，汞就有"守门神""五月露水""母蛋""绿狮"和"赫耳墨斯之鸟"等许多不同的名称。

尼古拉·弗拉梅尔（Nicholas Flamel，1330—1418 年）是法国最著名的炼金术士。由于他非常长寿并且积累了大量的财富，因此人们普遍认为他发现了"点金石"和"不老仙丹"。后来他将自己的财富用来修建教堂和医院。据称他在 1382 年 1 月用汞制造出了白银并且在三个月之后将大量汞转变成了黄金。但是更为可能的情况是，他的长寿和财富源自其吝啬和禁欲的生活方式。他很可能是通过放债收取利息致富的。但毫无疑问他在早年曾经是一个炼金术士，并且他在晚年用炼金术来掩盖其财富的真正来源。

英国也有其著名的炼金术士，如来自约克郡布里德林顿的乔治·里普利（George Ripley，出生于 14 世纪初）。他在意大利学习了 20 年，最终在那里成为教皇依诺森特八世的家庭牧师。他于 1477 年回到了英格兰并出版了《炼金术的构成：或通往"点金石"的 12 扇大门》（*The Compound of Alchymy;or the Twelve*

Gates Leading to the Discovery of the Philosopher's Stone）一书。这 12 扇大门指的是各种技术，如蒸馏和升华。由于他非常富有，因此与他同时代的人认为他也发现了制造黄金的方法。但是他在临终的时候承认自己在这些徒劳无益的事情上浪费了自己的生命，并且敦促那些看到自己著作的人把它们烧掉。他说那些著作并不是建立在实验之上，而是建立在纯粹的空想之上的。

特里夫斯的伯纳德（Bernard of Treves，1406—1491 年）在少年时期就开始寻找"点金石"了，而到他于 85 岁去世的时候仍然在寻找。他很幸运，出生在一个富裕的家庭，因此他可以终生从事炼金术活动。但是有充足的证据表明，与他一起寻找"点金石"的人中有很多都是骗子。其中有一个是伯纳德于 1464 年在维也纳认识的名叫"亨利大师"的人。伯纳德在"亨利大师"的帮助下开展了一项非常失败的实验。在这一实验中，伯纳德交给"亨利大师"42 个金马克，后者将其密封在一个装满汞和橄榄油的容器中连续加热 21 天。令人惊奇的是，密封的容器被打开之后，里面只剩下了 16 个金马克。

像"亨利大师"这样的骗子炼金术士使用的骗术有很多种，如使用双层底的坩埚来隐藏黄金或在添加到坩埚里的木炭里夹藏薄金片。其中最简单的一种骗术就是预先将黄金溶解在汞中，然后通过加热将汞蒸发掉，留下黄金。当时没有人怀疑将其他物质转化为黄金的可能性。1404 年，在亨利四世统治下的英格兰通过了一项法律，禁止通过炼金术制造黄金或白银。这一被称为《乘数法》的法律直到 17 世纪 60 年代才由于科学家罗伯特·玻意耳（Robert Boyle，1627—1691 年）的努力而被撤销。玻意耳认为这一法律会阻碍人们从事那些可能会给国家带来财富的研究。

炼金术在 15—16 世纪非常盛行，许多炼金术士成为当时的名人。他们包括：格奥尔格·阿格里柯拉（Georg Agricola，1494—1555 年）、帕拉塞尔苏斯（Paracelsus，1493—1541 年）、约翰·迪（John Dee，1527—1608 年）和他的骗子伙伴爱德华·凯利（Edward Kelley，1555—1595 年）、迈克尔·森迪沃奇（Michael Sendivogius，1566—1636 年）、杨·巴普提斯塔·冯·赫耳蒙特（Jan Baptista van Helmont，1577—1644 年）和约瑟夫·弗朗西斯·波里（Joseph Francis Borri，1616—1695 年）。其中最后一位来自米兰。他在其一生的大部分时间都在各个不同的王侯的资助下寻找"点金石"。他的资助者包括瑞典前女王克里斯蒂娜和丹麦国王弗里德里克三世。但是他生命的最后 20 年是作为教皇的囚徒在圣天使堡度过的。帕拉塞尔苏斯因为将汞等炼金材料用于"医疗"目的而出名。后面的章节中还会再提到他。森迪沃奇可能是第一个发现氧元素的人。他是通过加热硝石（硝酸钾）的方式产生氧气的。

炼金术士往往会受到别人的欺骗，而他们似乎也很容易上当。约翰·赫尔维提乌斯（Johann Helvetius）是一位生活在海牙的瑞士科学家。1666 年 12 月，有一个声称发现了"点金石"的人找到了他。这个人卖给赫尔维提乌斯一小块"点金石"，供他进行研究，并说他会在第二天上午回来教赫尔维提乌斯如何制作更多的"点金石"。当天晚上赫尔维提乌斯在他妻子的催促下试了一下那个"点金石"。结果他们真的将半盎司铅变成了金子。

当地的一名金匠宣布这些是真金子。这个消息传出后，赫尔维提乌斯成了名人。但遗憾的是，那个神秘的来访者再也没有回来教赫尔维提乌斯如何制作"点金石"。

炼金术骗子们直到近代才绝迹。在炼金术被化学取代了很多年之后仍然有人声称可以将其他金属转变为黄金。奥地利皇帝弗朗兹·约瑟夫在 1867 年被三名自称为炼金术士的人骗走了相当于 1 万美元的钱。直到 1929 年，一个名叫弗朗兹·陶森德的德国的管子工仍然在以炼金术骗人。他说服了一群金融家观看他表演点石成金的方法。在国家造币厂，他在包括一名法官、一名检察官、一名侦探在内的许多人的监督下将 1 克铅变成了 0.1 克金子。他所有的设备都事先经过了彻底的检查，似乎他真的实现了从铅到金的转化。事实上那些金子是他藏在香烟中带进实验室的。

17 世纪，化学逐渐从炼金术分离出来，成为一门科学。在这一时期出现了几个现在被公认为真正的科学家而在他们的那个时代却是秘密的炼金术士的人物，如罗伯特·玻意耳、约翰·梅奥（John Mayow，1641—1679 年）和艾萨克·牛顿（Isaac Newton，1642—1727 年）。然而到了 18 世纪末，炼金术至少在科学界已经不再是一个受到人们尊敬的行业，虽然直到 19 世纪末仍然有一些炼金术士在活动——其中包括伟大的瑞典作家奥古斯特·斯特林德伯格（August Strindbery，1849—1912 年）。他在炼金术项目上投入了大量的精力，并于 1894 年认为自己已经取得了成功。他将自己制造的一些"黄金"样本送到了柏林大学，并在一个边缘期刊《超化学》（L'Hyperchimie）上发表了有关其炼金方法的文章。正如在他之前的所有炼金术士一样，他也弄错了。后来对这些样本的分析显示，它们实际上只是一些看上去像黄金的铁化合物。

炼金术士的化学实验实际上很肤浅。他们只是将汞与硫磺或者他们随便拿到的任何其他物质一起加入。当时人们知道汞可以与除了铁之外的任何金属融合。他们将由此产生的合金与硫磺一起加热。由此而产生的物质可以呈现各种不同的颜色，如果在加热过程中添加氧化砷就更是如此。这使得炼金术士相信，在每次实验中都有不同的反应过程。如今人们仍然可以从网上购买到炼金术士制作的"不老仙丹"并查找到制造黄金的配方。在澳大利亚阿德莱德的帕拉塞尔苏斯学院（Paracelsus College），人们仍然可以学习炼金术。该学院还有一个自己的网站（levity.com/alchemy/parcoll.html）。该网站提供了中世纪许多炼金术士作品的译文。

我们知道汞蒸气是有剧毒的。但是令人感到奇怪的是，大多数炼金术士却活到了老年。这说明，或者这一有毒金属没有对他们的身体产生很大的危害，或者他们大多数时间都在构想将其他金属转变为黄金的理论，而不是将这些理论付诸实践。17世纪末期英格兰的炼金术士的实验表明，汞的确对他们中的一些人的身体产生了严重的影响。

## 第一位化学家

如今罗伯特·玻意耳被认为是化学学科的创始人。他是拉内拉夫（Ranelagh）夫人的兄弟，并且生活在她位于伦敦时尚的圣詹姆斯区名叫拉内拉夫的家中。玻意耳是个充满矛盾的人。他终身未娶，是一位虔诚的基督徒、慷慨的慈善家、学者和世界著名的科学家，但同时又是一名炼金术士。一方面他通过对气体的开拓性研究发现了揭示体积与压力之间关系的玻意耳定律，另一方面，他又将其一生中的大量时间花费在寻找"点金石"上。他被一个名叫乔治·皮埃尔·迪克罗泽的法国人骗走了大笔的钱财。后者声称他可以向玻意耳提供制造黄金的配方，并介绍他加入真正的炼金术士的秘密组织。玻意耳相信了这个谎言，并因此付出了沉重的代价。

玻意耳在其一生的大部分时间都是炼金术士这一事实，在后来给科学机构造成了很大的尴尬，因为后者需要将他树立为第一位真正的化学家。他所写的《生性多疑的化学家》(*The Sceptical Chymist*)一书如今被认为不仅仅是对炼金术的批判，而且是一部切断了化学与炼金术之间的联系的创造性的著作。但是在玻意耳去世的时候，人们发现了他的一篇尚未完成的文章。在这篇题为《有关金属转变与改良的对话》(*Dialogue on Transmutation and Melioration of Metals*)的文章中，他详细描述了一个法国炼金术士将贱金属转化为金子的过程，并声称有好几个著名人士都见证了这一过程。他认为自己寻找"点金石"的努力是正当的，因为它不仅可以将贱金属转化为金子，而且还是一种"无可比拟"的药物。

玻意耳于 1676 年 2 月 21 日在皇家学会的《哲学会报》(*Philosophical Transactions*)上发表了一篇题为《论用黄金加热水银的过程》("On the Incalescence of Quicksilver with Gold")的

文章。他在文章中报告了一种与金子混合后会发生反应并产生热量的"汞"。皇家学会主席布龙克尔（Brouncker）勋爵证实了玻意耳的"汞"的功效：当他将这种"汞"放在手掌中并与金粉混合之后，他感觉到了这种"汞"所产生的热量。

在他发表的另一篇题为《化学原则的可推导性》（Producibleness of Chymical Principles）的文章中，玻意耳报告了一种可以立刻溶解黄金的"汞"，但是拒绝揭示其性质，因为他认为这样会"使人类的事物失去秩序，使暴君受益，导致普遍的混乱，并使整个世界变得乱七八糟"。对于这种"汞"究竟是什么，我们只能作一些猜想：它很可能是一种锑—铜—汞齐。但是玻意耳是用炼金术的语言对这种"汞"的制作过程进行介绍的：

> 将纯尼格卢斯（Negerus）、达基拉（dakilla）和巴纳西斯（imbrionated banasis ana）混合均匀，然后将其放进曲颈瓶中用猛火加热，尽可能使杂质蒸发。由此产生的物质可以很容易地溶解黄金，并且在此过程中产生可以感觉到的热量。

尼格卢斯是汞，达基拉是铜，而巴纳西斯则是锑。从事这种实验的危险在于吸入在此过程中产生的汞蒸气。而玻意耳经常暴露在汞蒸气中这一事实可以解释他的慢性病。毫无疑问，玻意耳曾经被暴露在汞蒸气中，但是没有证据表明他因为汞中毒而失去了活动能力。事实上他的大部分实验都是让一名学徒去做的。他于1671年搬进了拉内拉夫庄园，并且从此以后一直居住在那里，直到 1691 年去世。在 1676 年他说服他的姐姐，允许他在花园中建造了一个实验室，并且在 1677 年对其进行了扩建。实验室中配备了坩埚炉、曲颈瓶、烧杯、其他炼金工具以及各种简单的化学物质。正是他在那里开展的一系列实验表明他是一位真正的化学家，而不是炼金术士。

1669 年，一个名叫亨尼格·勃朗特（Hennig Brandt）的汉堡炼金术士发现了磷。由于磷具有在黑暗中发光并且会自燃等神奇的特性，因此勃朗特相信这种物质能够用来制造点金石。他将一些磷卖给了丹尼尔·克拉夫特（Daniel Kraft），而后者带着这些磷到欧洲各个宫廷中去展示其神奇的特性。克拉夫特于 1671 年来到伦敦，并且在拉内拉夫庄园为玻意耳专门进行了一次展示。皇家学会的其他会员也应邀参加了这次展示。玻意耳当然对此很感兴趣，并询问克拉夫特制作这种物质的方法。但是克拉夫特只告诉玻意耳它是"从人的身体的某种东西"中提炼出来的。玻意耳正确地推断出这种东西就是尿液。但是无论他如何尝试都无法从尿液中提取出磷来。直到后来他的学徒安布罗斯·戈弗雷（Ambrose Godfrey）到汉堡去拜见了勃朗特之后才揭开了这个秘密。勃朗特告诉戈弗雷，必须用极高的温度才能提取到磷。事实上，磷是通过用猛火加热将尿液煮干后从残留的物质中提取到的。通过这种方法玻意耳得到了他想要的东西。而他接下来所做的事情表明他是一个真正的化学家：他对磷的性质以及它与其他物质的反应进行了实验，然后用通俗易懂的英语而不是炼金术士的秘密语言，发表了他的实验结果。即使今天的化学家仍然可以按照他的描述重复他所进行的实验。但是我怀疑如今的化学家是否还会重复他的以下这一实验："如果（将磷）搽在私处，那么这些部位随后会发炎，并且炎症会持续很长时间。"

磷是在炼金术的晚期才被发现的，因此没有对炼金术产生多大影响。尽管当时有些人认为它可能就是"点金石"或"不老仙丹"，并且进行了相应的实验，但大多数人都认为它不是以上这两种东西中的任何一种。直到一个世纪之后人们才认识到磷是一种化学元素。事实上炼金术士的配方中只用到了少数几个化学元素，其中包括汞、砷和锑。在这几种元素中，汞元素不断地诱惑着炼金术士，使他们充满各种希望，但是最后又使这些希望一个个破灭，而同时可能又影响到了他们的身体和精神健康。下面我将更为详细地介绍一下这一非同寻常的液体元素，并且讲述两个受到其严重影响的人物的故事。

## 汞

汞在中国、印度和埃及这些国家最早的文明中都有记载。世界上最古老的汞金属样本是德国考古学家海因里希·席里曼（Heinrich Schliemann，1822—1890年）在埃及库尔纳的一座公元前16世纪的古墓中发现的。这一元素的名称"汞"或"水银"来自一颗行星（水星）的名称。根据记载，最早使用这一名称的是公元前300年左右的希腊哲学家狄奥弗拉斯特（Theophrastus）。罗马人称之为 hydrargyrum（水银）。如今所使用的这一元素的符号 Hg 就源自这个词。早期英语中所使用的 quicksilver 一词来自古英语中 cwic 即"活的"。罗马人知道，朱砂在受热后会变成珠状金属液态汞。在世界的另一端，中国人也发现了这一现象。炼金术士葛洪（281—361 年）描述了仅仅通过加热就可以使鲜红色的朱砂转变为银色的汞这一奇异的现象。[*]

汞原子对硫原子具有极强的亲和力，二者结合形成不溶于水的硫化汞。主要的汞矿——鲜红色的朱砂就是这样形成的。当被用作颜料的时候，朱砂又被称为朱红，在法国和西班牙发现的两万年前的洞穴壁画上就使用了这种颜料。古罗马人特别喜爱朱红。他们用这种涂料来粉刷整个房间。古罗马作家维特鲁威（Vitruvius）和普林尼（Pliny）都曾提到过汞金属。但是他们认为在西班牙的矿井中发现的自然汞要比通过煅烧朱砂的方法获得的汞金属质量更好。他们称前者为 argentum vivum（活银）而称后者为 hydrargyrum（水银）。普林尼很显然对汞非常熟悉，他是这么描述这一金属的：

> 它对于所有东西来说都是毒药。它能够刺破容器，甚至通过其有害的作用从它们中间穿过。除了金子之外，所有其他物质都会漂浮在水银之上。金子是它所能够亲和的唯一一种物质。因此它是一种极好的提炼黄金的工具。将水银与黄金一起放进一个陶罐中快速晃动，就可以排除黄金中的杂质。在将杂质清除之后，剩下来唯一所需要做的就是将汞与黄金分开。

---

[*]　其中的硫被空气中的氧气氧化，形成二氧化硫气体，而汞金属则被留了下来。

根据普林尼的记载，罗马每年要进口4吨汞金属。他还写道，那些加工金矿石的人将动物膀胱套在头上以免受矿粉的毒害。

在随后的几百年中，汞一直是令那些醉心于炼金术的人着迷的一种金属。世界上没有任何其他物质具有汞那种似乎非常神奇的特性。氯化汞至今仍然被有些人用来表演魔术。20世纪70年代的"通灵术师"尤里·盖勒（Uri Geller）曾经在以色列的许多夜总会中用它来展示自己所谓的用意念改变物质的特异功能。乔·施瓦茨（Joe Schwarcz）在他的一本名为《瓶中的妖怪》（*The Genie in the Bottle*）的书中描述了盖勒展示其仅通过意念加热金属的情形。在表演时盖勒会邀请一名观众上台，用手拿着一张铝箔。然后盖勒闭上眼睛，假装用意念使铝箔发热。结果那张铝箔真的就越变越热，直到烫得那名观众无法再用手拿着它。实际上在表演之前，盖勒在铝箔上撒了少量的氯化汞 * 粉末，然后将其折叠起来。在表演过程中，这些粉末逐渐与铝发生化学反应，最终产生大量的热量。

汞在科学革命的过程中起着重要的作用，因为人们用它制造了气压计和温度计。虽然在一段时间内汞被同时用于科学和炼金术，但是后来有一项发现打破了人们有关这一金属不同于任何其他金属的信念。在有关炼金术的理论中，汞是构成所有其他金属的基本元素，因而也是将贱金属转化为黄金的关键。它是唯一具有流动性的金属。然而有些从西伯利亚回来的人却说，在那里，

---

* 他所用的是高价氯化汞，化学式为$HgCl_2$。

汞被冻成了像其他金属一样的固体。一开始人们并不相信这一说法，认为这只不过是游客编造出来的离奇故事。

但是人们无法对两位俄罗斯科学家——来自圣彼得堡的 A. 布劳恩（A.Braun）和 M.V. 罗蒙诺索夫（M.V.Lomonosov）——的一份报告置之不理。他们在 1759 年 12 月用雪做实验，想看看它能够达到多低的温度。他们在雪中加入盐，使其温度降低了几度。他们认为将酸与雪混合可能会进一步降低其温度，于是他们就这么做了。突然，他们温度计中的汞柱停止了下降，似乎变成了固体。他们砸开温度计的玻璃，结果发现里面的汞已经变成了一个带有一条金属丝的固体的金属球，而那条金属丝也像其他金属一样可以弯曲。原来汞只不过是一种凝固点很低（−39℃）的金属。

而当时人们还没有认识到的是汞蒸气的毒性。而这种剧毒的蒸气对许多炼金术士，甚至业余炼金爱好者——其中包括一位著名的国王和他的一个最有智慧的臣民——都产生了有害的影响。

## 艾萨克·牛顿的疯病

艾萨克·牛顿是人类历史上最伟大的科学家之一。他所取得的成就令人惊叹：他解释了光和颜色的性质；他建立了万有引力理论，并且由此推断出太阳系的运作原理；他发现了运动定律；他还发明了微积分的早期形式。但是有关牛顿有一个不那么广为人知的事实，那就是他在担任剑桥大学三一学院数学教授期间，将大部分时间都用在了研究炼金术上。1940 年，当经济学家约

翰·梅纳德·凯恩斯（John Maynard Keynes）打开一箱被封存了
250年之久的牛顿手稿的时候，他惊奇地发现里面有一大堆牛顿
用来记载他炼金实验的笔记本。牛顿在写作其伟大的物理学和数
学著作的时候实际上将大部分时间都用在了开展炼金实验和抄写
古代炼金术资料上。

牛顿相信古代炼金术士知道如何制造黄金，但是这一秘密已
经失传了。有着这种信念的并不止他一个人。正如我们在上文
所看到的，伟大的化学家罗伯特·玻意耳和哲学家约翰·洛克
（John Locke）都相信这一点。事实上，牛顿甚至还提醒玻意耳不
要将他们在炼金术方面的兴趣告诉别人。

牛顿首先将汞溶解在硝酸中，并在这种溶液中加入其他物
质。但是这些实验没有产生任何有价值的结果。于是他转而将汞
与其他各种金属一起放在炉子中加热。他的助手和室友约翰·威
金斯（John Wickins）曾经说，牛顿有时通宵达旦地在做这种实
验。在其中一个实验中，他制造出一种能够使黄金膨胀的"活"
汞。由于这些实验也未能产生任何有价值的结果，于是他又将
注意力转向了锑。在1670年他制造了一种具有戏剧性效果的锑，
他称之为"轩辕十四星"——见下文。

1675年牛顿完成了一篇总共有1200字的手稿"Clavis"
（《钥匙》）。当时他只有32岁，但是头发已经灰白。他开玩笑说，
这是水银造成的。虽然在这两者之间没有必然的联系，但是有几
种金属在人体内的累积量与它们在头发中的含量是有着某种关系
的。汞、铅、砷和锑特别容易与头发角蛋白中的硫原子结合。因
此，通过分析一缕头发就可以知道一个人是否曾经受到这些有毒

金属的大剂量毒害。

牛顿的炼金实验似乎在 1693 年夏天达到了顶峰。那时他写了一篇题目为 "Praxis"（《实践》）的充满了怪异的炼金术符号和评论的文章。这表明他已经处于精神非常不稳定的状态。牛顿以其脾气暴躁而著称。别人对他的研究工作的批评使他产生了对竞争对手的不正常的仇恨心理。他与罗伯特·胡克（Robert Hooke）和戈特弗里德·莱布尼茨（Gottfried Leibniz）等同时代的许多著名的科学家之间的夙怨都不是理性的，而是源自情感方面的因素。有时牛顿几乎完全将自己与外部世界隔绝开来。在 1693 年他 50 岁的时候，他的行为变得如此反常，以至于有人怀疑他是否患有精神病。

在已公开的牛顿通信记录中，1693 年 5 月 30 日至 9 月 13 日出现了一个明显的间断。牛顿在 1693 年 9 月 13 日写给塞缪尔·佩皮斯（Samuel Pepys）的一封信中说，他在过去一年中一直受到消化不良和失眠的困扰，并且承认自己 "精神状态不像以前那么稳定了"。就在这一封信中，他显示了精神不稳定的迹象：他指责佩皮斯暗示他曾经请求佩皮斯或詹姆斯国王帮忙，并在信的最后声称他再也不想见到佩皮斯或他的任何朋友。他后来在写给哲学家约翰·洛克的一封信中为他以前对他们说的一些话道歉。他以前曾经指责洛克试图 "使我卷入与女人的纠缠不清的关系之中"，对此他表示歉意。在另一封写给佩皮斯的一个朋友的信中，他请这位朋友向佩皮斯解释他的怪异行为。他说自己 "得了一种精神紊乱的病，一连五个晚上无法入睡"。

从以上这些以及其他一些信件中我们可以看出，牛顿当时的生理症状包括严重失眠和食欲丧失，而他的心理症状包括幻想受到迫害、对他认为是隐含批评自己的言论极为敏感，以及记忆力丧失——所有这些都是汞中毒的典型症状。1979 年在《伦敦皇家学会笔记和记录》（*Notes and Records of the Royal Society of London*）上同时刊登的两篇文章证实了当时牛顿出现过以上症状。其中一篇的作者是 L.W. 约翰逊（L.W.Johnson）和 M.L. 沃尔巴什特（M.L.Wolbarsht），另一篇的作者是 P.E. 斯帕格（P.E.Spargo）和 C.A. 庞兹（C.A.Pounds）。约翰逊和沃尔巴什特认为牛顿的症状与汞中毒相符，而斯帕格和庞兹的文章则提供了这方面的证据。他们通过中子活化和原子吸收分析了牛顿头发的样本（见表 1.1），结果发现这些头发中铅、砷和锑的含量超过正常值的 4 倍，而汞含量则接近正常值的 15 倍。朴茨茅斯（Portsmouth）伯爵家族保存着两份被证明为真实的牛顿头发样本。牛顿的侄女得到了这些头发以及牛顿的其他一些遗物，而她的女儿则嫁给了第一位朴茨茅斯伯爵。剑桥三一学院也保存有牛顿头发的一些样本。其中一根头发中的汞含量为 197ppm，而另一根的铅含量为 191ppm——这是牛顿在其生命的某个阶段受到慢性汞和铅中毒的强有力的证据。

表 1.1　对牛顿头发中的有毒元素含量的分析结果

|  | 汞 | 铅 | 砷 | 锑 |
| --- | --- | --- | --- | --- |
| 正常水平 /ppm | 5 | 24[*] | 0.7 | 0.7 |
| 牛顿头发中的水平 /ppm | 73 | 93 | 3 | 4 |

　　这些发现并不令人感到意外，因为根据牛顿炼金笔记本上的

---

[*]　这是 1979 年人们头发中的平均含铅量，如今人们头发中的平均含铅量要比那时低得多。

记载，他曾经用铅、砷和锑做实验，而且他曾试图通过高温加热的方法使它们气化。他还承认曾用火烧的方法使汞气化，而这是非常危险的做法。虽然我们无法确定这些头发样本是什么时候收集到的，但是它们很有可能是在1727年牛顿死后从他头上剪下来的。如果是这样，那么他在关键的1693年的这段时间摄入体内的汞的水平肯定要比这高得多。在所有的情况下，他的头发都揭示了他曾经暴露在含汞量极高的环境之中。这意味着除了实验室之外，他还有其他汞污染的来源。其中一个来源可能就是他房间的装饰。牛顿喜欢红色，因此他所有房间的墙壁都被刷成红色，而当时粉刷墙壁的涂料很可能就是朱砂。

如果说牛顿在1693年的奇怪行为是汞中毒的表现的话，那么汞并没有对他的健康造成永久性的损害，因为他活到了84岁的高龄。我们很难说牛顿的偏执狂行为在多大程度上是由汞中毒导致的。他的童年生活非常不幸，因此我们可以认为他一生的行为都是由他童年的经历造成的。牛顿是一个遗腹子，母亲在他两岁的时候又嫁给了一个牧师。他的继父不想要他，因此他被送给祖母抚养。他在一生中都表现出明显的精神病倾向。但是暴露在含汞的环境中很可能是导致其精神不稳定的一个因素。牛顿从来就没有发疯。事实上他后来还担任了皇家造币厂的总管，在1703年当选为皇家学会的主席，并于1705年被授予爵位。

## 国王查尔斯二世的离奇死亡

查尔斯二世并不是一个真正的炼金术士，但他对科学，尤其是"化学"有着浓厚的兴趣。他在其位于威斯敏斯特的宫殿的地下室里建造了一个实验室，在两名助手的帮助下熔炼和提纯水银，并且在炼金实验技术方面颇有造诣。查尔斯让他的实验室工作人员从朱砂中提取汞，甚至还对其进行提纯。毫无疑问，他的目的是将贱金属转化为黄金，从而解决其财政困难。他与议会之间有矛盾，而后者有权在财政问题上进行表决。因此他不得不依赖他的老朋友、法国国王路易十四的财政援助，并因此成为路易十四的一个国王顾客。

事实上，查尔斯二世在"化学"方面的兴趣始于1669年。当时他成立了一个"化学御医办公室"，任命托马斯·威廉斯（Thomas Williams）博士担任负责人，并且向他提供了每年20马克的薪水以及研究设施，以便他能够"配制和发明药物"。而其中一些药物正是在国王的帮助下发明的。甚至连日记作家塞缪尔·佩皮斯也曾经访问过查尔斯的实验室。1669年1月15日星期五上午，佩皮斯在前往白厅的路上遇到了国王，后者邀请佩皮斯去参观他的新实验室，于是佩皮斯就去了，并对其作了如下描述："这是国王的密室中的一个实验室，一个很不错的地方。我在那里看到了许多用于化学实验的玻璃器皿和其他东西，但是我对这些东西一窍不通。"

在1684年查尔斯表现出慢性汞中毒的一些症状，他变得非常易怒，非常容易抑郁，而这与查尔斯的性格非常不符：他一直以待人热诚、情妇众多和热爱生活而著称。很明显，1685年1月的最后一个星期，在他的实验室中一定发生了什么事情，使他暴露在大量的汞蒸气中。

2月1日是个星期日，查尔斯与三个情妇一起听了一些情歌并且和她们一起吃了一顿饭，最后却自己一个人上床睡觉去了。第二天早上醒来之后，他感到身体非常不舒服。《国家年鉴：国内部分》（*The Calendar of State Papers—Domestic*）对接下来发生的事情作了以下记载：

> 昨天早上陛下起床之后抱怨身体不适。他房间里的随从发现他说话有些结巴。尽管如此，他还是进入了他的密室，并在里面待了很长时间。他从密室中出来的时候召唤他的理发师福利尔，但是他在走向其座椅的过程中突然发生中风和抽搐，这使他的嘴歪向了一边（当时的时间是8点10分）。随后他坐在椅子上又连续发病三次，总共持续了1小时15分钟。在整个发病过程中他一直处于昏迷状态。他的医生对他实施了放血治疗，流了12盎司的血。然后他们在他的头部拔火罐，结果他苏醒了。随后他们给他服用了一种催吐剂和一种灌肠剂，并在10点钟扶他上了床。他在不到1点钟的时候开始说话了，要了一个橘子和一些热雪利酒。而这时催吐剂和灌肠剂在他的体内发生了作用，他的医生们认为这是一个很好的迹象。他从昨天下午1点到晚上10点身体状况逐渐好转。他们让他躺下来休息。他的医生认为危险已经过去，因为他们本来以为他的一只手已经瘫痪，但是后来他却能够自己活动这只手，用它拿酒杯喝酒，并且还能够感觉到疼痛。医生说这是一个非常好的迹象。昨天晚上他们让三位枢密院大臣、三位内科医生、三位外科医生以及三位药剂

师守护在陛下的床边。今天早晨，看护陛下的一位内科医生洛厄大夫说，陛下休息得很好，并且没有服用安眠药物。今天上午他精力充沛地与身边的人交谈。因此他们认为危险已经过去了。

但是此时查尔斯已经受到了汞的致命毒害，他的症状的缓解并没有维持多久。星期三，他的症状开始恶化。他又发生了多次抽搐，皮肤变得又冷又湿。医生让他服用了强效泻药——这种药"产生了良好的作用"——以及两个剂量的奎宁（"耶稣教药粉"）。星期四他又发生了抽搐，并且很明显已经生命垂危了。他的弟弟，也就是王位继承人詹姆斯带着一名罗马天主教神父来到他的病床前，将他接纳为罗马天主教会成员，并让他吃了圣餐。（在其在位期间，查尔斯都是以新教国王的名义统治这个国家的，但是在暗地里他却是一个天主教徒。）第二天，也就是2月6日星期五早晨，他在床上支起身体观看了日出，甚至还命令身边的人给他的那座能够连续走八天的时钟上弦。但是在7点钟的时候他出现了呼吸困难；在8点30分的时候病情明显恶化；到了10点钟的时候他已经失去了知觉，显然已经处于濒死状态。医生们对他采取了极端的治疗措施，包括给他服用了"国王滴剂"——这是由乔纳森·戈达德（Jonathan Goddard）医生发明（就是在查尔斯的实验室中制作而成）的一种人的头盖骨的提取物——以及"东方粪石"，即在动物的胃中取出的一种结石。这些最后的治疗措施显然对治疗汞中毒是无效的，当然，查尔斯的医生是无法作出这一诊断的。查尔斯在那个星期五的中午死亡。

弗里德里克·霍尔姆斯（Frederick Holmes）在他的《病态的斯图尔特一家》（*The Sickly Stewarts*）中分析了有关查尔斯死因的各种说法，包括查尔斯死后第二天在一个医生小组的观察下进行的尸检的结果报告。虽然那份原始报告已经在 1697 年白厅的一场火灾中被烧毁，但是它的一个副本被保存了下来，如今被存放在美国费城医学院的档案室中。霍尔姆斯是堪萨斯大学医学中心的"爱德华·哈辛格杰出医学教授"，并且是美国医学院和皇家医学会的成员。他说唯一与所有事实相符合的结论就是：查尔斯死于汞中毒。

查尔斯死于急性大脑损害，是他生命最后几天中癫痫发作所导致的。他在第一次发病后一只手瘫痪。这是癫痫发作的常见并发症，被称为癫痫发作后状态。尸体解剖揭开了原本身体状况极佳的 54 岁国王突然发病死亡的谜底。解剖显示，查尔斯大脑外部充血肿大，他的脑室中含有远远超出正常水平的积水；他的其他器官都很健康。

在 20 世纪之前，人们一直认为查尔斯当时得了中风。但是霍尔姆斯说，实际情况并非如此。癫痫发作表明大脑发生了严重的病变。有人提出查尔斯死于疟疾，而他的大脑疾病也是由疟疾造成的。但是这种说法也不符合事实。霍尔姆斯的结论是：查尔斯国王死于汞中毒。这是由于他在其实验室里接触了大量的汞造成的。这一说法最初是浪漫小说家芭芭拉·卡特兰（Barbara Cartland）于 20 世纪 50 年代在《查尔斯二世的私生活》（*The Private Life of Charles II*）一书中提出的。后来两位美国科学家 M.L. 沃尔巴希特（M.L.Wolbersht）和 D.S. 萨克斯（D.S.Sax）于

1961 年在《伦敦皇家学会笔记和记录》上发表文章，以更加严肃的态度提出了这一说法。他们指出，查尔斯经常会在他的实验室中待上一整个上午。他像着了魔一样试图将汞"固化"，也就是说使它与其他物质结合。这一过程包括提纯大量的汞。他的实验室的空气肯定受到了汞蒸气的严重污染，而且他对此毫不知情，因为汞蒸气是没有任何气味的。在接下来的几个世纪，包括迈克尔·法拉第（Michael Faraday，1791—1867 年）在内的许多伟大的科学家都因为糟糕的实验室环境而汞中毒。他们因为暴露在汞蒸气中而出现汞中毒的轻微症状，但是都没有认识到这一点。

　　除非吸入量很大，否则汞蒸气不会导致呼吸系统症状产生。这种金属会被肺吸收，进入血液循环系统，被输送到身体的各个部分，但是神经系统尤其容易受其影响。大脑最容易受到汞的侵害，因为汞能够穿透专门保护这一重要器官免受毒物侵害的血脑屏障。汞一旦进入大脑就会引起精神委靡、走路不稳、失眠等一系列症状。在查尔斯生命的最后一年中，他表现出了轻度的汞中毒的迹象，身体状况也不如以前了。我们知道他受到了汞的毒害。格拉斯哥大学的约翰·勒尼汉（John Lenihan）和汉密尔顿·史密斯（Hamilton Smith）在 1967 年使用核激活技术对他的一缕头发的汞含量进行了测量，是正常值的 10 倍。这一头发样本是前一年通过无线电广播节目获得的。在威尔士的一名听众听到这个节目后送给了他们一缕查尔斯的头发，附着一张写有以下文字的卡片：

　　　　这缕头发是约翰·詹宁斯爵士的母亲从查尔斯二世国王

头上剪下的。它于 1705 年由约翰·詹宁斯爵士的侄子菲利普·詹宁斯先生赠送给了布罗姆利的斯蒂尔小姐。

　　他们的分析显示，这缕头发中的汞含量为 54ppm，高于正常值 10 倍。虽然没有关于这缕头发究竟是什么时候从查尔斯头上剪下来的记录，但是它很可能是在他死后剪下的。它肯定能够证明查尔斯在其生命的最后几个月中曾经受到过汞的毒害，但是这并不意味着他所做的实验一定会危害他的生命。他是死于急性汞中毒。换句话说，他在病倒的前几天在实验室中做了某件事情，使那里的空气中充满了汞蒸气，并且他在这种环境中待了至少一小时。

　　对于查尔斯国王体内的汞含量的另一种可能的解释就是，他曾经服用过含汞的治疗梅毒的药物。但是他的医疗记录、尸检报告和官方记录都没有显示他曾经被他的任何一个情妇传染过性病。

　　霍尔姆斯用他的专业知识证明了这位国王临死前的症状与吸入大量汞蒸气所导致的汞中毒的症状相符。这是汞能够进入他的体内，迅速导致死亡而又不影响其他器官的唯一途径。当汞穿透血脑屏障之后，血液中含有蛋白质的部分（血清）渗入包围大脑的清澈的液体，即脑脊髓液之中。这正是尸体解剖所揭示的情况：脑室中充满了像血清一样的液体，而大脑本身也充满了类似的液体。进入他的大脑的汞损害了脑细胞本身，导致癫痫发作。死亡并不是由诸如脓肿、肿瘤、脑膜炎或内部出血等原因造成的，因为如果是那样的话，在尸体解剖的时候是可以被发现的。

导致国王死亡的是水银。

## 砷

人类在 5000 年前就受到了砷的毒害。在意大利阿尔卑斯山区的一个冰川下保存了 5000 多年的"冰人"的头发中就含有很高水平的砷。人们认为他的头发中之所以有如此高的砷含量，是因为他是一名铜匠，而铜往往是从富含砷的矿物中提取的。砷在冶炼的过程中变为三氧化砷，沉积在熔炉的烟道或附近的物体表面。

亚里士多德（Aristotle）的学生和继承人、生活在公元前 3 世纪的泰奥弗拉斯托斯（Theophrastus）知道有两种他称之为"砷"的物质，但其实它们并不是纯粹的砷元素，而是硫化砷矿物雌黄（$As_2S_3$）和雄黄（$As_4S_4$）。古代中国人也知道这两种物质，《本草纲目》中还指出了它们的毒性以及它们作为稻田杀虫剂的用途。该书认为雄黄可以用于治疗许多疾病，并且可以使白发变黑。德莫克里特斯在他的《自然和神秘之物》一书中也提到过砷的化合物。古罗马作家老普林尼曾经写到，卡利古拉皇帝（公元 12—41 年）曾经资助过一个从雌黄中提炼黄金的项目。这一项目虽然制造出了一些黄金，但是由于产量太小而被放弃。

人们并没有忘记砷与黄金之间的联系。到了中世纪，砷受到了人们真正的重视。有人发现，将雄黄与泡碱（存在于自然界的碳酸钠）一起煅烧可产生所谓的白砷。皮特鲁斯·欧珀努斯（Petrus Oponus，1250—1303 年）发现，雄黄和雌黄都可以被转换为砒霜——现在我们知道这就是剧毒的三氧化砷。在随后的年代中，那些肆无忌惮的人用它给人类带来了无数的浩劫。将砒霜与植物油混合加热会产生另一种升华物，即砷金属本身。砷元素的发现者阿尔伯特斯·马格努斯（Albertus Magnus）就是通过这种方法得到这种金属的。在中世纪，人们还注意到，将砷涂在金属铜上可以使它变成银色。这看上去也是一种嬗变。

## 锑

锑这个词的英文名称 antimony 的来源不是很明确。根据一种说法，它来自希腊词 *anti-monos*，意思是"不是单独的"。根据另一种说法，该词源自睫毛膏。有些人提倡用锑而不用铅丹（黑铅，英文为 minium）这种矿物来做睫毛膏。换句话说，锑是与铅丹相对抗的物质（anti-minium）。后来这个词演变为 antimony。该词的另一种更为可能的来源就是希腊词 anthemonion，意思是"像花一样的"。这是因为含锑的锑辉矿是一种像花一样的美丽晶体。死于 1078 年的非洲的君士坦丁首次使用了 antimony 这个词，人们认为这个词是他自己造出来的。但是他当时使用这个词并不是用来指锑元素本身。非洲的君士坦丁出生在一个穆斯林家庭，并在巴格达受教育。但是他最终信奉了基督教，并且成为一名修道士。锑的化学符号 Sb 来自拉丁词 stibium——硫化锑这种矿物在古代的名称。

在最早描述锑的作者中，包括 12 世纪的 R. 培根。他对于这种金属及一些锑的化合物非常熟悉，并且对它们进行了毫不隐讳的描述。他对这一元素的兴趣纯粹是科学性质的。而锑在更为秘密的炼金术的世界中扮演着一个关键的角色。它和黄金一样，只能被王水所溶解。这暗示这两种金属有着某种相似性。但是，无论炼金术士们如何努力，他们也无法将锑转变为黄金这种更受人们欢迎的金属。另外一些人将锑看作制造"不老仙丹"的材料，结果也不遂他们所愿。但是路佩西撒的约翰在 1340 年左右所写的一些东西表明，医生可能曾经用锑的化合物给他们的病人治过病。

锑的一些化合物在中世纪的名称很可能源自炼金术："轩辕十四锑"是指锑金属本身，"金色硫磺"是指硫化锑，"锑黄油"是指氯化锑，而"阿尔加罗特粉"则是指氯化氧锑。但是锑的由来要比中世纪的炼金术士们知道的久远得多。

在如今的伊拉克地区，早在公元前 7—前 6 世纪的迦勒底王国时期，一些工匠就能够用锑制作手工艺品。一个法国化学家皮埃尔·贝尔特罗（Pierre Berthelot，1827—1907 年）于 1887 年对这一时期制作的一个花瓶进行了分析，结果发现它几乎是用纯锑金属做成的。至于这些古代工匠所用的锑是从锑辉矿（硫化锑，化学式为 $Sb_2S_3$）中冶炼出来的，还是有时可以在自然界发现的锑金属，我们已经无从得知了。在古埃及从事卖淫这一最古老的行业的妇女特别喜欢锑辉矿粉。她们将这种被称作"可儿"（Kohl）的粉末用作睫毛膏。在古代使用"可儿"的最臭名昭著的一个女人就是耶洗别。《圣经》记载了她的邪恶行为并且两次（《列王记下》9：30 和《以西结书》23：40）警告人们要提防涂睫毛膏的女人。

迦勒底工匠还会制造黄色的锑酸铅并在尼布甲尼撒（Nebuchadnezzar，公元前604—前561年）统治时期用它给巴比伦城墙的装饰性砖块上釉。直到20世纪初，人们仍然在生产这种被称为"那不勒斯黄"的颜料。我们只能猜想迦勒底人是如何制造这种颜料的。他们很可能是将锑辉矿与红铅（氧化铅，$Pb_3O_4$）一起加热，通过化学反应获得这种物质。

古代希腊和罗马人将锑看作铅的一个种类，但是很少使用它。然而他们在拜占庭海军中的继承者却发现了硫化锑的一种新用途——用作攻击敌方战船的武器的一种成分。这种被称为"希腊火焰"的武器是一种燃烧的液体，它可以像火焰喷射器一样从战船上喷射出去。它是一种令人生畏的武器，因为这种火焰根本就无法扑灭，它甚至会在水面上燃烧。这种武器的制造方法如今仍然是一个秘密。当时泄露这一秘密是要被判死刑的。它的最后一次使用是在1453年，被用于保卫首都君士坦丁堡。"希腊火焰"最有可能的构成原料是原油、锑辉矿石和硝石（硝酸钾）。这种混合物极易燃烧，而且产生的火焰几乎无法用水扑灭。一旦被点燃，锑辉石就会产生大量的热量。早期的家用红头火柴就是利用这种化合物的易燃性做成的。火柴头上的红颜色就是来自这种化合物。*

炼金术士们一直对锑非常着迷。他们通过将锑辉石与铁粉一起加热获得了金属"锑王"或"战神之王"。这意味着它是一种

---

* 在现代战争中，三硫化锑又有了一种新的用途。由于它能够像绿色植物一样反射红外线，因此被用作伪装涂料。

不纯的黄金。不用说，他们没有成功将其转变为纯黄金，但是他们在这方面的研究大大地增加了人们有关锑的知识。基于锑能够与其他金属熔合并改变其性能这一不同寻常的特性，炼金术士还给它起了另外一个名字 lupus metallorum（金属之狼）。最早发现三氯化锑的很可能就是炼金术士。他们通过将锑与升汞一起加热得到这种物质，然后将这种物质提纯，并在封闭的容器中加热几个月，直到它变成一种红色的粉末。他们将其称为"催化粉"。据说将它撒在其他金属之上，然后再加上汞，就可以将这些金属变为黄金。当然，这种说法是错误的。

在 15 世纪初锑成为一种新印刷技术的重要组成部分，因而引起了公众的重视。熔化的锑有一个独特的化学特性——它在凝固时体积会扩大，在其中加入熔化的铅之后就会铸出清晰的字面。早在古代，人们就认识到了锑的这种特性，曾用这种金属铸造具有精美图案的物品。不仅如此，锑铅合金还比铅金属本身要硬得多，这也是印刷人员所欣赏的一种特性，因为用这种合金生产出来的字模更为结实耐用。用于铸造字模的合金通常含有 60% 的铅、30% 的锑和 10% 的锡。这种合金已经被使用了四百多年了。

1604 年出版的一本名为《锑的凯旋战车》（*The Triumphal Chariot of Antimony*）的很有影响的书记载了前人所积累下来的有关锑的知识。该书在开始的部分介绍了其作者—— 一个名叫巴西尔·瓦伦丁（Basil Valentine）的神秘的修道士。他生活在 14 世纪初，属于圣本尼狄克教派。该书声称，瓦伦丁将其手稿藏在他位于爱尔福特的修道院的一根柱子中。这些手稿在那根柱子中藏了很多年，直到有一天一道闪电将其劈开，它才被人发现。实际上，在爱尔福特根本就没有圣本尼狄克教派的修道院，也没有关于叫这个名字的修道士的任何记录。尽管如此，其他一些作者都提到了这个修道士以及他的著作，甚至还声称他出生在 1400 年左右。这本书推广了锑及其化合物在医疗方面的作用，并由此开始了延续 300 年之久的对锑的广泛使用。

该书的开始部分是由炼金术、虔诚的祈祷和对当时的医生和药剂师的谩骂组成的大杂烩。当作者最终谈到锑的由来及其性能的时候，他使用了炼金术的措辞。书中有关锑的化合物的那些部分表明，作者在这方面是有实践经验的。他提到了金属锑、氧化—硫化玻璃、这种玻璃的一种酒精溶液、一种油、一种仙丹、花、肝、白色矿灰（氧化物）、一种膏药以及其他的东西。书中还介绍了将等量的硫化锑和二氯化汞混合加热后产生的三氯化锑。

《锑的凯旋战车》实际上是它的出版者约翰·特尔德（Johann Thölde）所写。他是一名药剂师，并且在图林根的弗兰肯豪森与他人共同拥有一座盐加工厂。该书有两处文字证据表明它是后人所写，并且作者就是特尔德。第一个证据就是，该书提到梅毒是在士兵中流行的一种新的疾病，而这种疾病是在 1495 年法国军队入侵那不勒斯的时候才出现的。第二个证据更加令人信服：该书的一些章节，尤其是有关如何通过金属制造盐的那些章节，是从特尔德所写的一本名为《日光仪》（Haliographia）的书中照抄过去的。《锑的凯旋战车》表明，炼金术士们的努力并非都是徒劳；但是，正如我们将在第七章和第八章中看到的，他们所发现的锑的化合物都具有很强的毒性。而这些化合物却为医生们广泛使用。

如今的炼金术状况又如何呢？尽管它是建立在完全错误的理论之上的，并且因此被完全排除在科学研究的范围之外，但是如今这一行业仍然兴旺发达。《点金石》（*The Philosopher's Stone*）的作者彼得·马歇尔（Peter Marshall）声称，如今炼金术在中国、印度、埃及、西班牙、意大利、法国和布拉格等地仍然很盛行。他曾经到这些地方去探寻炼金术的秘密，还访问了一些现代炼金术士。其中有些人仍然抱着点石成金的幻想不放，而另一些人则更注重人类思想的炼金术。他们认为，人类必须在其自身内部寻找可以将"内在自我"从渣滓转变为高贵金属的"点金石"。其他一些人则仍然相信不同的金属之间可以相互转化。他们到处查找古代文献，以寻找所谓"点金石"和"仙丹"的秘密。他们认为古人已经不止一次地发现了这些秘密，但是随后这些秘密又失传了。他们的寻找将永远是徒劳的。

# Mercury

汞

# 第二章

# 我们都受到汞的毒害*

汞无处不在，令我们防不胜防。一般的成年人——假设他们的牙齿中没有汞齐填充物的话——身体中含有 6 毫克的汞。由于我们无论如何也无法降低这一含量，因此我们都必须面对这一事实。人类每天的平均汞摄入量为成人 3 微克，婴幼儿约 1 微克。按照这样的摄入水平，我们在一生中所摄入的汞不足 0.1 克。但是在上几个世纪中，许多人可能在一天之内从药物中摄入的汞就超过这一数值。这些药物一般是用来治疗令人尴尬的疾病的，如梅毒和便秘。我们通过尿液、粪便甚至头发将汞从身体中排出去，也可以通过唾液腺分泌汞，因为汞会对唾液腺产生很大的刺激。但是在唾液中的汞往往会流回胃中。

那么这些汞是从哪里来的呢？答案是我们所吃的食物，也有一些来自我们呼吸的空气以及饮用的水，还有一些甚至来自我们自己的身体——如果我们的牙齿中有汞齐填充物的话。农田的土壤中含有的汞高达 0.2 ppm 时，它们会进入植物以及粮食作物之

---

* 有关汞元素的更为详细的技术信息，请参考本书所附的术语解释。

中。杂草中所含的汞比较少，大约为 0.004 ppm，这就是为什么食草动物并没有真正受到汞污染，肉类和奶产品中汞含量很低的原因。海水中的汞含量仅为 0.00004 ppm，比最干净的土壤的汞含量还要低。然而有些鱼类会吸收大量的汞，以至于其体内的汞含量超过 1ppm。

我们有没有受到我们体内所含的这些汞的伤害呢？很可能没有。美国环境保护局在 1997 年发表了一个有关汞的长达七卷的报告。该报告宣称，一个普通成年人每天汞的安全摄入量为每千克体重 0.1 微克，也就是说每日的总摄入量不得超过 7 微克。如果按照这个标准，那么所有的剑鱼、鲨鱼和大多数金枪鱼都应该被禁止销售了。但是美国食品药品监督管理局则对汞有着更为务实的看法，它只在这类海鱼体内的汞含量超过 1ppm 的时候才禁止其销售。美国国家环境保护局的标准低得有些不切实际。如果按照它的标准，所有在牙齿中有汞齐填充剂的人体内的汞含量都会超标。国家环境保护局声称，美国每年有 60 万儿童因为在母亲子宫中受到汞的毒害而在出生时带有学习能力方面的缺陷。

人对汞的生理反应是难以预料的。有些人可以耐受大量的汞而不会出现中毒的迹象；而另一些人则对汞非常敏感，在其体内注射含汞药物几秒钟之内就会死亡。有一个 4 岁的男孩在手臂上接受含汞药物的皮下注射之后，医生甚至还没来得及将针头拔出，他就已经死亡了！

在本章中我们将看到汞会对人类产生什么样的影响。然而在此之前，我们有必要先考虑一下我们身边的环境。

# 环境中的汞

所有植物和其他生物体内都含有一定量的汞，几百万年来一直如此。由于汞以许多不同的形式存在，因此它在自然环境和生物圈中不停地运动。它可以以挥发性很强的汞元素的形式存在，这意味着它可以在大气中流通。它也可以以甲基汞的形式存在，这种更容易溶于水的化合物是由微生物所产生的。它还可以以两种氧化物的形式存在，其中一价汞比较少见，较难溶于水；而二价汞更常见，也更易溶于水，但是它在遇到硫原子之后就与之结合成完全不溶于水的硫化汞（Ⅱ）（化学式为 HgS）而沉淀。

在过去 500 年中，由于人类的活动，被排放到自然界中的汞的量大幅度增加。海德堡大学的威廉·舒提克（William Shotyk）曾经对加拿大、格陵兰和法罗群岛偏远地区的泥炭沼进行了研究。在那里可以测量到 1.4 万多年前从大气中沉积下来的汞的含量。他的研究结果表明，土壤中的汞以每年每平方米约 1 微克的速度累积。但是在大的火山爆发之后有时每年每平方米可达 8 微克。然后大约在 1500 年之后土壤中汞的积累量开始缓慢上升，到 18 世纪增加了一倍。此后随着工业化过程的开始而大幅度增长，在 20 世纪 50 年代超过了 100 微克。在此之后又逐步下降，直到现在的每年每平方米约 10 微克。

据估计，每年大约有 1000 吨汞被大自然释放到环境中，但这远远小于人为排放的汞的量。加拿大气象局的凯茜·巴尼克（Cathy Banic）一直在追踪研究空气中的汞含量。她于 2003 年在《地理物理杂志》（*Journal of Geophysical Research*）上发表文章说，地球大气中含有 2500 吨汞金属，其中只有 1/3 来自大自然。

在大西洋上空大气中的汞含量仍然在以每年 1% 的速度上升。其中 90% 是汞金属，它们主要来自燃煤的热力发电厂（65%）和垃圾焚烧（25%）。美国燃用的煤炭每年就要向大气中排放 48 吨的汞，但这与全球数千吨的排放量相比仍然不算多。

汞在大气中的状态非常令人不解。有时它会在没有明显原因的情况下消失得无影无踪。例如，在北极冬天极夜的那几个星期，那里大气中的汞含量会积累起来，而当极夜结束，第一道阳光照射到北极的时候开始三个月内，汞会从那里的大气中消失。这一秘密直到 1998 年才被破解。当时人们发现空气中的汞都沉积到了雪的表面。这种情况也不只发生在北极。一个德国科考队发现在南极也会发生同样的情况。

对这一现象的解释是：汞在没有被氧化的情况下会在大气中聚集，而这正是在南北极没有阳光的日子的情况。一旦阳光出现，它就会引发一系列化学反应，很快导致汞的氧化。其中一些汞是被由此而产生的臭氧（$O_3$）所氧化的，而另一些则与由海浪产生的气雾中所包含的氯和溴离子相结合。这些化学反应产生了氧化汞、氯化汞和溴化汞，并落在了被雪所覆盖的陆地上。然后，随着极地夏天的到来，它们又在紫外线的作用下还原成汞金属元素，回到大气之中。

在受到严重汞污染的环境中的细菌可以通过排出体内大多数汞的方式适应这种环境。它们将汞转化为可溶于水的甲基汞，甚至转化为可挥发的二甲基汞。其他生活在受到甲基汞污染的环境中的细菌则通过以下方法适应了这种环境：切断连接甲基与汞的化学键，将甲基转化为甲烷气体，将汞离子还原为金属汞，从而使其挥发掉。*

美国奥克利奇国家实验室环境科学部的史蒂夫·林德伯格（Steve Lindberg）在20世纪20年代所开展的研究表明，树木和土壤会释放出汞元素。他报告说，在一片森林的林冠层，汞的散发率是每小时每平方米100微克，而土壤的汞散发率是每小时每平方米7.5微克——这些森林和土壤并不靠近工业设施，而是位于不可能受到人类活动污染的地区。通过在实验室中专门培养的树苗，科学家们向我们展示，植物从它们所生长的土壤中吸收汞，然后通过它们的叶子将其排到空气之中。然而当空气中的汞浓度达到一定水平的时候，这一过程就会逆转：植物会从空气中吸收汞。

1996年美国雅典市佐治亚大学的一个由理查德·马尔（Richard Meagher）带领的研究小组报告说，他们通过基因工程使植物能够吸收土壤中的汞化合物，将其还原成汞元素，然后通过叶子将其排出的方法对受到汞化合物污染的土壤进行无毒化处理。他们从一种具有这种功能的细菌中提取了一个基因，并将其植入一种名为鼠耳芥的草中。实验证明，加入了这种基因的鼠耳芥草可以在含有两倍于一般植物致死量的氯化汞的生长环境中生长得很好。

---

\* 这些细菌使用两种酶来达到这一目的：第一种是裂解酶，它将甲基汞的化学键切断，形成甲烷（$CH_4$）和汞离子 $Hg^{2+}$；第二种酶是还原酶，它将汞离子还原为汞金属。

2003 年，联合国环境计划署在肯尼亚内罗毕的一次会议上同意，应该为减少汞排放量做出全球性的努力。他们的报告指出，汞排放的主要来源是燃煤火力发电厂和垃圾焚烧站，两者占总排放量的 70%。而其中又有 60% 是亚洲国家排放的。据估计，由人类活动所造成的全球汞排放量每年大约有 2200 吨，其中 1500 吨来自发电厂，200 吨来自金属冶炼厂，100 吨来自水泥厂，100 吨来自垃圾处理厂，300 吨来自小型金矿。所有这些都会造成地球的污染，但是对我们个人的伤害却很小。汞对于人体的伤害主要来自人们与这种元素的直接接触。

## 牙科汞齐

我们无法估计在全世界到底有多少牙齿填充物。但是仅在美国，每年要填补的牙洞就超过 1 亿个，在英国是 2500 万个，在德国是 4000 万个。这种治疗方法已经被医生们使用了大约 200 年，并没有产生明显的副作用。但是到了 20 世纪 90 年代初，突然出现了许多有关含有高水平汞的牙科合金填充物的安全性的辩论。这些填充物会不会释放足以影响使用者身体健康的汞？牙科诊所的空气对在那里工作的人员是否会构成威胁？当用汞齐补过牙的人去世并被火化的时候，他们牙齿中的汞会到哪里去？十多年过去了，如今汞齐牙齿填充物仍然是汞的一个主要的用途。这主要是因为这种填充物效果非常好，并且持续时间很长。

从差不多 200 年前汞齐牙齿填充物首次被使用的时候开始，这种填充物一直是科学和医学杂志讨论的话题。但是它所带来的危险与它明显的益处相比似乎是微不足道的。反对这种填充物的人则声称它会导致汞中毒。在 19 世纪初，美国牙医外科协会就要求其成员签署一份保证不使用这种填充物的文件。但是这一协会由于成员太少而于 1856 年解散。后来成立的美国牙科学会则支持汞 – 银合金牙齿填充物的使用。

有关汞齐牙齿填充物的担忧在 20 世纪 80—90 年代又一次被提了出来，并且被在媒体上广为宣传。1990 年 12 月 23 日，美国 CBS 电视台很有影响力的《60 分钟》节目对这一问题作了专门的报道，并声称汞齐牙齿填充物对健康有害。（1994 年英国 BBC 电视台播出了一个类似的名为《口中的毒药》的节目。）科罗拉多州斯普林斯的哈尔·哈金斯（Hal Huggins）医生是汞齐填充物的主要反对者。他认为这种填充物可以导致从抑郁到癌症，包括多发性硬化、关节炎和过敏在内的许多疾病。他建议那些使用了这种牙齿填充物的人去检测一下，看看是否有汞中毒，并且将牙齿内的含汞填充物取出，换成其他填充物。许多人都采纳了他的建议。

加拿大阿尔伯塔省卡尔加里大学医学系的默里·维米（Murray Vimy）是汞齐牙齿填充物的另一个主要的反对者。他于 1995 年 1 月在《化学与工业》（*Chemistry & Industry*）杂志上发表了一篇文章，概要地介绍了他反对使用这种牙齿填充物的理由。他声称这种填充物毒害了数以百万计的人。他估计填补 8 个牙洞的含汞填充物——这并不罕见（我自己就填补了 10 个牙洞）——就可以每天释放 10 微克的汞。他说这些牙齿填充物构成了人口中最大的非职业性汞污染的来源，并且他猜测汞可能与老年性痴呆有着某种关系。据说此病的患者大脑中含有高于正常值的汞。

有人做过这样的研究：他们将绵羊的牙齿钻洞，并在里面填充汞齐，然后对这些绵羊进行检测，结果有了一些令人不安的发现。例如，他们发现有一只怀了孕的母羊将汞传递到了正在发育的胚胎中，并且汞趋向于集中在胚胎的肝脏中。其他绵羊的肝功能受到损害，其过滤功能在一个月内降低了一半。实验人员还注意到汞对这些绵羊的健康产生的其他影响。但是这些绵羊就像使用了这种牙齿填充物的人一样，没有表现出汞中毒的外在症状。

并不是所有人都认同以上这些有关汞齐牙齿填充物的警告。事实上，现在很少有人相信它会对健康构成任何危害。维米的说法及其调查结果受到了英国牙科学会成员的批评。1996 年哈金斯甚至因为提供虚假治疗而被吊销了牙科行医执照（他声称在一些前去找他咨询的人的牙齿中探测到了汞，并对其作出汞中毒的诊断，而实际上这些人根本就没有使用汞齐牙齿填充物）。有关绵羊的研究也受到了批评，理由是用于这一实验的汞齐早在 50 年前就被淘汰了，而且那些绵羊很可能会在补牙的时候吞入小块的汞齐。另外，用汞齐填充的牙齿正好上下相对，这样它们一直处于相互磨研的过程中。

西方最初用于牙齿填充物的汞齐是 1812 年由英国化学家约瑟夫·贝尔（Joseph Bell）发现的。当时他将银粉与汞混合，产生了一种在短时间内像腻子一样柔软的奇怪物质，但是在过了一段时间后它就会变成像金属一样坚硬的东西。它似乎是填补牙洞的理想材料，因为它可以在牙洞中被铸成与牙洞形状完全相符的合金，并且当它固化后会变得十分坚硬，足以抵抗咬或咀嚼对牙齿所造成的压力。不幸的是，当时所用的银粉是含有杂质的银币的锉屑，在遇热后会略微膨胀，因此它最终会将其所填充的牙齿撑裂。

人们需要的是一种更好的合金。这种合金于1895年被一位名叫C.V.布莱克（C.V.Black）的美国牙科医生所发明。它含有70%的银和30%的锡，将这种粉末加入汞中后形成一种有可塑性的合金。这种汞齐在被压进牙洞后5—10分钟就会固化，在固化时会略微有些膨胀，从而充满整个牙洞，但是从此之后就再也不会受到温度变化的影响。如今这种合金所使用的金属粉末含有60%的银、27%的锡和13%的铜。在过去配制合金的工作是由牙科医生或其助手来完成的，结果造成所有牙医诊所严重汞污染。*如今这种合金被装在密封的塑料容器中，通过使用一种特殊的搅拌器，混合过程可以在密封的盒子中完成。

在人们牙齿中的汞的最终归宿在哪里呢？在欧洲许多人死后都是火葬的。焚尸炉中的温度大约有700℃，足以分解牙齿中的合金，并使汞气化。据估计，平均每火化一具尸体就会向空气中排放高达3克的汞。这样累计起来，一个火葬场的烟囱每年要排放10千克的汞。但是有人对这一数据提出了异议，因为许多被火化的人都是牙齿已经差不多掉光的老人（在80岁以上的老人中有80%都属于这种情况）。而实际上有三分之二的尸体的确属于这种情况。我们可以通过火化时在棺材中加入硒化合物的方法

---

* 雷蒙德·霍兰德告诉我说，过去牙医是用一块布将多余的汞从合金中挤出来的。

防止汞污染。硒可以与汞蒸气发生反应，生成不易挥发的硒化汞。另一种方法是用碳过滤器过滤从焚尸炉中出来的烟雾，这样也能够防止汞被排放到空气中去。

## 汞与新陈代谢

人体可以耐受很大剂量的汞，但是如果一个人体内总的汞含量超过 4 克的话，那么他就面临着死亡的危险。（甲基汞的致命剂量是 200 毫克。）平均每 10 个人中就有 1 个人的体内汞含量超过 0.05 ppm 这一肉类汞含量的安全标准，从而使他们不能成为那些遵守食品营养指南的食人生番的合格食品。如今我们体内的大部分汞都来自我们所吃的食物。但是在过去，汞曾经被用作地板光亮剂、洗涤材料和油漆等各种家常用品。这增加了人体对汞的摄入量，尤其是汞可以很容易地穿透人的皮肤。通过这种方式吸收的汞可以导致严重中毒。过去曾经发生过患有轮癣的儿童在使用了含汞的抗真菌药膏之后死亡的案例。一个头皮上长有一块轮癣的 9 岁女孩在患处涂抹了氯化汞（二价）5 天之后死亡。

汞还可以通过胃壁和肺进入体内。在有些情况下它甚至还可以通过阴道洗剂或灌肠剂被阴道或肠道吸收——有关这方面的例子见第四章。人体摄入过量的汞之后会出现剧烈的呕吐和腹泻等症状。这些症状可以出现在汞中毒 15 分钟之后，并且会持续数小时。无论汞通过何种途径进入体内，都会导致这些反应。进入我们血液循环的哪怕 1 微克的汞都会对我们身体的某些部分造成干扰，直到它们被排出体外。而其排出过程可能十分缓慢。在

1960 年用放射性同位素汞 –203 对老鼠所做的实验显示，汞首先聚集在肝脏，然后会转移到肾脏，最后被缓慢地排出体外。与此同时，它也会被运送到其他器官，并且会在肌肉、肝脏、肾脏和骨骼中积累。它会很快从肌肉和肾脏中消失，但是从肝脏和骨骼中消失的速度很慢。汞可以在骨骼中聚集。有报告说，一些生前曾经接受过含金属汞的药物治疗的人，死后出土的遗骨中可以发现汞金属的颗粒。

汞的毒性取决于其存在的形式。甲基汞极为危险，关于这一点我们在下文还要继续讨论；液态汞金属的毒性最小；汞蒸气则更为危险；二汞盐的毒性取决于其氧化状态。一般来说低价汞（Ⅰ）的毒性小于高价汞（Ⅱ）。其部分原因在于后者可溶性更强，并且能够在口服之后几分钟内穿透肠壁。医用氯化汞（Ⅰ）——也就是甘汞——的最大安全剂量要比氯化汞（Ⅱ）——也就是升汞——的最大安全剂量高出 30 倍，因此医生们更愿意给病人开甘汞。

由大剂量的可溶性汞盐所导致的急性汞中毒会引起肾、肠和口腔的损害。其症状包括呕吐、腹痛、脉搏微弱和呼吸困难。如果服下了致命的剂量，中毒者在死亡之前可能只表现出一些最为明显的症状。但是一般死亡需要一个星期左右的时间，而有些人在中毒后三个星期才死亡。

汞非常容易与硫结合，它会附着在一些氨基酸的硫原子上。如果这些氨基酸是酶蛋白的一部分的话，那么它就可能导致酶失效。对于中枢神经系统的运作极为重要的 Na/K–ATPase 酶对汞特别敏感。这种酶受到汞的破坏后就会出现汞中毒最明显的症状——"震颤"。

汞会刺激唾液的分泌，因此口腔也会表现出汞中毒的症状。这种症状通常在中毒后数小时内出现，但是有些人可能不会出现这种症状。如果中毒继续的话，那么口臭就会逐渐加重，嘴唇、牙床和牙齿会发炎，并随后出现一层灰色的黏膜。如果情况继续恶化，牙齿就会松动、掉落，最终一部分腭骨会暴露在外。

汞会对肾造成伤害。最初的症状是尿量增加，因此它可以起到利尿的作用。1886年，甘汞首次被医生用作利尿剂。到了1919年，它被另一种名叫拿佛色罗的含汞药物所取代。拿佛色罗本来是用于治疗梅毒的，但是医生注意到它具有很强的利尿作用。后来拿佛色罗又为其他汞化合物所取代。虽然少量的汞对肾脏具有刺激作用，但是大量的汞则会导致灾难性的后果。最终汞会导致肾脏停止工作，尿液无法排出。结果病人会被其体内所产生而无法排出的废物所毒害。即使肾脏重新开始工作，可能也会因为时太晚而无法挽救病人的生命。

汞对人体的神经系统和大脑产生的作用最令人痛苦。慢性汞中毒所导致的精神状况恶化被称为"过度敏感"。其症状包括交替性地出现胆怯、愤怒和攻击性情绪，精力无法集中，丧失记忆，抑郁，失眠，精神委靡和易怒。所有形式的汞都可以进入大脑，甲基汞尤其如此。但是金属汞和汞盐穿透血脑屏障的能力最弱。

## 金属汞和汞蒸气

小威利从他的镜子上舔下了水银，

他幼稚地认为它可以治疗自己的百日咳；

他的母亲在他的葬礼上

欢快地对布朗太太说：

"当威利吞下这些水银的时候

他一定会感到很冷。"

——哈里·格雷厄姆《冷酷家庭中的无情韵律》

1899 年

　　液态汞是这一元素为大多数人所熟悉的形态。它相对来说危害很小。小威利不大可能以这种方式结束其生命。吞食液态汞不大可能导致死亡，因为它在通过消化道的时候不会被吸收。从来就没有人因为咬碎温度计的底端并吞食了流出的汞而中毒死亡。据我所知，有人曾经将一杯 1 升的汞当作通便剂喝下。出于同样的原因，有一名男子曾经连续五年每天喝 1 盎司的汞。一个喝液态汞的著名例子就是勃兰登堡的马格拉夫（Margrave）。他于1515 年在自己的婚礼之夜意外地喝下了一大口汞，但是据说他并没有因此而产生任何不适。

　　将汞作为乳剂注入人体曾导致一些病人死亡。但是有一名病人被注射了 27 克汞后仍然活了下来。有一名护士试图用将液态汞注入自己静脉的方法自杀，虽然她曾经因此病了一段时间，但是最终还是康复了。她于 10 年之后死于肺结核。尸体解剖显示，在她的体内仍然有一些球状的液态汞。通过这种方法自杀的一些人的确死亡了，但是他们往往在注射汞几个星期之后才得到解脱。有一名 21 岁的妇女将 30 克金属汞注入了自己的大腿中，但是由于医生对她使用了二巯基丙醇这种解毒剂（见附录中的专业术语解释），她最终活了下来。

液态汞虽然是金属，但也是一种挥发性液体，并且在蒸气形态时毒性要大得多。虽然汞不像水或其他溶剂那样容易挥发，但还是会有足够的汞进入空气中。呼吸这种空气是危险的。伟大的科学家法拉第第一次展示了汞的挥发性。现在我们知道液态汞表面的挥发率为每小时每平方米 800 毫克。（可以通过在液态汞表明覆盖水或油的方法阻止这种挥发。）但是在好几个世纪中，人们一直没有意识到吸入汞蒸气的危害，许多人都在被汞蒸气污染的环境中工作。在小说和电影中，科学家经常被描绘成疯子，也许是有一定事实根据的。他们的疯狂行为可能是汞所引起的，因为每个实验室都受到了汞的污染。即使他们试图清扫洒落的汞，也不可能清除每一滴汞珠。*

在 20 世纪 20 年代，德国化学教授阿尔弗雷德·斯托克（Alfred Stock）发现汞无处不在。虽然他的研究不直接涉及汞，但他还是被诊断患有慢性汞中毒。事实上，使他中毒的汞来自他用于测量玻璃仪器的空气中敏感型气体的压力计。在每个压力计的底部都有一杯汞。导致他严重中毒的正是他的实验室里许多压力计中的液态汞。斯托克发现了用来分析微量汞元素的方法，并用这种方法证明，在所有实验室和工作场所——包括学校——的空气中都含有汞。在通风条件很差的实验室中，空气中的汞含量

---

\* 人们曾经用将硫磺粉撒在地板上的方法来清除微量的汞，因为他们相信硫磺能够与汞发生反应，形成硫化汞。

可高达每立方米 9 毫克，这远远高于每立方米 0.1 毫克的推荐安全含量的上限。斯托克还发现，在我们所吃的几乎任何东西中都含有微量的汞。

那些忽视斯托克有关实验室汞污染的警告的人最终都会付出沉重的代价。在 20 世纪 70 年代，剑桥大学物理系举世闻名的卡文迪许实验室搬到了一座新楼之中。原来的实验楼在重新装修之后被用作社会科学家的办公室。最终搬进那座楼中的 43 名社会科学家不久后就开始抱怨身体不适。他们的确受到了空气中汞蒸气的毒害。这些汞蒸气来自前些年洒落在实验室中的汞。他们于 20 世纪 90 年代接受了一次检测，结果显示，他们中的一半人受到了汞的影响。其中 6 人血液和尿液中的汞含量甚至与受到工业污染的人的相似。通过呼吸进入体内的汞有 80% 会被肺吸收并通过肺进入血液循环之中，它会在那里停留很长时间。一个人被暴露在严重汞污染的环境中之后，要过 60 天，其体内的汞含量才会减少一半；而一个人在吸入汞蒸气之后一年，其血液中仍然有百分之几的汞在循环。

虽然汞蒸气很危险，但是在通常条件下，从容器中挥发的汞很少，不会导致很大的麻烦。但是如果汞从容器中洒落出来的话，情况就严重了。即便如此，它也不会危及生命，但会导致严重的健康问题。如果没有理由怀疑汞中毒的话，医生很难对相关症状作出正确的诊断。如果有意加热汞使其挥发的话，那么情况就完全不同了。在这种情况下吸入汞蒸气的确可以致命，那位快乐的国王查尔斯二世就是一个例子。

无论对于国王还是对于平民来说，汞都是致命的。曾经有一个男子将汞放在厨房的加热板上，让其家人看着它蒸发，以此向他们展示这种金属的挥发性。结果他和他的妻子都严重中毒，而他们的儿子则在几天之后死亡。汞还可以在人群中导致大规模的中毒。发生在 1810 年而现在已经被遗忘的一起水手集体中毒事件就是一个例子。当时人们还没有认识到吸入汞蒸气的危害，但是处理这一事件的医疗人员已经推断出导致这一奇怪疾病暴发的原因就是汞。

1810 年 2 月，配备有 74 门大炮的皇家海军战舰"凯旋号"到达了加的斯港。一个星期之后，一艘装满了汞的开往南美矿区的西班牙货船因遇到风暴而在附近海域搁浅。虽然该船搁浅的地点在法国人占领的一个要塞上大炮的射程之内，而当时法国与英国正处于战争状态，但是"凯旋号"还是派出其大艇前去援救。那艘搁浅的船本身并不值钱，但是其所装载的货物值得救援。"凯旋号"的水手通过在夜间秘密行动从搁浅的船中运出了 130 吨汞。这些汞被带回加的斯并被存储在"凯旋号"的各个部分以及一艘名叫"菲皮斯"的单桅船上。

最初汞被放在存储水手们的烈性酒的船舱中，但是由于汞的量非常大，很快装有汞的袋子就被存放到了海军士官、事务长以及医生等人员的卧舱中。所有这些人的身体都受到了严重影响。他们发现自己的舌头肿胀，并且嘴里流淌出大量的口水。在搁浅的船上，装有汞的皮袋子是放在木盒子中的。而抢救货物的时候，只运走了装有汞的皮袋子，而将装皮袋子的木盒留在了搁浅的船上。后来许多皮袋子破裂，汞从中洒了出来。

不久就有大量的汞金属在这艘船的甲板下面到处流淌，并且在一些军官的床底下滚来滚去。《爱丁堡医学和外科杂志》(*The Edinburgh Medical and Surgical Journal*) 在 1810 年刊登了来自里斯本的一封简短的读者来信。该信提到了这一事件并推测说，汞与袋子的皮革发生反应所产生的"臭气"导致了水手身体不适。随着越来越多水手的健康受到影响，人们意识到致病的原因的确是汞。他们将"菲皮斯"拖上了岸并在船底凿洞，将汞放走。

当时担任地中海舰队医院监察员的威廉·伯内特 (William Burnett) 医生后来于 1823 年在《皇家学会会报》(*Transactions of the Royal Society*) 上报告了当时发生的事情。他在文章中指出，迈克尔·法拉第最近对汞的研究表明，这种金属的确会散发蒸气。伯内特很可能是在读了法拉第的研究报告后才写的这篇文章，因为这使他最终得以解释在这两条船上所发生的情况。截至 1810 年 4 月 10 日，"凯旋号"上已经有大约 200 名船员汞中毒。其中一些人出现了过量分泌唾液的症状，另一些人处于半瘫痪状态，还有许多人感到"肠胃不适"。

那些生病的船员被转移到了其他船上并且很快就恢复了健康。而"凯旋号"则被送往直布罗陀进行处理，以清除污染物。然而这种处理并不十分有效，因为该船的新船员也开始出现相同的症状。该船于 6 月 13 日被送往英格兰，卸掉了堆放在船舱中的木桶，并改善了那里的通风状况。结果情况开始有些好转。即便如此，仍然有 44 名船员和水兵因身体不适而不得不被转移到这一舰队的其他船上。他们于 7 月 5 日到达普利茅斯港的时候已经恢复了健康。凯旋号上所有的绵羊、猪、山羊和鸡都死掉了。此外船上的一只猫、一只狗和所有的老鼠以及一只金丝雀也遭受了同样的命运。最终有5名船员因汞中毒死亡，其中两人死于脸颊和舌头坏疽。该船的一名女性乘客由于腿部骨折而在整个航行过程中都不得不躺在床上，她的牙齿全部脱落，而且她口腔里的所有的皮也都剥落了。伯内特医生为那些汞中毒患者开了硫磺这种解毒药，但是他报告说，这种药物并不能缓解患者的症状。唯一有效的治疗措施就是让他们离开这艘船。他还注意到，船上的各种金属物品——包括金手表、金币和银币——上面都覆盖着一层黑色的锈。这艘船上装载有7940磅饼干，都被宣布为不可食用。人们甚至还在其中一些饼干中发现了汞金属珠子。

所有洒落了汞的房间都会很快被汞蒸气污染。如果房间里的人不知道已发生污染的话，那么他们就会因此而中毒，而且他们的症状会被医生误诊。有些有经验的医生可能会意识到这些症状是由汞中毒所引起的。一个10岁大的男孩将一瓶250毫升的汞从学校带回家中玩，并最终将其大部分洒在了家里的家具和地毯上。不久之后全家人都出现了汞中毒的症状，而其中男孩的母亲和他14岁的姐姐病情尤为严重。正是那个女孩的症状使医生找出了全家人生病的原因，因为医生认出她得了"粉红病"——见下文——并且知道这种病是由汞引起的。

## 无机汞盐

氯化汞（Ⅱ）过去被称为升汞。它是一种强效消毒剂，并且在维多利亚时代被用于医院和家庭。这种消毒剂被称为范·斯威顿溶剂——溶解在水和酒精混合液体中的浓度为0.1%的升汞。

在使用这种消毒剂的过程中不可避免地会发生意外中毒事故。人们发现鸡蛋清是一种合适的解毒药。如果在中毒后立即用蛋清进行急救，然后再进行灌肠或洗胃的话，就可以阻止氯化汞被吸收进体内造成致命伤害。大剂量的氯化汞（Ⅱ）会立即导致重金属中毒的典型反应。而类似剂量的氯化汞（Ⅰ）（甘汞）则不会导致如此激烈的反应，尽管如此，它还是会导致诸如多涎等明显的症状。

氯化汞（Ⅱ）可溶于水。在 20℃的条件下，每 100 毫升的水可溶解 7 克氯化汞（Ⅱ）。一般认为氯化汞（Ⅱ）的致死剂量为 500 毫克，但是 100 毫克就可以导致儿童死亡。这在很大程度上取决于在呕吐等人体的防御机制起作用之前被吸收的氯化汞的剂量。据我所知，在现代解毒药发明之前，有人曾经服下过 5000 毫克的氯化汞（Ⅱ），但是因为得到了及时救治而活了下来。用现代的解毒方法曾经救活过服下了一茶匙（20000 毫克）氯化汞（Ⅱ）的中毒者，但条件是必须毫不拖延地给中毒者使用解毒剂。

非常简单的救治方法有时也是非常有效的。1581 年在德国的巴登有一个被判处绞刑的犯人向法官提出一个建议：他将服用致死剂量的毒药以代替绞刑，但是他要求在服毒的同时吃一些黏土。法官同意了。他让那个犯人服用了 1.5 谷（大约 6000 毫克）的升汞——这超过了致死剂量的两倍。那个犯人在服毒 5 分钟之后吃下了同等剂量的搅拌在葡萄酒中的一种被称为 Terra sigillata（明矾土）的泥土。在此之后，狱卒密切观察了他好几个小时并报告说："毒药使他备受折磨，但是最终解毒药起了作用。那个可怜的家伙恢复了健康。他被释放，并交给其父母看管。"

这个犯人证实了人们很长时间以来一直怀疑的一件事情：某些黏土可以被用作解毒剂，尤其是用来解除含金属元素的毒药。这些毒药中的金属元素是阳离子，它们可以与黏土粉末中的阴性硅化物粒子相结合，然后被排出体外。明矾土是理想的解毒剂。它原产于希腊的利姆诺斯岛和萨摩斯岛，曾被用来制作红色陶器。这种陶器被称为萨米亚陶器，在罗马时代特别受欢迎。

氯化汞（Ⅰ）曾被广泛使用。这种称为甘汞的物质被作为非处方药销售，特别适合用于狗（作为杀虫剂）、人（作为泻药）和婴儿（作为"出牙粉"）。尽管如此，它还是有毒的。汞中毒的婴儿会表现出"粉红病"的症状，其手指、脚趾、脸颊和臀部会呈现出粉红色。在医学上这种症状被称为肢端痛。有些成人将甘汞用于美容，以获得这种粉红的肤色。在不久之前还在销售的名叫贝拉扎·曼宁霜的墨西哥美容霜就是利用甘汞来达到其所需的效果的。在 1996 年美国疾病预防和控制中心还发出了一个有关这一产品的警告，称这种美容霜可能含有高达 10% 的甘汞。在亚利桑那、加利福尼亚、得克萨斯和新墨西哥州有超过 230 人对有关这种美容霜的警告作出了响应。在 119 位接受检查的人中，有 87 人被查出尿液中汞含量超标。在得克萨斯州有 3 个使用了这种美容霜的人因汞中毒而接受了临床治疗。

汞对牙床的作用曾经被认为对出牙时期的婴幼儿有利。在幼儿生长的这一阶段，孩子和父母往往整夜都无法入睡。这使得许多人寻求通过所谓"出牙粉"缓解这一症状。"出牙粉"在英格兰北部尤其受到人们的欢迎。到了 1953 年，这种粉末的年销售量达到了 700 万份。这种在 1812 年开始使用的"出牙粉"主要依靠其所含的甘汞使儿童大量流口水。一些对汞特别敏感的婴儿因为服用"出牙粉"而死亡。但是对于大多数婴儿来说，偶尔使用一下这种粉末不大可能导致死亡。有一个 10 个月大的女婴因使用"出牙粉"而死亡。在短短 6 个月的时间内，她被喂了 64 次"出牙粉"。在她死之前所排出的尿液中汞的含量为每升 3.9 毫克，这超过了正常值的 10 倍。

患"粉红病"的婴儿的死亡率为 10%。在 20 世纪 40 年代，每 25 个住院治疗的婴儿中就有一个是"粉红病"患者。幸亏两名美国医生——D. 沃卡尼（D.Warkany）和 J·哈巴德（J.Hubbard）——发现了导致这种疾病的原因就是"出牙粉"，特别是含有 26% 的氯化汞（Ⅰ）的斯蒂德曼"出牙粉"。人们之所以用了这么长的时间才确定汞与"粉红病"之间的联系，是因为每 500 个使用"出牙粉"的婴儿中只有 1 个出现"粉红病"的症状。

### 用作医疗目的的汞

在现代医药出现之前，在某些情况下汞化合物是有益的，因此得到广泛的应用。因为二价汞离子（$Hg^{2+}$）能够与细菌的蛋白质结合，形成不溶于水的盐，从而杀死它们，因此二价汞盐是极为有效的杀菌剂。直到 20 世纪 70 年代，在大多数国家的药典中仍然可以找到汞化合物。随着更好的新产品出现，它们逐渐被废弃不用了。尽管如此，正如表 2.1 所显示的，直到最近，仍然有

10 种含汞的药物在出售。

汞作为药物使用有很长的历史。帕拉塞尔苏斯（Paracelsus，1493—1541 年）就曾竭力宣传汞的益处。伊丽莎白一世时期的张伯伦·亨斯顿（Chamberlain Hunsdon）也是一个笃信汞治疗方法的人。他配制了一种主要成分为朱砂的"张伯伦康复药片"，用以治疗坏血症和其他疾病。从保存下来的他的一些私人信件上可以看出，他在写字的时候手颤抖得很厉害，而这正是大量服用含汞药物的人所表现出来的明显症状。

表 2.1　最近仍在出售的含汞药品

| 药品 | 成分 | 用途 |
|---|---|---|
| 蓝色药片 * | 汞、食糖 | 强效通便 |
| 甘汞 | 氯化汞（Ⅰ）（化学式为 $Hg_2Cl_2$） | 通便，粉末用于治疗湿疹和肛门瘙痒 |
| 钱宁溶剂 | 碘化汞（Ⅱ）（化学式为 $HgI_2$）的水溶剂 | 消毒 |
| 金眼药膏 | 氧化汞（Ⅱ）（化学式为 $HgO$） | 治疗结膜炎 |
| 灰色药粉 | 汞与白垩粉（碳化钙）的混合物 | 通便，治疗梅毒 |
| 哈里顿溶剂 | 氯化汞（Ⅱ）（化学式为 $HgCl_2$）的酒精溶剂 | 杀菌，手术前的皮肤消毒 |
| 氰酸汞溶剂 | 氰酸汞（Ⅱ）〔化学式为 $Hg(CN)_2$〕 | 眼药水 |
| 硝酸汞溶剂 | 硝酸汞〔化学式为 $Hg(NO_3)_2$〕 | 浓缩溶剂用于除疣，稀释溶剂用作滴鼻和滴耳药水以及用来清洗患有湿疹和牛皮癣的皮肤 |
| 汞药膏 | 搅拌在蜂蜡中的金属汞 | 治疗疖肿 |
| 红色碘化汞药膏 | 搅拌在动物油脂（如猪油）中的碘化汞（Ⅱ）（化学式为 $HgI_2$） | 治疗癣菌病 |

---

\* 亚伯拉罕·林肯总统曾服用过这种药物。这很可能就是他情绪易波动的原因。

　　搅拌在油脂中的金属汞曾被用作治疗皮肤病的药膏。将金属汞放入油脂中研磨的过程被称为"杀"汞。由此而产生的药膏直到 20 世纪还是药店中最常见的一种药品。它们有各种不同的名称，如蓝色药膏（25% 的汞、24% 的猪油和 50% 的凡士林）和灰色油（汞、羊毛脂和橄榄油）。细微的汞颗粒均匀地分布在这种混合物中，从而产生了作用。这种药膏最早出现在 12 世纪初，当时人们知道涂抹这种药膏会导致病人大量流口水。现在我们意识到，这意味着汞已经通过皮肤被人体吸收并进入了血液循环之中。教皇裘力斯二世的私人医生乔瓦尼·德维格（Giovanni de Vigo，1450—1525 年）注意到了 15 世纪 90 年代在欧洲出现的一种新的疾病——梅毒，这种疾病的一个特点就是阴部皮肤溃烂。他发明了一种涂抹在这些皮肤溃烂处的药膏，其有效成分是灰色油。这种药膏被证明是对付梅毒的非常有效的药物。结果这种"维格药膏"被持续使用了 300 年。

　　梅毒在 16 世纪初蔓延了整个欧洲，而当时已有的那些药物都对它无能为力。正是含汞药物缓解梅毒症状的功效导致了经验主义医学流派的兴起，而其中最著名的一个代表人物就是帕拉塞尔苏斯。他用红色氧化汞和樱桃汁配制药片，并将升汞的石灰水稀释液用于清洗性病导致的溃疡。汞化合物之所以能够有效地治疗梅毒，是因为它们能够杀死导致这种疾病的梅毒螺旋体。但是这种"根治"方法非常危险，它几乎就像梅毒本身一样可怕。

　　如果我们现在还保存着生活在那个时代的人的头发的话，那么我们就可以发现谁曾经接受过性病的治疗。人的头发中有大量含硫氨基酸，它们会与汞结合，从而提供一个人摄入汞元素的水平的记录。在过去那个年代，人们通常会从去世的人尤其是著名人物的头上剪下一缕头发保存起来。当我们用现代的方法分析一些人的头发的时候，经常会发现其中的汞含量高得异乎寻常。这使我们怀疑这些人曾经接受过含汞药物的治疗。由于在过去汞是治疗梅毒的唯一有效的药物，因此这意味着他们很可能曾经得过梅毒。

英格兰的亨利八世和俄国沙皇伊凡四世就是两个例子。他们没有留下可供我们分析的头发，但是我们分析了稍晚于他们的一些名人的头发。苏格兰诗人罗伯特·彭斯（1759—1796年）的头发含有大量的汞，这意味着这个著名的好色之徒在其一生的某个阶段曾经因性病接受过治疗。拿破仑的头发中的汞含量也高于平均值，这很可能是因为他在圣赫勒拿岛上得病时服用了甘汞的缘故。但是这并不是他死亡的原因，导致他死亡的很可能是砷这种毒药——见第七章。

并非所有体内汞含量高的人都得了梅毒或痴迷于炼金术。在所有科学家中死得最可悲的一位就是丹麦天文学家第谷·布拉赫（1546—1601年）。他患有前列腺疾病。他在布拉格参加皇家宴会的时候不敢离开筵席去上厕所，结果他的膀胱因憋尿而破裂。他在几天之后死于尿中毒。他的一缕头发被保存了下来，并且其根部也完好无损。对这些头发的分析表明，在他死亡之前医生曾经为了挽救他的生命而给他服用过含汞的药物。

如今汞仍然是许多中药的成分。有两种中药——解毒丸和朱砂安神丸——含有大约4%的汞化合物。前者用于治疗毒虫叮咬，服用方法是一日三次，每次三丸，一天的药量中含有0.2克的汞；后者被用作镇静剂，服用方法是一日三次，每次五丸，一天的药量中含汞多达 1 克。

尽管西奥多·杜尔哥特·德梅耶内（Theodore Turquet de Mayerne）是亨利八世最喜爱的医生，但他因其宗教和医学信仰而于 1603 年被巴黎医师协会开除。他既是一个新教信徒，又是一个经验主义医生。他对当时仍然很有影响力的罗马帝国的伟大医生盖伦（Galen）的教条提出了批评。德梅耶内所犯的罪行是写文章为含汞和锑的药物辩护，他因此被判定"满嘴无耻的谎言和恶意中伤，而这些话只可能出自一个不学无术、厚颜无耻的酒鬼和疯子之口"，并且他"因为其鲁莽、无耻和缺乏真正的医学知识而不适合在任何地方行医"。他的同行们都希望摆脱他。在被医学院开除之后，他无法再在法国行医，于 1611 年来到伦敦并成为国王詹姆斯一世的御医。他相信汞的医疗功效，并且被认为是甘汞的发现者。事实上，甘汞并不是德梅耶内发现的。有证据表明，古代的阿拉伯人——甚至古希腊的哲学家德谟克里特都知道甘汞。

在德梅耶内的时代，有几种汞化合物被用作药物，如在 16 世纪初被发现的碱式硫酸汞（化学式为 $HgSO_4 \cdot HgO$）和氯化汞铵（化学式为 $HgNH_2Cl$）。在随后的几个世纪中，这些汞化合物仍然是很受欢迎的药品，尤其是作为治疗梅毒的药品。有的人将碱式硫酸汞片作为避孕药塞入阴道中，这可能会导致阴道溃疡，偶尔甚至会导致死亡。冯·斯维腾伯爵（Baron von Swieten）用自己的名字命名了一种氯化汞（Ⅱ）的威士忌溶剂，这种药的服用方法为早晚各一次，每天摄入 30 毫克的氯化汞（Ⅱ）。这大概是致命剂量的二十分之一。在一般实践中，第一次服用 15 毫克（五分之一谷）的剂量被认为是安全的。但条件是随后服用的剂量要比这小得多——大约 3 毫克（二十五分之一谷）。

虽然英国在 1955 年通过立法停止了非处方含汞药品的销售，但是在随后的 40 年中，那些在此之前因服用这些药物而健康受到影响的人仍然不断地到医院去寻求治疗。伦敦的一所医院在 1975—1993 年之间就治疗了超过 120 个这样的病人。其他国家用了更长的时间才使含汞药品退出商业使用。在 1981 年，阿根廷有超过 1500 名婴儿因汞中毒而接受了治疗，其污染源是用于洗尿布的含汞消毒剂。直至 20 世纪 90 年代，碘化汞（浓度为1%—2%）仍然作为消毒剂被加入到肥皂中，而使用过这种肥皂的非洲人发现他们的皮肤会变得比较白。这种肥皂在尼日利亚等国家被广泛使用，主要是因为其美白效果。

过去，有的人曾经相信在身上携带少量金属汞可以治疗某种疾病。这种危险性相对较小的做法始于 17 世纪初。当时伦敦的药剂师出售装在小瓶中供人们随身携带的金属汞，并声称这样可以预防风湿。在 20 世纪 90 年代，这种东西又以特耐克斯网球肘减震器的形式出现在加拿大，它是绑在手腕上的装有 30 克汞的塑料容器。生产商共销售了 10 万个这种他们声称能够预防网球肘的东西。事实证明，这种东西没有任何功效，它现在已经停产了。

第三章

# 发疯的猫和发疯的制帽工：汞中毒事件

汞中毒有两种类型：慢性和急性。前者是指人体定期摄入小剂量的、超出每天排泄量的汞，而后者则是指人体摄入威胁生命的剂量的汞。本章所要讨论的是慢性汞中毒。故意用大剂量的汞投毒的事件将是下一章讨论的内容。

慢性汞中毒曾经是许多行业的职业病。中毒者会出现疲惫、全身无力以及双手震颤等生理症状。由于双手颤抖，他们所写的字像蜘蛛一样。这些症状是由汞对中枢神经系统产生的作用引起的。更为严重的是心理症状，包括易怒、抑郁以及总是认为别人在迫害自己。所有这些症状都是汞渗入大脑中造成的。最容易患慢性汞中毒职业病的人包括镀金工、制帽工、牙医、电力行业的工人以及侦探。如今在大多数以上这些行业中已经不再使用汞了，而那些仍然使用汞的行业也已经采取了严格的污染控制措施，因此汞中毒的危险已经小到可以忽略的程度。

我们可以通过检测血液或尿液的方法来监测那些在受到汞污染的环境中工作的人体内的汞含量。但是科学家们经过很多年的努力才使人们认识到这种金属对健康的威胁。在此期间曾经发生了一些重大的汞污染事件，在这些事件中有数十万人受到影响，其中许多人的生活因为汞而变得悲惨不堪。实际上，早在 300 年前就有人开始了反对使用汞的活动。当时职业与疾病的联系引起了一位意大利医生的注意。

这位医生就是如今被尊为职业医学之父的博纳蒂欧·拉马希尼（Bernardino Ramazzini，1633—1714 年）。他在 1700 年写了第一本有关这一问题的书——《职业病》（*De Morbis Artificum Diatriba*）。在该书中他概要介绍了包括汞矿矿工在内的从事 52 种职业的人员所接触到的各种化学物质、粉尘和金属所构成的健康危害。他甚至还意识到，用汞治疗梅毒可能对病人和医生的健康都会产生影响，即使医生在给病人的梅毒溃疡上涂抹含汞药膏的时候戴着皮手套也无济于事。拉马希尼认识到汞可以穿透皮手套，从而使医生中毒。他说解决这个问题的方法就是把这种药膏交给病人，让他们自己涂抹在患处！

## 汞矿的开采和用于采矿的汞

自然界的汞以小液珠的形态存在于朱砂矿——也就是硫化汞（化学式为 HgS）——的矿层之中。* 在一些朱砂矿中含有丰富的金属汞。在美国加利福尼亚州索诺马县的响尾蛇矿区，只要用镐随便在地上刨一下，汞就会从矿层中喷出来。人们一般是通过加

---

\* 朱砂是三种常见的含汞矿物之一。另外两种是甘汞——也就是氯化汞（Ⅰ）（化学式为 $Hg_2Cl_2$）和黑辰砂——也就是硫化汞（Ⅱ）的另一种形态。

热汞矿的方法得到金属汞的。加热使矿物中的硫与空气中的氧气结合，形成二氧化硫气体，从而留下液态金属汞。

目前世界的汞产量大约为每年 1500 吨。人们仍然以古罗马时代就开始使用的所谓"瓶"为单位进行汞贸易。一瓶汞相当于76 英国标准磅（比 35 公斤稍微多一点儿）。据说世界上可开采的汞储量大约有 60 万吨，主要在西班牙、俄罗斯和中国。在斯洛文尼亚和意大利也有少量矿藏。世界的汞产量曾经高达每年 1万吨，其中有 6000 吨最终被释放到环境之中。但是在最近几年汞产量正在不断下降。在过去 25 年中，美国的汞需求量有了明显的下降，从 1975 年的每年 2200 吨下降到如今的不到 200 吨。美国在 1990 年停止了汞矿的开采。

位于西班牙中南部的阿尔马登朱砂矿已经被开采了 2500 年，而中国的汞矿开采的历史则更为悠久。究竟是谁发现了这些矿藏，我们已无从得知。但是史料记载了一个具有重要经济意义的汞矿的发现过程。这个矿藏位于斯洛文尼亚的伊德里贾。在1490 年，一名箍桶匠在他刚从附近的一口井中打过水的木桶的底部发现了汞珠，他很快在那个井的附近挖掘到了鲜红色的朱砂矿。该矿曾是仅次于西班牙的阿尔马登汞矿的世界第二大汞矿，在其 500 年的开采历史中，人们共从那里的朱砂矿中提取了 10.7万吨汞，占世界上已生产的汞的总量的 13%。从其长达 700 公里的矿井中共开采出 100 万吨矿石。在这些矿井的岩壁中含有大量金属汞，在井下工作是极为危险的。经测量，那里空气中的汞蒸气含量高达每立方米 6 毫克。

伊德里贾汞矿之所以重要，还有另外一个原因，那就是那里的矿工引起了伟大的医学家帕拉塞尔苏斯的注意。他对这些矿工身体的各种症状做了以下描述：最显著的症状就是流涎、口腔溃疡和双手震颤。虽然矿主在 1665 年将矿工的工作时间从 8 小时减少到 6 小时，以改善他们的健康状况，但是除此之外，他们没有采取其他措施来缓解工人的病痛。矿工并不是伊德里贾汞矿的唯一受害者。在 1803 年，朱砂的矿井中含石油的页岩引起了火灾，结果大量汞蒸气从矿井中逸出，污染了附近的村庄，使 900 人及其牲畜中毒。

在历史上，几乎所有被开采出来的汞最终都会进入大气之中。它被用来提取和提纯黄金。黄金不仅是所有货币的基础，而且也被用来制作宗教器物以及富人的首饰和餐具。汞具有溶解黄金的非凡特性，因而它被用来从河沙中提取黄金。人们通过将由此形成的合金加热，使汞蒸发，剩下的就是纯金。在此过程中虽然可以使一些汞蒸气凝固成液态汞，能够将它们收集起来重新利用，但是一般来说，大约会有一半的汞消失在空气之中。

由于西班牙人拥有阿尔马登汞矿，因此他们从 15 世纪初就具备了在"新世界"提炼黄金的最佳条件。他们从美洲向欧洲运回的每一吨黄金或白银，都用掉从欧洲运往美洲的半吨汞。当时有大量的汞被从欧洲运往美洲。例如，于 1765 年 12 月 7 日从卡迪兹港起航的新康斯坦特号装载了 85 吨汞。这些汞被装在 1300 个箱子中，每个箱子装有两瓶汞。该船于 1766 年 2 月 27 日到达墨西哥的韦拉克鲁斯港。（它于当年 5 月满载银锭起程返回西班牙，但是在途中因遭遇暴风雨而沉没。）

最终西班牙人在秘鲁的万卡韦利卡发现了汞矿。这些汞矿提供了用来在南美淘金的大多数汞。金矿开采在北美开始的时间要比在南美晚得多，那里淘金所用的汞来自加利福尼亚桑塔克拉拉的新阿尔马登汞矿。这一矿藏是由一名墨西哥殖民者在1820年发现的，但是直到1845年人们才开始对它进行开采。从那里生产出来的汞在1849年加利福尼亚的淘金热中卖得非常好，并且在满足淘金者的需求方面绰绰有余。据估计，在美洲400年的金矿开采历史中，大约有25万吨汞被排放到环境之中。

在20世纪80—90年代，从小型金矿中排放出来的汞对亚马孙河流域造成了大面积的污染。截至1994年，据估计有1200吨汞被排放到了亚马孙河的支流之中。淘金者只是将河中或河岸上的泥沙抽到一个倾斜的流矿槽中，流矿槽中每隔一段距离就有一个减缓泥沙流动速度从而使金沙沉积的木棱。淘金者每天晚上将汞倒入流矿槽中，使它与沉积的金沙形成合金，然后将合金倒入一个浅铁盘中加热，将汞蒸发掉。

欧盟在20世纪90年代初得知这一情况后，决定资助一个由伦敦大学帝国学院组织的防止汞流失的项目。该项目向淘金者展示，通过由德国人发明的两个简单的装置可以将汞的流失减少95%。第一种装置就是使用坡度更缓的流矿槽，从而使汞的流动更加缓慢，并在槽的底端阻止汞流入河中。第二种装置是用于加热金汞齐的密封坩埚，在坩埚上连接着一个回收汞的冷凝器。这两种装置很容易制作，并且在使用几天之后就可以收回其成本。

## 汞的各种不同的用途

在历史上，人们发现了汞的上千种不同的用途。虽然如今大多数用途都已经被废弃了，但是有许多一直延续到了 20 世纪末。金属汞及其化合物曾经被用于温度计、恒温器、压力计、紫外线灯、日光灯、接触开关、电池、内科药、消炎药、杀真菌药、保护种子的农用化学药品以及起爆剂。有一种汞化合物叫雷汞 *，它在遭到撞击后会爆炸，因此是制造起爆剂的很好的材料。这种起爆剂最初是由英国化学家爱德华·霍华德（Edward Howard）于 1799 年研制的，他于 1800 年写了一篇关于雷汞的文章，并在伦敦的皇家研究所进行了演示。雷汞很快就成为制造火帽和炸药的上等材料。另一种用于商业生产的汞化合物是氯化汞（Ⅱ）。约翰·霍华德·凯恩（John Howard Kyan，1774—1850 年）于 1832 年将其作为一种木材防腐剂申请了专利。用其处理过的木材被用于建造船只、港口和伦敦著名的建筑物。（凯恩的木材防腐法最终被一种使用木馏油的更为便宜的方法所取代。）

如今家用电池和日光灯中所使用的汞要比以前少多了，但是这种使用仍然没有被完全杜绝。就电池而言，如今只有助听器和其他小型电子设备所使用的纽扣电池中仍然含有汞。这种电池有一个作为阳性电极的锌制外壳，里面装着一个由氢氧化锌和氧化汞混合的糊状物包裹着的钢质阴性电极。这种电池的优点在于它能够在其整个使用寿命之内提供稳定的 1.35 伏电压。就日光灯

---

\* 化学式为 $Hg(CNO)_2$。

而言，在过去一根 1 米长的日光灯管内含有 35 毫克汞，如今它只含有 10 毫克汞。

汞仍然在诸如开关、整流器等需要较高可靠性的电机产品中被使用。它还在化工行业中用作生产氯和氢氧化钠的液态电极。这些产品是通过电解氯化钠溶液的方法生产的，但是这种方法已经逐步为其他不需要使用汞的方法所取代。如今仍然有一些汞被用来处理谷物种子，以增强其抵抗真菌感染的能力。在发达国家，大多数人唯一能够直接接触到的含汞材料就是汞齐牙科填充物。在诸如温度计、毡毛产品、电镀、制革、染色和医药方面，汞都已经被其他材料所取代。

虽然曾被暴露在汞污染环境之中的工人数量很多——20 世纪中叶仅在美国就超过了 30 万，但是只有少数人因汞中毒而需要接受治疗。在英国被暴露在汞污染环境中的工人数量相对较少，官方通报的汞中毒事件平均每年只有五起。有一些行业以其从业人员受到汞的影响而闻名，而其中尤以制帽工的症状最为明显，这种症状在英国被称为制帽工震颤，在美国则被称为丹伯里震颤。美国康涅狄克州的丹伯里市是美国制帽业的中心；而英国的制帽业中心则是柴郡的斯托克波特市，现在该市有一个帽子工厂博物馆。

在 1941 年接受体检的 544 名美国制帽工中，有 54 人表现出慢性汞中毒的症状，而使他们中毒的汞来自他们所呼吸的空气。从表面上看，汞似乎与制帽这一行业毫不相干。在过去几百年中，无论对男人还是女人来说，帽子一直是一种时尚品，直到 20 世纪 60 年代才不再流行。许多帽子是用毛毡做成的，而毛毡又是用家兔、野兔、麝鼠和河狸的毛做成的。所有这些动物都长着光滑、有弹性和笔直的兽毛，而这正是问题所在。

为了使兽毛能够被组织到一起，形成用于制造帽子的毛毡，工人必须用硝酸汞的酸溶液对它们进行化学处理。从最初处理兽毛到为帽子定型的各个生产环节中的工人都有可能受到汞的影响。在帽子制作的过程中毡毛需要经过很多个处理阶段（吹干、成形、硬化、确定大小和形状、垫硬板、上胶、加热和熨烫）。在其中任何一个阶段，从毡毛上掉落的粉尘都会对工作场所造成污染。在有些制帽作坊中，空气中的汞含量高达每立方米 5 毫克。有一段时期，在制帽行业中大约有 40% 的剪毛工患有慢性汞中毒。他们表现出汞中毒的典型症状：总是脾气暴躁，总是担心受到别人的监视，无休止地唠叨，并且有非理性行为的倾向。据说"像制帽工一样暴躁"这句俗语就源自制帽工的这种病态的行为。

已经有好几百年历史的镀金行业中的工人也有被暴露在汞污染环境中的危险，因为这一行业所使用的是金、银和锡的汞齐，它们被用来为纽扣、镜子甚至圆形屋顶镀金、银或锡。在 19 世纪初建成的俄罗斯圣彼得堡市圣艾萨克大教堂的圆形屋顶就是镀金的。当时使用金汞齐在这个圆形屋顶的铜壳上镀了 100 千克黄金，结果有 60 名工匠因汞中毒而丧生。

往扣子上镀金或往玻璃上镀锡也会使工匠暴露在汞蒸气之中。往纽扣上镀金的方法是将纽扣放入一个装着金汞齐（金与汞的比例为 1：10）的容器中滚动，在它们的表面粘上一层汞齐之后，将其放入铁丝笼子中加热，使汞蒸发，从而在纽扣上留下黄金。这种镀金方法使至少 20% 的汞流失到环境之中。这种纽扣是陆军和海军军服上不可缺少的一个部分，而这种为纽扣镀金的方法一直沿用到 20 世纪。这一方法的优点在于 1 克黄金可以镀 500 个纽扣。从事这一行业的工人患有镀金工瘫痪症。生活在镀金厂附近的居民也暴露在受到汞污染的环境中。18 世纪初，伯明翰镀金厂附近街道的下水道中就聚集了很多汞金属。尽管后来出现了从镀金厂的烟道中截留汞的新技术，但是电镀的方法直到 1840 年以后才出现。在此之后的 100 年中，英国皇家海军和商船仍然继续使用旧的镀金方法，因为用这种方法生产出来的产品更为耐用。

　　直到 19 世纪中叶，镜子一直是用银汞齐制成的。那些从事这一行业的人也受到汞的毒害。后来德国化学家尤斯图斯·冯·李比希（Justus von Liebig, 1803—1873 年）向人们展示，可以用不需要液态汞的化学方法制作银镜。* 在此之前，镜子是用银汞齐或锡汞齐制作的。在用锡汞齐的方法制作镜子时，工人首先将一张锡箔摊放在一块大理石板上，然后在上面倒上汞，以使它们形成合金，接着他们将一片玻璃盖在锡汞齐的上面，并确保里面没有气泡；然后用重物压住玻璃，并将其这样放置三个星期。毫无意外，用这种方法制作镜子的工人受到了汞的严重影响。德国的菲尔特和纽伦堡是镜子的主要生产地，据说这两个城市中所有男人的所有牙齿都因汞中毒而脱落了。

　　在过去，每年都有数吨汞被用于生产温度计。虽然汞温度计

---

* 他发现，将乙醛倒入装有硝酸银和氨水的混合溶液的烧瓶中后，在烧瓶的瓶壁上会形成银镜。后来这种化学反应成为制造镜子的方法。

最早出现在 17 世纪 50 年代，但是直到 1866 年英国约克郡利兹医院的托马斯·阿尔布特（Thomas Allbut，1836—1925 年）发明限定温度范围的门诊温度计之后，它才开始成为医学实践的一部分，直到 20 世纪 90 年代初，这种温度计才停止使用。因为这种温度计会很容易破碎，因此通常一个有 1000 张病床的大医院每年会订购 2000 支新温度计。1985 年，英国卫生部检测了特殊婴儿护理病房，结果发现那里的汞蒸气水平超标，而这些汞蒸气的来源就是破碎的汞温度计。瑞典首先于 1992 年禁止使用汞温度计。如今医生和护士所使用的温度计几乎都是电子的。

破碎的温度计在促进新兴工业发展方面起到了令人意想不到的作用。在 1830 年，路易·达盖尔（Louis Daguerre）用涂在铜板表面的一层薄薄的光敏碘化银对照相过程进行试验，通过这种方法所产生的图像质量并不是很好。有一天他将曝光的照片底版放进了一个橱柜中，柜中还有一个破碎的温度计，但当时他并不知道。在第二天取出底版的时候，他惊奇地发现图像已经非常清晰地显现了出来。他花了一些时间才弄明白，原来是汞蒸气使得照片质量产生了明显改善。达盖尔改进了他的照相方法，开始制作"达盖尔照片"。这种照片现在已经成为珍贵的收藏品。

在 19 世纪 90 年代，另一个破碎的温度计导致了人造靛蓝在德国的大规模生产。这种染料是阿道夫·拜尔（Adolf Bayer）在实验室中合成的，但是其商业生产被证明非常困难，因为在生产靛蓝的第一个步骤，即将萘转化为苯酐的过程中必须使用价格昂贵或者危险的氧化剂，如滚烫冒烟的硫酸。当时用来测量这一过程的温度的温度计破碎了，其中的汞掉进了正在发生反应的混合物中，结果就像发生奇迹一样，反应速度突然加快。原来汞是这种化学反应的极佳的催化剂。随之而来的是廉价的靛蓝和蓝色牛仔裤（汞催化剂最终为钒和钛的氧化物所取代）。

虽然汞温度计在发达国家的医院中已经很少见了，但是在发展中国家仍然在普遍使用，并且在医疗诊断和病人监测方面起着重要的作用。然而它们的生产可能会对当地的环境造成污染。在印度南部的兴都斯坦联合利华工厂是印度主要的汞温度计生产商和出口商。在 2001 年 3 月，印度绿色和平组织举行了一次示威游行，抗议当地政府在工业废料处理问题上疏于管理。这个工厂将工业废料卖给了一个废品收购商，后者收购了超过 10 吨的破碎温度计。联合利华的科学家对他的废品存放场地的空气进行了测试，他们在那个地方检测到空气中的汞含量最高值为每立方米 0.02 毫克，低于欧盟的法规所允许的每立方米 0.05 毫克的最高含量。温度计厂的工人的健康没有受到影响。尽管如此，政府还是命令该厂停产，并对其汞污染的情况进行审查。

目前使用汞最多的是氯碱生产行业，它们生产化工企业所需的氢氧化钠和氯气。美国于 2003 年 12 月通过了新《净化空气法》，旨在将氯碱工厂的汞排放量减少到每年 220 公斤。随着老工厂逐渐被淘汰，排放量会进一步下降。在过去，氯碱工厂每年会"损失"200 吨汞，而美国一度有多达 35 家这样的工厂。如今只剩下了 9 家，它们使用大约 3000 吨汞，并且每年仍然需要订购大约 60 吨汞。

当发达国家的化工行业逐渐停止使用旧的氯碱工厂的时候，它们面临着如何处理不再需要的汞的问题。在欧洲，这些汞由其原来的生产商即西班牙国有企业阿马登矿产公司收购。在美国被停产的氯碱工厂将大量的汞投放到市场上出售。有些人争辩说，这些汞不应该卖给中国和印度等发展中国家，而应该由美国政府收购，添加到目前已达 4000 吨的美国国防部汞储备之中。这一汞储备是 20 世纪 50—60 年代建立的，当时这些汞曾用于生产核武器中的浓缩铀。

化工厂一度对汞的处理采取了非常随意的态度，后来它们发现自己陷入了麻烦之中。英国的托尔化工公司曾在马盖特建立了回收利用汞的工厂。检测结果显示，这个工厂的工人被暴露在超过法律允许的汞含量的环境之中。托尔公司关闭了这个工厂，然后在南非的纳塔尔建立了一个类似的工厂。在随后的几年中，在纳塔尔的工厂发生了一系列汞中毒事件。与此同时，美国佐治亚州布伦瑞克市（现已破产的）林登化工塑料厂用非常不环保的方法生产氯碱。它将工业废水直接排入附近的一条小溪。这些废水随着小溪流进了一片湿地之中。在许多年中，林登公司通过这种方法一共排放了 150 吨汞，事实上这个公司违反了所有保护环境的法律。该公司于 1994 年停产，随后申请破产。清除它所造成的污染的费用估计超过了 5000 万美元。这个工厂的总裁，72 岁的小克里斯蒂安·汉森被判处 9 年监禁，其他 6 名公司管理人员也被判刑。

## 有机汞

在上一章我们讨论了金属汞、汞蒸气以及汞的无机化合物对人体的作用，然而汞的最危险的形态还是其有机化合物，因为它可以使人们在不知不觉中受到其毒害。有机汞是指有一个或两个碳原子直接与汞相结合的化合物，如氯化甲基汞和二甲基汞。正如我们将要在下文中看到的，甲基汞最令人担忧的一个特性就是它的流动性。它可以在环境中循环，通过食物链向上移动，甚至毫无障碍地在人体中到处流动。（甲基由一个碳原子和三个氢原子组成，其化学式为 $CH_3$。）

第一个被记录下来的二甲基汞中毒死亡事件于 1865 年发生在伦敦。那年 1 月，当时皇家研究所爱德华·弗兰克兰德（Edward Frankland）教授实验室中的两名助手正在使用钠汞齐与甲基碘发生反应的方法制造二甲基汞。他们完全没有意识到这种做法的危险性。这两名助手中的一名是 30 岁的德国人乌尔里希博士，他于 2 月 3 日被送往圣巴塞洛缪医院，并于 10 天后死亡。另一名助手是 23 岁的 T. 斯洛珀先生，他于 3 月 25 日被送往医院，并在一年之后死亡。这两起死亡事件曾被一些人用来在媒体上攻击著名的弗兰克兰德教授。但是最终事情的真相被透露了出来：那两名助手当时是在一个名叫威廉·奥德林的教授指导下进行这一实验的，并且乌尔里希还曾告诉一个朋友，他的中毒是一起意外事故。他当时将一个装有甲基汞的试管打破了，导致里面的有毒物质洒了出来，结果他和斯洛珀在清理试管碎片的时候吸入了大量的二甲基汞蒸气。

这一事件并没有阻止其他人将二甲基汞用于医疗目的的实验。在 1887 年，研究人员开展了一系列用甲基汞注射液治疗梅毒的实验，他们所使用的是剂量为 1 毫克的 1% 溶液。但是由于对狗的实验表明这种药物极为危险，因此病人在被注射了第一针之后实验就终止了。

就在几年前，美国新罕布什尔州达特茅斯学院的一位女化学家凯伦·韦特汉姆（Karen Wetterham）教授因二甲基汞意外中毒，于1997年6月8日死亡，时年49岁。她在使用核磁共振仪（见书后术语解释）分析化合物的时候使用了二甲基汞。她当时正在研究汞离子与修补脱氧核糖核酸（DNA）的蛋白质之间的反应方式。她配置了将要用核磁共振仪分析的由两种物质组成的溶液，并采取了通常的防护措施：戴了防护眼镜和橡胶手套，并且在通风柜中处理化学材料。但是在1996年8月14日那个灾难性的日子中，当她用吸管从一个小瓶中吸取一些二甲基汞的时候，有几滴掉在了她所戴的一只手套上。韦特汉姆没有立即脱下这只手套，她认为这种手套可以保护自己。但是二甲基汞很快就穿透了橡胶手套，然后穿透她的皮肤进入她的体内。*

直到1997年1月，韦特汉姆才出现汞中毒的最初症状：手指和脚趾有刺痛感、说话口齿不清、走路不稳和视觉障碍。她于1月28日被诊断为汞中毒。血液分析表明，她血液中的汞含量水平为每升4毫克，超过了中毒阈剂量50倍。两个星期之后她陷入昏迷之中，再也没有苏醒。对她的头发的分析表明，她的身体在8月份吸收了甲基汞。至于为什么这种毒药进入她体内那么长时间之后才发挥作用，仍然是个不解之谜。但是人体每天只能

---

\* 研究人员在操作二甲基汞的时候最好在橡胶手套的外面再戴一双耐用的保护性手套。

排出体内甲基汞负荷的 1%，而且这种排毒方法太慢，无法阻止甲基汞在人体中以神不知鬼不觉的方式发生作用。

甲基汞之所以特别危险，是因为它会与半胱氨酸中的硫原子相结合，由此而产生的分子看上去与其他氨基酸没有区别——至少对于身体细胞来说是如此。这些细胞会将其误认为所需的蛋氨酸。汞的这种伪装能力使其能够自由地在人体内穿行，甚至能穿透血脑屏障和血液与胎盘之间的屏障。一旦它进入大脑，甲基就会与汞原子分离，从而将汞从有机汞转化为无机汞，而人体却没有将无机汞排出大脑的机制。一旦甲基汞进入婴幼儿的大脑，它就会使细胞分裂停止，并且阻止微管的形成，从而导致永久性的脑损伤。

除了非常危险的甲基汞外，还有其他有机基团可以与汞结合。如有两个碳原子的乙基，它们的汞化合物虽然远不如甲基汞危险，但是仍然可以置人于死地。化工行业在 20 世纪 20 年代开始生产这种化合物，以用作消毒剂、种子杀菌剂、除真菌剂和除草剂。到了 20 世纪 60 年代，市场上销售的含有乙基汞或苯基汞 * 的专利产品超过了 150 种。这些药物被用作杀菌剂，主要用于防止植物真菌病害的扩散。人们认为它们要比当时已很少使用的甲基汞安全得多。由 2% 的乙基氯化汞溶液配制而成的"西力生"是最为有效的种子杀菌剂之一，它可以预防各种使作物枯萎并毁掉农民生计的真菌病害。世界各地的农民都争相购买用这种药物处理过的种子，因为使用这些种子，作物的产量会有明显的

---

\*　苯基是指与其他离子结合的苯环。

增加。用处理过的种子生产的小麦、大麦、燕麦和玉米只从这种农药中吸收了极少量的汞。

但不幸的是，在发展中国家由于一些村民用通过这种方法处理过的种子做面包而导致了数起大规模的中毒事件。1956年和1960年，在伊拉克有一些处理过的种子进入了自由市场，然后被人们买去制作面粉，结果导致许多人生病。在1971年1月和2月，这个国家又发生了更为严重的集体中毒事件，有6500人被送进医院治疗，460人死亡。在巴基斯坦和危地马拉也发生过类似的但规模较小的集体中毒事件。1942年，在加拿大卡尔加里一个库房工作的两位职员因汞中毒而死亡，在他们的办公桌旁边存放着2万磅（9000公斤）二乙基汞。他们虽然从来没有触摸过这些有毒材料，但还是因汞中毒而死亡。从装有二乙基汞的圆桶中散发出来的毒气是他们中毒的原因。后来对这个库房的检测表明，那里空气中的汞含量几乎达到了每立方米3毫克。在此之前有关部门已经发出了关于这种有机汞危险的警告，但是被当成了耳旁风。

这些警告是在1940年发出的，起因是发生在一名聪颖的16岁英国少年阿瑟·H（医疗记录没有披露他的姓氏）身上的事情。阿瑟在技术中学里学习成绩很好，毕业后他在一家制造含汞的种子处理剂的公司找到了第一份工作。在其开始工作的第五个星期，他发现自己的手指和脚趾有发麻的感觉，随后他行动越来越笨拙，走路的时候脚步也越来越不稳。他的性格发生了很大的变化，变得越来越好斗，并且满口粗话，写出来的字也歪歪扭扭。他被诊断为汞中毒，并被送进医院治疗，而医生却只能束手无策地看着他的病情不断恶化，直到卧床不起，丧失了说话的能力，并且几乎无法进食。最终他的病情开始好转，但是他用了 6 个月的时间才恢复行走的能力，9 个月之后才恢复与他人交流的能力，两年之后他才能够独立上楼梯，但是说话仍然结结巴巴，并且他的笔迹还是歪歪扭扭的。15 年之后他仍然没有完全康复，行走脚步不稳，双手不停地震颤。在 25 年之后依然如此。他再也没有能够找到全职的工作。

有机汞化合物对人体造成伤害的过程非常缓慢，这一点在 1954 年得到了很好的证明。那年 4 月份，一个苗圃园丁使用磷酸二乙汞处理了受到烂茎真菌感染的西红柿苗，他在 12 月才出现了头痛和呕吐的最初症状，在第二年 5 月进一步恶化为四肢麻木。他的症状不断恶化，最终于 1955 年 7 月死亡。

## 有机汞与自闭症

自闭症是一种非常痛苦的心理疾病，每 1 万名儿童中就有 5 名患有此病。男女患者的比例为 4∶1。\*究竟是什么导致一个看上去正常的婴儿患自闭症，这仍然是一个谜，但是在美国有许多人相信汞是导致这种疾病的罪魁祸首。在 20 世纪 90 年代末，有人声称可以导致注意力缺陷综合征、结巴，尤其是自闭症。有些人认为被加入疫苗的一种名叫硫汞撒的保存剂是导致这些疾病

---

\* 在 20 世纪 90 年代，自闭症的患病人数似乎有所增加。但是研究人员在 2004 年发现，这一增长的主要原因是儿童自闭症的正确诊断率的提高。波士顿大学医学院的赫谢尔·吉克（Hershel Jick）分析了美国儿童的各种行为紊乱疾病的诊断率，他发现随着自闭症诊断率的提高，这些疾病的诊断率随之下降。

的元凶。美国疾病预防和控制中心在开展了一项流行病学研究之后，首次报告了硫汞撒与儿童心理发展之间的关系。但是该中心后来承认其分析是有缺陷的。尽管如此，由于国会的一份报告，从 2000 年以后美国的许多疫苗都逐渐用其他药品取代了硫汞撒。日本和大多数西欧国家也采取了同样的措施。

硫汞撒是一种有机汞化合物。有几种由不同的有机基团与汞原子相结合而形成的有机汞。正如我们将要看到的，它们中的一些，如甲基汞，曾经在过去导致过大规模的中毒事件。硫汞撒是一种乙基汞化合物，因此被认为是安全的（见本书所附有关硫汞撒的术语解释）。它是 20 世纪 30 年代由美国礼来医药公司推出的，主要用作兽用疫苗的保存剂，后来也被用来保存人类疫苗。有人声称生产商从来就没有对这种药物做过正规的人类安全性测试。

英国仍然在使用硫汞撒，因为没有任何确凿的证据可以证明它是不安全的。但是父母可以要求给他们的孩子注射不含汞的疫苗。事实上，对泰晤士地区在 1988 年和 1997 年之间出生的 10 万名儿童的医疗记录的分析表明，在使用硫汞撒与自闭症之间没有联系。丹麦对 1990 年和 1996 年之间出生的 467450 名儿童开展的范围更大的调查也得出了相同的结论。在一剂疫苗中所含的硫汞撒不到 5 微克，远远低于有些人认为的危险水平。但是如果按体重计算药量的话，这一含量对于怀孕和正在哺乳的妇女来说已经接近所推荐的最高值。这一含量肯定已经超过了环境保护局的指南中所规定的标准。*

---

\* 英国政府健康部于 2004 年 8 月宣布，不再在疫苗中使用硫汞撒。

令人感到奇怪的是，由艾米·霍尔姆斯（Amy Holmes）所带领的一个路易斯安那州研究小组所开展的一项研究表明，后来被诊断为自闭症患者的婴儿头发中的汞含量要远远低于那些未患自闭症的婴儿。这与他们开始这项研究时所预期的结果恰恰相反：当时他们相信患自闭症的儿童头发中的汞含量要高于正常儿童。霍尔姆斯联系了许多自闭症患儿的父母，并向他们索要了其保存的这些孩子第一次理发留下的胎毛。其中的一些父母将他们孩子的胎毛送给了她。但是霍尔姆斯在分析了这些胎毛后发现它们所含的汞极少。她扩大了调查范围，分析了 94 名自闭症患儿的胎毛，并将其与 45 名非自闭症儿童的头发作了比较。在后一组儿童的头发中的汞含量为 3.6ppm，而自闭症患儿胎毛中的汞含量仅为 0.47ppm。并且她发现自闭症病情越严重的儿童头发中的汞含量越少，在那些病情最严重的儿童头发中的平均汞含量仅为 0.2ppm。

艾米·霍尔姆斯的发现说明了什么？那些相信汞是自闭症诱因的人推测说，那些自闭症患儿由于某种基因缺陷，无法将汞从体内排出，因此他们体内的汞就集中到了大脑中并在那里造成了损害。也许他们是对的。自闭症可能是由父母的忽视、基因缺陷、生病或大脑受伤等原因造成的。在弄清这种疾病的真正原因之前，我们无法排除汞这一因素。尽管如此，所有婴儿在出生时体内都含有一些汞，因为汞是每个人饮食中的一个自然的部分，孕妇也会不可避免地摄入一些，并将其转移到胎儿体中。因为疫苗中含有微量的汞而拒绝给自己的孩子注射疫苗的做法对孩子健康所造成的危险远大于这点儿汞对孩子健康所造成的危险。

## 鱼身体内的汞：一场灾难的前奏

维生素 $B_{12}$ 含有一种名为甲基钴胺的辅酶，这种分子能够使甲基与汞离子（$Hg^{2+}$）或金属原子相结合，形成甲基汞离子（$CH_3Hg^+$）。该离子可溶于水并可为浮游生物所吸收。浮游生物成为小鱼等生物的食物，而小鱼又成为更大鱼类的食物，从而形成了一条海洋食物链。通过一种被称为生物放大的过程，汞的浓度随着这一食物链级别的上升而不断增加。而位于食物链顶端的生物受到汞的毒害最严重。

有些海藻体内的汞浓度可以高出其所在海域水中汞浓度的上百倍。以这些海藻为食的生物能够在其体内积累大量的汞，其含量可达 0.12ppm。在日本水俣湾，一些鱼体内的汞含量甚至高出以上含量的 200 倍，达到 24ppm，而一些螃蟹体内的汞含量则高达 35ppm。但是这并没有阻止人们食用这些海产品。

在 2001 年，美国疾病预防和控制中心宣布，它们所开展的一项调查表明，10% 的美国妇女体内的汞含量高得足以对其体内发育中的胎儿产生影响。美国食品和药品管理局的食物指导委员会与环境保护局于 2003 年 12 月共同发布了有关鱼类体内汞含量的警告。该警告告诫育龄期妇女不要食用鲨鱼或剑鱼，每星期不要食用超过 12 盎司购买来的任何鱼肉或者 6 盎司通过垂钓捕获的鱼类。最受人们欢迎的鱼是金枪鱼，而该警告表明，新鲜的金枪鱼只能每星期食用一次，而罐头金枪鱼则可以每星期食用两次。

鲸肉，尤其是巨头鲸的肉是法罗群岛居民传统的蛋白质来源。但是在 20 世纪 90 年代初，它被认为是导致在那里出生的儿童体内汞水平较高的罪魁祸首。世界卫生组织对 1000 名新生婴儿进行了测试，发现其中 20% 的婴儿体内汞含量超出了国际化学安全计划署所推荐的汞含量最高限度。因此卫生机构发出了怀孕妇女应避免食用鲸肉的警告。

多年来，科学家一直在监测各种鱼体内的甲基汞含量。根据 2002 年的一份报告，鲨鱼体内的汞含量最高，为 1.5ppm；其次是剑鱼，为 1.4ppm。新鲜金枪鱼的汞含量要比前两者低得多，为 0.4ppm，而罐头金枪鱼的汞含量仅为 0.2ppm。

## 水俣湾灾难

最令人费解的大规模有机汞中毒事件是由自然生成的甲基汞化合物造成的，而其中的汞却来自工厂的排放。这一事件于 20 世纪 50 年代发生在日本的水俣湾。水俣湾位于不知火海东岸，是日本南部九州岛的一部分。1907 年，一个名叫野口遵的人创建了后来成为窒素*肥料株式会社的一个化肥公司，并在水俣建立了工厂。工厂的废水被直接排入水俣湾。

在 20 世纪 20 年代，这些排放物对水俣湾的鱼类产生了影响，公司因此对当地的渔民作了赔偿。1932 年，氮肥公司开始生产一种名叫乙醛的化工原材料，而在生产乙醛的过程中需要使用汞。虽然大多数汞在工厂中被回收利用，但是仍然有一些

---

\* 在日文中"窒素"是氮肥的意思。

被排放到了水俣湾并开始在海底的沉积层聚集起来。在 1932 年到 1968 年之间被排放到水俣湾的汞估计总共有 80 吨。在海底的沉积层中，汞含量高达 2000ppm，生活在沉积层中的细菌开始生产大量的甲基汞。这些甲基汞进入食物链并且沿着食物链向上端转移。

灾难即将来临的迹象出现在 1952 年初。当时海湾中开始出现漂浮的死鱼，但是真正引起人们注意的还是食用这些鱼类的海鸟。人们发现它们以怪异的方式来回乱飞，有的甚至从空中掉了下来。接着人们发现生活在海湾附近的猫的行为也变得非常古怪。它们走起路来像喝醉了酒一样跌跌撞撞，嘴里不断地流口水，浑身抽搐，然后逐渐死去。有些猫甚至自己跑进海里淹死了。与此同时，在海边玩耍的孩子可以用手直接从海里捞起似乎已经晕头转向的章鱼和墨鱼。有人报告说狗和猪也得了奇怪的疯病。随后人类也受到了影响。他们不知道自己经常食用的海鲜中含有很高的甲基汞：乌鱼为 11ppm，鲷鱼为 24ppm，螃蟹为 35ppm。

当地的渔民家庭每天都要吃很多鱼，在冬季为每人每天 300克，而在夏季为每人每天 400 克。一个人吃 300 克乌鱼就会摄入3.3 毫克甲基汞。一个人累计摄入 50 毫克这种毒物就会丧失劳动能力，累计摄入 200 毫克就会死亡。当然，在水俣湾中捕获的大部分鱼体内的汞含量没有达到记录的最高值，因此这些渔民在很长时期内并没有受到明显的影响，但是他们摄入的甲基汞已经对他们的身体造成了伤害。

在开始的时候，水俣病被称为"怪病"，人们谈之色变，因为在受其影响最严重的人群中死亡率为 40%。这种病的最初症状为手指和脚趾麻木、手部运动机能失调（在受害者用筷子吃饭的时候，这种症状尤为明显），走路摇摆和说话口齿不清。随着病情发展，这些症状也变得越来越严重，最终导致瘫痪、畸形、进食困难、抽搐和死亡——虽然这些症状可能在很多个月之后才会出现。尸体解剖显示，在大脑的某些区域有结构性损伤。

1956年4月，一个6岁的女孩因出现了各种令人不安的症状而被送进氮肥公司的水俣工厂附属医院治疗。她当时走路跌跌撞撞，说话语无伦次。一个星期之后，她的妹妹以及住在那一地区的其他儿童也都相继病倒了。5月1日，氮肥公司水俣工厂附属医院的院长细川一将这些病例报告给了水俣公共卫生部门。他在报告中说，当地出现了一种影响人类中枢神经系统的不明疾病。当年夏天首次暴发了大规模的甲基汞中毒事件：有52人严重中毒，其中21人死亡。随着越来越多的人患这种疾病，有关近期死亡事件的调查揭示，还有许多被诊断为死于脑炎、梅毒、酗酒或遗传缺陷等原因的人其实也都死于甲基汞中毒。

1956年8月，在熊本大学医学院的主持下成立了一个水俣病研究小组，以调查这一疾病暴发的原因。该小组在10月份报告说，这种怪病是人们在食用了水俣湾中受污染的鱼类和贝类后重金属中毒所致。用从这个海湾中捕捞的鱼喂猫可使其生病。持续食用这些鱼大约七个星期就可以导致"怪病"。当时调查人员还不能确定究竟是哪种重金属导致的中毒，但是他们可以确定污染源是氮肥工厂。该厂的排放物含有汞、铊、砷、硒、铜、铅和锰等元素。一开始调查小组怀疑导致中毒的是锰，后来他们又怀疑是硒，然后又怀疑是铊，但是通过对猫进行的实验表明，这些金属导致的中毒症状都与"怪病"的症状不符。

直到1958年9月他们才找到答案。当时竹内教授在英国的一份医学杂志上发现一篇一家生产乙基汞的工厂中工人在1940年出现与"怪病"类似症状的报告，从而推断出导致"怪病"的是甲基汞。熊本大学研究小组开始用这种化合物对一些猫进行了实验，结果发现这些猫果然得了这种"怪病"。研究人员开始对水俣湾中的海水进行取样分析，结果发现其中的甲基汞含量高得惊人。在氮肥工厂排放口附近海水的甲基汞含量竟高达2000ppm。有些从水俣湾中捕获的鱼体内的汞含量高达20ppm，研究人员还对那些死于"怪病"的猫的器官进行了分析，结果发现甲基汞在其肝脏内的含量为145ppm，在皮毛中的含量为70ppm，而这种物质在普通猫的肝脏和皮毛中的含量分别为4ppm和2ppm。死于"怪病"的人的体内器官尤其是肝脏和肾脏中的汞含量也很高，而他们大脑中的汞含量也高达20ppm。在医院就医的病人头发中也有很高的汞含量，其中一名病人头发中的汞含量高达700ppm。头发是体内汞含量的极佳指标。在水俣湾地区有些没有表现出任何"怪病"症状的人头发中检测出高达100ppm的汞含量。

对水俣病患者进行治疗的第一步就是让他们服用诸如BAL或EDTA（见书后所附的术语解释）等能够与汞离子牢固结合并促进其排泄的螯合剂。如果病人对这种药物作出反应或者显示出康复的迹象，医生就给他们服用大剂量的维生素B，希望通过它来保护未受损伤的神经组织。然而这些治疗方法的作用是有限的，即使是那些能够康复的病人也会留下终身的严重残疾，并且往往会伴有严重的畸形。中枢神经系统一旦受损就永远无法恢复。病人只能无可奈何地接受与震颤、行动笨拙、疲劳、失眠和视力丧失等症状终身为伴的命运。随着时间的流逝，有一些病人的情况有所好转，而另一些人的病情则不断恶化。

1958 年水俣病又一次暴发，121 人受到了严重影响，其中46 人死亡。但是到了 1959 年灾难似乎已经结束了。水俣湾并不是唯一暴发这种疾病的地方。1965 年日本新潟地区暴发了类似的甲基汞中毒事件，有 500 人得病。在这次事件中，甲基汞的来源是位于新潟海湾地区一条河流上游 64 公里处的昭和电工工厂。当地一名医学系的学生听了一个有关水俣病的讲座之后回去告诉他的老师说，新潟大学医院中有一名病人的症状与水俣病的症状完全相符，这才引起了人们对那里的甲基汞中毒事件的关注。海洋生物受到汞污染的事件不仅仅发生在日本。1970 年 4 月，美国国家食品药品监督管理局报告说，从圣克莱尔湖捕捞到的鱼体内的汞含量最高达 1.4ppm，而从未受污染的湖中捕捞到的鱼体内的汞含量为 0.01—0.1ppm。圣克莱尔湖中的汞来自位于加拿大萨尼亚的一个化工厂。所幸的是，该湖中的鱼类在当地居民的饮食中所占的比例并不大。

与此同时，水俣湾氮肥公司拒绝对发生的事件承担责任。这一态度激怒了当地的民众，有大约 3000 名渔民和农民工冲击了该工厂，并与当地的警察发生了激烈的冲突。带头闹事的几个人被逮捕并被判刑。出于政治压力，该公司同意象征性地向当地居民每人支付 100 英镑（儿童每人 30 英镑）的赔偿，条件是接受赔偿的人签署一份文件，声明放弃通过法院起诉寻求赔偿的权利。

氮肥工厂对这一事件并没有采取完全无动于衷的态度。它安装了一个净化装置对其排放物进行净化处理，而政府也禁止出售从这个海湾捕捞的鱼类。慢慢地，情况恢复了正常，以至于在1962年政府解除了禁止在这个海湾捕鱼的命令。氮肥工厂仍然使用以前的方法生产乙醛，而其排放物中所有的汞几乎都在废水处理阶段被清除掉了。然而此时危险并非来自继续被排放到海湾中的汞，而是来自已经沉积在海湾底部的汞。这些沉积物仍然在向海湾的海水中释放甲基汞，而这些甲基汞仍然在不断地进入海湾地区居民所食用的鱼类体内。

氮肥工厂每年仍然消耗数吨汞，据估计，最终有600吨汞被排放到海湾之中。可悲的是，氮肥公司一直对水俣病的研究人员采取不合作的态度，甚至不允许他们对其排放到海湾中的废水进行取样。工厂仍然向海湾中排放废水，直到1968年才停止了乙醛的生产。氮肥公司声称，停止生产乙醛是出于环境方面的考虑，但实际上是因为生产这种化学药品已经无利可图了。后来人们发现该公司早在20世纪50年代末就开展了有关水俣病的研究。他们用乙醛生产过程中所产生的废水对一些猫进行实验，结果这些猫都出现了水俣病的症状。

对于水俣湾地区的居民来说，汞中毒事件远没有结束。环境工作者在这一地区的研究表明，受到甲基汞影响的人的数量非常之多。在有些村庄中，人口的四分之一出现了汞中毒症状——而人们在10年前就已认为这一地区是安全的了。在不知火海附近生活着10万居民，其中有3000人因为受到甲基汞影响而向氮肥公司提出了索赔。

1996 年，这 3000 名水俣病患者放弃了针对氮肥公司的索赔诉讼，而与该公司达成了一笔价值为 8000 万美元的和解协议。他们每人获得了大约 2.5 万美元的赔偿。为这些受害者工作的慈善机构获得了 4500 万美元。最初有 1.4 万人申请赔偿，但是只有 3000 人被正式确认为汞中毒受害者。在大阪，有一个由 58 名平均年龄在 75 岁的水俣病患者组成的群体，他们拒绝放弃诉讼，继续利用法律的武器进行抗争。在 2001 年 4 月，大阪高等法院命令日本政府向这一群体额外支付 250 万美元的赔偿。

也许水俣湾甲基汞中毒事件中最令人不安的一个方面就是它对妇女的影响。中毒严重的妇女失去了生育能力。而中毒不是很严重的妇女仍然可以怀孕，但是会发生流产或者死产。而那些存活下来的婴儿往往带有畸形或者大脑损伤。不仅在水俣湾地区，在整个不知火海沿岸地区都出现了先天性甲基汞患儿。这些婴儿一出生就有身体和智力残疾，其中大约有 40 名患儿只存活了几年。日本有保存新生儿脐带的习俗，这使得研究人员能够分析婴儿出生时体内的汞含量。这些患儿体内的平均汞含量的确高于正常的儿童。当然，甲基汞对胚胎的损害可能在婴儿出生几个月前就发生了。只要母亲食用受到污染的鱼，甲基汞就会通过胎盘被婴儿吸收。即使在出生之后，更多的甲基汞还会通过母亲的乳汁进入婴儿体内。

## 对侦探的观察

如果将汞金属与某些固体物质一起放在臼中小心地用杵研

磨，那么它就会被均匀地稀释在这些物质中。过去的药剂师曾经用这种方法制作灰色药粉和蓝色药片。前者由研磨得很细的汞和白垩粉的混合物组成，可以通过搅拌均匀地分布在牛奶中，而后者则是汞与食糖的混合物，可以被压制成药片。这两种药物都被认为能够有效地治疗便秘，但是它们最初是用来治疗梅毒的药物的一部分。

吸入灰色药粉可使一种完全出人意料的人群——侦探——面临罹患职业病的危险。在 20 世纪的第一个 10 年中，汞中毒成为那些在犯罪现场寻找指纹的侦探经常患有而又很少被诊断出的职业病。灰色药粉是用来显现物体表面指纹的理想扑粉，侦探们用刷子将其大量地涂抹在可能留有指纹的地方。这一方法的关键在于只在物体表面留下很薄的一层粉末，这意味着大多数粉末都飞散在空气中，并且可以被吸入肺中。通过这种方式进入体内的汞很容易粘在肺上并被吸收。

专门寻找并拍摄指纹的侦探和刑侦科学家开始出现慢性汞中毒的各种症状，如多涎、腹痛、失眠、震颤、易怒和抑郁，但是在很长时期内人们并没有将这些症状与其真正的病因联系起来。直到 20 世纪 40 年代人们才意识到这些侦探实际上是患了慢性汞中毒。

# 第四章

# 诗人与毒药

　　汞并不是很理想的谋杀毒药，但是用氯化汞（Ⅱ）投毒实施谋杀是可能的，条件是凶手必须想办法掩盖这种化合物所特有的金属味道。在19世纪，这种被称为升汞的化学药品的溶剂被用作消毒剂以及消灭臭虫的杀虫剂。由于这种药品非常容易获得，因此卫生部门每年都能够收到数千份有关升汞中毒的报告。但是这些中毒多数为意外事件，或者是由于服用这种药物堕胎而造成的。用汞化合物实施谋杀的案件不多，这是因为它们很容易被受害者察觉到，尤其是它们在被服下之后几乎总是会引起呕吐。在这种情况下，它们的金属味道尤为明显，并且通过简单的分析实验就可以确认汞的存在。

　　选择使用这种毒药的投毒者必须使用很大的剂量。通过这种方法可以在一到两天内将被害人置于死地。尽管有以上这些缺点，还是有一些投毒者选择使用这种毒药。在本章中，我将分析三个这方面的案例。在其中两个案例中，投毒者选择了一次性使用大剂量的方法。而在第三个案例中的那位女性投毒者则采取了多次投毒的方法。这起谋杀案因为被害人的特殊身份、谋杀所造成的政治影响以及谋杀者最后一次下毒时所使用的臭名昭著的方法而闻名。

## 约克郡的巫婆

玛丽·贝特曼（Mary Bateman）被人们称为约克郡的巫婆。她想出了一个自认为可以让受害人自己服用致命剂量的汞的计划，结果这一计划却将她自己送上了绞架。贝特曼实施犯罪的时候生活在约克郡的利兹。她通过算命和诈骗她那些容易上当的顾客的钱财为生。她声称能够从一个名叫布莱斯的神灵那里获得超自然的信息，并通过她的嘴向她的顾客提出将他们的钱和可以出售的物品交给她的各种建议。她向她的顾客保证，如果他们按照布莱斯小姐说的去做，很快就会交上好运，他们所得到的会远远多于他们所付出的。

1806 年，38 岁的贝特曼接受了一个名叫威廉·佩雷格的布商和他的妻子瑞贝卡的咨询。佩雷格对自己心悸的毛病感到十分担忧。贝特曼向他传达了来自布莱斯小姐的一个信息：不用担心，这些症状很快就会消失——而后来这些症状的确消失了。在随后的几个月中，这对轻信的夫妻咨询了贝特曼很多次，并且将他们的大部分钱以及许多物品都交给了她。在一次咨询的过程中，贝特曼给了佩雷格一个沉重的而且密封着的包，告诉他这里面装着她曾经保证他们将会得到的财富。但是她不许他们打开这个包，并让他们将其藏起来，只能在紧急情况下才能够打开。佩雷格照着她所说的去做了。佩雷格的妻子将这个包缝在了以前他们藏钱的床垫里面——当时那些钱已经全部被贝特曼骗走了。

1807年，这个约克郡的巫婆认为佩雷格夫妇已经没有什么油水可供她榨取了，而且一旦这对已经穷困潦倒的夫妇决定打开那个包，她的骗局就会暴露。因此她在这对夫妇又一次找她咨询的时候给了他们六包上面写有号码的粉末，并让他们从1807年5月11日星期一起，连续六天往他们的食物中添加这种粉末。她告诉他们，布莱斯小姐预言一个大灾难即将降临到他们身上，而这些神奇的粉末将会为他们消除这一灾难。事实上给他们带来灾难的正是第六包粉末，因为它含有升汞。结果佩雷格夫人吃了掺有这种粉末的食物后就病倒了，并最终死亡；而只吃下少量粉末的佩雷格先生则活了下来。

有证据表明可怜的佩雷格夫人在相当长的时间内一直在服用这种有毒的粉末，因为据记载，她的尸体上布满了由坏疽导致的黑色斑点，并且发出令人作呕的气味，以至于那些处理尸体的人必须不断地抽烟才能够忍受这种恶臭。尽管如此，佩雷格先生仍然向约克郡的巫婆咨询，而后者则对他的妻子去世表示极大的同情，并且提出她很可能是吃了什么东西，从而抵消了她给他们的这种粉末的保护作用。佩雷格接受了这一解释，甚至还将他妻子的衣服送给了贝特曼。尽管如此，他开始对贝特曼的能力失去了信心，而当贝特曼以略带威胁的态度对他说，如果不继续给她钱他就会失明的时候，佩雷格觉得他已经受够了。他回到家里，从床垫中取出那个密封的包裹并打开，结果发现里面装的是一些铅块和报纸。他向当局报告了所发生的事情。当局逮捕了贝特曼，搜查了她的家，并在那里发现了一个装有氯化汞（Ⅱ）的瓶子以及一罐掺有砒霜的蜂蜜。

贝特曼于 1809 年 5 月受审并于当月 20 日被执行绞刑。当她被绞死的时候，有一大群人围观，其中有许多人认为她是一个受难的神奇人物，而不是一个工于心计的谋杀犯。在她被处决之后，当局将她的尸体从绞索上割了下来，供公众参观，并向每个参观者收取一小笔参观费。这些收入被用于支持当地的慈善事业。最终这个巫婆的皮被剥了下来，切成小块，被当作咒符出售。

## 通过美国邮政系统投毒

氰化汞 * 似乎是两种有毒化合物的一种尤为致命的结合。氰化物是一种能够迅速致人死亡的毒药，人们可能会认为氰化汞中致死的因素是氰而不是汞。但是连接汞和氰的化学键非常坚固，因此到底这个化合物中的哪个部分是致死因素，可能最终取决于受害者胃液的酸度。在美国一个著名的投毒案中，这种化学药品导致两人死亡，其中一人死于其中的汞，而另一人则死于其中的氰。使用这一毒药的谋杀犯名叫罗兰·伯尔曼·莫利诺（Roland Burnham Molineux），他当时 32 岁，是美国内战期间著名的将军爱德华·莱斯利·莫利诺（Edward Leslie Molineux）的儿子，并且是纽约上层社会的一员。尽管有着如此优越的社会地位，罗兰·莫利诺仍然是一个谋杀犯。他通过美国邮政系统对他想要谋

---

\* 化学式为 $Hg(CN)_2$。

杀的人投放氰化汞，这是一种很随意的谋杀方法。他的第一次投毒达到了目的，而第二次投毒则不然，但是杀死了一个完全不相干的人。

1898 年 10 月末，家住纽约市的亨利·巴尼特收到了一瓶邮寄来的"库特瑙药粉"并且服用了其中的一些。库特瑙药粉是通过蒸发卡尔斯巴德矿泉水获得的一种被认为可以治疗各种胃病的粉末。在服用之后，巴尼特很快就开始呕吐并出现严重的腹泻。后来他出现了我们现在知道是汞中毒的症状，他的口腔和肾的症状尤其严重。然而给他治疗的医生却作出了白喉的诊断。巴尼特于 1898 年 11 月，也就是他服用免费的"库特瑙药粉"样品 12 天之后死亡。莫利诺谋杀巴尼特的动机是嫉妒——他们两个人都想赢得布兰奇·奇思布罗小姐的芳心。在巴尼特死亡 11 天之后，奇思布罗嫁给了莫利诺。

后来巴尼特收到的那瓶"库特瑙药粉"被送到实验室进行分析，结果发现其中 48% 的成分是氰化汞。几个月之后，警方对巴尼特开棺验尸，结果在他的一些器官中发现了汞，其中肾脏中的汞含量为 56ppm，肝脏和小肠中的汞含量为 20ppm，大脑中也发现了微量的汞。至于巴尼特为什么没有立即死于氰中毒，或许是因为他所喝的溶液不具酸性，又或者因为他的胃容物不具酸性。后一种情况非常罕见，但并不是闻所未闻。事实上，在 1916 年曾经有人试图用氰化钾毒死俄国的那个臭名昭著的修道士拉斯普金，但是他活了下来。氰化物中的致命成分是氰化氢（HCN），而如果没有酸，这种物质就无法产生。

莫利诺认为自己可以在实施谋杀后成功地逃脱惩罚，于是他再次投毒。这次他将一份名叫"艾默生溴塞耳泽"的药品邮寄给了著名的灯笼裤健身俱乐部的经理——身体健壮的哈里·科尼什。科尼什于 1898 年平安夜收到这瓶"艾默生溴塞耳泽"样本，邮件中还附有一个用来放这个药瓶的漂亮的银托架。科尼什把它送给了他的姨妈—— 一个住在中央公园附近的名叫凯瑟琳·亚当斯的寡妇，因为这个银托架与她家中的其他银器非常般配。当时科尼什就居住在姨妈家里。当凯瑟琳于 12 月 28 日上午因为头痛而服用那个瓶子中的"艾默生溴塞耳泽"的时候，科尼什也在场。她在服用这种药物后立即尖叫起来，并且开始痛苦地扭动身体。30 分钟后她就死了。后来通过分析得知，那个瓶子里的药物中含有 42% 的氰化汞。

在溴塞耳泽中含有酒石酸。当这种物质溶解在水中后就会与氰化汞发生反应，产生氰化氢。而凯瑟琳·亚当斯正是死于氰化氢。但是是谁将氰化汞掺入溴塞耳泽瓶中的？他肯定是一个能够获得这种化学药物的人。这个谋杀犯是根据什么选择他的受害人的呢？这两个有毒邮件都是寄给灯笼裤健身俱乐部成员的——巴尼特也是该俱乐部的一个重要的成员。俱乐部的管理人员向警方报告说，他们怀疑是莫利诺干的。莫利诺曾经是这个俱乐部的体操冠军，但是在 1898 年 3 月与科尼什和巴尼特发生争执后离开了那里。后来侦探得知莫利诺在一家油漆厂的实验室担任化学技术员，因此很容易获得包括氰化汞在内的化学药品。这证实了人们的怀疑。

警察的调查最终导致了莫利诺被捕并于 1899 年 12 月 4 日受审。1900 年 2 月，莫利诺被判定犯有谋杀罪，但是这一有罪判决完全是建立在间接证据之上的。1901 年莫利诺向纽约上诉法院提出上诉，法院撤销了一审法院的判决并下令对该案进行重审。在 1902 年 10 月举行的重审中莫利诺被判定无罪。在获释之后他没有继续从事原来的工作，而是成了一名小说家。他甚至创作了一部有关监狱生活的话剧。他的一些作品受到了好评。但是他最终被确定为精神失常并于 1917 年死于疯人院。导致莫利诺精神失常的原因是梅毒。他经常嫖娼，并且被一名妓女传染了这种性病。他的妻子奇思布罗在他去世前几年已经与他离婚。

## 托马斯·奥弗伯里男爵毒杀案

在使用汞实施谋杀的案件中，最著名的一个就是托马斯·奥弗伯里（Thomas Overbury）男爵毒杀案。奥弗伯里曾经四次遭人下毒，但都幸免于难，最后却因为被人使用了含有升汞的灌肠剂而死亡。他在被灌肠之后几个小时就死亡了。汞可以迅速致人死亡。医学文献表明，有人曾经在服用含汞的药物之后死于心力衰竭。很明显，有些人对于这种金属特别敏感，但奥弗伯里并非如此。他至少被人用汞下过一次毒，并且还可能吃过几顿掺有这种毒药的饭，但他都没有被毒死。

尽管托马斯·奥弗伯里男爵是国王詹姆斯一世的"宠臣"罗伯特·卡尔的密友，但他还是于 1613 年 8 月 21 日被国王下令关进了伦敦塔监狱。人们认为国王、奥弗伯里和卡尔这三个人都有同性恋倾向，并且国王与卡尔以及卡尔和奥弗伯里都发生过性关系。但是，国王和卡尔都与女人有着正常的性生活，并且都生育了自己的子女。不过，没有证据表明奥弗伯里曾经与女人发生过性关系。

### 作家奥弗伯里简介

奥弗伯里最著名的作品是在他死后出版的一本名为《人物记》（*Characters*）的书。这本当年的畅销书由 77 个不同类型的人物的短篇素描构成。其中有些在当今社会仍然十分典型。如跟现今的二手车销售员有着很多相似之处的《声名狼藉的马贩子》、热衷于传播恶毒的流言蜚语的《诉棍》等。奥弗伯里笔下最受人们喜爱的一个人物就是《挤奶女工》中那个淳朴、善良的主人公。该书的一部分是奥弗伯里被关在伦敦塔监狱中的时候写成的，其中包括《警官》《狱卒》和《囚犯》等篇。该书中最有争议的一篇是《妻子》，该篇概括了一个完美的伴侣所应具有的各种品质。但同时它传递了一个明显的政治信息，即那个最终成为罗伯特·卡尔妻子的女人——也就是那个谋杀了奥弗伯里的女人——显然不具备一个完美的妻子应有的任何品质。

托马斯·奥弗伯里于 1581 年出生在格洛斯特郡一个名叫"山上伯顿"的小镇。他曾在当地的文法学校受过教育，1595 年秋进入牛津的女王学院，并于 1598 年毕业，获得文学学士学位。毕业后他搬到了伦敦的中殿地区，这里如今是律师们聚居的地区，而在当时却是诗人和廷臣们的家园。奥弗伯里也的确写过一些散文和诗歌，并且取得了一些成功，但是他希望从事的职业是政府官员，并且在伦敦市财政部长办公室谋得了一个职位。1601 年夏，奥弗伯里带着给詹姆斯国王——他当时还是苏格兰国王——的一封重要信件来到了爱丁堡。他在那里第一次遇见了罗伯特·克尔——他当时还只是一个 14 岁大的小侍从。克尔和奥弗伯里一起回到伦敦，并且从此开始了定期的接触。（克尔在移居伦敦之后将自己的名字改为卡尔。）

　　1603 年 3 月 24 日伊丽莎白女王去世，来自苏格兰的詹姆斯六世继承了英格兰王位。这对霍华德家族的命运产生了很大的影响。在过去，他们由于其天主教信仰而备受排挤。但是在新国王的统治下，他们的命运有了很大的改善——特别是当时为北安普敦伯爵的 63 岁的亨利·霍华德和他 42 岁的侄子，即当时为萨福克伯爵的托马斯·霍华德。托马斯娶了凯瑟琳并且生育了一个美丽的女儿——弗朗西丝（Frances）。1606 年，年仅 13 岁的弗朗西丝嫁给了 15 岁的埃塞克斯伯爵，这是一桩为了联合两大家族而缔结的政治婚姻。因为新娘太小了，而新郎还没有完成学业，因此他们结婚后并没有生活在一起。在他们分居的那几年中，弗朗西丝大多数时间都居住在宫中。当她的丈夫于 1610 年 1 月回到伦敦的时候，她已经与亨利王储发生过一段恋情并且爱上了国王的宠臣罗伯特·卡尔。

　　卡尔与国王之间的特殊关系始于 1607 年 3 月 24 日举行的祝

贺国王继位四周年的庆典活动。卡尔在这一庆典活动中的任务是在马背上向国王呈献一枚徽章。他在骑着马走向国王的时候，突然从马背上掉了下来并摔断了一条腿。当时国王就被这个高挑英俊的 20 岁的青年迷住了。在庆典活动结束之后，国王亲自到卡尔的房间去看望他，并且把自己的御医梅耶那叫来给卡尔治疗腿伤。在随后的几个星期内，他多次探望这个年轻人，甚至还花了很多时间教他拉丁文——至少他是这么说的。

不管这对师生之间究竟发生了什么，卡尔已成为国王的一个宠臣，因而有能力帮助他的朋友奥弗伯里。他成功地为奥弗伯里谋得了 600 英镑的年薪，外加一份国王餐桌侍者的职位。这使奥弗伯里得以在餐后的聊天时间与国王接触。奥弗伯里记录下了国王有关宗教、国家政策、男人的美德以及君主的义务等问题的即兴评论。这些记录在奥弗伯里去世很多年后最终以《詹姆斯国王餐桌上掉下的面包碎屑》（*Crumbs Fallen from King James's Table*）的书名出版。1607 年平安夜，卡尔被封为爵士并被任命为卧室侍从（六个月之后，也就是 1608 年 6 月 19 日，奥弗伯里也被封为爵士）。在随后的岁月中，卡尔和奥弗伯里对国王的影响与日俱增，前者成为国王的一名顾问，而后者则经常对前者的建议提出补充。

在 1610 年和 1611 年之间，虽然奥弗伯里得罪了宫廷中包括王后在内的许多人，但是由于受到了卡尔的保护，他仍然一切顺利。卡尔对国王的影响仍然在加深，以至于他在 1611 年 3 月 25 日被封为罗切斯特子爵并在两个月后被封为嘉特男爵。同年 6 月，国王让他负责保管玉玺，因而实际上使他成为其私人秘书。

从此之后，有关国事的重要信件都要经卡尔和奥弗伯里之手才能够到达国王那里。其中有些信件涉及高度机密的内容，如有关王后欠下的巨额债款。但是卡尔将这些信件都给奥弗伯里看了，而奥弗伯里则向他人吹嘘他所知道的事情。王后听到此事之后向财政大臣投诉，结果奥弗伯里被赶出宫廷，派遣到法国去出公差。他在法国待了五个月，于1612年5月回到了英国。那时风头已经过去，王后也已还清了债务。

当时宫廷也需要奥弗伯里帮助卡尔起草重要的信件和文书。奥弗伯里最春风得意的日子即将开始了，但是他回来之后宫廷中发生了一些微妙的变化，而这些变化最终导致了他的毁灭。然而当时奥弗伯里仍然沉浸在获得新的权力和影响的欢乐之中。他开始表现出傲慢和专横的态度——即使对卡尔也是如此，因为他意识到这位国王的宠臣是多么依赖于他。

奥弗伯里和卡尔还与王位继承人亨利王子结下了仇，但是亨利王子在1612年10月得了伤寒*。尽管他服用了沃尔特·雷利的著名的万能药，还是于11月6日不治身亡。雷利的万能药据说能够治愈所有的风寒，但中毒引起的除外。因此王后公开声称，她认为是卡尔和奥弗伯里谋杀了她的儿子。虽然国王拒绝相信她的话，但是王后的怀疑并非毫无根据，因为亨利王子和卡尔都曾经追求过弗朗西丝·霍华德。实际上人们普遍认为王子与弗朗西丝曾经是恋人，但是弗朗西丝后来移情于卡尔。奥弗伯里曾经帮助他的朋友追求弗朗西丝。他帮卡尔写情书并且将其送给弗朗西

---

\* 1885年，一名维多利亚时代的医生将亨利王子的症状诊断为伤寒。

丝。他可能认为这种做法没有什么害处，因为弗朗西丝已经结婚，并且在那个时代离婚是不可能的事情。但是他没有意识到弗朗西丝当时正在考虑做一件别人认为不可能的事情，并且她知道如果夫妻在结婚之后三年内没有通过同床完婚的话，那么他们的婚姻是可以被撤销的。后来每当埃塞克斯伯爵要与她发生性关系的时候，她总是用各种借口拒绝他的要求。

弗朗西丝还曾向安·特纳夫人求助。特纳夫人的丈夫是伦敦的一位成功的医生，他因为发明了一种给当时很时髦的装饰领上浆的黄色淀粉浆并为此获得专利而在社会上享有一定的地位。特纳夫人正式的身份是宫廷的裁缝和服装设计师，但是她还通过她的许多关系提供一些其他的服务。她将弗朗西丝介绍给了当时著名的星相学家西蒙·福曼 *（Simon Forman）。后者向她提供了各种咒符，其中包括一个男人形状的小玩偶。她在这个玩偶的阳具上扎上刺，用以诅咒她的丈夫埃塞克斯；而另一个咒符则由两个相拥在一起呈做爱姿势的玩偶组成，用来对卡尔施加魔法，使他爱上她。后来当奥弗伯里丑闻暴露之后，特纳夫人到当时已经是寡妇的福曼夫人那里取回了弗朗西丝写给她的许多有损其名誉的信件。但是福曼夫人保留了两封对弗朗西丝极为不利的信件，其中一封是弗朗西丝写的，而另一封则是特纳夫人写的。

埃塞克斯伯爵最终放弃了与其妻子完婚的希望，并于 1612 年夏天回到了他的领地，而把弗朗西丝留在了伦敦。在其丈夫离

---

\* 据说福曼曾经在 1611 年 9 月 1 日预测了自己的死期。当时他在餐桌上对在座的各位说，自己将在七天之后死亡。果然，在第七天，他在泰晤士河上划船的时候死于心脏病发作。

开之后，弗朗西丝和卡尔之间的秘密恋情变得越来越热烈，这种情况一直持续到 1612 年 12 月。当时埃塞克斯伯爵再次回到伦敦，决定为与弗朗西丝同床再作最后一次努力。那年圣诞节的时候，这对夫妻又一次睡到了同一张床上，但是他们仍然没有发生性关系。对于弗朗西丝来说，这一次不与其丈夫发生性关系是极为重要的，因为她知道，下个月，也就是 1613 年 1 月，她就可以以未完婚为由提出取消婚姻了。

奥弗伯里意识到这对他来说意味着什么。如果弗朗西丝取消婚姻并与卡尔结婚的话，那么卡尔这个国王的宠臣就会成为霍华德家族圈子中的一员，因而就不再需要奥弗伯里的建议和帮助了。奥弗伯里开始用微妙的方式破坏弗朗西丝及其母亲的名誉。他甚至称弗朗西丝为一个下贱、肮脏的女人，并称其母亲为荡妇。奥弗伯里的所作所为适得其反：卡尔开始与他争吵。有一天晚上，当卡尔回到他的房间的时候发现奥弗伯里正在那里等他，结果他们两个发生了激烈的争吵。

奥弗伯里对卡尔说道："你这么晚到哪儿去了？"——其实他完全知道卡尔到哪里去了——"难道你就离不开那个下贱的女人了吗？"然后他又大喊大叫地威胁说："你要是再这么下去我就不管你的事了！"而卡尔则回答说："没有你我完全可以管好我自己的事！"

那天晚上他们两个不欢而散。但是奥弗伯里所说的是事实，离开了他，卡尔是无法处理他所面临的大量公务的。他甚至让奥弗伯里阅读本来只有国王才能看的文件。奥弗伯里有要挟卡尔的资本，而卡尔也知道这一点。几天之后这两个朋友就和解了。从表面上看他们和好如初了，但是现在卡尔已经在考虑如何摆脱这个惹是生非的奥弗伯里了。

与此同时，弗朗西丝也在策划她自己的除掉奥弗伯里的阴谋。她找到了戴维·伍德爵士，她知道这个人与奥弗伯里有仇，于是出 1000 英镑让他刺杀奥弗伯里。伍德同意这个计划，并说他可以声称奥弗伯里死于同他的决斗。但是他提出一个条件，那就是在他杀死奥弗伯里后，卡尔要保证为他提供保护。计划 A 没有取得成功。

计划 B 比计划 A 更为狡诈，它的最终目的也是除掉奥弗伯里，但是首先卡尔要让国王为奥弗伯里提供一个海外职位，即派遣奥弗伯里到一个遥远的国度担任大使。国王同意了卡尔的提议。4 月 21 日星期三，该计划正式实施。奥弗伯里对此一无所知。当天上午他还对一个同事说，他的"情况比以往任何时候都好"。但是在当晚 6 点钟，他就被逮捕并被押往伦敦塔监狱。

直到坎特伯里大主教乔治·阿博特找到他的时候，奥弗伯里才感到情况不妙。阿博特告诉奥弗伯里，他被任命为驻莫斯科特使。但是奥弗伯里拒绝了这一任命，并且立即找到卡尔，要求解除这一任命，因为严格来说，奥弗伯里自己是不能拒绝这一由国王作出的任命的。卡尔说他可以拒绝莫斯科的这个职位，国王将任命他担任其他职位。那天下午，由钱塞勒勋爵带领的一个使团来到奥弗伯里处并通知他：他可以不去莫斯科，但是必须选择去荷兰的阿姆斯特丹或巴黎的大使馆。而奥弗伯里再次拒绝了这两个任命。当詹姆斯国王得知奥弗伯里的决定之后，就将此事通知了当时正在开会的枢密院。枢密院命令奥弗伯里立即到庭。奥弗伯里于晚上 6 点钟来到枢密院并再次拒绝接受任命，结果他因藐视朝廷罪被关进了伦敦塔监狱。

在奥弗伯里被关进监狱之后，弗朗西丝开始实施计划 C：给他下毒，并且使他看上去像是死于自然原因。后来弗朗西丝被逮捕之后，人们在她家中发现了一张她准备使用的毒药清单，上面列有以下药物：

雄黄

强水

砒霜

升汞

钻石粉

熔凝碳酸钾

大蜘蛛

干斑蝥粉

现在我们知道这些东西分别为：硫化砷（雄黄）、硝酸（强水）、三氧化砷（砒霜）、氯化汞（Ⅱ）（升汞）和氢氧化钾等。干斑蝥粉指的是西班牙苍蝇（Lytta vesicatoria）这种昆虫晒干后研磨成的粉末。而大蜘蛛究竟是什么东西，至今仍然是一个谜。它很可能仅仅是将晒干的蜘蛛研磨成的粉末。

在伦敦市区交易所后面的一条街上，住着一个来自约克郡的药剂师詹姆斯·富兰克林（James Franklin）。他身材高大，体格健壮，长着一头姜黄色的头发。他特意将一缕头发留得很长，让它垂到自己的后背上，并称之为"小精灵鬈发"。但是他满脸的麻坑却非常有损他的形象。弗朗西丝·霍华德和她的同谋特纳夫人找到了这个名声不佳的药剂师（当时人们怀疑他毒死了自己的妻子），以购买上面的清单中所列出的毒药。她们从富兰克林那里买到了一些强水并用一只猫做实验。那只猫"痛苦地挣扎、哀嚎了两天之后才死去"。很明显，这种东西用来下毒是行不通的。而钻石粉也不行，因为她们将这种东西给另一只猫吃了之后没有产生任何作用。

然后富兰克林卖给她们一些雄黄，猫吃了这种药物之后很快就死了，于是她们决定用它来给奥弗伯里下毒。但是她们遇到一个小小的麻烦——奥弗伯里被伦敦塔监狱的典狱长关在一个与世隔绝的牢房，不让他接受仆人的服务，不让他接受探访，甚至不让他收发信件。5月6日，阻碍弗朗西丝谋杀计划的这一障碍被消除了：伦敦塔监狱的典狱长被换成了杰维斯·艾尔威斯。艾尔威斯是花了 2000 英镑并且通过卡尔的关系谋得这一职位的。他就职后所做的第一件事就是使奥弗伯里重新获得仆人的服务。他还允许奥弗伯里与理查德·韦斯顿接触，而后者已经被特纳夫人买通了。韦斯顿告诉奥弗伯里他可以帮他偷偷传递信件，因此奥弗伯里给卡尔写了一封信。他以为卡尔仍然是他的朋友，并相信他一定能够使自己获释。卡尔给他写了一封回信，说他将处理此事。但实际上他什么也没有做。

## 第一次下毒

对奥弗伯里的第一次下毒就发生在艾尔威斯担任伦敦塔监狱

典狱长的当天。弗朗西丝将富兰克林用雄黄配制的一瓶毒药交给了特纳夫人，而后者则将其交给了韦斯顿的儿子并让其转交给他的父亲。5月6日晚，韦斯顿在前往奥弗伯里的牢房的途中见到了艾尔威斯。韦斯顿一只手端着一碗汤，另一只手拿着那瓶毒药，问艾尔威斯说："我现在就把这个给他吃了吧？"艾尔威斯显然不想与此事有什么瓜葛，他劝韦斯顿不要在汤里下毒。结果直到三天之后，也就是5月9日，韦斯顿才将毒药下到奥弗伯里的汤里。

韦斯顿向特纳夫人报告说，毒药使奥弗伯里上吐下泻，但是他最终康复了。特纳夫人命令韦斯顿加大毒药的剂量，虽然这又一次对奥弗伯里的身体造成了很大的伤害，但是仍然没有置他于死地。事实上，奥弗伯里还认为自己如此糟糕的身体情况可能会使国王心软，从而将他释放，因此他又给卡尔写了一封信，让他趁这个机会说服国王。卡尔没有采取任何行动，但回信告诉奥弗伯里说，国王现在很生气，自己无法说服他。后来奥弗伯里的父母来到伦敦请求卡尔设法救出奥弗伯里。卡尔一口答应了，但实际上他还是什么也没有做。

与此同时，奥弗伯里的身体每况愈下。6月14日，一名医生获准前往监狱去给他看病。医生诊断奥弗伯里得了消耗性疾病，并且给他开了一种叫做"金水"的昂贵的万能药。6月份，又有两名医生前往监狱给奥弗伯里看病，其中一名是御医梅耶那——这是奥弗伯里的父母直接向国王请求的结果。梅耶那给奥弗伯里开了一张包含许多种药的处方，而这些药是在伦敦塔附近的一家药店购买的。这个药店的老板在他的学徒威廉·里夫的陪

同下于 6 月 23 日星期三将这些药送给了奥弗伯里。我在稍后还
会提到里夫这个人。

## 第二次下毒

尽管奥弗伯里的身体状况已经很差了，但是他仍然未能从伦
敦塔监狱获释。枢密院将于 7 月 6 日开会，而且国王将参加这次
会议，因此奥弗伯里将其获释的希望寄托在这次会议上。他写信
给卡尔说，他计划服用一些催吐的药粉，使自己的病情看上去更
加严重一些。他让他的这个朋友帮他弄一些来，实际上这又给了
他的投毒者机会。

弗朗西丝和特纳夫人将一些砒霜送给了韦斯顿。从韦斯顿后
来的供述中我们得知，他于 7 月 1 日星期四将这些砒霜掺进了卡
尔送给奥弗伯里的泻药之中。在随后的四天中，奥弗伯里的身体
状况急剧恶化，根据我们的判断，他的症状与砷中毒相符。他
不断地呕吐和腹泻，韦斯顿报告说，他的腹泻次数在 50—60 次。
一名被叫到监狱中去给奥弗伯里看病的医生发现他正发着高烧，
于是就给他洗了一个凉水澡。尽管如此，奥弗伯里仍然高烧不
退，并且还感到极度口渴。奥弗伯里在 7 月 5 日星期一写给卡尔
的信中提到了这些症状：

> （尽管我昨天一天没有吃东西，）今天上午仍然感到浑身
> 发热，并且仍然口渴难当，没有食欲，并且非常奇怪的是，
> 我的尿很多。（……）我担心在我如此虚弱的身体状况下再
> 发一次这样的烧我就会没命。说实话，我从来没有像现在这

样讨厌自己，因为我不能穿任何衣服，一天到晚除了喝水什么也不能做。

奥弗伯里指望枢密院在第二天释放他，但是这个希望落空了。这是一个坏消息。但是还有一个好消息——虽然他自己当时并没有意识到这一点——那就是他在被人下了大剂量的砒霜之后活了五天，这意味着他已经不大可能死于这次中毒了。到了7月份的第二个星期，奥弗伯里慢慢地恢复了健康。弗朗西丝又一次失败了。因为在这个月她有更为紧迫的事情要处理，因此不得不暂时中止计划C。在7月17日星期六她必须忍受屈辱，接受医学检查，以证明自己是处女——如果她要解除自己的婚姻的话，她就必须证明这一点。在检查那天，几个接生婆在几名贵妇人的监督下对头部被布蒙得严严实实的弗朗西丝做了检查（实际上那几个贵妇人因为害羞根本没有看），然后确认她仍然是处女。这一结论与弗朗西丝的名声是如此大相径庭，以至于大多数人都不相信这是真的。有些人说那些接生婆受了贿，另一些人则说那个接受检查的年轻女人根本就不是弗朗西丝，而是一个替身。由国王为调查埃塞克斯伯爵的婚姻问题而专门建立的婚姻解除委员会对这一看上去无可辩驳的未完婚证据也并不十分认可。这个由10名成员组成的委员会有5名成员赞成解除婚姻，而包括委员会最重要的成员坎特伯里大主教在内的另外5名成员则反对解除婚姻。

即使第二天国王亲自来到委员会，明确表达了自己认为的应该解除她婚姻的看法，委员会的投票结果还是5票赞成，5票反对。因此国王宣布委员会休会，等到9月16日再进行下一次投票。而在此之前，国王又任命了两名他知道会赞成解除婚姻的委员会新成员。

与此同时，奥弗伯里的父母对其儿子的情况越来越担忧，并正在为其获释而努力。他们又一次找到了卡尔。而卡尔则又向他们保证将尽其最大的努力。卡尔告诉他们说，奥弗伯里正在接受最好的治疗，通过自己的关系，奥弗伯里的姐夫于7月21日星期三去监狱里探望了他。但是那时奥弗伯里又一次被下了毒。

## 第三次下毒

用砷下毒已经失败了，于是弗朗西丝决定试一试升汞。她将这种毒药掺进了特纳夫人做的果子馅饼之中，并于7月19日让韦斯顿带进了伦敦塔监狱。同时她还给艾尔威斯附了一封信，告诉他不要品尝那些食物，也不要把它们送给他的家人。它们只能送给奥弗伯里，因为里面藏着"信件"。后来这些密谋者承认，"信件"是代表毒药的暗语。由于奥弗伯里经常将他不想吃的东西送给典狱长或他的妻子，因此这一警告是必要的。弗朗西丝的信上写道：

> 先生，请你等到晚餐的时候再把这些东西给他。请你将我现在送给你的这些馅饼替换原有的那些。在4点钟的时候我将收到一份果冻，然后我会把它送交给你。不要品尝这些馅饼和果冻，但是你可以喝我送过去的葡萄酒，因为我知道

酒里面没有信件。请你等到夜晚再做此事。

那些有毒的馅饼和果冻产生了戏剧性的作用。考虑到奥弗伯里的身体还没有从砒霜中毒中恢复过来，这并不值得奇怪。关于这次中毒，我们在历史资料中找到了来自当天的独立的证据：当时在伦敦塔监狱工作的托马斯·布尔在他于 7 月 20 日写的一封信中报告说："奥弗伯里仍然被关在监狱的牢房中，身体情况非常糟糕。"第二天奥弗伯里的姐夫约翰·立德科德爵士听说他的病情恶化，于是从枢密院获得一份许可，得以到监狱中探望奥弗伯里，并起草他的遗嘱。7 月 21 日星期三，立德科德发现狱中的奥弗伯里"躺在床上，身体非常虚弱，双手干燥，说起话来有气无力"。枢密院在允许立德科德探视奥弗伯里的时候提出一个条件，那就是在探视的过程中典狱长必须全程在场。尽管如此，立德科德还是与奥弗伯里私下交谈了几句。奥弗伯里问立德科德，卡尔是否在捣鬼，而立德科德则回答说，据他所知，卡尔还是可靠的。尽管这段对话非常简短，但还是让典狱长听到了，他立刻将此事报告给了他的主子。结果立德科德探望奥弗伯里的许可被取消了。

立德科德开始产生怀疑，他发现卡尔对他的这个旧日的朋友采取了两面派的手段。他偷偷地将这一发现告诉了奥弗伯里，并建议他给霍华德家族中有权势的成员写和解信，请求他们帮助。奥弗伯里采纳了立德科德的建议，写信给亨利·霍华德说，他对于他过去的所作所为非常抱歉，并且保证在他出狱之后"将对您忠心不贰"。这封信最说明问题的不是其内容，而是奥弗伯里的歪歪扭扭的笔迹。这是汞中毒的典型症状。

奥弗伯里还写信给弗朗西丝的父亲萨福克勋爵求和。同样，这封信最引人注目的地方不是其内容，而是其中的一个脚注："大人，请原谅我信纸上的墨污。我由于身体虚弱，手已经拿不稳笔了。"但是他所做的这一切都无济于事。典狱长于8月27日星期五下令阻止奥弗伯里的一切对外书信联络。奥弗伯里被关进了一个更小的牢房之中，只有韦斯顿能够与他接触。他的仇人即将对他进行最后一次下毒。

## 最后一次下毒

到了9月初，奥弗伯里变得越来越绝望。他决定再为影响卡尔作最后一次努力。为此他写了一封很长的信，详细列举了他为卡尔所做的一切，并威胁说，他将揭露有关卡尔的"另一种性质的"事情。他在信的结尾写道，在9月7日星期二他写了一篇很长的文章，其内容涉及他和这位国王宠臣之间所发生的非常有损名誉的事情。他已将这篇文章用八个信封封好寄给了一个朋友，并告诉他，一旦自己遭遇不测，就打开这封信。奥弗伯里最后写道："我已经准备好了，如果你要用这种恶毒的手段来对付我的话，那么无论我是死还是活，你都将遗臭万年。"

虽然卡尔收到了这封信，但是我们仍对这封信中提到的那篇文章一无所知。奥弗伯里是否真的写了那样一篇文章呢？很可能没有。无论如何，没有韦斯顿的帮助，他是不可能将其交到第三者手中的。我们几乎可以肯定奥弗伯里是在虚张声势。但是对于那些谋害奥弗伯里的人来说，很明显已经到了必须杀人灭口的时候了。他们必须再次对奥弗伯里使用升汞，而这次所使用的剂量必须足以致命，并且必须以灌肠剂 * 的形式注入他的体内。韦斯顿与富兰克林在塔山地区的白狮酒吧会面，富兰克林告诉了韦斯顿对奥弗伯里下毒的阴谋：他们给了那个药店老板的学徒威廉·里夫 20 英镑，让他将毒药掺进奥弗伯里的灌肠剂中。对于像里夫这样一个年轻的学徒工来说，20 英镑已是很大的一笔钱，相当于今天的 1 万英镑（2 万美元）。

1613 年 9 月 13 日星期一和 9 月 14 日星期二这两个晚上在历史上有详细的记录。星期一，伦敦塔监狱的典狱长被告知有人试图再一次对奥弗伯里杀人灭口。艾尔威斯用一种非常幼稚的方法将这一秘密泄露了出去，以至于两年之后在对他的审判中，这成了对他极为不利的证据。当伦敦塔监狱中的一名囚犯死亡之后，他所在牢房中的东西——并且只有在这个牢房中的东西——就归典狱长所有。艾尔威斯知道这一点，并且他还知道，当奥弗伯里被从一个大牢房中转移到他现在所关的小牢房的时候，他将许多东西，尤其是一套昂贵的衣服，留在了大牢房中。艾尔威斯在星期一把这些东西从大牢房拿到了奥弗伯里所在的小牢房之中，第二天这些东西就归他了。

威廉·里夫在星期一来到监狱，为奥弗伯里配制灌肠剂并将其注入他的体内。当天晚上奥弗伯里的病情慢慢恶化，在夜间他

---

\* 慢性便秘是监狱生活的一个特征。正如奥弗伯里所发现并在其短文《囚犯》中所描述的："无论一名囚犯在入狱之前的身体状况如何，在进监狱之后都会变得易怒和忧郁。因此他每个小时都必须吃一些药来排便，因为他的大便又臭又硬。吃了泻药之后，他每天要排 5—6 次，这使他的身体极为虚弱。"

不断呻吟，无法自控。到了天亮时分，他的情况明显地急剧恶化。早上 6 点 45 分的时候，他说要喝一杯啤酒，当韦斯顿将啤酒取来的时候他已经死亡。

典狱长立刻将此事通知了北安普敦伯爵。后者回复说，如果尸体"腐烂"的话就立即埋掉，如果还可以看，那就允许立德科德去看一下。艾尔威斯叫来了一名验尸官，而后者召集了一个由 6 名狱卒和 6 名囚犯组成的陪审团。他们发现奥弗伯里的尸体只剩下了皮包骨头并且发出让人难以忍受的恶臭。他们报告说，奥弗伯里的肩胛骨之间有一个黑色的溃疡，左臂上有一处溃烂，一只脚掌上敷着膏药，腹部有一些豌豆大小的呈琥珀色的水泡。他们的结论是自然死亡。当天下午 3 点 30 分，也就是死亡不到 9 个小时后，奥弗伯里就被匆匆地埋掉了。他们在星期二没有能够找到立德科德，而当立德科德星期三来到伦敦塔监狱的时候，奥弗伯里早已被埋葬。他感到无比愤怒，拒绝支付埋葬的费用。

## 算总账

对于弗朗西丝而言，情况非常乐观：不仅她所憎恨的奥弗伯里已经死了，而且在奥弗伯里死后的那个星期六重新开会的婚姻解除委员会也即将解除她与埃塞克斯伯爵之间的婚姻。国王命令该委员会只做出一个是否解除婚姻的简单的决定，从而阻止其就这一问题开展公开的辩论。委员会的表决结果是 7 票赞成，5 票反对。弗朗西丝最终摆脱了这个婚姻的束缚。三个月后，也就是 1613 年 12 月 26 日，她和当时已成为萨默塞特伯爵的卡尔举行了一个由王室成员参加的奢侈的婚礼。同月，奥弗伯里的《妻子》的第一版在伦敦出版，并且立即被抢购一空。在一年内它被重印了五次。

1614 年开始的时候霍华德家族的情况还非常好：他们的权势达到了顶峰。但是他们即将遭到一系列始料未及的改变其命运的打击。在 3 月份，霍华德写给教皇的一封具有叛逆内容的信件被揭发出来，从而结束了他的政治生命。但是这对他来说已经不重要了，因为这时他由于大腿做手术后伤口感染已经奄奄一息，并于当月死亡。在霍华德死亡之后的重组政府中，萨福克成为财政大臣，而卡尔也担任了宫务大臣。这名国王宠臣的权力达到了顶峰。与此同时，随着《妻子》的畅销不衰，有关奥弗伯里离奇死亡的谣言开始流传开来。

当时还没有人怀疑弗朗西丝和卡尔与这起谋杀案有关。但是他们遇到了一个更为严重的威胁：国王喜欢上了一个名叫乔治·维利尔斯的英俊的年轻人。在那一年维利尔斯逐渐取代了卡尔的宠臣地位。18 个月之后，也就是 1615 年 6 月，发生了一件具有戏剧性的事件，使奥弗伯里毒杀案东窗事发。被德洛贝尔送往荷兰副拉兴市的威廉·里夫得了一场病，他以为自己马上就要死了，于是决定坦白自己的罪行。这一情况被公之于众，并被英国驻布鲁塞尔领事告知了伦敦的国务卿拉尔夫·温伍德爵士。

当时正与一些朋友以及特纳夫人一起住在乡下的卡尔和已怀孕三个月的弗朗西丝*还对此事一无所知。当他们回到伦敦之后很快就听说了里夫的坦白并意识到了自己的危险处境。卡尔派他

---

\* 她于 12 月 1 日生下了一个女婴。

的仆人到奥弗伯里以前的仆人那里取回了他写给被关押在伦敦塔监狱中的奥弗伯里的所有信件，他为此支付了这两个仆人 30 英镑的报酬。后来艾尔威斯在一个晚宴上喝醉了酒，透露说他从一开始就知道奥弗伯里是被毒杀的，而当时恰好也参加了这个晚宴的温伍德将此事报告了国王。国王命令艾尔威斯就其在这个事件中所扮演的角色做出书面供述，后者于 9 月 10 日照办了。于是国王命令成立一个由大法官科克带领的委员会调查奥弗伯里之死，而那些被怀疑参与此案的人都被逮捕。

10 月 19 日，对韦斯顿的审判在伦敦的行会大厅举行。一开始，韦斯顿拒绝做出有罪或是无罪的声明，这意味着陪审团无法就此案做出裁决。于是法庭对韦斯顿施加了肉体和精神的压力，包括让伦敦市的主教对他进行讯问。最终，韦斯顿于 10 月 23 日决定接受审判，他被认定有罪，并于两天后在泰伯恩被绞死。但是韦斯顿的绞刑执行过程一度被打断：立德科德带领一群朋友骑着马来到绞架前，要求韦斯顿公开承认他的罪行。（为此立德科德和他的朋友被罚了款。）

11 月 7 日，特纳夫人出庭受审，而对她的审判使得福曼邪恶的巫术——包括他制作的一对呈性交姿势的男女玩偶——以及他记录名人之间性丑闻的笔记得以曝光。（据说这本笔记中也提到了科克法官的妻子，因而没有被作为证据采纳。）特纳夫人于 11 月 14 日被绞死。在执行绞刑的时候，刽子手穿戴了一套用纸做成的黄色领口和袖口——正是特纳夫人使这些东西成为当时的流行服装配饰的。这一讽刺性的穿戴是科克法官建议的。11 月 16 日，艾尔威斯受审，被认定有罪，并于 11 月 20 日在塔山被执行绞刑。接下来是提供毒药的药剂师富兰克林，他于 11 月 27 日受审并于 12 月 9 日被绞死。

对弗朗西丝和卡尔的审判分别于 5 月 24 日和 25 日在威斯敏斯特大厅举行。弗朗西丝承认有罪——事实上她在 1 月份就承认了自己的罪行——并被判处绞刑。卡尔否认自己有罪。他的审判持续了一整天。国王担心卡尔会利用这次审判透露有关他私生活的一些细节，于是就派了两个用布将脸遮得严严实实的人站在卡尔的身边，以便在需要的时候捂住他的嘴。但是审判是在弗朗西斯·培根爵士的有效掌控之下进行的，他确保在整个过程中不会发生需要捂卡尔的嘴的情况。即便如此，审判还是持续了 13 个小时。在挤得满满的法庭上，有很多人因为支持不住而晕了过去，而卡尔本人却表现出了非常沉着冷静的态度。面对培根技巧高超的起诉，卡尔的辩护根本就不堪一击：他被认定有罪并被判处死刑。

弗朗西丝和卡尔都没有为其罪行付出生命代价。弗朗西丝于 1616 年 7 月 13 日被赦免，而卡尔则直到 1625 年才被赦免。这对夫妇一直被关押在伦敦塔监狱中，直到 1621 年才被释放——条件是他们在获释后必须在一起生活。出狱后他们虽然生活在一起，但是互相之间很少说话。弗朗西丝死于 1632 年，而卡尔则死于 1645 年。

那个最终毒死奥弗伯里的年轻人的命运如何呢？威廉·里夫当时对死亡的担心是没有根据的。他后来恢复了健康并且回到了英格兰，但是他从来没有受到起诉。

那么究竟是谁策划了毒死奥弗伯里的阴谋呢？有许多人都

希望置他于死地，不同的作者将其死因归结于其中一些人的恶意。查尔斯·麦凯（Charles Mackay）在其《公众不同寻常的谬见》（*Extraordinary Popular Delusions*）一书中认为，卡尔是罪魁祸首。特伦斯·麦克劳林（Terence McLaughlin）在《懦夫的武器》（*The Coward's Weapon*）一书中将矛头指向王后，他认为王后利用自己对御医梅耶那的影响确保那份致命的灌肠剂被注入奥弗伯里的体内。麦克劳林认为，梅耶那在所有审判中都没有出庭作证，这一点很说明问题，其原因就在于他知道的太多了。威廉·麦克尔威（William McElwee）在《在基督教世界中最聪明的一个傻瓜》（*The Wisest Fool in Christendom*）一书中甚至怀疑国王也参与了这个阴谋。有关这一事件最为彻底的研究是安妮·萨默塞特（Anne Somerset）所写的《反常的谋杀：詹姆斯一世宫廷中的毒药》（*Unnatural Murder:Poison at the Court of James I*）一书。她得出结论说：虽然弗朗西丝可能是有罪的，但她肯定是在卡尔的指使下下的毒。事实上，在该案中唯一一个可以确定的嫌疑犯就是弗朗西丝，而她本人也承认了自己的罪行。卡尔无疑是事前从犯，他的行为表明他希望这一谋杀发生并且还怂恿他的情人去实施这一谋杀。而弗朗西丝则心甘情愿地遵从了他的意愿。

# Arsenic

# 砷

# 第五章

## 无所不在的砷*

砷具有悠久而又臭名昭著的历史。其名称本身似乎就暗示着它是一种极为令人憎恶的东西。这种物质似乎最早是由阿尔伯特斯（Albertus the Great，1206—1280 年）分离出来的，但是直到几个世纪之后它才被确认为一种元素。根据《牛津英语词典》（*Oxford English Dictionary*），"砷"的英语单词 arsenic 最早出现在 1310 年。到了 14 世纪末，这个词肯定已经众所周知，因为乔叟（Chaucer）在他于 1386 年所写的《坎特伯里的故事》（*Canterbury Tales*）中提到了它。这个教士侍从的故事包括以下句子：

> 没有必要将这些东西一一列举：
> 红色的水、牛的胆汁、
> 砷、盐卤和硫磺，
> 如果我想浪费你们的时间的话，

---

\* 有关这一元素更为详细的技术信息，请参考本书后所附的术语解释。

我还可以列出各种草药。

其中的盐卤就是氯化氨。在该故事的后面他又提到了作为炼金术四大要素之一的雌黄（硫化砷，化学式为 $As_2S_3$）。当时人们知道砷是可以致人死命的，正如以下这首据说是由神秘的巴西尔·瓦伦丁（见第一章）于 1604 年所写的一首诗中所描述的：

> 我是一条邪恶的毒蛇，
> 但是如果通过巧妙的方法
> 将我身上的毒性去除的话，
> 我又可以治愈人畜的各种可怕的疾病。
> 人们对我一定要正确使用，倍加小心，
> 否则我将发挥毒性，
> 刺穿很多人的心脏。

古罗马人以及同时代的中国和印度人都了解各种含砷的物质。中国人用它们来消灭苍蝇和老鼠，印度人用它们保护纸张免受蠹虫的侵害。古罗马作家迪奥斯科里德（Dioscorides，公元 40—90 年）写了一本名为《药物志》（*De Materia Medica*）的书。该书列举了数十种药物，其中主要是草药，也包括一些矿物质，如雌黄和雄黄——这两种物质都是自然界中存在的硫化砷：前者据说能够治疗"赘生物"，即疣以及皮肤上长的其他疹子或疖子之类的东西。但是作者警告说，使用这种药物可能导致脱发。后者作者推荐用来治疗"浓痰"。他写道，将这种物质与松脂混合在一起加热，吸入由此而产生的烟，可以治愈咳嗽和哮喘。

虽然如今砷危害人类健康的事情很少发生，但过去它曾经危害过无数人的生命。在过去的那个时代，它曾经被普遍认为是一种有益的物质，甚至被当作补品定期服用。然而，虽然医生们经常给病人开这种药物治疗各种疾病，但是他们已经开始对其广泛的使用提出质疑。1880 年，伦敦医学会公布了一个当时市场上出售的所有用含砷物质染色的产品的清单，这个清单包括的产品非常广泛。例如，如果你在晚上玩牌的话，那么不仅你所玩的牌上可能含有砷，牌桌上面的绿色台面呢上肯定也有。你房间墙上的壁纸以及你的百叶窗和窗帘都可能是用含砷的颜料印刷或染色的。你家的地毯、孩子所玩的玩具，甚至壁炉上摆放的假花的叶子都可能用了含砷的绿色颜料或染料。砷的确无所不在。

## 人体中的砷

用不含砷的饲料喂养的鸡不能正常生长。因此看来这一元素在动物——至少是鸡，也许还包括人类——的发育方面起着一定的作用。即便如此，我们对砷的需要量也非常之小，也许每天仅为 0.01 毫克，但是我们的身体实际摄入和耐受的量要比这大得多。一个体重为 70 千克的普通人的身体内含有大约 7 毫克的砷，也就是 0.1ppm 的水平。我们的血液中的砷含量要低于这个水平，骨骼中的含量则高于这个水平，而头发中的含量一般为 1ppm 左右。

即使微量的砷对于人体是不可缺少的，并且在我们日常的饮食中也是不可避免的，但是我们仍然知道，人体内的砷含量只要稍微高出正常值就会产生有害的作用——尽管我们还察觉不到其症状，而如果高出正常值很多的话就会致命。所幸的是，我们的身体会发现多余的砷并将其作为有毒物质快速排出。但是适当的量到底是多少？我们的身体能够耐受多少砷而不会出现任何症状？而摄入多少砷才会使我们生病？摄入多少砷会导致死亡？对于以上这些问题的回答在很大程度上取决于个人的身体状况。很明显，相对于成人而言，儿童的耐受量要小得多；而相对于健康人来说，身体虚弱者的耐受量也要小得多。250毫克的剂量对于大多数成年人来说是致命的；我们还知道这样剂量的一半也曾致人死命。但是对于有些人来说，500毫克的剂量也不会对他们产生任何作用，当然，条件是他们曾经锻炼过其身体对砷的耐受能力。

肝脏能够快速排除体内的砷，其排除速度足以清除我们每天摄入的多余的砷，但是突然摄入大剂量的砷就会导致麻烦。人体对此的第一个反应就是通过非常剧烈的呕吐和腹泻尽快排空肠胃。中毒者会严重脱水，皮肤又冷又湿；他们很快就会昏迷不醒，在一两天之内就会因心力衰竭而死亡。较小的剂量可能会导致以上症状，但是中毒者最终会活下来并且恢复健康，而不会留下什么后遗症。如果及时服用解毒药，即使大剂量的砷可能也不会致死——参见书后所附的术语解释。

砷可以通过皮肤、肺或胃进入体内，但是如果投毒者想要置其受害者于死地的话，那么他们必须让砷通过胃进入其体内。砷从胃部可以进入血液循环系统，然后通过血液被传输到身体的各个部位，很快进入肝脏、肾脏和肺。最终它会渗透到人体包括骨骼、头发和指甲的所有组织之中。在头发中，它与头发的组成物质角蛋白分子中的硫原子结成牢固的化学键，这就是为什么一般人头发中都具有较高的砷含量，同时也解释了为什么对头发的分析可以明确地显示一个人砷中毒的程度。

正常人摄入致死剂量的砷之后的第一个症状就是呕吐。这种症状在摄入后 15 分钟之内就会出现，但是也可能会延迟好几个小时——这取决于中毒者胃中食物量的多少。不幸的是，呕吐反应开始得太晚，因而无法排除已经被吸收到机体内的砷，但是可以排出胃中尚未被吸收的大剂量的砷。最初的呕吐并不能使症状缓解，不久之后呕吐又开始了。中毒者会感到口渴，口腔和咽喉疼痛，并且会出现吞咽困难。但是喝水并不能缓解口渴，并且会使呕吐变得更为剧烈。胃部变得非常疼痛，并且对压力非常敏感。

接下来人体试图通过腹泻排出毒药。腹泻始于摄入毒药之后大约 12 小时。最终大便会呈水样，腹泻过程仍然会持续，直到出现一种叫作"里急后重"的状况，即想要排便而又排不出任何东西的感觉。人体还通过肾脏和尿液排出砷，但这一排出过程可能是间歇性的，这就是为什么人们在怀疑砷中毒的时候，不能只通过一次尿液检测阴性就排除这种中毒的可能性，而是至少应该做两次尿液检测。对身体危害最大的是已经进入血液循环系统的砷，其中大多数会通过尿液排出体外。通过这种方法，小剂量的砷基本上可以在两天之内排出体外，而大剂量的砷则很可能会累积在体内。砷在体内累积所产生的一个明显的后果就是肌肉痉挛，尤其是腿肚子。要把砷全部从体内排出需要大约 14 天的时间，但是其中大部分在两周之内就被排出了。

在急性中毒的情况下，中毒者的身体状况会急剧恶化，并出现典型的休克症状：脉搏急促、微弱，皮肤苍白湿冷。死亡一般发生在中毒后 12—36 个小时之内；但有些可怜的人在痛苦地挣扎四天之后才死去。如果中毒者迅速死亡，那么可以在他的肝脏中检测出大量的砷，有时可高达 120ppm。但是如果在中毒后存活超过一天，那么他体内的砷水平就会降至 10—50ppm。在第八章我们将会看到，有一个人在摄入了致命剂量的砷之后存活了三天。在对他进行尸体解剖的时候发现他的肝脏中只含有少量的砷。

摄入少于致死剂量的砷所导致的症状没有一个是砷中毒所特有的。它们都是普通食物中毒可能导致的，例如，呕吐、腹泻、腹痛、口渴和舌苔增厚。正是由于这个原因，医生们很少能够诊断出砷中毒，砷也被一些谋杀者看作完美的毒药——直到化学的发展破坏了他们的美梦。

由长期受到工业含砷烟雾或粉尘污染或者服用含有小剂量砷的药物所导致的慢性砷中毒会导致皮肤病变。短期的砷中毒可能会使肤色改善，但是随后皮肤上会出现棕色的斑块。慢性砷中毒的特有症状就是手掌和脚掌皮肤增厚。长期服用含砷药物还会导致疲劳、易怒、食欲不振、消瘦、眼睛发红、多泪以及其他一些症状。但是在一开始的时候情况恰恰相反，就好像砷具有滋补的作用。小剂量的砷可以加速为细胞提供能量的化学过程，因而可以用作兴奋剂，它甚至可以使马跑得更快。一些不道德的赛马训练师通过给赛马服用砷的方法提高其获胜的概率。如果在一匹赛马的尿液中检测到超过 50ppb 的砷的话，那么就可以确定它服用了砷这种兴奋剂。

砷化合物可以刺激身体的新陈代谢，从而产生滋补的作用。例如，砷离子（$AsO_3^{3-}$）可以形成能够加速氧化反应的砷化合物分子，从而促进氧化磷酸化过程。据观察，服用含砷药物可以增加体重。因此在 20 世纪有人曾通过在饲料中添加洛克沙砷（苯胂酸）*的方法增加猪和禽类的产肉量。只要在屠宰前一个星期停止喂食这种添加剂就可以使这些动物排出其体内残留的砷。

## 植物和食物中的砷

根据美国国家环境保护局发布的标准，人体每天可摄入每千克体重 14 微克的砷而不会造成可以察觉的影响。也就是说，一个体重为 70 千克的普通成年人每天可以摄入 1000 微克的砷而不会受到其影响。实际上，人们从普通饮食中摄入的砷要远远低于这个值，在每天 12—15 微克里。而人体的砷的排出量也在这个范围里。然而在日本，由于人们大量食用富含砷元素的鱼类和贝类，因此人体的砷日平均摄入和排出量要超过 140 微克。但即使这个量也远远低于美国国家环境保护局的最高限量。

---

\* 化学式为 $C_6H_5AsO_3H_2$。

海水中的砷含量只有 0.024ppm。尽管如此，一些海洋生物可以在其身体内富集很高水平的砷。在水环境中，有些藻类和蓝菌可以使砷甲基化，在它们被虾类食用，虾类被鱼类食用，然后鱼类又被人类食用的过程中，它们体内的砷就会顺着食物链向上转移。但是砷含量是呈递减趋势的。尽管如此，一些可食海洋生物体内的砷含量还是高得惊人：牡蛎为 4ppm，贻贝为 120ppm，而海虾则高达 175ppm。即使食用这些生物的鱼体内也可能有很高的含砷量，如比目鱼为 4ppm，但是大多数鱼只吸收微量的砷。海草也富含砷。在苏格兰偏远的被罗纳德西岛上有一种羊只吃海草，而它们似乎很健康。

有些植物在含砷的土壤中生长得很好。有一种叫作蜈蚣草的蕨类植物生长非常迅速，还会吸收土壤中的砷。人们经常发现它生长在砖墙上，可见其生命力之强。这种喜砷的植物也许可以用来净化受到砷严重污染的土壤，因为它可以吸收高达其本身重量 2% 的砷。这一神奇的能力是佛罗里达大学土壤化学家列那·马（Lena Ma）带领的一个研究小组发现的。他们发现这种植物甚至可以从砷水平很低（例如 6ppm——许多土壤的正常值）的土壤中吸收这种元素。它被种植在砷含量为在 100ppm 的土壤中之后不仅可以吸收更多的砷，而且长得也比在通常的土壤中大 40%。

可以受益于蜈蚣草种植的一个典型的地区就是英格兰的康沃尔郡。正如我们将在下一章中所要发现的，由于某种原因，该地区是世界上主要的土地砷化地区。在这一倒霉的地区，有些小溪的沉积层中砷含量高达 900ppm，而花园的土壤和农田中的砷含量也与此相似。（英国政府推荐的标准的上限是 40ppm。）在居室的尘土中也含有砷。在康沃尔郡的某些村庄中，人们从尘土中吸入的砷可达每天 35 微克。但是即使在含砷量高达 1% 的土壤中生长的蔬菜，其所吸收的砷也很少，内部的砷含量远远低于食物砷含量安全标准的上限。另一个可以受益于蜈蚣草的地区是位于新西兰瓦欧陶波温泉以南的里坡罗地区。在那个地区的土壤和牧草中所含的砷足以使在那里吃草的牛中毒。瓦欧陶波的香槟池塘（Champagne Pool）也富含砷元素。

蘑菇也能够吸收许多砷。有一种名叫紫星裂盘菌（Sarcosphaera coronaria）的蘑菇含砷量达 2000ppm，这相当于其重量（干重量）的 0.2%。而普通蘑菇的砷含量则只是它的千分之一。有一些砷是通过肺部——至少是吸烟者的肺部进入人体的。亚砷酸铅曾经被大量喷洒在烟草的叶子上，以保护其免遭食叶昆虫的侵害。美国生产的香烟平均每支含砷约 40 毫克，这些砷大多数都在吸烟的时候升华了。在密西西比州，亚砷酸铜被用作控制科罗拉多甲虫的杀虫剂。在 1900 年，其使用是如此之广泛，以至于该州不得不立法做出限制。在 1912 年亚砷酸钙被用作农业杀虫剂，人们发现用这种药物对付侵害棉花植株的棉铃象虫特别有效。在法国，葡萄园里大量使用含砷杀虫剂，有时致使它们生产出有毒的葡萄和葡萄酒，这就解释了 1932 年在法国商船上暴发的砷中毒事件。

砷有一个与汞不同的奇怪特点，那就是它的有机形式毒性要小于其无机形式。英国食品标准局开展了有关食物中的砷含量的调查，并在有机砷和无机砷之间作出了区分。该局于 1999 年完成了一项全面的饮食研究，将每种食物中的砷含量乘以从全国食品普查中得到的英国人消费的这种食物的总量，从而估算出这种元素的摄入量。食品标准局得出的结论是：人们从饮食中摄入的砷的量并不像有人声称的那样呈上升趋势。人们不用担心他们从饮食中摄入的砷的量及其类型。鱼类是砷的主要来源，平均每公斤 3 毫克，其中仅有 0.03 毫克是被认为最具致癌性的无机砷。鱼体内的砷化合物主要为三甲胺基肿，是从最简单的氨基酸甘氨酸衍生出来的有机分子。[*]

砷的平均含量在鸡肉中为 0.070ppm，在谷物中为 0.013ppm，在肉类中为 0.005ppm，在根茎蔬菜中为 0.005ppm（但是在土豆中为 0.002ppm），在面包中为 0.004ppm。在许多食物中，砷的含量都低于 0.001ppm，而且这些砷都是以有机形式存在的。像鸡蛋、绿色蔬菜、水果、牛奶、奶酪等食物的砷含量大约为 0.001ppm。以上这一切表明，平均而言，我们每个人每天所摄入的砷的量为 50 微克，其中只有 1 微克为无机砷。在素食者和非素食者之间，砷的摄入量没有区别。

砷曾经使成千上万的人中毒。它有时是被错误地、无意地或故意地添加到人们的食物中去的；而有时则是在所有人都不知情的情况下出现在食物中的。奇怪的是，正是最后一种情况——在这种情况下，砷的含量只有百万分之几，并且不会立即造成可以察觉的影响——给人类带来的痛苦最多，甚至在今天它仍然在破坏数以百万计的人的生活。关于这一点，我们将在下一章做更为详细的介绍。而在另一个极端，砷的过量摄入可能在几个小时之

---

[*]　化学式为（$CH_3$）$_3As^+CH_2Co_2^-$。

内就发生了。

大规模的砷中毒的例子之一就是 1858 年 11 月发生在英国西约克郡布拉德福特的三氧化砷中毒事件。在该事件中，有 220 人吃了从当地市场上购买的廉价薄荷润喉糖之后发生了严重的身体不适。这批润喉糖的正确的配料应该是 52 磅食糖、4 磅食用树胶和 1.5 盎司薄荷精，但是一个名叫尼尔的奸商将配料中的 12 磅食糖替换成 12 磅硫化钙粉末：食糖每磅 6.5 便士，而掺假用的硫化钙粉末每磅只需 0.5 便士。

在星期六集市的前几天，尼尔让他的一个伙计到附近一个名叫西普利的镇上的药店去购买掺假用的硫化钙，但是那天药店老板病了，是老板 18 岁的助手威廉·戈达德到仓库中取这种药的。老板告诉戈达德，这种药放在仓库角落的一个桶中，年轻的戈达德的确从仓库角落的一个桶中取出了 12 磅白色的粉末，但是这种粉末并非硫化钙，而是三氧化砷。这两种物质都放在仓库角落里的桶中，而且装它们的桶都没有明显的标签。实际上，桶上是有标签的，但都在底部。在此之后，灾难的发生只是迟早的问题了。尼尔生产了这批掺假的润喉糖，然后那个伙计将这批糖送到了一个名叫哈达克尔的商人的货摊上，后者将其以每两盎司 1.5 便士的特价出售。这个价格令它们在那个致命的星期六被抢购一空。

星期天上午，布拉德福特警察局接到报告，有两名男孩——9 岁的伊莱贾·怀特和 14 岁的约瑟夫·斯科特在前一天夜晚吃了薄荷润喉糖之后突然死亡，情况可疑。布拉德福特警察局局长立即采取行动，让手下的警察在小镇各处敲响警钟，通报有毒糖果事件，并且要求居民上交所有尚未食用的糖果。最终警察收回了 36 磅有毒的润喉糖。后来检测发现，其中有些润喉糖中三氧化砷的含量高达 1000 毫克。但是有很多有毒的润喉糖已经被人吃下去了。在随后的一个星期中又有 22 人死亡，超过 200 人入院治疗。

1900 年在曼彻斯特又发生了一起大规模的中毒事件，有 6000 人中毒，70 人死亡。在这一事件中，导致中毒的是当地生产的一种啤酒。最终人们发现这种啤酒含有 15ppm 的砷，因此 5 品脱这种啤酒就含有大约 40 毫克这样一个高得危险的剂量的砷，而许多男人几乎每个工作日都要喝这么多啤酒。啤酒中的砷来自用来酿酒的葡萄糖浆。这种糖浆是用含有 1.4% 亚砷酸*的硫酸生产的，因而其砷含量高达数百 ppm。

一个专门为调查曼彻斯特事件成立的皇家委员会于 1902 年报告了其调查结论，这些结论导致了政府对甘油、葡萄糖、麦芽、糖浆和啤酒的含砷量的严格控制。以上这些产品在生产过程中都可能接触到硫酸。根据法律，这些产品的含砷量每磅或每加仑不得超过 0.01 谷，相当于 0.14ppm。在调查过程中，委员会在从来没有接触到硫酸或普通糖浆的麦芽样本中也发现了砷，他们曾对此感到非常不解。后来他们发现，用于生产麦芽的大麦在阁楼上晾干时受到了墙上或房顶上的灰尘的污染，这些灰尘来自加热系统中的焦炭燃料，因此含有砷。

甚至在 1952 年还发生了一起大规模的砷中毒事件。那一年，

---

* 化学式为 $H_2AsO_3$。

59 岁的法国化学师雅克·卡泽尼夫（Jacques Cazernive）因其生产的一种名叫宝茉尔（Baumol）的爽身粉造成了 73 个婴儿死亡以及 270 个婴儿受伤而被法院定罪。这种爽身粉本应添加对皮肤有益的氧化锌，但实际上添加的是三氧化砷。由于那些使用这种爽身粉的婴儿普遍出现了皮肤疼痛和受损的情况，最终调查人员将那些婴儿死亡和生病的原因锁定为宝茉尔。对这种爽身粉的分析表明它具有很高的砷含量。

## 食砷者

19 世纪，有传闻说在奥地利和匈牙利边境的格拉兹附近，斯太尔阿尔卑斯山区的农民将三氧化砷作为滋补药品服用，并且其服用的剂量超过通常的致死剂量。对于许多人来说这似乎是一件不可思议的事情。尽管格拉兹地区的医生一再保证说这是真的，但是大多数医生都不相信。男人服用砷是因为在高海拔地区砷有助于他们呼吸，而女人则是因为服用它可以使她们变得更加丰满——当时男人喜欢丰满的女人——皮肤更加鲜嫩。（砷的确能够使人脸颊红润——这被认为是健康的标志，因为它破坏了皮肤表面的毛细血管。）男人们还声称它能够使他们变得更有活力，更加勇敢，改善他们的食欲，并且增强他们的性能力。

斯太尔的农民似乎是在 17 世纪该地区开始开采矿产的时候养成这种吃砷的癖好的。他们从冶炼矿石的小窝棚的烟囱中收集三氧化砷，因为他们经常可以看到含砷的白色烟雾从烟囱中冒出来。他们称砷为 hittrichfeitl，意思是"白色的烟雾"。他们就像吃盐一样吃三氧化砷，把它撒在面包和熏肉上。

1851 年，一个名叫冯·舒迪（Von Tschudi）的医生在一本医学杂志上介绍了这些食砷者，从而引起了公众的注意。查尔斯·博纳（Charles Boner）在《钱伯斯爱丁堡杂志》（*Chamber's Edinburgh Journal*）上报告了这一情况。这一报告引起了很大的轰动，以至于它被全世界三十多个杂志转载。J.F.W. 约翰斯顿（J.F.W. Johnston）在其于 1855 年出版的《现代生活中的化学》（*The Chemistry of Modern Life*）一书中介绍了这些食砷者，这使得他们受到了更大的关注。1860 年，亨利·罗斯科（Henry Roscoe）在曼彻斯特文学与哲学研究会上讨论了这一现象，从而使其在学术界得到了承认。罗斯科还将其写入他于 1877 年与卡尔·索勒默（Carl Schorlemmer）合著的《化学绪论》（*Treatise on Chemistry*）中，这是一本很有影响力的教科书。

斯太尔的食砷者在一开始每次吃半谷（30 毫克）砷，每个星期吃 2—3 次。他们慢慢地将剂量增加到 1 谷，再增加到 2 谷，然后就一直保持这个剂量。有些人能够一次服用 5 谷（500 毫克），这远远超出了一个正常成年人的致死剂量。据说斯太尔地区的一名牧师能够一次服下差不多 1 克（1000 毫克）的三氧化砷。这些农民在估算剂量方面非常熟练，会从一大块三氧化砷上准确地切下适当的剂量。有些人保持每天服用一定剂量的砷的习惯长达 40 年之久，而没有出现任何明显的问题。不仅人类可以受益于"白色的烟雾"，那些养赛马的人也给他们的马喂食物质，声称它能够改善这些马的健康状况和外观，并增强它们的耐力。

当时许多人用如今人们对待都市神话的态度来对待食砷者。

很明显，只有通过公开的科学演示才能够消除人们很自然会对此事持有的怀疑态度。1875 年，在格拉兹进行的德国艺术和科学协会的第 48 届会议上，科学家们当着一大群人的面进行了科学演示。一个名叫纳普（Knapp）的医生向观众介绍了两名食砷者，然后让其中一人服下了 400 毫克三氧化砷，让另一人服下了 300 毫克雌黄（硫化砷）。第二天这两个人又出现在人群前面，看上去身体状况极佳。与此同时，医生宣布，他们收集并分析了这两个人的尿液，结果发现他们的确排泄了大量的砷。毫无疑问，这证明了一个人可以通过逐渐增加剂量的方法对砷产生免疫力。

食砷也有其不利的方面。它干扰了人体对一种重要的元素——碘——的吸收。人体的甲状腺需要碘才能够生产甲状腺素，后者可以调控几种代谢过程，尤其是保持体温的稳定。在斯太尔地区的农民中，缺碘性甲状腺肿和儿童呆小病都非常普遍。

在人们发现斯太尔地区的农民真的能够通过吃砷使自己对这种毒药产生抵抗力之后，刑事辩护律师开始用所谓"斯太尔辩护理由"为其用砷实施谋杀的客户辩护，即之所以在被害人体内发现了砷，那很可能是因为他——在大多数情况下被用砷谋杀的往往是男性——定期服用砷，而之所以在被告人那里发现了砷，那很可能是因为她——用砷实施谋杀的往往都是女性——希望通过服用砷来改善自己的气色。砷改善皮肤的效果在 19 世纪末导致了好几种新的专利美容产品的出现，如具有使皮肤"美白透亮"、消除皱纹、明目提神作用的"西姆斯大夫养颜砷华夫饼干"。在下文我还会再提到"斯太尔辩护理由"，1857 年的马德琳·史密

斯案、1889 年的弗洛伦丝·梅布里克案，甚至 1937 年奥地利的
迈耶霍夫案的审判中都曾经使用这一辩护理由。

## 医药中的砷

对于维多利亚时代的人来说，也许"食"砷是一件可怕的事
情，但是他们并不反对服用小剂量的砷以获得传言中其所具有的
疗效。的确，用砷治疗疾病的做法已经有很长的历史了。希波克
拉底（Hippocrates，公元前 460—前 377 年）曾经说过，红色矿
石或雄黄可以治疗溃疡。在古代中国，雄黄和雌黄曾被用来治疗
溃疡和老鼠疮，而且早在公元前 200 年就在医书中提到了。欧洲
人早在 12 世纪初就将三氧化砷用作治疗疟疾（隔日热）的药物。
在随后的几百年中，医生们趋向于使用更为常见的雌黄，这种药
物被用来治疗各种各样的疾病，如关节炎、哮喘、疟疾、肺结
核、糖尿病以及性病，但疗效甚微。

这些存在于自然界的含砷矿物在过去曾是药店中必不可少的
药物，甚至在今天，一些中药中仍然含有砷。含砷的中药丸（也
被称为茶丸）被广泛用于治疗包括发烧、风湿和神经紧张等多种
疾病，它们被化在热酒和热水中服用。1995 年，有一批据说含
有犀牛角成分的茶丸被进口到美国并被美国海关查获。事实上，
这种中药并不含有犀牛角的成分，但是刑侦化学分析人员却发现
其中含有很高水平的砷，其中有些每丸含 35 毫克三氧化砷，因
而其使用说明上所建议的每天两丸的剂量实际上含 70 毫克三氧
化砷。

在英国、巴基斯坦和印度，有以粉末形式出售的民族药物含有 100 毫克三氧化砷（并且还含有硫化汞）。1975 年末，新加坡发生了因服用传统药物而导致的大规模砷中毒事件。经调查，其中有些药物的三氧化砷含量高达 10%。

小剂量的砷不会对健康造成可以察觉的伤害，甚至还可以产生短期的益处。在好几种矿泉水中都含有砷，其中有一些据称有某种滋补作用，而这种所谓的滋补作用很可能就是砷导致的。著名的维希矿泉水含有 2ppm 砷，而另外一些矿泉水的砷含量则更高。然而如今市场上的瓶装矿泉水的砷含量很低，或者根本就不含砷。

砷真正被用于医疗始于福勒溶液。托马斯·福勒（Thomas Fowler）医生 * 在英格兰中部的斯塔福德医院工作。在 18 世纪 80 年代，有一种名叫托马斯·威尔逊的无味疟疾发烧滴露的专利药品的疗效给他留下了深刻的印象。于是他就同该医院的药剂师休斯（Hughes）先生一起对这种药水进行了分析，结果发现其有效成分为砷。然后福勒医生就配制了一种相似的药水并且在其于 1786 年出版的一本名为《有关砷在治疗疟疾、缓解发烧和间歇性头痛等症状方面的疗效的医学报告》（*Medical Reports of the Effects of Arsenic in the Cure of Agues, Remitting Fevers and Periodic Headaches*）的小册子中对这种药水进行了宣传。

福勒的药水是一种砷酸钾溶液。他还在这种溶液中加了一点儿薰衣草油，其目的是避免被人误服。它是通过将 10 克三氧

---

\* 他于 1801 年死于约克。

化砷和 7.6 克碳酸钾溶解在 1 升蒸馏水中，然后加入一点儿酒精和一点儿薰衣草油配制而成的。这种药水每次服用的最大剂量是 0.5 毫升，含砷 5 毫克。它被用来治疗各种疾病，包括神经痛、梅毒、腰痛、麻风病和皮肤病。这种药每天服用三次，每次 12 滴，一周为一个疗程。这样一个疗程总共摄入的量大约为 120 毫克。它可以被加入水中或酒中服用。福勒溶液于 1809 年首次出现在伦敦的《药典》（Pharmacopoeia）之中，在随后的差不多 100 年中它几乎被看作包治百病的药物。医生将它作为补药开给病人。人们经常服用它来帮助身体康复甚至认为它有壮阳的作用；查尔斯·达尔文的神秘疾病很可能就是砷中毒引起的，因为他经常服用福勒溶液治疗他双手震颤的毛病，有时他可能会服用过量。

甚至像爱丁堡皇家医学院院长詹姆斯·贝格比（James Begbie）这样著名的人物也肯定了这种药水的益处。当维多利亚女王居住在苏格兰的时候，贝格比曾经担任她的医生。贝格比对福勒溶液的肯定使得这种药水继续受到人们的欢迎，但是他也曾经警告人们说，持续服用这种药水超过一周会导致诸如咽喉干燥、牙齿敏感、恶心和腹泻等副作用。那些经常服用福勒溶液的人——有些人持续服用达数年之久——还会面临一个更为可怕的副作用：癌症。

对 262 名多年服用福勒溶液的病人——他们往往是自作主张地服用这种药水的——的分析揭示，他们中的半数有手脚皮肤增厚的症状，并且大约十分之一得了皮肤癌。这种药水的医疗作用最终被否定，在 20 世纪 50 年代被禁止出售。1955 年，有一名

39 岁的男子因手掌和脚掌皮肤增厚、皲裂而到当地的诊所就诊。医生发现他在过去 12 年中每天都服用三次福勒溶液。最初医生是为治疗他的"神经功能紊乱"而开这种药的，后来他用医生所开的"自动重复药方"连续不断地到药店购买这种药水，而药剂师也从来没有想到对此提出疑问。

虽然在现代医学中福勒溶液已不再使用，但是正如我们将要看到的，其主要成分三氧化砷后来却又得到使用。牙科医生曾将三氧化砷作为药膏敷在蛀牙洞中，用来在补牙之前杀死神经。然而从牙洞中泄漏出来的三氧化砷有时可能会破坏牙根下面的腭骨，或者杀死牙床组织。在更为复杂的一些药物中也含有砷，其中一些直到最近还在使用。

保罗·埃尔里希（Paul Ehrlich）的远见获得了令人瞩目的进展。他于 1854 年 3 月 14 日出生在当时属于德国而现在属于波兰的斯特雷伦地区西莱亚西村。他的父母是富裕的犹太人。他曾在斯特拉斯堡、弗莱堡和莱比锡等地的医学院学习，并且非常希望在大学的附属医院工作。他在 1878 年接受了柏林的慈善医院提供的一个职位，但是在 1885 年发现自己得了肺结核病，因而不得不在随后的两年中到埃及去疗养。他在 1890 年回到柏林并与著名的罗伯特·科贺（Robert Koch）教授一起工作。随后他在医院得到了一个他自己的实验室，尽管这个实验室是由一个旧面包房改装而成的。

1899 年，埃尔里希被缅因河上的法兰克福实验医学研究所任命为第一任所长。正是在这个研究所，他因为一项发现而成为世界著名的人物。他希望找到一种能够杀死人体内的细菌而又不对人体造成伤害的药物。他所要杀死的细菌是会引起睡眠疾病的锥虫——一种由舌蝇携带的鞭毛虫原生动物。在这方面似乎最有希望的就是一种名叫阿托西耳的砷化合物。这是一位名叫安托瓦尼·贝尚普（Antoine Bechamp）的法国化学家于 1859 年发现的。一个名叫 H.W. 托马斯（H.W.Thomas）的英国医生在 1899 年用这种药物对一些患有睡眠疾病的患者进行了治疗，取得了一定的疗效。但是由于这种药物的副作用太大而被放弃了：它会损害视觉神经，并导致部分服用此药的患者失明。

　　埃尔里希在 1906 年开始对阿托西耳进行改良。当时人们已经知道了这一化合物的化学分子结构＊，这对他来说很有帮助。在知道阿托西耳的准确的化学式之后，他开始想办法制造类似的毒性较小的化合物。埃尔里希是一个很难与之共事的人。他要求他的同事一字不差地按照他的吩咐为他进行各种实验，但是他的同事却不愿意完全听命于他，于是纷纷辞职。然而有一个名叫阿尔弗雷德·贝尔特海姆（Alfred Bertheim）的人留了下来，而埃尔里希则雇用了另外一些人来帮助贝尔特海姆做实验。

　　埃尔里希为他所设计的每种新化合物都编上了号，并且告诉他的实验室助手们如何制造这些化合物。每当他认为他们合成了合适的化合物，他就会用它来做实验。他在感染了梅毒螺旋体——引起梅毒的螺旋状病菌——的兔子身上测试这些药物。当时日本的一个名叫羽田佐八城的细菌学家发现了一种使兔子感染梅毒的方法，于是埃尔里希就说服羽田到德国与他一起工作。他

---

＊　它的化学名称为对位氨基苯胂酸氢钠，化学式为 Na［$H_2NC_6H_4AsO_3H$］。

们发现第 418 号化合物在控制梅毒方面有一定的效果。在贝尔特
海姆生产出第 606 号化合物之后，真正的奇迹发生了。

1909 年 8 月 31 日是个重要的日子。那天埃尔里希看着羽田
将第 606 号化合物注入一只阴囊上长了一个很大的梅毒溃疡的雄
兔体内。这只雄兔活了下来，没有受到任何伤害。一天之后他们
对从这只雄兔的溃疡处抽取的液体进行了测试，没有发现一个活
着的梅毒螺旋体。在一个月之内雄兔身上的溃疡就完全愈合了。
埃尔里希还清楚地记得阿托西耳曾经导致患者失明，他现在面临
着一个艰难的抉择：是否给人类患者注射这种药物。让他感到欣
慰的是，在研究所中有两名助手自愿在自己身上做实验。他们在
注射这种药物后身体没有受到任何伤害。

埃尔里希仍然有些犹豫。他将第 606 号药物送给了圣彼得堡
的朱利叶斯·艾弗森（Julius Iverson）医生。当时圣彼得堡正暴
发通过臭虫叮咬传播的回归热。艾弗森用这种新药对 55 名病人
进行了治疗，然后向埃尔里希报告说，在这些病人中有 51 人只
注射了一针就痊愈了。很快这种药物就被用于治疗梅毒的实验。
4 月 19 日，埃尔里希在德国威斯巴登的国际医学大会上发布了
这种新药。这种药物被他命名为肿凡钠明，并以此名称在市场上
销售。这种新药引起了轰动，并且在世界各地都成为新闻。有些
人在谈到这种药物时称之为"埃尔里希 -606"或者"606"。

正如人们所预料的，肿凡钠明就像任何一种含砷药物一样具
有副作用。埃尔里希继续寻找更好的同类化合物，结果他的第
914 号化合物取得了成功。这种以新肿凡钠明的名称销售的药物
副作用要比肿凡钠明更小一些。后来埃尔里希又开发出几种更好

的同类药物。截至 1937 年，研究人员总共开发测试了多达 8000
种含砷化合物，其中有几种得到了应用，如胂噻醇（巴拉胂）、
阿西太松、锥虫胂胺和卡巴胂。锥虫胂胺在非洲一些地区被广泛
用于治疗昏睡症，但是有一些引起这种疾病的细菌对其产生了抗
药性。这种药物也有副作用，包括皮炎和对视觉神经的损害。在
其被应用于临床的那几年中，有超过 4 万人被注射了这种药，这
种疾病的死亡率从原来的 35% 降至 5%。[*]

有时胂凡钠明的副作用是导致永久性耳聋和坏疽，有的患者
最终不得不截肢。结果埃尔里希受到了来自媒体的攻击。有些人
用污言秽语指责他强迫妓女做他的实验品，为此有一名报纸的编
辑被以诽谤罪关进了监狱，但是这件事情还是使埃尔里希感到非
常压抑，这可能是导致他于 1915 年 8 月 20 日中风死亡的一个因
素。尽管如此，由于他为胂凡钠明申请了专利，在死的时候他已
经是一个百万富翁了。另外他还在 1908 年与俄罗斯的胚胎学家
和免疫学家艾利·梅契尼科夫（Elie Metchnikoff, 1845—1916 年）
一起获得了诺贝尔医学奖。而最早制造 606 样本的贝尔特海姆则
没有得到其应有的财富和国际名声，并且最终还在一场具有悲喜
剧色彩的意外事故中丧生：他在第一次世界大战爆发后自愿参
军。1914 年 8 月，他在穿着军靴爬楼时被靴子上的马刺绊了一
跤，从楼梯上摔了下来，结果因摔断脖子而死亡。

---

[*] 为了纪念埃尔里希，好莱坞于 1940 年拍摄了一部名为《埃尔里希大夫的神奇
子弹》（*Dr Ehrlich's Magic Bullet*）的传记电影，其中埃尔里希由爱德华·G.
罗宾逊扮演。

## 砷与癌症

在 20 世纪 90 年代，美国有人声称砷会导致皮肤癌、肺癌、膀胱癌和前列腺癌，并且还与糖尿病、心脏病、贫血、免疫功能失调、神经紧张和生殖系统疾病有关。砷之所以被与前面所列的最后一种疾病联系起来，是因为人们认为它对内分泌系统具有很强的干扰性，也就是说，它可能会干扰激素的功能。虽然以上这些骇人听闻的说法大多数都被证明是没有根据的，但它们也并不全是毫无根据的。砷已被列为致癌化学物质，并且人们普遍认为，从事某些经常接触砷的工作的人患癌症的比例要远远高于普通人。有关证据还不是十分确凿，但有一点是可以肯定的，那就是从事冶金行业的工人因吸入从所冶炼的金属硫化物矿中释放出来的三氧化砷气体而很容易得肺癌。另外那些长时间服用福勒溶液的人也很容易得皮肤癌。

最早在砷与癌症之间建立联系的是乔纳森·哈钦森（Jonathan Hutchinson）。他于 1888 年指出，用含砷的药物治疗牛皮癣的病人很容易得皮肤癌；长期使用含砷的药物将导致慢性皮炎，最终会发展成皮肤癌。如今我们知道他所说的基本上是正确的。现在有证据表明，导致癌症的罪魁祸首是无机砷，换句话说，是含有亚砷酸离子（$AsO_3^{2-}$，砷的三价氧化物）和砷酸离子（$AsO_4^{3-}$，砷的五价氧化物）的化合物。流行病学的证据还将无机砷接触史与膀胱癌、肺癌和肝癌联系起来。英格兰柴郡中央毒物学实验室的约翰·阿什比（John Ashby）及其同事在 1991 年的研究表明，亚砷酸盐可以损害老鼠的基因，因而可能引发癌症。但是雌黄则没有这样的活性。

实验证明，使动物接触高剂量的亚砷酸盐并不能使它们得癌症，甚至那些专门培育的对致癌物质极为敏感的老鼠也是如此。有些人认为这证明砷并不是致癌物质，这一结论似乎在 2001 年得到了证实。当时纽约大学医学中心的托比·G. 罗斯曼（Toby G.Rossman）证明，砷并不会与脱氧核糖核酸（DNA）发生反应并导致变异。她用专门为研究皮肤癌而培养的老鼠进行了实验。她让这些老鼠饮用含砷量为 500ppb 的水，然后将它们暴露在强烈的紫外线照射之下。虽然这些老鼠都受到了灼伤，但是并没有长肿瘤。

1988 年，美国国家环境保护局将砷列为 A 类致癌物质，这主要是因为人们发现在台湾的饮用水中有很高的砷含量，而那里的癌症发病率也很高。在下一章我将更加详细地讨论砷的摄入量与癌症发病率之间的关系。现在对这种关系进行某种形式的量化已经成为可能：据美国国家研究理事会估计，如果饮用水中的砷含量为 3ppm，那么一生中得膀胱癌和肺癌的概率为人口的千分之一；而可以接受的罹患癌症的概率则为万分之一。

无机砷可能会导致癌症，但它也可以帮助我们治疗癌症。很多年前人们就知道砷能够促进血液生成，并且一度用砷来治疗贫血。虽然这种治疗方法已经被放弃了，但是并没有被忘记：最近美国国家食品药品监督管理局批准将特里森诺克斯（三氧化砷）用于治疗急性早幼粒细胞白血病，它的工作原理在于促进被癌变白细胞所取代的正常血细胞的生长。1997 年，纪念斯隆—凯特琳癌症中心（Memorial Sloan–Kettering Cancer Center）的史蒂文·索瓦涅（Steven Soignet）和雷蒙德·沃勒尔（Raymond Warrell）医生听说中国的科学家对患有这种癌症的病人静脉注射三氧化砷之后就把这种治疗方法引进了美国。其使用方法为每天注射 10 毫克，45 天为一个疗程。实验表明，该治疗方法可以缓解这种疾病的症状。1996 年的《血液》（Blood）杂志报道了这一事实。根据该报道，这种治疗方法在 16 名对其他抗癌治疗方法没有反应的患者身上取得了成功。

## 砷的来源与用途

在地壳中大多数砷矿都是以硫化物的形式存在的，如红色的雄黄（$As_4S_4$）、黄色的雌黄（$As_2S_3$）、银色的毒砂（FeAsS）和铁灰色的硫砷铜矿（$Cu_3AsS_4$）。以上这些矿物都没有作为砷矿开采，因为在冶炼铜和铅的过程中，作为副产品所生产的砷已经足够满足全世界市场的需求了。世界上三氧化砷的总产量为每年 5 万吨，主要用于工业加工。中国是砷的主要生产国和出口国，铜矿和铅矿中的砷含量超过 1000 万吨。我们的问题是生产过量，有时多余的砷会被倒进大海。

多年来人们发现砷有很多用途。较早的一个发现就是将少量的砷（0.4%）加入熔化的铅中，然后将熔铅从一个弹丸制造塔上滴入水里，就可以制造没有一点儿变形的圆铅弹。亚砷酸铜（巴黎绿）被园艺师们用作杀虫剂，尤其是用来杀死苹果树上的苹果蠹蛾。砷酸铅也曾经被用作杀虫剂。1941 年，美国对 246 名园艺工人进行了检测，发现其中 7 人出现了临床砷中毒症状，结果砷化合物作为杀虫剂逐渐被淘汰。另外人们曾用亚砷酸钠溶液喷洒土豆，以使其在收获之前叶子脱落，但是这种做法在1971 年被停止了。

多年来美国一直用铜铬砷（CCA）加压处理木材，以防止其腐烂或受白蚁侵害。事实上，在美国 70% 的木材都是用铜铬砷处理过的。全国共有 350 个木材处理厂，年产值达 40 亿美元，每年消耗价值 1.5 亿美元的铜铬砷。但是从 2003 年 12 月开始，这种防腐剂在美国逐渐被铜硼化合物取代，但是其他一些国家仍然允许其使用。

即使到了 1997 年，美国仍然进口了 1200 吨金属砷和 3 万吨三氧化砷。在后者中，有 1.6 万吨用来制造木材防腐剂，另外5500 吨用于制造农用化学药品，如除草剂和饲料添加剂。饲料添加剂被添加到猪和鸡的饲料中，用以控制各种疾病，特别是促进禽畜生长。大约有 800 吨三氧化砷用于玻璃制造，700 吨金属砷用于金属合金。如今虽然工业上的砷中毒事件比以往少多了，但是仍然时有发生。在 1998 年，美国有毒物质伤害监测系统收到 1400 个砷中毒报告，其中三分之一是由含砷杀虫剂引起的。

有些原本使用砷的产业找到了砷的替代材料，而另一些产业则发现了砷的新用途，但是其使用规模要小得多。电子产业需要少量的砷，用来生产二极管、激光仪和晶体管。它被加入硅锗半导体中，用于向晶体栅格中提供电子。一种新的日益增长的用途就是可以将电流转化为激光的砷化镓半导体。砷化镓是一种重要的微电子产品。用于制造这种产品的砷是以超纯砷化三氢气体（$AsH_3$）的形式出现的。这种气体还被用作掺杂剂，用来在其他物质中加入一些砷原子，以提供电子。如今砷还用于制造更为复杂的砷化铟（InAs）。

砷在我们的环境中无处不在，而且其含量仍然在不断增长。它有很多自然的来源。例如火山每年释放 3000 吨砷，而微生物则每年要释放 2 万吨性能很不稳定的甲基胂化氢。这些砷最终都会从大气中降落到陆地和海洋中。化石燃料的焚烧每年要释放 8 万吨砷。虽然这些数量看上去非常吓人，但是实际上它们对于地球表面环境中的砷负荷量来说是微不足道的，而且环境中的砷一旦遇到硫原子，就会形成既不溶于水也没有流动性的硫化物，从而失去危险性。

## 用作武器的砷

东罗马帝国灭亡后建立的拜占庭帝国的军队有一种神奇的武器：希腊之火。一些人说它是在君士坦丁四世博各纳德司在位期间（641—668 年在位）出现的，是由一个叙利亚难民发明的，这个难民在其祖国被阿拉伯人征服之后逃到君士坦丁堡（今天的伊斯坦布尔）；而另一些人则说它实际上是对拜占庭人在公元 5 世纪的时候就已经使用的一种武器的改良。不管它是如何被发明的，这种武器的确产生了深远的影响。

希腊之火在 673—717 年君士坦丁堡抵御阿拉伯舰队进攻期间起到了极为重要的作用，甚至在公元 9 世纪还被用于攻打俄罗斯舰队。在这些战争中，拜占庭人通过压力从架在其战舰船头的管子中像现代的火焰喷射器一样将希腊之火射向敌方的战舰。据说它一遇到目标就会自燃，并且根本无法被扑灭。这种新式武器是如此之厉害，使敌人如此之闻风丧胆，以至于有人相信，拜占庭帝国之所以能够繁荣昌盛将近1000年，希腊之火起到了重要的作用。

希腊之火的配方一直是一项严格保守的军事机密。这一配方在1453年土耳其人攻克君士坦丁堡之后就失传了。我们可以猜测一下这种武器究竟包含什么化学物质，以及当时这种化学物质是否可以获得。它所包含的主要易燃物一定是某种易挥发的碳氢化合物，很可能是在中东某些地区自然地从地底下冒出来的石油中收集到的与煤油相似的石脑油。虽然这种东西很容易燃烧，但是还需要加入某些其他的东西才能够使其火势无法控制。而在当时硫化砷和硝酸钾（$KNO_3$）的混合物是再合适不过的助燃剂了——这两种物质的化学反应的确会产生大量的能量。前者为雄黄矿，而后者是由那些依赖于人或牲畜粪便中的含氮物质的细菌所产生的，很容易从茅厕或者储粪池的墙上收集到。在维多利亚时代，人们曾将雄黄和硝酸钾以1∶12的比例混合，配制出在燃烧时能够发出耀眼白光的所谓"印度之火"。而拜占庭时代的人们也很容易配制这种混合物。

在此之后，砷作为战争武器沉寂了很多年，然后在第一次世界大战期间又发挥了作用。在这一战争中，交战双方为了突破西线长达数百英里的壕沟防线而使用了各种化学武器。德军在1915年4月22日使用了氯气，这对于未配备防护装备的英军造成了致命的打击：有5000人死亡，超过1.5万人受到永久性肺损伤。同年9月，英军用一种叫做芥子气的硫化物进行报复，但是这次攻击完全没有达到预期的效果。这种化学武器的缺点是它们使得目标地区变得太危险，自己的军队无法去占领，因而它不仅无助于而且还会阻碍军队的进攻。于是交战双方开始寻找"更好"的化学武器。他们发现了几种含砷的化合物，如刘易斯毒气、喷嚏性毒气和亚当毒气，它们的化学名称分别为（2-氯乙烯）基氯胂、二氯化苯胂和二苯胺氯胂。其中只有喷嚏性毒气在第一次世界大战期间得到了广泛的应用。它能够穿透防毒面罩，对呼吸道造成难以忍受的刺激。

刘易斯毒气的杀伤力则要强得多。它是专门作为化学武器而研制的，但是在其投入使用之前战争就结束了。它是一种有天竺葵气味的油性液体，沸点较高，为190℃，这意味着它并不容易挥发，因而不能被作为气体使用。但是它可以被作为蒸气喷洒，因而被称作"死亡露水"。虽然它可以致人死亡，但在更多的情况下它只是导致人的肺部充满液体，从而失去活动能力。使用刘易斯毒气的主要理由是它能够穿透士兵的衣服，包括橡胶层，造成皮肤的剧烈反应，使其产生疼痛难当的大水泡。这种化学物质会给未穿戴保护装置的人的眼睛、肺和皮肤造成损害，最终导致肝损伤甚至死亡。

刘易斯毒气最初是由美国印第安纳州圣母天主教大学化学系的朱利叶斯·纽兰 *（Julius Nieuland）于1904年研制出来的，他当时正在研究乙炔气体的各种化学反应。作为这个研究的一部分，他将乙炔和三氯化砷放在一起，看看会发生什么，结果什么

---

\* 纽兰神父在1936年回到他的旧实验室中后突发心脏病死亡。

也没有发生。但是他认为在条件合适的时候这两种物质还是会发生反应的，于是他又在其中添加了一种常用的催化剂氯化铝。结果果然发生了反应，由此而产生的液体就是后来被称为刘易斯毒气的东西。由于当时没有采取特殊的防护措施，因此他吸入了一些这种液体的蒸气，感到身体不适，结果不得不在随后几天住院治疗。从此之后他再也没有重复过这一化学反应实验，但是这一反应没有被忘记。

德国在战争中使用了毒气之后，美国意识到自己最终也会被卷入这场冲突之中，于是开始支持包括圣母天主教大学在内的一些大学开展化学武器的研发项目。纽兰的博士生导师将纽兰曾经做过的那个化学反应实验及其产生的有毒液体告诉了化学武器开发部门的主管温福德·刘易斯（Winford Lewis）。刘易斯开始研究这种物质，并且找到了一种在可控条件下生成这种液体的方法。到了1918年11月战争结束的时候，美国已经开始向欧洲运输这种化学武器了。在俄亥俄州威洛比的一个化工厂已经生产了150吨，到那个化工厂关闭的时候其生产量已达到每天10吨。后来这些致命的货物被倾倒在大西洋的深处。

但这并不意味着刘易斯毒气的终结，因为其他国家也开始生产这种毒气。1940年日军就在满洲里对中国人使用过这种毒气。后来美国人又开始生产这种武器，到了1945年第二次世界大战结束的时候，他们已经存储了2万吨这种液体。在战争结束之后，他们再一次将其倒入了大海。在战争中美国士兵都配备有一罐所谓"英国刘易斯毒气解毒膏"，简称BAL（见书后术语解释），以防备这种毒气的袭击。所幸的是它们最终没有派上用场。

　　在 20 世纪 80 年代的两伊战争中，萨达姆·侯赛因曾经使用刘易斯毒气，并且很可能将其提供给了苏丹政府，用以对付在该国南方的苏丹人民解放军。1999 年 7 月 23 日，几架飞机将 16 个装有这种毒气的炸弹投到了莱尼亚镇和卡亚镇。挪威人民援助组织报告说，接触到这种东西的平民出现了刘易斯毒气中毒的所有已知症状。在几天之后，去过莱尼亚镇的联合国世界粮食计划署的工作人员也出现了症状。在平民中的死伤情况不详，但是据信至少有 2 人死亡。而山羊、绵羊、狗和鸟等动物也遭到了同样的命运。

　　含砷的化学武器曾经给人类带来了难以形容的痛苦。尽管如此，它们不大可能被用于主要的全球性武装冲突。但是由于它们很容易生产，因此有可能被小规模地使用，以达到对人民进行恐吓的目的。苏丹就是一个例子。

## 第六章

# 潜伏在我们身边的砷

1671 年，皇家学会杂志刊登了对一篇文章的评论。被评论的文章名为《黑死病的性质和成因》（*The nature and causes of the plague*），作者是卡洛里·德·拉·冯特（Caroli de la Font）医生。该文提出一个理论，那就是黑死病源自污染空气的"砷排放"。当然他的理论是错误的。但是有关砷排放污染环境的说法并没有错。在 150 年之后，也就是 1821 年，砷排放很可能是导致历史上的一个伟大人物——拿破仑——死亡的原因。

正如我们在前面几章中所看到的，砷在过去曾经并且在现在仍然有许多用处，但砷是一种能够在不知不觉中对人们造成伤害的元素，而其流动性超过了我们前辈的想象。当它进入我们所呼吸的空气或饮用的水中之后就会对我们的身体造成伤害。本章将介绍砷曾经并且仍然导致大规模中毒事件的两个例子。第一个例子发生在过去，导致中毒的是从壁纸中散发出来的砷；而第二个例子发生在现代，导致中毒的是从地下的岩石中释放出来的砷。前者在维多利亚时代曾经污染了数百万家庭的空气，而后者如今仍然在污染着孟加拉国和相邻的印度某些邦中数百万人的饮水。

## 用砷做涂料

在已经过去的年代中，画家的调色板上很可能有三种含砷的颜料，因为这些颜料可以提供鲜艳的黄色、红色，特别是绿色。前两种颜料是自然界中存在的：黄色的雌黄（化学式为 $As_2S_3$）和红色的雄黄（$As_4S_4$）。雌黄的英语名称 orpiment 来自拉丁语词 *auri*（金色）和 *pigmentum*（颜料）。这种颜料在古代，尤其是在古代的中东非常受欢迎。也许是因为它与金子之间的联系，它还对炼金术士们特别有吸引力。雌黄只是在其能够通过合成的方式生产之后才得到广泛的应用。当时它被称为王室黄或国王黄，是人们喜欢的一种黄色颜料。但是它最终为铬黄（铬酸铅）和镉黄（硫化镉）所取代。

在雌黄矿脉中经常可以发现红色的雄黄矿。雄黄的英语名称 realgar 来自阿拉伯语词 rahj al-gar，意思是"山洞中的灰尘"。作为一种颜料，它又被称为红雄黄、红砷、砷橙，具体名称取决于其颜色的深度。在古埃及法老统治时期的艺术家们就开始使用雄黄了。到了 17 世纪，荷兰的艺术家们仍然在使用这种颜料。人造雄黄被称为宝石红硫磺。虽然人们更喜欢这种颜料，但是它很容易转化为更为稳定的雌黄——在遇到光照时就更是如此，而它的颜色因此变为橘红色，然后又变为黄色。

雌黄本身也有缺点。17 世纪荷兰的艺术家们尤其喜欢其鲜黄的色彩。但是这种颜料在被其他颜料，尤其是白铅颜料覆盖后就会变成黑色。白铅会逐渐与雌黄中的硫发生反应，产生黑色的硫化铅。另外，雌黄还有那些使用它的艺术家没有意识到的一个缺点：经过几个世纪的缓慢氧化过程之后，雌黄中的硫化砷逐渐变成白色的氧化砷，因而画布上的黄色会逐渐褪去。

自然界还存在着一些诸如孔雀石的绿色矿物。但是需要绿色颜料的艺术家或者油漆工往往会使用铜绿，也就是当铜暴露在空气中后其表面逐渐生成的那种物质。其他人将黄色和绿色颜料调和在一起形成他们所需要的那种绿色。后来一种名叫谢勒绿的美丽的绿色化学物质的出现改变了这一切。这种颜料的化学成分为亚砷酸铜*，是由卡尔·谢勒（Karl Scheele，1742—1786 年）于 1775 年制造并以他的名字命名的。谢勒意识到他可以生产这种物质并将其作为一种新的绿色颜料出售。他于 1778 年开始生产这种颜料。虽然谢勒在一封信中对这种颜料的毒性表示了担忧，并且感到应该警告购买者它含有砷，但是他最终认为这种担忧是多余的，因为这种颜料鲜艳的色彩可以确保它不会被误用。这种新的颜料很快就受到整个欧洲的艺术家的欢迎——透纳（Turner）在 1805 年就曾经用过它，它在此之后流行了 50 年。马内特（Manet）在 19 世纪 60 年代仍然在使用这种颜料。

谢勒绿的主要竞争对手是祖母绿——透纳到了 1832 年就改用这种颜料了。祖母绿是乙酸铜和亚砷酸铜的混合物，它呈现一种不同的绿色。位于德国施韦因富特的威尔海姆颜料和白铅公司

---

\* 化学式为 $CuHAsO_3$。

在 1814 年开始生产这种颜料。它比谢勒绿更受欢迎，并且很快就被用来印染纸张和布匹，甚至被用来给糖果染色。人们给它起了各种不同的名称，如施韦因富特绿、巴黎绿、维也纳绿和祖母绿。在开始的几年中，祖母绿的配方一直是保密的。1822 年德国化学家李比希（Liebig）公布了其配方，从而也揭示了其毒性。随后制造商家改变了这种颜料的配方，增加了其他一些成分，以使其颜色变得更加明亮，并且改变了其名称，以掩盖其真实性质。祖母绿被用于油漆、壁纸、肥皂、灯罩、儿童玩具、蜡烛、软装潢，甚至蛋糕装饰。

假花的叶子是用各种含砷的绿色染料着色的，而它们在维多利亚时代的家庭中非常受欢迎。制造假花的工厂雇用成百上千的女孩，她们因而都慢性砷中毒。更令人震惊的是，这些绿色颜料有时会被以非常危险的方式使用。19 世纪 50 年代，在伦敦的爱尔兰军团举办的一个宴会上，用来装饰餐桌的糖叶子就是用这些有毒颜料染色的。在 1860 年的另一个晚宴上，一个厨师打算做一个鲜艳的牛奶果冻，于是派人到当地的一个供应商那里买了一些绿色颜料。那个供应商卖给他的是谢勒绿，结果那个晚宴上的三个客人后来死于砷中毒。

当这些有毒颜料被用于油画的时候，它们对制作这些颜料的工人并不会造成多大的危害，除非他们吸入这些物质的粉尘；它们对画家造成的危害更小，除非他们用舌头去舔画笔；而它们对那些购买油画的顾客根本不会造成任何危害，因为这些油画的表面一般都会涂上一层保护性的清漆。然而真正对人们的健康构成危害的却是悬挂这些油画的墙面，因为它们被刷上了各种含砷的涂料，因而可能会大量释放砷蒸气。

## 壁纸上的砷

谢勒绿非常适合印刷壁纸，尤其是那些以花草为主题的壁纸。壁纸生产在 19 世纪稳步增长：在英国，其产量在 1830 年达到了 100 万卷，到 1870 年达到了 3000 万卷。经检测，当时生产的壁纸中有 4/5 含砷。在壁纸中的砷会逐渐释放到房间的空气中，从而影响住在房间里的人。早在 1815 年就有人有过这方面的怀疑，但是直到 19 世纪 90 年代，人们才推测出其中的原理，并且直到 1932 年才弄清楚壁纸中所释放的物质。

1815 年，柏林的一份报纸报告说，在壁纸颜料中的砷可能会对人的健康造成危害。这篇文章的作者是后来成为那个时代最著名的化学家的里欧波得·甘末林（Leopold Gmelin，1788—1853 年）。也许甘末林超越了其时代，但是当时德国已经有人怀疑含砷的壁纸可能会毒化室内的空气。甘末林注意到，贴在房间中用谢勒绿印刷的壁纸在稍微有些潮湿的情况下会散发出一股老鼠的气味。他说在这种房间中待的时间太长会有害健康。他甚至提倡撕掉所有的这种壁纸，并且禁止谢勒绿的使用。但是没有人听取他的建议。如果当时人们听取他的建议并且采取行动的话，那么在随后几十年中发生的许多中毒事件以及为数不少的死亡事件就不会发生了。

1861 年，卡迈克尔医学院的 W. 弗雷泽（W.Frazer）医生在《都柏林医院公报》（*Dublin Hospital Gazette*）上报告说，送到他那里检测的每份壁纸样本都含有砷，而且含砷量足以对与之接触的人的身体造成伤害。他估计主要的危害是由吸入壁纸尤其是植绒壁纸上的粉尘导致的，但是他也意识到砷还有进入室内空气的其他方式。弗雷泽推测潮湿的壁纸可能会散发砷化三氢气体，甚至是二甲砷基*。他还补充说，用来粘壁纸的糨糊也是部分原因。他指出，人们往往在墙上贴不止一层壁纸，而贴在里层的壁纸往往会发生"腐化"，而由此散发出的气体砷是人们在房间中经常闻到的奇怪气味的来源。他的这一推测是正确的，他有关粘墙纸的糨糊是导致这种气味的部分原因的推测也是正确的，而他有关这种气体可能是二甲砷基的推测差不多也是正确的。

1864 年，报纸报道了儿童死于发霉的绿色墙纸所散发出的蒸气的事件，而医学杂志《柳叶刀》（*Lancet*）也对含砷颜料发出了警告。常见的壁纸的含砷量为每平方米 700 毫克。因此一个普通面积的起居室的壁纸中含有大约 3 万毫克砷。从理论上说，这么多砷足以毒死超过 100 个人。如果房间保持干燥的话，这些砷的大多数都会留在墙上。当时人们还不了解砷对健康的危害，但是有些人已经发起了反对使用含砷颜料的运动——尽管那时大多数医生还认为砷是一种可以用来治疗人体各种疾病的补药。另外公众还发现，在贴有含砷壁纸的卧室中不会有任何臭虫，这也是使这种壁纸销量大增的一个因素。另外，据称含砷的香烟能够治疗神经疾病，因而非常受欢迎，而含砷的化妆品则被认为对皮

---

\*  这是砷的甲基衍生物。英语二甲砷基（cacodyl）一词来自希腊语"kakodes"，意思是"恶臭"。它由两个各连接着两个甲基的砷原子结合而成，化学式为（$CH_3$）$_2$As-As（$CH_3$）$_2$。

肤有好处。既然如此，从壁纸中散发出来的那么一点点砷怎么可能会对健康有害呢？所谓有害的说法似乎不符合逻辑。因此人们继续使用谢勒绿和祖母绿。

在 19 世纪的最后 25 年中，最著名的壁纸设计师就是威廉·莫里斯（William Morris，1834—1896 年），工艺美术运动中的一个领袖人物。他是一个不知疲倦的左翼运动的活跃分子，甚至出版了他自己的社会主义报纸《公共福利》（Commonweal）。但是他为所有人创造一个更美好的生活的理想，并没有使他质疑自己的财富的来源及其在英格兰西部有害的源泉。由于这一地区具有丰富的铜、锡和铅矿，因此早在青铜时代人们就开始在这里采矿了。这里的另一种矿藏就是毒砂（FeAsS），但这是一种不受人们欢迎的矿物，因为砷会污染铜和锡，使它们变得非常脆。人们通过用火煅烧矿石的方法除去其中的砷。在这一过程中，砷被氧化为三氧化砷释放出来，其中有一些会附着在烟道壁上。人们定期从烟道中清除三氧化砷，并将它们扔在矿渣堆中。

莫里斯的父亲是伦敦市区的一个成功的经纪人，住在伦敦东北部埃平森林附近的一座大房子中。他曾经做过各种投机生意，其中最成功的一个就是在德文郡联合矿业公司的投资。该公司于 1844 年 11 月 4 日发现了英国最大的铜矿藏。莫里斯家购买了该公司发行的 1024 个股份中的 304 股。这些股份的价值在一年之内从每股 1 英镑飙升至每股 800 英镑。公司第一次分红就支付了每股 71 英镑。（最终这个矿支付了超过 100 万英镑，也就是相当于如今 1 亿英镑的分红。）

莫里斯的父亲死于 1847 年。在此之前不久他在一项投资生意上亏了大钱，因此整个家庭不得不搬到位于瓦森斯陶的一个较简朴的房子中。但是他们保住了所拥有的这个铜矿的大部分股份。在父亲死后，母亲将这些股份分给9个子女，每人得到了13股，这使他们每人每年都能够得到大约700英镑——相当于今天的10万英镑——的足以使他们过上富足生活的收入。[*]莫里斯于1853年进入牛津大学，他本来想成为一个牧师，但是在学校中被吸引到后来成为工艺美术运动的左翼知识分子和艺术家的圈子之中。

威廉·莫里斯最早的壁纸设计名为"格子棚架"，是由一枝四处攀爬的玫瑰和一个木头格子棚架组成的图案。这种图案中有很多绿色，而这些绿色是用亚砷酸铜印制的。莫里斯后来成为传统颜料的坚定倡导者，并且只要有机会就使用这些颜料。他还意识到公众喜欢色彩鲜艳的效果，而像谢勒绿这样的人工合成颜料就可以产生这样的效果。事实上，当"格子棚架"出现在市场上的时候，谢勒绿在英国的年销量已经超过了500吨。莫里斯的壁纸非常受欢迎，而这为他带来了双倍的利润——因为他还是世界上最大的砷矿的一个主要股东。也许他不相信含砷壁纸可能会毒化室内空气的说法，但是这种说法是对的。

在1871年，莫里斯成为德文郡联合矿业公司的董事。当时该公司已因受到廉价的进口铜矿的排挤而失去了国内的铜市场。但是该公司意识到，其堆积如山的矿渣可以用来提取砷，后来砷

---

[*]　威廉·莫里斯在其有生之年共从这笔投资中获得了9000英镑（相当于今天的150万英镑）的回报。

成为它的主要收入来源。在此之前英国的砷要从德国进口，在德国萨克森地区，砷是作为其他金属的副产品生产的。在此之后，英国成为世界上最大的砷生产国和消费国。该公司通过处理其矿渣不断提高砷产量，但是这种生产由于污染环境而遭到了当地民众的反对。西部地区生产的砷质量很好，而且在玻璃和搪瓷生产中需求量很大。（在玻璃生产的过程中加入少量砷可以中和其中使玻璃呈绿色的铁。）随着人们发现砷越来越多的用途，如用于生产杀虫剂等，其需求量也不断增加。不久后，英国开始向国外出口砷，并且砷的价格也不断上涨。到了 19 世纪 70 年代中期，其价格已从原来的每吨 1 英镑上涨到了每吨 20 英镑。到了 19 世纪 90 年代，德文郡联合矿业公司的砷年产量达到了 3500 吨。但是由于该公司在其他金属矿的开采方面遭到失败，它最终走向了衰败。*

莫里斯在该公司担任了五年董事之后辞去了这一职务。他之所以辞去这个职务，是因为他的其他事务过于繁忙，而不是因为他意识到砷对工厂的工人、对生活在这些工厂附近的居民、对使用砷原料的工厂中的工人以及对那些在不知情的情况下购买了含砷产品的公众的健康所造成的危害，以及它因此而受到的越来越多的批评。英国政府正是由于意识到了这些危害才于 1895 年颁布了《工厂和作坊法》（Factories and Workshop Act），规定了这

---

* 在 20 世纪，德文郡联合矿业公司的矿井又恢复了砷的生产，用于制造化学武器。其中包括氯乙烯二肼，一种比芥子气更让人感到难受的使皮肤起疱的毒气。在第二次世界大战期间，该公司在南克罗福特矿区开采锡，这是英国最后一个被开采的锡矿，它最终于 1998 年 3 月被关闭。

些工作场所向有关当局报告砷中毒事件的法律义务——虽然这一法律主要是为处理由铅和磷导致的职业病而制定的。

虽然这一新的法律改善了一些工业领域的工作条件，但是几乎没有能够改善砷生产行业中工人的境况。那些专门在熔炉的烟道中刮取砷的工人受到的健康危害最大，政府最终不得不对这一行业开展调查。于1901年公布的调查报告承认了砷对那些接触到它的人的健康所产生的可怕影响，但是并没有提出控制这一工业的措施。这主要是因为这一工业本身正在迅速衰退。事实上，德文郡联合矿业公司在一年之后就倒闭了，它在此之前的30年中生产了超过7万吨的三氧化砷。

到了19世纪70年代，出现了不含砷的人工合成绿色颜料，而壁纸生产厂家，包括为莫里斯生产壁纸的厂家也开始在广告中宣传其壁纸不含砷了。莫里斯私下里仍然对壁纸颜料是导致许多疾病的原因的说法感到怀疑，但是大多数科学家都持与他相反的意见。随着维多利亚时代的结束，壁纸中散发出的含砷气体能够导致中毒的说法已经得到了明确的证实。

## 空气中的砷

那么用绿色含砷颜料印刷的壁纸散发出的有毒气体到底是什么呢？维多利亚时代的化学家们知道一种致命的含砷气体，即由三个氢原子和一个砷原子结合而成的砷化三氢（$AsH_3$）。他们可以通过在三氧化砷溶液中加入锌和硫酸制造这种气体。德国化学家 A.F. 格伦（A.F.Gehlen，1775—1815 年）在 1815 年制造了一些砷化三氢气体并发现这种气体是多么危险。他在吸入这种气体后不到一个小时就病倒了，并出现了呕吐和颤抖的症状。他立即卧床休息，但是身体状况越来越差，最终在九天之后死亡。谢勒在 1775 年首次制造了这种气体，但是他没有吸入，因此直到格伦事件发生之后化学家们才了解了这种气体的毒性。

有的工厂曾经用酸处理含砷的合金，结果导致砷化三氢被释放，从而引发工业事故。炼锌过程中产生的浮渣就会释放这种气体。1978 年，南斯拉夫有 8 名工人在下雨天处理这种浮渣的时候突然晕倒。当时雨水与浮渣发生反应并释放出砷化三氢气体，使这些工人中毒。他们立即被送往医院治疗，其中一名工人不治身亡。砷化三氢气体之所以如此危险，是因为它与红细胞中的血红素有极强的亲和力。在第一次世界大战期间，英国潜水艇配备的蓄电池中的电极是用铅合金板做成的，并且在这种合金中添加了少量的砷以增加其强度。虽然这种蓄电池内部会产生砷化三氢气体，但是它们都是密封的部件。然而在一艘潜艇上却发生了蓄电池中砷化三氢气体泄漏的事件。潜艇上 30 名船员在相同时间内吸入了相同浓度的这种有毒气体，但是他们对此的反应却不尽相同，因而这一事件引起了医学界的兴趣：其中 1 名船员的身体没有受到任何影响；7 名船员出现了贫血和黄疸症状，并被送进医院治疗；其他的船员出现了缺氧症状（即血液中的含氧量偏低），但是没有严重到需要进医院治疗的程度。

但是维多利亚时代的壁纸散发出来的并不是砷化三氢气体。当时的化学家们知道壁纸不可能产生这种气体，因为它只有在壁纸中的亚砷酸离子与一种很强的还原剂反应后才会产生。但是化学家们知道其他非常容易挥发因而可能很危险的砷化合物，如二甲砷基。弗雷泽医生的推测非常接近正确答案。

1891年5月，意大利化学家巴托罗密欧·高西欧（Bartolomeo Gosio，1865—1944年）开始了一个为期一年的研究项目，其目的是证明含砷颜料会释放出有毒气体，因而可能会对健康造成危害。高西欧的这项研究源自一个已经困扰意大利政府多年的问题：大量儿童因无法解释的原因而生病甚至死亡。医生们肯定含砷颜料是罪魁祸首，于是政府决定采取措施寻找其原因。高西欧所采取的方法是在含有少量三氧化砷的土豆泥中培养各种微生物。他将这种样本放在潮湿的地下室中，果然这些样本上面很快就长出了各种细菌和真菌，并且散发出一种大蒜的气味。他还在培养基中加入了谢勒绿和祖母绿，然后在上面培养普通的面包霉菌，结果也产生了同样的气味。当他把从一张腐烂的纸上提取的霉菌放入这种培养基中培养之后，发现其中产生的气体的浓度达到了危险的程度。一只老鼠在吸入这种气体后很快就死亡了。另一只小老鼠在被放入装有这种霉菌的容器中后一分钟之内就死了。

其他科学家也用微生物和含砷物质开展了实验，但是结果是相互矛盾的。1893年，美国圣路易斯华盛顿大学的查尔斯·R.桑格（Charles R.Sanger）研究了20个据称为壁纸引起的砷中毒病例，证明情况的确如此：在他所研究的所有病例中，壁纸中都含有砷，其含量为每平方米15—600毫克。桑格甚至还注意到，壁纸中所含的砷越少，病人中毒的程度就越高。这意味着当砷的含量非常高的时候，壁纸的毒性太大，以至于霉菌无法在上面生长。虽然桑格在 1893 年的实验证实了高西欧的研究结果，但德国生物学家奥托·埃默林（Otto Emmerling）却得出了相反的结论。他在 1897 年发表的一篇论文中声称，在他的培养基中没有散发出含砷气体。但实际上他的实验结果并不能推翻高西欧的研究结果，因为他使用的微生物与高西欧使用的不同，它们无法产生甲基胂并将其释放到空气中。

高西欧发现了那么多生活在用含砷颜料或壁纸装饰过的房子里的人得病的原因。对此没有人真的表示过怀疑。他的结论得到了如此广泛的承认，以至于人们开始将由房间壁纸中散发出来的砷所导致的疾病称为高西欧病。在此之后，医生们不仅可以对这种病做出诊断，而且还可以通过建议有关家庭清除其房间中的壁纸从而排除致病原因的方法使病人康复。尽管如此，人们还是用了很多年才彻底消灭了高西欧病。潮湿的壁纸对于微生物来说是一个肥沃的繁殖场所。在那个时代，人们用明胶（胶料）将抹在墙上的新鲜灰泥封住，然后再刷漆或者贴壁纸，而后者则一般是用拿面粉做成的糨糊粘到墙上的。这种蛋白质和碳水化合物的结合为微生物提供了理想的营养，在潮湿的情况下更是如此。这些微生物在生长过程中要排出其环境中的砷，它们通过将砷转化为三甲基胂的方法达到这一目的。

甚至到了 1932 年，在英格兰和威尔士交界地区的迪安森林的一座房子中仍然有两名儿童死于高西欧病。直到那个时候，利兹大学一个名叫弗里德里克·查林杰（Fredrick Challenger，1887—1983 年）的有机化学教授才正确地将三甲基胂确定为高西欧病的致病原因。这种化合物是 1854 年合成的，当时人们发现它是一种无色的油性液体，其沸点为 52℃。我们现在知道有些酶能够将谢勒绿中附在砷原子上的三个氧原子替换为三个甲基——而这在当时的科学家看来是不可能的。

虽然科学家们早在 20 世纪 30 年代就已经确定三甲基胂是导致高西欧病的罪魁祸首，但是直到 1971 年他们才弄清楚微生物是如何将甲基附着在砷离子上的。许多微生物都可以表演这个小小的把戏，其中包括两种可以在用砷化合物做过防腐处理的木头上生长从而使这种木头腐烂的真菌。但是其他 63 种生长在木头上的真菌却没有这个本领。天然气中也含有微量的三甲基胂，这一事实是 1989 年才发现的。那年，一些技术人员在加利福尼亚检修天然气管道的时候发现管道的一些地方被一种沉积物堵住了，经检验，这种沉积物是纯砷。进一步研究表明，天然气的含砷量可高达每升 1 微克，而这些砷主要是以三甲基胂的形式存在的。

20 世纪 50 年代，美国驻罗马大使馆曾经发生了一起离奇的砷中毒事件。当时美国驻意大利大使克莱尔·布思·卢斯因身体不适而不得不辞职。很明显她是中了毒，但是下毒的人是谁呢？是苏联特务吗？当时意大利共产党正处于特别强大的时期。这一事件可能会产生严重的政治影响。因此美国中央情报局派了一个专案小组前去调查。他们最终找到了砷的来源。卢斯所睡的房间原来并非卧室，而其天花板的装饰图案上使用了很多含砷颜料。那么这是否又是一个高西欧病的病例呢？其实不是。在做卧室的房间楼上有一台洗衣机，它在转动的时候会使楼板震动，这导致这间卧室充满了含砷的灰尘。卢斯正是吸入了这种灰尘之后才出现身体不适的。

## 头发中的砷

拿破仑·波拿巴（1769—1821年）在他的遗嘱中写道："我即将过早地离开人世。我是被英国的寡头统治者及其雇用的刺客所谋杀的。"他的确过早地离开了人世——他死的时候只有52岁，并且他有关英国人要置他于死地而后快的说法也很可能是对的。但是英国人真的雇用刺客来谋杀他了吗？有些人认为是的，而且他们还知道刺客的名字。另一些人则对拿破仑的死采取了一种不那么有争议的观点，即他死于已经发生癌变的穿孔性胃溃疡，而这也正是当时对拿破仑做尸检的医生所得出的结论。* 但是还有一些人坚持说拿破仑的确是被毒死的，只不过毒死他的不是英国政府，而是他房间中的壁纸。

1812年，拿破仑在莫斯科遭到了灾难性的失败，军队损失达50万人。在此之后他的敌人将他赶回到法国境内。1814年3月，盟军占领了巴黎。同年4月6日，拿破仑承认战败并宣布退位。作为和平条约的一部分，他被送到厄尔巴岛担任总督，每年有200万法郎的收入，可以拥有一支由400名志愿者组成的卫队，并且还获准保留皇帝的称号。但是他在1815年3月1日从厄尔巴逃回法国，再次召集军队并建立了所谓的百日王朝，直

---

\* 拿破仑一直有胃疼的毛病，这就是人们经常看到他将手伸进衣服中揉他的胃部的原因。正如我们在他的许多画像上都能看到的，这成了他特有的一个姿势。

到于 1815 年 6 月 18 日在滑铁卢被彻底击败。随后他被流放到了南大西洋中部离大陆 1600 公里远的圣赫勒拿岛，以防止他再次逃跑。

在他生命的最后几年中，拿破仑在圣赫勒拿岛的朗伍德宫中过着舒适的生活，直到 1821 年 5 月 6 日去世。当一个著名的政治人物出人意料地去世的时候，肯定会有人提出他不是死于自然原因而是死于谋杀的说法。接下来的问题就是：谁希望他死？然后阴谋理论者就会出来提供各种答案。拿破仑的死也不例外。有一种说法就是他是被毒死的，而用来谋杀他的毒药就是砷。这是因为这个伟人的身体里似乎被塞满了砷，这也解释了人们在挖出他的尸体时所看到的情况。拿破仑最初被埋葬在圣赫勒拿岛。20 年之后他的尸体被运送回巴黎。当他被挖出来之后，人们发现他的尸体几乎一点儿也没有腐烂，而这一般被看作是砷或锑中毒的标志。[*]

分析表明，拿破仑头发中的砷含量是正常值的 100 倍，有人认为这是他被毒死的确凿证据。1995 年，国际拿破仑协会的主席、加拿大人本·韦德（Ben Weider）向联邦调查局首席化学分析师罗杰·马尔茨（Roger Martz）提供了两份很小的拿破仑头发的样本，让他进行分析。马尔茨用石墨炉原子吸收法来确定头发中的砷含量。他报告说，第一份头发样本长度为 1.75 厘米，砷含量为 33ppm；而第二份头发样本长度为 1.45 厘米，砷含量为 17ppm。马尔茨得出结论说：这两份头发样本中的砷含量

---

[*] 这方面的解释见有关锑的那一章。

都与砷中毒的情况相符。这样的结论正是韦德所期待的，他相信拿破仑是被人蓄意毒死的。在韦德与瑞典人斯坦·佛斯胡夫维德（Sten Forshufvud）合著的《再论拿破仑谋杀案》（The Murder of Napoleon）和《圣赫勒拿岛的刺杀事件》（The Assassination at St.Helena Revisited）两部书中，他确认毒死拿破仑的人是蒙托隆伯爵。

我们知道，当拿破仑于 1821 年 3 月生病的时候，医生为了使他退烧而给他开了吐酒石（酒石酸锑钾）这种药物。然后于 5 月 3 日医生在拿破仑不知情的情况下让他服用了 10 谷甘汞——一种强效的泻药。医生之所以让拿破仑服用甘汞，是因为他承认自己已经很多天没有排便了。这一剂量远远超过了通常治疗便秘的剂量。韦德认为，这就是杀死拿破仑的毒药，并且也解释了为什么在尸检的时候医生发现拿破仑的胃的内壁看上去有严重腐蚀的迹象。（对于拿破仑头发中的砷，韦德是这样解释的：凶手首先用砷下毒使拿破仑的身体变得虚弱，以为最后使用致命毒药做好准备，并掩盖其症状。）

拿破仑的头发所提供的证据并不像一开始看起来那么简单明了。我们现在有很多份拿破仑的头发样本，它们分别是在 1805 年、1814 年、1816 年、1817 年和 1821 年从他头上剪下来的，而最后一份样本是在他死后不久从他头上剪下来的。不同的研究机构都对这些头发进行过测试。巴黎警察实验室的伊万·里科德尔（Ivan Ricordel）在 2002 年对这些样本进行的测试表明，它们都含有很高水平的砷：其砷含量从 15ppm 到 100ppm 不等，但是都远远高出如今我们认为安全的最高含量，即 3ppm。（人的头发中的正常砷含量为 1ppm 左右。）1816 年 7 月 14 日提取的拿破仑的头发中的砷含量为 77ppm，但是在一年之后的 1817 年 7 月 13 日所提取的头发中的砷含量却降至了 5ppm。很明显，拿破仑在前一年摄入了大量的砷。这是有人故意投毒，是他的医生给他开了福勒溶液，还是他自作主张服用了药物呢？有人甚至提出，拿破仑因为害怕被别人下毒，所以自己经常服用少量的砷，以提高身体对砷的耐受力，从而起到保护作用。但是这种情况似乎不大可能发生。

另一份拿破仑的头发样本是他的忠实仆人马翔取得的。马翔伴随被流放的拿破仑来到了圣赫勒拿岛，在这个皇帝死的那天从他头上剪下了一缕头发，并将其放在一个信封里带回了法国。后来这缕头发成了马翔家的传家宝。20 世纪 90 年代，科学家对这缕头发中的几根进行了分析，结果发现在拿破仑死前六个月内从他头上长出的头发中的砷含量在不断发生着变化：从 51ppm 降到 3ppm，然后又上升到 24ppm。这种变化似乎不符合从诸如饮用水等环境因素中以稳定的方式摄取砷的情况，但是可能与摄入从壁纸中释放的砷的情况相符，因为后者取决于气候——湿润的气候比干燥的气候更有利于霉菌的生长并释放三甲基胂。尽管如此，这些分析结果表明，拿破仑在其生命的最后几个月中的不同时间内曾经摄入高剂量的砷。事实上，他在这一时期所表现出的症状似乎也与砷中毒相符。

1994 年 9 月在芝加哥举行的拿破仑协会的讨论中，公布了另一些拿破仑的头发样本的测试结果。这些头发是法国瑞内市一个名叫让·费楚的人收藏的，据称也是在拿破仑死亡的时候从他头上剪下来的。它们被送到联邦调查局进行检查。这些头发的来源很不可靠，并且其真实性很值得怀疑，因为检测结果表明，其砷含量仅为 2ppm，与马翔家收藏的头发中的砷含量相去甚远。

美国拿破仑协会的主席罗伯特·斯尼布（Robert Snibbe）否定了韦德提出的有人故意用砷对拿破仑下毒以使其身体衰弱的说法，认为这完全是无稽之谈。但是如何解释在不同的时期拿破仑体内有那么多砷呢？这些砷真的来自壁纸吗？这也正是英国纽卡斯尔市大学的戴维·琼斯（David Jones）博士 1980 年在一个题为《一缕蒸汽》的全国性广播访谈节目中提出的问题。他对这个问题的回答是这样的：这很有可能，因为在当时生产的很多壁纸就是用谢勒绿印刷的。如果在朗伍德宫中贴的就是这样的壁纸的话，那么它们很可能会散发含砷蒸气，因为圣赫勒拿岛上的气候非常潮湿。

这种说法唯一的一个问题就是，我们没有办法知道当拿破仑住在朗伍德宫中的时候，那里的内部装修究竟是什么样子的——当时琼斯是这么认为的。但是有人不这么认为。家住诺福克的雪莉·琼斯听到这个广播节目后想起来她家里的一本剪贴簿，这个剪贴簿在她的家族已经传了好几代，它的每一页都标有日期。在标有 1823 年的一页上，记载着她的一位前辈在圣赫勒拿岛上的一次参观。他从拿破仑的坟前的一棵树上摘下来一片叶子，又从这个伟人去世的那个房间的墙上撕下来一块壁纸，然后把这两样东西粘在了剪贴簿上。琼斯广播访谈节目的另一个听众——家住滨海韦斯顿的卡琳·克洛斯有一张朗伍德宫中拿破仑在其生命的最后阶段居住过的房间的画。这张画清楚地显示，当时那个房间的壁纸与雪莉·琼斯家剪贴簿上的那块是一样的。

　　1992 年，英国广播公司派遣了一个调查小组前往圣赫勒拿岛，制作一个有关琼斯的推测的电视节目。他们发现从朗伍德宫的墙上撕下一块壁纸非常容易。他们注意到，由于当地天气潮湿，当时墙上的壁纸已经脱落。很明显，雪莉·琼斯的那个前辈完全可以从那个房间的墙上撕下壁纸，而且那个房间在拿破仑死后不久不大可能会重新装修。那个剪贴簿中的壁纸上的图案与卡琳·克洛斯的画上的壁纸图案相同，都是绿色和棕色植物的星状图案。但是这上面的绿色是否用含砷颜料印刷的呢？科学家用一种不具破坏性的方法——他们曾用这种方法分析过拿破仑头发中的砷含量——对这块壁纸的一小部分进行了分析，结果果然发现里面含有这种元素。这一小块壁纸的砷含量为每平方米 120 毫克，这些砷大多数集中在星状图案上——这些部位的砷含量高达每平方米 1500 毫克。

　　潮湿的壁纸完全可以解释拿破仑体内的砷含量，但是从他房间的墙壁中散发出来的三甲基胂是否足以毒死他呢？对这个问题的回答是肯定的，至少这种气体可以使他生病。我们之所以这么肯定，是因为当时陪伴拿破仑流放到圣赫勒拿岛的一些人曾经抱怨过朗伍德宫中"糟糕的空气"。拿破仑居住在那里的时候曾经出现过颤抖、四肢浮肿、恶心、腹泻、腹痛等症状。由于砷中毒的症状很容易与其他原因引起的症状相混淆，因此拿破仑在朗伍德宫居住的最后几年中的这些症状很可能是砷中毒引起的。

　　而韦德则走得要比这远得多，他将拿破仑的死归因于谋杀，并且提出了很多理由指称朗伍德宫的管家夏尔—特里斯坦·德·蒙托隆为凶手。他特别提到蒙托隆的妻子阿尔比娜曾经与这个皇帝有过一段恋情，甚至还为他生了一个孩子。另外，蒙托隆还是一位贵族，并且令人感到怀疑的是，他是在滑铁卢战役失败之后才取得拿破仑的信任的。蒙托隆并不是唯一的嫌疑人。会不会是拿破仑的私人医生安托马奇受仍然害怕拿破仑回去的法国复辟保皇党政府的雇用谋杀了他呢？另外，圣赫勒拿岛的英国总督哈德森·洛爵士也有嫌疑。他与拿破仑非常合不来，并且总是担心他会逃跑，以至于在朗伍德宫周围布满了哨兵，对他严加监视。（而拿破仑则在院墙内挖掘了低于地面的小径，这样他在院子里走动的时候就不会被哨兵看见了。）

当然，拿破仑并不是朗伍德宫唯一的居住者，如果他受到了砷的影响，那么其他在那里生活和工作的人也应该受到影响。拿破仑被流放到圣赫勒拿岛的时候有 20 名随从，他们中间的一些人也是在非常可疑的情况下死去的，其中包括居住在朗伍德宫中的拿破仑的总管家弗朗西斯奇·西普里亚尼、一名女仆和一名幼儿。西普里亚尼于 1818 年 2 月 24 日突然病倒，其症状包括剧烈的腹痛和冷战。后来人们用洗热水澡的方法对他进行治疗，但是他在两天后突然死亡，并在死后第二天就被埋葬了。有一些人对他的死因表示怀疑。后来当人们挖开他的坟墓打算对他开棺验尸的时候却发现他的尸体不见了。那名女仆和幼儿在西普里亚尼去世几天之后死亡。有人认为他们也是被蓄意谋杀的。但是他们也很可能是在朗伍德宫中高西欧病的高发时期死于这种疾病的。

不管朗伍德宫的内部装修如何，有一点是毫无疑问的：其壁纸中含有谢勒绿，而那些壁纸很可能是拿破仑自己选定的，而且图案的颜色很可能是绿色和金色，因为那是象征他的皇位的颜色。如果真是这样的话，那么给拿破仑下毒的正是他自己：虽然那些壁纸可以使他重温辉煌的过去，但是慢慢地增加了他当时遭受的痛苦。

令人感到吃惊的是，最近研究人员在当时领导英国人战胜拿破仑的乔治三世的头发中也发现了砷。有人在伦敦科学博物馆一个很少使用的展示柜中发现了一个长期被人遗忘的信封，这个信封是维康基金会送来的，里面装有乔治三世的几缕头发。这些头发在 2003 年被送给伦敦女王玛丽学院的马丁·沃伦（Martin Warren）教授，对其进行汞、砷和铅含量分析，因为这些金属最有可能导致这位国王所患的卟啉症。分析显示，这些头发中含有 2.5ppm 汞（正常值为 1ppm 左右）、17ppm 砷（正常值为 0.1ppm）和 6.5ppm 铅（正常值为 0.5ppm 以下）。*沃伦认为乔治三世体内的砷对他的身体损害最大，而且它很可能来自他所服用的吐酒石中的杂质，因为在这位国王被认为发疯的时候，医生经常让他甚至强迫他服用吐酒石。我将在第十三章中更加详细地讨论乔治三世国王的疯病。

## 饮用水中的砷

在曼彻斯特啤酒中毒事件（见第五章）中，有人因为喝了太多用被砷污染的水酿造的啤酒而出现中毒症状，从而使水污染问题最终被发现并得到处理。但是如果含有类似水平的砷的水没有

---

* 以上这些信息是沃伦教授亲自提供的，在此对他表示感谢。

被用来酿造啤酒，而只是供人饮用的话，那么由于人们一般不会一次喝下那么多水，因此饮用水的砷污染问题可能很多年都不会被发现。这就可能导致大规模的健康危害。这种危害所引起的主要症状是皮肤病和皮肤癌，但是有人声称其他一些疾病也与饮用水的砷污染有关，这些疾病包括膀胱癌、肾癌、肺癌、神经疾病、高血压和糖尿病。

在智利偏远的圣佩德罗德阿特卡玛地区，饮用水的砷含量高达 500ppm，但是那里的居民却没有出现任何与砷中毒有关的症状。然而后来移居到那里的人则比较容易得皮肤病或皮肤癌。那些世代居住在这个地区的人似乎没有受到任何影响，而在新居民中，30 岁以上死亡的病例中有 10% 是死于膀胱癌或肺癌，而这与他们的砷摄入量有关。

20 世纪 40 年代，在加拿大的大斯拉夫湖北岸的黄刀地区发生了一起奇怪的饮用水砷污染事件。在这一地区的一个小镇上有一个处理金矿的冶炼厂，工厂通过一般的方法将矿石中的砷转化为三氧化砷排放到空气中，让它随着空气飘到远离这个小镇的地方，在冬天它当然会飘落在覆盖这一地区的雪地上。在这一地区的一个小木屋中有两个老猎人，他们在冬天把外面的积雪当作饮用水的主要来源。结果他们在不知不觉中中了毒，并最终死亡。直到来年春天积雪融化的时候人们才发现他们的尸体。

在墨西哥的拉古尼拉地区、阿根廷的科多邦地区、中国的内蒙古和台湾、芬兰、印度的西孟加拉地区和孟加拉国，甚至在美国的一些地区，饮用水中的砷含量都一度很高。台湾地区在 20 世纪 60 年代开展的一项流行病学的研究显示，皮肤癌的流行与饮水中的砷含量有关。在一个地区，饮水中的砷含量为每升500微克，相当于500ppb或0.5ppm。（在本章后面的部分我将使用ppb这个单位，因为那些研究饮用水中砷含量的人更愿意使用这个单位。）研究发现，在该地区60岁以上的人口中有10%患有癌症，大多数都是皮肤癌。所幸的是，这种癌症通常都不是致命的，并且可以通过手术切除。而生长在人体内部的癌就不那么容易诊断和治疗了。在台湾的一个饮用水中砷含量为800ppb的地区膀胱癌的发病率很高。另一项研究表明，在一个饮用水中砷含量为600ppb的地区，4万个被调查的人中有400人患有皮肤癌。即使在采取措施净化饮用水之后的很多年中，癌症的发生率仍然居高不下，因为癌症可能会在潜伏很多年之后才发病。

在规模最大的一次群体砷中毒事件中，受害者高达3000万人。在这一事件中，砷来自他们的饮用水，而这些饮用水来自印度西孟加拉邦和孟加拉国在20世纪70年代所挖的管井。这些管井是在联合国儿童基金的推动下为向当地居民提供安全饮用水而建造的。在此之前，这些居民传统上使用小溪、河流和池塘中受到污染的水，因而经常罹患通过饮用水传播的各种疾病，如胃肠炎、伤寒和霍乱。

管井的直径大约为5厘米，它可以汲取地表以下200米的丰富水资源。早在20世纪30年代，当这一地区还处于大英帝国的统治之下的时候，就出现了一些这种管井。那些拥有这种管井的村庄出现了各种疾病尤其是儿童疾病下降的趋势。有关部门对井水的分析表明它没有受到重金属的污染，但是它们却没有对井水中的砷含量进行检测，因为它们根本就没有怀疑地下水会受到砷的污染。这一忽略最终导致了诉讼。从表面上看，这些管井给当地人带来了很大的福利。到了 1997 年，联合国儿童基金会报告说，它已经超额完成了向当地 80% 的人口提供安全饮用水的目标。该项目是如此之成功，以至于许多居民自己出钱安装了管井。如今当地的管井中有四分之三是私人拥有的。

第一批慢性砷中毒病人是印度加尔各答市热带医学院皮肤病系的 K.C. 萨哈（K.C.Saha）博士在 1983 年发现的。这些病人在他们的上胸部、双臂及双腿部出现了砷中毒所特有的皮肤病变和皮肤颜色变化，并且在他们的手掌和脚掌皮肤上出现了角质增厚，这种症状的医学名称是表皮角化过度。萨哈意识到这些症状是砷中毒引起的，但是他的病人否认曾经使用含砷的产品。那么他们体内的砷是从哪里来的呢？通过测试，研究人员很快就确定了他们的饮用水是罪魁祸首。随着越来越多的砷中毒病例被报告上来，有关当局逐渐认识到这一问题的广泛性。他们很快就对数千个管井中的水进行了检测，结果发现它们都含有很高水平的砷——在印度西孟加拉邦的一些地区竟高达 4000ppb。孟加拉国的情况甚至更糟，有 7000 万人口多年来一直在饮用含有低水平砷的水。这导致了广泛的砷中毒皮肤病，患者的皮肤上会长出很多像麻风病一样的使人毁容的斑块。在许多年之后，这些皮肤患处会发生癌变。

根据世界卫生组织的标准，饮用水中的砷含量不得超过每升 10 微克（也就是 10ppb）。许多国家认为这一标准在世界上许多地方都是不现实的。世界上许多地区，包括孟加拉国和美国，都将法定上限规定为 50ppb。它们认为低于这个水平的砷是不会对人体产生任何作用的。对孟加拉国越来越多的管井中饮用水的测试表明，其中许多的砷含量都超过了 50ppb，还有为数不少的一部分超过了 300ppb。前者的使用人口超过 2000 万，而后者的饮用人口也超过了 500 万。由日本宫崎大学的田边纪美子带领的一个研究小组对杰索尔区萨姆塔村的 282 口井进行了水中的砷含量分析，结果发现其中 42 口井的水砷含量超过 500ppb，其中1 口井的水砷含量达到 1400ppb。其他的井，39 口井的水砷含量为 300—500ppb；114 口井的水砷含量为 300—100ppb，57 口井的水砷含量为 100—50ppb。只有 30 口井的水砷含量低于 50ppb，其中只有 10 口井的水砷含量低于世界卫生组织规定的 10ppb 的标准。日本的科研工作者还发现，从某一特定地方的较浅的管井中打出来的水砷含量可能高达 1200ppb，而在同一地方较深的管井中打出来的水砷含量可能只有 80ppb。

　　1997 年，孟加拉国政府实施了一项快速行动计划，将精力集中在一些饮用水污染严重的村庄。他们发现这些地区的 3 万个管井中有三分之二的水砷含量超过 100ppb。来自达卡社区医院的研究小组调查了 18 个受到影响的地区，并对 2000 名成人和儿童进行了检查。他们发现其中一半的人已经出现了砷皮肤病。在印度西孟加拉邦，饮用管井水的人口相对较少，但是在 150 万饮用此种水的人中，有 20 万已经出现了砷皮肤病。由于人们一般在饮用受到砷污染的水 10 年之后才会出现有关症状，20 年之后才会发展成癌症，因此在将来还会有更多的人得这种病。

　　那么在这些地区的人怎样做才能够避免继续饮用受到砷污染的水呢？一个答案就是使用深于 200 米或浅于 20 米的水井，这样他们就能够避开受污染的地下水层。一旦当地居民能够饮用未受污染的水，他们体内的砷就会很快被排出。实际上给他们服用排砷的螯合剂是没有必要的，因为人体具有自我排毒的功能。那些已经出现皮肤病的人可以用洗液和抗菌膏药进行治疗，慢慢地他们的病情就会好转。印度政府向这些地区分发氯化片剂，它们可以使水中的砷氧化，将其从 $AsO_3^{3-}$ 转换为 $AsO_4^{3-}$，后者会与水中的铁离子结合，形成不溶于水的盐。

2004 年 2 月，孟加拉国政府批准了四项通过用各种药剂处理水的方法清除其中的砷的技术，并建议采用其中一个使用国内可以获得的含铁材料的技术。与此同时，英国曼彻斯特大学的乔纳森·劳埃德（Jonathan Lloyd）领导的一个研究小组发现，那些地区地下水中的砷本来是以不可溶化合物的形式存在于岩石中的，某些细菌使它从岩石中释放了出来。当地下水被从管井中抽出来之后，就会由从地表渗下去的含有有机物和细菌的水所补充。

那么为什么在此之前没有人怀疑从管井中打出来的水可能会含砷，因而可能是危险的呢？英国地理勘察局是英国政府国家环境研究委员会的一个下属部门，在 2002 年夏天，一些代表数百名孟加拉国村民的律师试图将该局告上法庭。他们声称，英国地理勘察局于 1992 年承担他们国家的饮用水质量勘察任务，但是它未检测这些饮用水的含砷量。如果当时它检测了这种元素的话，那么成千上万的人就可以免受砷皮肤病的折磨了。

的确，英国地理勘察局在它的勘察报告中声称这些井里的水是完全清洁、健康的。它于 1996 年也在没有检测砷的情况下对越南河内的饮用水做出了相同的判断，但是在 2001 年一个瑞士研究小组经检测发现其砷含量高达 3000ppb。另外，这些律师还指出，当英国地理勘察局勘察英国的地下水的时候，即使没有发现任何违反欧洲标准的砷污染源，但它还是检测了水的砷含量。英国地理勘察局声称，它当时根本没有想到地下水中含有砷，因此认为没有必要对其进行检测。这一意见也得到了联合国儿童基金会的支持。该基金会的孟加拉国代表说，他们只检测已知的污染物，而砷并不是其中的一种。

英国地理勘察局后来于 1996 年开始对此事展开调查，并且于 2002 年公布了结果。这次它对 10 万眼水井中的水进行了分析，并且检测了地下水中的砷含量。联合国儿童基金会的孟加拉国砷污染补救项目前主任纳迪姆·坎达克尔（Nadim Khandaker）说，英国地理勘察局的第二份报告是各方都能接受的底线，它既检测了浅水井，也检测了深水井。在前者中，有 27% 的砷含量高于50ppb。这似乎意味着孟加拉国 80% 的人口可以获得安全饮用水。2003 年 5 月，伦敦高等法院做出决定，法院可以受理这些村民的案件。但是上诉法院在 2004 年 2 月推翻了高等法院的这个决定，认为英国地理勘察局和这些村民之间的关系的密切程度不足以使该局负有保护这些原告免受砷中毒的"谨慎义务"。该法院在决定中说，受理这样的案件会远远超出英国判例法的范畴。

20 世纪 90 年代，美国的环境保护人士发起了一场将饮用水中砷含量的最高限度从 50ppb 降至 10ppb 的运动。克林顿总统在其任期的最后几天中同意将此新标准纳入《安全饮用水法》（Safe Drinking Water Act）。该法要求环境保护局从 2006 年 1 月起执行新的标准。这会对 1200 万美国人产生影响，其中大多数人生活在西部，但是也有一些人生活在中西部和新英格兰。在 2001 年 3 月布什执政期间这一决定被推翻，这使环境保护人士感到非常气愤，但无疑使一些小型的自来水公司感到非常高兴。饮用水中的砷含量最高不得超过 50ppb 的标准是美国公共健康部门在 1942 年设立的。当时设立这一标准的理由是饮用水中的砷会导致心脏病——后来这一说法被证明是不正确的。从饮用水中清除砷并不困难，只需要用矾土（氧化铝）过滤自来水就可以了，矾土可以吸收水中的砷并与之结合成不溶于水的盐。但是安装这样的过滤系统的费用很高。

在饮用水受到污染之后必须采取补救措施，但是要解决这个问题的费用很高。美国新墨西哥州为解决 50 万人饮用水砷含量超标的问题共花费了 1 亿美元。而在孟加拉国要采取类似的措施的话，其费用将会高得使人无法承受。仅仅挖一口能够从更深的地层汲取饮用水的管井来取代原来的浅层管井就需要 1000 美元。（打一口浅层管井只需要 100 美元，这也是它们那么受欢迎的原因。）

让坎达克尔等调查人员感到迷惑不解的是，在饮用受到砷污染的水的人群中只有一部分人受到了影响。他指出，在几乎所有水井都受到了砷污染的卡秋亚地区，每 10 万人中只有 1 人表现出了明显的砷皮肤病症状。而在只有 60% 的水井受到污染的索纳尔冈地区，每 10 万人中就有 70 人出现中毒症状。坎达克尔认为肯定还有其他因素影响砷皮肤病的发病率。他知道一些有很多成员的大家庭，这些家庭的所有成员多年来一直饮用同一口井中的水，但是其中只有 1 名成年人受到了砷的影响。

一个由比布登德拉·萨卡尔（Bibudhendra Sarkar）带领的由美国、加拿大和法国研究人员组成的研究小组在 2002 年发表了一篇文章，文中列举了污染孟加拉国井水的各种元素。它指出，虽然砷无疑是这些井水中最令人担忧的污染物——他们甚至发现有的井水中砷含量高达 6000ppb，而其他金属，特别是锑，也不容忽视。其他超出世界卫生组织标准的有毒金属包括锰、铅、镍和铬。但是砷仍然是必须解决的污染物。很明显，有关当局应该力求达到世界卫生组织所确立的饮用水中含砷量不高于 10ppb 的指标，但是它们应该为此付出多大的代价呢？直到最近，许多国家一直实施的是饮用水中砷含量不高于 50ppb 的标准。那么砷含量为 50ppb 的饮用水是否安全呢？那些饮用了这种水的人没有出现使他们身体虚弱的症状，也许是因为他们摄入的砷的量是人体很容易耐受的"最低门槛量"。至于长期饮用这种水的后果，似乎得癌症的概率会高一些。但是在有些国家中，并没有多少人能够有机会活到这种癌症出现的年龄，因此这些国家应该将有限的资源用于对付像皮肤角化过度症一类更为紧迫的问题。

我们如何检测饮用水中含量仅为十亿分之几的砷？对这个问题的回答是：这样做很困难，并且需要使用非常复杂的仪器。我们真正需要的是一种能够立即显示饮用水是否安全的检测方法。瑞士环境科学与技术联邦研究所的杨·罗勒夫·凡·德尔·米尔（Jan Koelof van der Meer）发明了一种方法，他使用一种名叫大肠埃希菌（大肠杆菌）的细菌，当这种细菌遇到含有超过 4ppb 的砷时就会发出一种绿色的荧光。

# 第七章

# 恶毒的砷

我们永远也无法知道究竟谁是用砷实施谋杀的始作俑者，或者谁最先发现了砷致命的毒性。虽然自然界存在的雌黄和雄黄这两种含砷矿物都是有毒的，但它们并不是特别有效的谋杀工具：它们不溶于水并且具有鲜明的色彩，因此很容易被对方发现。用砷下毒的最可靠的方法是使用砷的氧化物，这种物质自然界中不存在，但是很容易制造。在冶炼铜矿的时候，作为杂质存在于矿石中的砷会被氧化，然后成为白色的烟雾被释放出来，其中有一部分会升华（直接由固体变为蒸气），然后附着在熔炉的烟道或烟囱壁上。当人们谈到砷的时候，他们几乎总是指它的氧化物，其化学式为 $As_2O_3$。在历史上人们给这种物质起过很多不同的名称，如砒霜、氧化砷、砷酸（因为它溶于水后形成酸性溶液）和三氧化砷，但是它正确的化学名称应该是三氧化二砷。在本书中我将使用如今甚至连化学家们也仍然经常使用的名称：三氧化砷。

有些凶手会使用固态的三氧化砷，将其拌入像炖肉、粥或大米布丁当中，但是更为常见的方法是将其溶化在被害人的饮料之中。三氧化砷不仅可溶于水，而且无色并几乎无味——它只是让水变得稍微有一点点甜味，因此几乎无法被发现。即便如此，投毒者仍然可能因为不懂三氧化砷的简单化学原理或者错误地判断所需的剂量而失败。有时投毒者的无知和无能反而帮了他们的忙：反复用非致死剂量下毒使得人们认为被害人患有某种痼疾，因而当他最终被致命剂量的砷毒死的时候，并不会引起人们的怀疑。

如果将一些三氧化砷晶体倒入一杯冷水中搅拌几下，那么它们中的大多数都会沉淀到杯子底部。虽然那些溶解到水中的三氧化砷可能会使受害者的身体受到很大损害，但是可能不足以导致死亡。三氧化砷需要一段时间才能够溶解在水中，但是通过加热可以促进其溶解速度。用这种方法可以将大量的三氧化砷溶解在水中，以至于一口这样的水（25毫升）就可以含450毫克砷——也就是致死剂量的两倍。事实上，溶解一份致死剂量的三氧化砷只需要10毫升水。我们知道最少要130毫克的三氧化砷就可以致人死命，但是在通常情况下这一剂量还不足以致死。而另一方面，有一些人摄入了比这个剂量大得多的三氧化砷还活了下来。

在几个世纪之前人们几乎无法证明一个人死于砷中毒。三氧化砷是一种完美的谋杀工具，因为它所导致的呕吐和腹泻的症状与许多常见疾病非常相似，甚至连医生也不大可能将砷中毒诊断为疾病或死亡的原因，而负责验尸的外科医生也不可能找到用三氧化砷下毒的证据。但是后来化学家开始研究砷及其化合物，并且发明了检测这种物质的方法，从而改变了这一切。

第一个根据刑侦调查结果给用砷下毒的谋杀犯定罪的案件发生在 18 世纪中叶，而第一个根据在这方面的无可辩驳的证据定罪的案件发生在詹姆斯·马什（James Marsh）发明了检测砷的方法之后的 19 世纪 30 年代。即使到了那个时候，实施这种犯罪的人还是有可能逃避惩罚，因为那时的陪审团不愿意仅仅根据法医学的证据定罪，辩护律师可以利用陪审团缺乏化学分析方面的知识让他们对这种证据感到迷惑不解，从而最终导致他们对其不予采信。在有的案件中，即使根据这种证据对被告人定了罪，仍然有人会对有罪判决提出质疑。在这方面的一个例子就是梅布里克案。在该案中，一个名叫弗洛伦丝·梅布里克的美国年轻人被指控毒死了她富有的丈夫詹姆斯。有的人争辩说她是清白的。但是在下一章中我将重新审视这一谋杀案，如今在掌握了砷的化学性质之后，我们可以复原梅布里克当时毒杀她丈夫的经过。但是本章所讨论的案件的关键问题是：是否能够在相关证据中检测出砷来。

## 历史上用砷实施的谋杀

公元前 8—公元 9 世纪的亚叙人就对雌黄很熟悉。古希腊和古罗马人知道用火煅烧雌黄可以生成一种白色的化合物，其成分主要是三氧化砷。另外，人类很早就知道将雌黄与泡碱（自然界中存在的碳酸钠）一起加热可以生成一种能致人死命的物质，而且这种物质可以溶于水，形成无色透明的溶液。这种化学反应的确会生成可溶于水的毒性很强的亚砷酸钠。因此在最早的历史阶段就有人不仅了解三氧化砷及其盐类化合物的致命性质，而且还知道如何制造它们。这一知识是危险的，但是在政治上很有用。历史上有一些出人意料的死亡事件似乎就是由它导致的。公元前100年左右的古罗马的法律就是专门为涵盖中毒死亡的案件而制定的。

在古罗马时代，一个臭名昭著的投毒者就是阿格丽品娜。我们几乎可以肯定她曾经使用三氧化砷来除掉妨碍她夺取权力的人。毫无疑问，阿格丽品娜为了能够与她的叔叔克劳迪乌斯皇帝结婚而毒死了自己的丈夫。她希望通过这种方法获得权力，并使她的儿子尼禄当上皇帝。为了实现这一计划，她首先除掉了宫廷顾问中自己的对手，然后毒死了克劳迪乌斯的妻子维拉利亚。在与克劳迪乌斯结婚之后，她劝说他将其女儿奥克泰维亚嫁给尼禄。接下来她要做的就是毒死无疑将继承王位的皇太子布列塔尼克斯，然后劝说皇帝将他的继子尼禄确定为继承人。克劳迪乌斯在确定尼禄为继承人的同时也就等于判处了自己的死刑。阿格丽品娜在公元56年毒死了克劳迪乌斯，然后尼禄在16岁的时候当上了皇帝。可悲的是，不久阿格丽品娜就与她的儿子闹翻了，并于公元59年被他谋杀——但是据说谋杀工具并不是毒药。

使用毒药实现政治目的的艺术在16—17世纪的意大利达到了顶峰。在这方面最为臭名昭著的两个人就是恺撒·博尔吉亚（1476—1507年）和他的妹妹卢克雷齐亚（1480—1519年），至今他们的名字仍然是这种邪恶行为的代名词。（卢克雷齐亚甚至与她的教皇父亲通奸并很可能为他生了一个孩子。）这对兄妹使用的毒药是一种他们称为"坎特瑞拉"的白色粉末——我们几乎可以肯定这是三氧化砷。据说他们是从西班牙的摩尔人那里得到的制作这种毒药的配方。事实上他们的父亲就是西班牙的大主教罗德里格·博基亚，他于 1492 年成为教皇亚历山大六世。他于 1503 年参加完他儿子恺撒举办的一个宴会之后死亡，有谣传说他误食了他儿子准备用来谋杀另一个人的有毒的食物和酒，但这似乎不太可能，因为恺撒在那次宴会之后也病倒了，但是后来恢复了健康。如今我们无法知道"坎特瑞拉"是不是三氧化砷，但是似乎这种可能性很大。卢克雷齐亚死于 1519 年，终年 39 岁，到了那个时候她已经放弃了邪恶的生活方式，转而成为一名虔诚的基督徒，因此她死得很安详。她的哥哥于 1507 年死于一场小冲突，时年 31 岁。

使用三氧化砷实施谋杀的做法并不是罗马天主教高等阶层的专利，也在民间盛行。当时这种毒药的最为臭名昭著的供应者就是一个名叫"西西里的托法娜"的女人，出售一种她称为"圣尼古拉斯吗那"——这一名称来自当时的一种圣水——的三氧化砷溶液。这种毒药名义上是作为化妆品出售的，而事实上有一些妇女也的确曾经用它来改善自己的气色，但是其他人则将它作为一种有效的毒药来使用，并且称之为"托法娜水"。据估计，至少有 500 人是被人用这种药水毒死的。

托法娜从 1650 年开始在巴勒莫经营这种毒药生意，1659 年搬到了那不勒斯。在那里，她为贩卖这种毒药建立了一个秘密组织，并通过一个代理网络成功地经营了 50 年。最终，那不勒斯总督发现托法娜在他的城市中销售一种在一杯葡萄酒中加入六滴就可以毒死一个人的所谓"那不勒斯水"，*这才结束了她的死亡生意。托法娜得知总督对她下达了逮捕令后躲进了一所修道院，但是她被从修道院中强行带走并关进了监狱。在遭到严刑逼供之后，她交代了自己所有的罪行，并于 1709 年被绞死。

意大利并不是砷遭到滥用的唯一国家。在法国，砷被人们称为"继承粉末"，那些想要谋杀自己的亲戚以独吞遗产的人可以从许多秘密组织那里购买这种毒药。当时使用砷实施谋杀的做法到底有多么普遍，如今我们已经无从得知了。但是在某些年代，它的使用已经达到了令人震惊的程度。

## 德布林维里尔侯爵夫人（1630—1676 年）

美丽的玛丽·玛德莱娜·德奥博雷是巴黎市市长兼国家议员的女儿。她于 1651 年嫁给了一个名叫安托瓦尼·格博林·德布林维里尔的贵族——也就是奴尔拉男爵，因而成了德布林维里尔侯爵夫人。安托瓦尼自然有一大堆情人，而当他的妻子成为他的一个名叫高丹·德圣克罗瓦的赌友的情妇时，他似乎也并不在乎。但是安托瓦尼的父亲并不那么通情达理，他于 1663 年将这个年轻人抓进巴斯底狱关了六个星期。德圣克罗瓦在监狱里遇见了一个臭名昭著的投毒者，在从监狱中出来之后他也开始玩起了毒药。他从巴黎著名的化学家、身为皇家药剂师和路易十四儿子的教师的克里斯托夫·格拉塞那里购买了配制毒药的各种原

---

\* 如果真是这样的话，那么"托法娜水"很可能是亚砷酸钠或亚砷酸钾的溶液，因为这些亚砷酸盐的溶解度要比三氧化砷高得多。"托法娜水"的配方已经失传了。

料。德圣克罗瓦尝试各种能够以不引起被害人注意的方式下毒的溶解三氧化砷的方法，他的情妇则在当地一所医院的病人身上试验他配制的毒药。她给这些病人送去食物和酒等慈善礼物，这些礼物很受那些食不果腹的病人的欢迎，但是它们并没有改善那些病人的健康状况，反而使他们的病情恶化，甚至导致其中一些人死亡。

德布林维里尔侯爵夫人的这些试验的目的是了解三氧化砷的致死剂量以及仅仅使人生病的剂量。她下毒的第一个目标就是她的父亲。她首先在 1666 年 5 月通过下毒使他病倒，然后在同年 10 月毒死了他。她毒死父亲的目的就是继承他的财产。她的这一谋杀行为也使得她的两个兄弟成了受益人，对此她感到非常不甘心，于是就让一个名叫拉乔塞的同谋扮装成仆人进入她的家中，并在第二年让他毒死了她的两个兄弟。与此同时，德布林维里尔侯爵夫人仍然过着淫荡的生活。除了德圣克罗瓦，她还有很多其他的情夫。她给德圣克罗瓦写了许多能够证明自己有罪的信件，在信中她提出要购买德圣克罗瓦配制的毒药，但是后者所接受的似乎是非现金报酬。她希望谋杀自己的丈夫，然后与德圣克罗瓦结婚，从而使他们两人之间的关系永久化，但结果却事与愿违。

1672 年 7 月，德圣克罗瓦突然死在了他的实验室中，随后德布林维里尔侯爵夫人写给他的许多对她非常不利的信件也被人发现了。在数次尝试取回这些信件未果之后，德布林维里尔侯爵夫人逃离了法国，她首先逃到了英格兰，然后又逃到了荷兰，最后躲进了列日附近的一所修道院。拉乔塞于 1673 年被逮捕并遭受了酷刑，他招供了自己的罪行，然后被绑在轮子上打死。法国政府派遣一名年轻的巴黎警察到列日去抓捕德布林维里尔侯爵夫人，他假装与她谈恋爱，引诱她离开修道院，然后在 1676 年 3 月 25 日将她逮捕。她受到审判和酷刑折磨，最终招供并被斩首。

一个名叫古伊·西蒙的药剂师被叫去测试并确认在德布林维里尔家中发现的毒药。他将这种毒药溶于水中，然后将这种溶液滴入酒石油和海水之中，但是什么也没有发生。他对其中的一些加热，也没有酸性烟雾冒出来。在经过高温加热之后，它就完全蒸发了。他将这种药物给一只鸽子、一条狗和一只猫吃了下去，结果证明了其毒性：这些动物很快都死去了。当他检查它们的尸体的时候，发现它们的心脏中有被阻塞的血液。他将一些这种溶液放在室温下使水分蒸发，然后对其中沉淀下来的白色粉末用另一只猫做实验，这只猫吃了之后立即开始呕吐，半个小时之后死亡。他观察到的这些症状都与三氧化砷溶液中毒相符。可以说清楚这种毒药的确切成分的只有一个人，那就是皇家药剂师克里斯托夫·格拉塞，但是他已经很识趣地离开了法国，在此之后再也没有人听到过他的消息。

## 积习难改

通过使用"继承粉末"谋杀近亲属的方式致富的习俗在意大利也许从来就没有彻底绝迹。在 20 世纪 30 年代，它又在费城南部的意大利移民社区死灰复燃。媒体称之为"砒霜谋杀团伙"。当时这一地区的确有很多人在不明不白的情况下死去，并且在他们死后有人领取了许多人寿保险金。总共有30人因谋杀罪受审，其中24人被判定有罪。分发这种"继承粉末"的是赫尔曼·帕特里奥和保尔·帕特里奥两兄弟，以及被人们称为"犹太祭司路易"的莫里斯·博尔博。他们唆使一些女人购买她们丈夫的人寿保险，然后给她们一种——用这个团伙的黑话来说——"可以将她们的丈夫送到加利福尼亚"的白色粉末。这种粉末就是三氧化砷。有些妇女很显然参与了这一阴谋，并且将其领取的保险金的一部分分给了帕特里奥兄弟和博尔博。而包括斯特拉·阿尔方西在内的另一些妇女则声称自己是无辜的。后来阿尔方西向乔治·库珀（George Cooper）讲述了她的故事，后者在1999年出版了一本名为《毒寡妇：有关巫术、砒霜和谋杀》（*Poison Widows: A True Story of Witchcraft, Arsenic and Murder*）的书。这一团伙的3名主犯被判处死刑，其中两人被电刑处决，而另外1人被改判终身监禁。21名主动实施投毒的妇女被判处终身监禁或长期监禁。

在发生于1679—1680年法国国王路易十四宫廷中的震撼上流社会的所谓"毒药丑闻"中，砷也扮演了重要的角色。围绕这一事件的各种有关春药、巫术和砒霜的故事使整个欧洲都为之着迷。这一系列阴谋诡计的中心人物是凯瑟琳·迪萨耶·蒙瓦赞，人们称她为拉瓦赞。拉瓦赞名义上的职业是接生婆，她嫁给了一个丝绸和珠宝商，并为他生育了 10 个子女。在她的丈夫破产之后，养家糊口的重担就落在了她的肩上。而她则通过实施非法堕胎、举行撒旦仪式，以及根据人们的要求提供催情药和毒药来贴补家用。结果她因此变得非常富有。到了 17 世纪 70 年代的时候，她已经在巴黎时尚的维伦纽夫郊区购买了一栋别墅，并且在那里过着穷奢极欲的生活。但是她最终于 1679 年与几个同谋一起被逮捕，并于 1680 年 2 月 22 日被处以火刑。在她最红火的时候，甚至连路易十四的老情人德孟德斯潘夫人也为了重新获得国王的欢心而去寻求她的帮助。拉瓦赞为她提供的帮助就是以这位交际花赤裸的身体为祭坛举行撒旦弥撒，并且向她提供用来放在国王饮料中的催情药。*由于在 18 世纪化学这门科学仍然处于萌芽阶段，我们永远也无法确定拉瓦赞以及那个年代的其他一些人所使用的究竟是什么毒药。但是，随着这一学科的不断发展，这一情况即将发生变化。就是在这一世纪，还有另外两个女人因为下毒而被处决，而审判她们的法庭正是在这门新兴科学的帮助下判定她们有罪的。

## 玛丽·布兰迪（1720—1752 年）

玛丽·布兰迪是牛津郡泰晤士河畔亨利镇的律师和镇文书弗

---

\* 希望了解更多这方面历史的读者可以读一下安妮·萨默塞特（Anne Somerset）的《毒药丑闻》（*The Affair of the Poisons*）。

朗西斯·布兰迪的独生女。虽然人们都知道如果和她结婚可以获得 1 万英镑的嫁妆，但是她在 26 岁的时候仍然没有嫁人。后来她遇到了威廉·亨利·克兰斯顿少校，并且坠入情网不可自拔。当有人告诉布兰迪家人说克兰斯顿在苏格兰有一个老婆和孩子的时候，克兰斯顿回应说那个女人在撒谎，她对他没有任何权利，并且他将起诉这个女人，法庭将证明她是在撒谎。他甚至诱骗他的妻子写了一封证明他们并没有结婚的信件，并且在信的末尾签上了她结婚之前的姓氏——莫里。她之所以写这封信，是因为克兰斯顿骗她说，如果军方知道他已经结婚的话，他的升迁就会受到影响，因此他希望暂时对外保持单身的身份。然后他将这封信给玛丽和她的父母看，而后者也就相信了这一表面的东西，甚至让克兰斯顿住在了他们家里。但是对于克兰斯顿来说非常不幸的是，苏格兰法院于 1748 年 3 月支持了那个女人有关她和克兰斯顿是合法夫妻的说法。而克兰斯顿则将这一情况对布兰迪一家隐瞒了两年之久。在此期间布兰迪夫人去世。

最终弗朗西斯·布兰迪决定断绝与克兰斯顿的一切关系。克兰斯顿回到苏格兰后给玛丽寄去了几包三氧化砷，并在包上注明"用于清洗苏格兰鹅卵石的粉末"。他让玛丽将这种粉末撒一些在她父亲的食物中，声称这可以让反对他们之间关系的父亲改变态度。玛丽很可能在 1750 年 11 月第一次将这种粉末撒进她父亲所喝的茶中，但是这种药物并没有改变她父亲的态度，而只是使他病倒了。第二年 6 月，玛丽收到了更多寄自苏格兰的粉末，于是她又一次将其撒入父亲的食物中。这次她使她的父亲严重中毒，但是他最终还是恢复了健康。在 8 月份，玛丽又将更大剂量的粉末加进了父亲的粥（燕麦和牛奶）中，而她父亲吃了之后又一次病倒，这一次他再也没有能够恢复过来。他们家的一名仆人也吃了一些这种食物，结果也病倒了。弗朗西斯这才意识到是女儿下的毒，他于当月 14 日死亡。在临死之前弗朗西斯表示原谅女儿，试图以此挽救她。

镇上的人听说此事之后都愤怒地聚集到了玛丽家门口，玛丽不得不躲进了安琪儿酒吧。酒吧的老板娘把她藏了起来。玛丽于 8 月 17 日被逮捕，并被关进了牛津古堡。对她的审判于 1752 年 3 月 3 日举行，持续了将近 12 个小时。最终陪审团没有经过审议就对她作出了有罪判决。

安东尼·阿丁顿（Anthony Addington）医生对玛丽所使用的白色粉末进行了鉴定，从而提供了玛丽下毒的证据。他对这种粉末的样本做了四种不同的实验，其结果与对砒霜所做的相同实验的结果完全相同。刑侦证据使陪审团确信玛丽毒死了她的父亲，他们据此判定她有罪并判处其绞刑。玛丽请求法院在执行绞刑之前给她一点儿额外的时间，以使她能够写下她自己有关这一事件的说法——《玛丽·布兰迪小姐所讲述的她与克兰斯顿先生之间的恋情》（*Miss Mary Blandy's Own Account of the Affair Between Her and Mr Cranstoun*）。很明显，她是一个性格怪异并且还有些天真的年轻女人。即使在上绞架的时候她也显得异常冷静，并且还请求刽子手不要把她吊得太高，"以免有伤风化"。在 1752 年 4 月 6 日她被绞死的那天，的确有一大群人前来围观，而刽子手却把她高高地吊在了绞架上。

克兰斯顿逃到了法国。他首先去了布伦，然后又去了巴黎，最后投奔了住在佛兰德斯的菲内斯市的一个远房亲戚，改名为邓巴。但是他没有能够活多长时间：他于 1752 年 11 月因发烧而病倒，并在同月 30 日死亡。他在死前改信了罗马天主教，这也许意味着他感到有必要忏悔自己在弗朗西斯·布兰迪被谋杀及其女儿被处决事件中起到的作用。

## 安娜·兹万齐格尔（1760—1811 年）

安娜·兹万齐格尔出生在巴伐利亚的拜罗伊特附近，5 岁的时候就成了孤儿。在此之后她被从一个亲戚的家中送到另一个亲戚的家中，最终由一个富有的监护人收留并出钱让她受到了教育。在 15 岁的时候她被迫嫁给了一位名叫兹万齐格尔的 27 岁的律师，她的婚姻并不幸福，因为她丈夫是个酒鬼并且找不到工作。而在安娜生了两个孩子之后，他们的生活更加拮据了。她通过一种非常规的但是对于她来说又是唯一的方法来挣钱贴补家用：她无疑有着姣好的容貌并且谈吐优雅，于是她成了一名高级应召女郎，而她的顾客群仅限于法官和高官。

不久她就能够养活她的孩子和酒鬼丈夫了。她对丈夫显然还是很有感情的：曾经有一次她由于无法忍受他而与他离了婚，但是随后马上又和他复婚了。她的丈夫在 1796 年去世，终年 48 岁。丈夫去世后，她开了一个商店，打算过一种更为体面的生活，但是由于生意不好而被迫停业，于是她只好重操旧业。然而没过多久她又怀了孕，结果皮肉生意也做不下去了。虽然孩子一出生就被送给别人收养，但还是很快就死掉了。这时安娜已经失去了姣好的容貌，已经无法从事她所喜爱的职业了。因此她开始提供管家服务，并且曾经被许多家庭雇用。她在做管家方面显示出了一些天赋，但是她经常对女主人指手画脚的做法感到非常反感。有时她会用毒死女主人然后勾引她的丈夫的方法解决这一问题。虽然丧妻的丈夫们会让她上床抚慰自己，但是他们中没有一个人认为她适合做自己的妻子。

接着安娜交上了好运：刚刚和妻子分居的沃尔夫冈·格拉塞法官请她到他家去做管家。安娜于 1808 年 3 月 5 日住进了法官的家。但是她的好运没有维持多久，因为在 1808 年 7 月 22 日格拉塞夫人又重新回到了家中。但是格拉塞夫人在家中没有能够住多长时间，在第二天她就病倒了，上吐下泻，腹痛难当。她在此之后病情反复发作，最终于一个月后去世。不知出于何种原因，安娜在法官夫人去世后离开了格拉塞法官家，到 38 岁的格罗曼法官家去做了管家。格罗曼长期患病，卧床不起，在安娜的照料下他的病情有所好转，但是他在 1809 年 4 月突然出现了呕吐、腹泻和腹痛等症状，并在 5 月 13 日死亡。接着安娜又搬进了盖布哈德法官夫妇的家中，法官夫人当时已经到了怀孕的最后阶段，她于 5 月 13 日生下一个男婴。几天之后这个弱不禁风的女人就生命垂危了，在临死前她指责安娜对她下了毒，但是没有人采取任何行动。在葬礼举行之后安娜继续担任法官的管家。

1809 年 8 月 25 日，盖布哈德邀请了两个朋友到家里吃饭，不久他们都病倒了。当时法官也给来他家送信的一位差事喝了一杯葡萄酒，结果他也病倒了。很明显，安娜在酒里面下了毒。另外，那天法官还给了被叫到他家干活的一个搬运工一杯葡萄酒，但是那个搬运工注意到酒杯底部有些白色的沉淀物，于是就只喝了一小点儿。即便如此，他也出现了严重的身体不适。没有人因此而丧命。他们很可能认为这只是一般的食物中毒，因此也没有太在意。但是在随后的那个周末所发生的事情使他们不得不警觉起来。在1809年9月1日的晚上，法官邀请五个朋友到他家中喝啤酒，玩滚球撞柱游戏消遣。在此之后这些朋友都病倒了，并指责是安娜给他们下了毒。在他们的敦促下法官解雇了安娜。但是安娜离开之前在法官家的食盐中掺入了大量的三氧化砷。作为离别前的一个友好姿态，她给家中的两名女仆煮了咖啡，并且给法官的五个月大的婴儿喂了一些牛奶，然后她向她们道别并离开了。随后那两名女仆和婴儿都出现了严重的身体不适，最终她们报了警。警察拿走了法官家的盐盒并对其进行了分析，结果发现其中含有大量砒霜。当安娜被逮捕后，警察又在她家中发现了两包这种毒药。警方对格拉塞夫人进行了开棺验尸，结果发现她体内也有砒霜。安娜招供了她的罪行并于1811年被以斩首的方式处决。

## 有关砷的化学分析

在18世纪化学成为一门科学，而化学分析则成为化学学科的一个重要组成部分。这使得证明某人被用砷谋杀成为可能。尽管如此，用砷实施的蓄意谋杀仍然很少被发现，而这也并不奇怪：医生们会将砷中毒症状诊断为自然疾病。即使人们对某个突然死亡事件产生了怀疑并对尸体进行了解剖，他们也找不到任何可以表明死亡是由砷引起的证据。因此许多谋杀没有被发现，而谋杀者也得不到惩罚。但是一旦这类谋杀事件引起了人们的怀疑，那么接下来就会是一场非常具有戏剧性的受到越来越多的报纸读者关注的审判。

在有关砷的刑侦分析领域内最大的进展是詹姆斯·马什（1794—1846 年）的研究所引发的。马什在伦敦的伍尔维奇军工厂工作，他对 1832 年约翰·博德尔被判无罪这一事件感到非常恼火。约翰·博德尔被指控谋杀了自己 80 岁高龄的在普林斯迪拥有一座农场的祖父乔治·博德尔。一名在农场工作的女仆作证说，约翰曾经说过他希望他的祖父死掉，这样他就可以继承很大一笔遗产——那个老人的资产价值约为 2 万英镑（相当于今天的200 万英镑）。当地的一位药剂师在法庭上证实他曾经卖给约翰一些三氧化砷。

在这一案件中，马什的任务是证明在约翰给他祖父的咖啡中以及在死者的一些器官中含有砷。马什使用了当时的标准检测方法，也就是在含有砷的溶液中导入硫化砷气体，使之与溶液中的砷发生反应，形成黄色的硫化砷沉淀物。马什用这种方法在咖啡和死者的器官中都发现了砷。然而他向法庭展示的硫化砷沉淀物由于放的时间太久而褪了色。结果这一证据没有能够使陪审团信服，博德尔因此逃脱了惩罚。10 年之后博德尔被判定犯有诈骗罪并被判处 7 年监禁，在此之后他又因敲诈罪被流放到殖民地。在肯定自己不会因为同一罪行而受到两次审判之后，他承认谋杀了自己的祖父。

与此同时，马什一直在致力于发明一种检测方法，它能够毫无疑问地证明某种物质含砷，并且能够在法庭上展示其结果，给陪审团留下深刻的印象。1836 年他在《爱丁堡哲学杂志》（*Edinburgh Philosophical Journal*）上发表了研究成果，这种后来被称为"马什测试"的方法的第一个步骤就是将样本中所含的砷溶解。这可以通过将被怀疑含砷的人体组织样本与一种强酸一起加热的方法实现，而这种强酸既能够摧毁所有的有机物质，同时又能够溶解其中的砷。下一个步骤就是将溶液中所含的砷转化为砷化三氢（$AsH_3$）气体，而这可以通过在这种酸性溶液中加入金属锌的方式实现。

在上述过程中产生的砷酸气体进入一个被加热的玻璃管中，并分解为氢气和单质砷。单质砷在玻璃管中温度较低的部位凝结，形成像镜子一样的薄膜。然后通过将由此产生的镜膜与已知重量的标准镜膜相比较就可以估算出砷的量。（在空气中加热这种镜膜可使其转化成三氧化砷。这种三氧化砷升华后会沉积在玻璃管的更远端。通过这种方法可以证明这层镜膜是砷。）有些内壁中有砷镜的玻璃管可以被封起来展示给陪审团。这种测试具有极高的灵敏性。但是这有时也会带来问题：它会探测到试剂尤其是金属锌中微量的砷。即使测试人员非常小心地确保试剂没有受到污染，它还是会探测出人体中总是会含有的微量的砷，而在只有遗骨可以测试的情况下，才会产生问题。

尽管"马什测试"非常敏感，但是它还是有一个缺点：那就是它只能在实验室中进行，而不适合现场分析。1842 年伊盖·雨果·莱茵希（Egar Hugo Reinsch，1809—1884 年）发明了一种测试砷的更好的办法：将一片磨得很亮的铜箔插入被怀疑含有砷的液体中。（如果被测试的样本是固体，那么就应该先将其与盐酸一起放在试管中加热，以使其中的砷溶解。）溶液中的砷会附着在铜箔上。通过加热铜箔，上面的砷会再次蒸发。这种测试可以探测到 0.1 微克（0.0001 毫克）的砷。通过将附着在铜箔上的砷转化为三氧化砷然后称其重量可以估算出砷的含量。从理论上说，这种测试的灵敏度是"马什测试"的 10 倍，但是做这种测试需要技巧，而且正如我们下面将要看到的，它也有一些缺陷。这种后来被称为"莱茵希测试"的方法可以在几分钟内就得到阳性结果。但是如果溶液中的砷含量很少的话，那么可能需要一个到数个小时才能够全部附着到铜箔上——这一点在梅布里克案的审判中起到了十分重要的作用（见第八章）。

在 20 世纪出现了测试砷的更好的方法。但是在 19 世纪，马什和莱茵希发明的化学方法用来揭露当时用砷下毒的谋杀犯已经绰绰有余了，虽然这些方法并不总是能够确保这些谋杀犯被定罪并受到惩罚。

## 用砷实施谋杀的黄金时代

尽管刑侦分析领域取得了很多进展，但是仍然有一些投毒杀人犯在很多年中实施了一系列谋杀而一直未被发现。

### 艾莱娜·杰贾多（1803—1854 年）

我们至今仍然无法确定这个貌似虔诚的年轻女子在 1851 年 7 月被逮捕之前到底毒死了多少人。艾莱娜·杰贾多在 7 岁的时候就成了孤儿。在此之后她由比部里教区的牧师雷洛先生抚养。

雷洛雇用了艾莱娜的两个姨妈作为他的仆人，其中的一个姨妈在1826年到塞格里昂的一位堂区牧师家做了仆人，而艾莱娜也跟着她去了。就是在那里，她第一次被指责在食物中下毒，但是那一次没有人因此而丧命。当艾莱娜为谷恩镇的勒·德罗格牧师工作的时候，她身边的人开始一个接一个地突然死亡。在她开始这一新的工作之后的三个月内，德罗格牧师家暴发了一种严重的神秘疾病，导致住在这个家中的六个人以及艾莱娜的一个前来看望她的姐妹死亡。在整个事件中艾莱娜始终无微不至地照料着那些病倒的人，在那些人死后她似乎表现出了发自内心的悲痛。不仅如此，她很显然还是一个很有悟性、很信奉上帝的女孩。

从那之后，这个忠实的仆人不断地更换工作，而无论她走到哪里，她都会留下死亡的印迹：只要人们吃了她准备的食物就会生病然后死去。有一段时间她甚至因此而得到了人们的同情，因为她似乎总是厄运缠身。在一个葬礼上，她抽泣着说："无论我去到哪里，我的主人都会一个接一个地死去。"就这样，从1833到1841年之间，她从布列塔尼的一个小镇搬到另一个小镇，不断地用毒药谋杀她身边的人并窃取他们的财产，无论男女老幼都不放过。在这8年中，被她谋杀的雇主及其家人和仆人的总数很可能有23人之多。（当她最终在1854年被审判的时候，这些谋杀案已经过了法国法律规定的刑事追诉期限，因而无法就这些案件对她起诉。）

不知出于什么原因，艾莱娜似乎在1841年停止了她的谋杀生涯，但是她在1849年被拉博夫妇雇用为家中唯一的仆人后，又开始重操旧业了。当艾莱娜于11月开始工作的时候，拉博夫妇的儿子阿尔伯特已经生病了，在 12 月份他喝下艾莱娜煮的粥之后就死了。这时拉博夫妇发现艾莱娜偷喝他们家中储藏的葡萄酒，于是就解雇了她。但是艾莱娜在临走之前在他们的汤中掺入了砒霜。虽然拉博夫妇和他们的一个客人喝了汤之后都出现了严重的中毒症状，但是他们都活了下来。在此之后，艾莱娜继续从事家政服务行业以及投毒杀人的勾当。她后来至少又毒死了 5 个人，并使其他许多人的健康受到了伤害。

在后来举行的对艾莱娜的审判中，记录最详细的证据就是她在瑞内大学法学教授提欧费尔·比达尔先生家做仆人时对另一个仆人的谋杀。比达尔之所以雇用艾莱娜，是因为艾莱娜说她需要这份工作来养活她两个幼小的孩子和年老贫穷的母亲。比达尔家的另一个女仆名叫罗丝·泰西耶。在艾莱娜来到比达尔家不久的 1850 年 11 月 3 日（星期天），罗丝在与艾莱娜和比达尔共进晚餐之后就病倒了。艾莱娜主动提出照顾罗丝并且整个晚上都守候在她的身边。但是罗丝在喝了艾莱娜为她倒的一杯茶之后又开始了剧烈的呕吐。一位名叫皮诺的医生被叫到教授家中给罗丝看病，但是他只是诊断罗丝患有神经功能紊乱。在随后的几天内可怜的罗丝病情时好时坏，最终在星期四死亡。就像往常一样，艾莱娜在葬礼上似乎悲痛欲绝。

比达尔教授雇用的下一名女仆名叫弗朗索瓦·于利奥，她来了之后不久就病倒了，最后不得不离开教授家。接替她的是一个名叫罗萨丽·萨拉赞的女仆。一开始罗萨丽与艾莱娜相处得很好，但是这种状况没有能够维持多久，在 1851 年 5 月她也出现了上吐下泻的症状，而这时她和艾莱娜之间的关系已经恶化到了水火不容的地步，以至于教授最终决定让艾莱娜离开。艾莱娜对此的反应就是在假装与罗萨丽和解的同时加紧对她下毒。在这种情况下，教授如果解雇艾莱娜的话就没有人为他打理家务了，因此他不得不同意让艾莱娜留下来。艾莱娜甚至还带罗萨丽去皮诺医生那里看了一次病，皮诺医生诊断罗萨丽得了肠胃不适，并为她开了艾普索姆盐 *。

罗萨丽与艾莱娜之间的和谐关系没有能够维持多久，6 月 22 日，罗萨丽喝了一杯由艾莱娜为她配制的艾普索姆盐之后又病倒了。罗萨丽的母亲也过来照顾她的女儿。当罗萨丽喝了她母亲准备的饮料之后似乎没有任何问题，而一旦她喝了艾莱娜准备的饮料后就会出现严重的身体不适。比达尔教授给皮诺医生写信，要求他派另一名医生来给罗萨丽看一看，但是另一名医生在给罗萨丽看了之后认为皮诺医生的治疗方法是正确的。教授就此事对艾莱娜进行了质问，但是艾莱娜使他相信她没有任何过错。在随后的几天中，罗萨丽的病情似乎有了好转，于是教授在 6 月 27 日去了乡下。但是他很快就被叫了回来：罗萨丽的病情急剧恶化。

教授到家之后看到罗萨丽已经病入膏肓，并且呕吐不止。他感到非常担忧，于是赶快跑出去找皮诺医生，结果在大街上看到皮诺正与另一位医生讨论罗萨丽的病情。他们三个人立刻回到教授的家中。虽然两名医生止住了罗萨丽的呕吐，但是一切都已经太晚了。他们得出了罗萨丽被下毒的结论，并且命令将她的呕吐物保存起来，以便将来进行分析。尽管艾莱娜竭力反对，教授还

---

\* 硫化镁。

是将装有呕吐物的罐子锁了起来，并且在罗萨丽死后的 7 月 1 日把它交给了政府的有关部门。瑞内大学的化学教师 M. 马拉谷提（M.Malagutti）先生对罗萨丽的呕吐物以及她的各种器官进行了必要的刑侦分析，结果发现它们都含有大量的砷。

艾莱娜被逮捕并受到了审判。她被指控不仅谋杀了罗萨丽，还谋杀了许多其他人。她最后一次谋杀为法庭提供了最有力的证据。陪审团只用了一个半小时就判定她所有的罪名成立，她被判处死刑。即使到了被押上绞架的时候，艾莱娜仍然坚称自己是无辜的，并且为了暂停死刑的执行，她还说出了另一个妇女的名字，声称她才是真正的凶手。这只是徒劳无益的最后挣扎。在绞刑执行之后，瑞内市的检察官觉得有必要对艾莱娜所说的那个妇女进行讯问，结果发现她是一个与谋杀案毫无关系的老太太。

我们很难确定艾莱娜·杰贾多到底谋杀了多少人——很可能在 30 人左右，这使她成为历史上用砷毒死人最多的谋杀犯。在这方面她肯定遥遥领先于玛丽·安·科顿——英国最坚持不懈地用砷下毒的谋杀犯。

### 玛丽·安·科顿（1832—1873 年）

我们也无法知道玛丽·安·科顿究竟谋杀了多少人。但是在被她谋杀的人中几乎肯定包括她的母亲、3 任丈夫、1 个情人、她亲生的 8 个孩子以及她的 7 个继子女——他们加在一起总共有20 人。

玛丽·安的原名叫玛丽·安·罗布森，她出生于达拉谟郡一个名叫下摩尔斯利的小村庄中。她父亲是一个煤矿工人。她的童年没有什么特别之处。但是她的父亲在她年幼的时候就死于矿难，然后她的母亲很快就改嫁了。玛丽·安的继父似乎对她很好。她后来长成了一个聪明漂亮的少女，甚至还在循道教周日学校中教过课。她在 15 岁的时候获得了一份照顾一个年老的煤矿经理的工作。1852 年 7 月 18 日，她在 19 岁的时候嫁给了一个名叫威廉·莫布雷的矿工，并跟随他来到了康沃耳郡，在那里她生了 4 个孩子，其中 3 个非常突然地死于一种医生们称为"胃热"的病。

1856 年，莫布雷夫妇带着他们仅存的一个女儿回到了达拉谟郡的莫尔顿，但是这个女儿也很快就因"胃热"而病倒并于 1860 年也就是 4 岁的时候死亡。尽管如此，玛丽·安又接连不断地生了 4 个孩子，其中两个不到 1 岁就死了。1863 年，威廉·莫布雷不想再在煤矿工作了，转而成为轮船船员，于是他们一家搬到了桑德兰市附近的亨顿。与此同时，威廉为自己和他们剩下的几个孩子购买了保险。他们的一个孩子在 1864 年 9 月去世，他们因而从审慎保险公司获得了一小笔赔偿金。后来威廉因为脚伤而失业，他们家的境况也变得越来越困难。1865 年 1 月，正在养伤的威廉突然得了"胃热"，不久就到另一个世界与他死去的孩子们团聚去了。玛丽·安因此从保险公司获得了 35 英镑的赔偿金——这相当于她亲爱的亡夫六个月的工资。

不久玛丽·安就有了一个情人，他的名字叫约瑟夫·纳特拉斯。但是纳特拉斯似乎不愿意与她结婚并承担抚养两个继子女的责任，哪怕后来玛丽·安的一个孩子出人意料地死于"胃热"。于是玛丽·安就将她唯一存活下来的孩子交给了她的母亲抚养。

即便如此，纳特拉斯对她的热情还是消退了。眼看通过闪婚解决自己的经济困难的希望破灭了，玛丽·安只好自己出去工作。她在当地的一家医院找到了一份工作，并且在那里认识了32岁的乔治·沃尔德。他们在1865年8月28日结婚，但是这一婚姻并没有持续多长时间。沃尔德在失业之后不久突然病倒，不断上吐下泻，最终于1866年10月去世。令人感到惊讶的是，他们在一起的一年多时间里，他竟然没有使生育能力极强的玛丽·安怀孕。

第二任丈夫死后，玛丽·安到一个名叫詹姆斯·罗宾逊的鳏夫家当了管家。罗宾逊夫人死于肺结核，给他留下了五个需要照顾的孩子。玛丽·安搬进他家的那个星期，其中的一个孩子就死去了，这无疑减轻了罗宾逊的抚养负担。不久玛丽·安又怀孕了。在1867年3月她被叫去照顾她生病的母亲，结果九天之后她母亲就死去了。玛丽·安将以前一直由她母亲照顾的一个女儿带到了罗宾逊家和他们一起生活。她于1867年8月与罗宾逊结婚，他们的女儿于11月底出生，但是仅在三个月之后就死掉了，她也是死于"胃热"。

第二年，他们的另一个孩子出生了。但是在1869年秋天，罗宾逊发现玛丽·安偷偷地从他的银行账户中取钱并且还变卖他的财产，于是他将她和她的孩子赶出了家门。他的这一行动无疑挽救了自己的性命。玛丽·安又用回了她的原名莫布雷夫人。她伪造了一些推荐信，然后又在斯潘尼莫尔的一个医生家找到了一份管家的工作。但是这位医生不久也注意到自己家中的东西在不断消失，于是就解雇了她。接着她搬到了沃博投尔并在那里勾搭上了一个刚刚丧妻的矿工弗雷德里克·科顿。他们在 1870 年 9 月结婚（对于玛丽·安来说是重婚）。玛丽·安在 1871 年 1 月生了一个男孩。当玛丽·安在纽卡斯尔与弗雷德里克结婚的时候，她已经怀孕 6 个月了。在他们的儿子出生后，他们带着弗雷德里克前妻所生的两个孩子搬到了西奥克兰。出于一个奇怪的巧合，玛丽·安的前情人纳特拉斯正好也住在同一条街上。1871 年 9 月科顿突然死亡，纳特拉斯在圣诞节期间搬进了玛丽·安家中。

但是她很快又看上了一个社会地位更高的男人——一位税务官员。她在他家当上了保姆并且很快就怀上了他的孩子。为了和他结婚，她毒死了纳特拉斯和两个孩子。现在她唯一的一个亲生孩子就是 7 岁大的查尔斯·爱德华·科顿。她必须让他从自己身边消失。首先她试图让这个孩子的一个叔叔来抚养他，但是后者没有答应。然后她又试图把他送到当地的一个济贫院，但是也被拒绝了。她警告济贫院院长说，如果他们不接收这个孩子的话，这孩子很快就会死掉。果然，她在 7 月 12 日毒死了查尔斯。济贫院院长听到这个孩子突然死亡的消息后就报了警。他们与在查尔斯临终前照料过他的医生取得了联系。这个医生拒绝出具死亡证明并且对他进行了尸检。由于他当时没有能够找到这个孩子被毒死的证据，死因调查法庭作出了自然死亡的裁决。

但是这个医生从这个孩子的尸体上提取了一些组织样本，并对这些样本做了"莱茵希测试"，结果在里面发现了砷。玛丽·安于 7 月 18 日被指控犯有谋杀罪。警方对她的最后三名受害者开棺验尸，结果发现他们体内都含有大量的砷。玛丽·安被送上法庭受审。但是当她在 1872 年 12 月出庭接受审判的时候已经到了怀孕的最后阶段，法庭宣布审判延期举行。她在1873年1月生下了一个女婴。对她的审判在同年3月举行并持续了三天。她被指控谋杀了查尔斯·爱德华·科顿，但是为了支持这一指控，检控方提供了她所实施的其他谋杀案的详细证据。结果玛丽·安被认定有罪，并于3月24日在达勒姆监狱被执行绞刑。（她的辩护律师争辩说，查尔斯的死是由从他卧室的绿色壁纸中散发出的砷蒸气所导致的。）人们认为玛丽·安的谋杀工具是一种专利除虫药。

杰贾多和科顿都是系列杀人犯。还有其他许多为了达到自己的目的而用砷实施谋杀的人，他们与前者的区别是他们只谋杀了一个人。虽然其中有些人在犯罪史上非常著名，但是他们的下毒方法和被发现的过程都大同小异。尽管如此，在这方面仍然有一些不同寻常的案例。以下我要介绍的三个例子表明，在与砷中毒有关的案件的审判中，无辜者可能被判定有罪，而真正有罪者则可能逃脱惩罚。

### 托马斯·斯梅瑟斯特（1803年—死亡日期不详）

1828年，当时24岁的托马斯·斯梅瑟斯特医生娶了一个比他大20岁的女人。1858年，当这对夫妇住在伦敦贝斯沃特区一家提供膳食的寄宿舍中的时候，当时54岁的医生遇见了43岁的伊萨贝拉·班克斯小姐。不久伊萨贝拉也搬进了那家寄宿舍。寄宿舍的老板娘很快就注意到这位医生和伊萨贝拉之间的奸情，她要求伊萨贝拉离开寄宿舍。伊萨贝拉离开了，但是斯梅瑟斯特也和她一起离开了。他们来到了里士满，在巴特西教区的教堂举行了一个属于重婚的婚礼，然后就以夫妻的名义居住在一起了。

1859 年 3 月伊萨贝拉病倒了，在遭受了三个星期的呕吐和腹泻、便血等症状的折磨之后，她于 5 月 3 日死亡。被斯梅瑟斯特请去给伊萨贝拉看病的两名医生认为她被下了毒，于是就到地方行政长官那里去报了案。事实上伊萨贝拉死的时候已怀孕六个月，她的呕吐症状很可能是妊娠反应。但是她立下一份遗嘱，将自己所有的财产留给托马斯。虽然她的资产总价值只有 1700 英镑，但是这在那个平均年薪只有 100 英镑的年代还是一笔很大的数目。然而斯梅瑟斯特并不缺钱：他是一个推广水疗的成功的企业家，在萨里的摩尔公园经营着一家水疗诊所。他在 1843 年出版了一本有关水对人体的益处的名为《水疗》（*Hydrotherapie*）的书，他还是《水疗杂志》（*Water Cure Journal*）的编辑，同时也是海水浴的积极倡导者。但是使他成为公众关注焦点的并不是他所大力倡导的水疗方法，而是他对待他的情妇的方法：他因被指控毒死了伊萨贝拉而遭到了逮捕。

警方在斯梅瑟斯特家中发现了许多药瓶，并在其中一个标着号码 21 的药瓶所装的漱口水中检测到了砷。他们在伊萨贝拉的大便中也发现了砷——至少斯梅瑟斯特第一次出现在治安法庭上的时候著名的司法证据专家斯温·泰勒（Swaine Taylor）博士是这么说的。在死因调查听证会上，泰勒博士再一次重申了这一意见，因此陪审团自然认定伊萨贝拉是被别人用砷蓄意毒死的。随后斯梅瑟斯特被送往伦敦中央刑事法庭受审。但是在法庭上泰勒博士坦白了一件事情：他通过"莱茵希测试"所探测到的砷来自他在测试中使用的一条含有杂质的铜片，这是因为第 21 号瓶子中的液体是氯化钾，而这种化学物质能够释放作为杂质存在于铜片中砷。另外泰勒博士还承认他在伊萨贝拉的器官中没有发现砷。（事实上导致她死亡的可能是锑。对她的肠子和一只肾脏的检查表明其锑含量为 15—30 毫克。）尽管如此，检控方还是提供了足够的间接证据使陪审团认定斯梅瑟斯特有罪，他被判处绞刑。

这一裁决几乎立刻引起了人们的质疑。内政大臣乔治·康威尔爵士请著名的外科医生本杰明·柯林斯·布罗迪（Benjamin Collins Brodie）爵士审查有关这一审判的资料并给出他的意见。布罗迪得出的结论是：没有令人信服的证据表明斯梅瑟斯特有罪。于是内政大臣撤销了陪审团的裁决并赦免了这个死刑犯。斯梅瑟斯特在被释放后立即被重新逮捕，并被指控犯有重婚罪。在第二次审判中，他被判定有罪并被判处一年苦役。在出狱后他又对伊萨贝拉的亲属提起了诉讼，因为后者声称伊萨贝拉在立遗嘱的时候头脑不清醒，因而她的遗嘱是无效的。他打赢了这场官司。与此同时，泰勒博士不得不面对媒体的讥讽和要求他辞职的呼声，但是他顶住了压力并且在随后的 18 年中一直是最著名的司法证据专家。

伊萨贝拉死前表现出的症状并非砷中毒引起的，而可能是肠易激综合征（又称克罗恩病*）所致。1859 年塞缪尔·威尔克

---

* 虽然医生们在数百年前就已经开始报告肠易激综合征的病例了，但是直到 1932 年在《美国医学会杂志》（*Jownal of the American Medical Association*）上发表了由克罗恩（Crohn）等人撰写的一篇论文之后，这种病才被称为"克罗恩病"。

斯（Samuel Wilk's）爵士在他写给《医学时报或公报》（*Medical
Times and Gazette*）的一封信中描述了他对伊萨贝拉尸检的细节。
他说伊萨贝拉的直肠上有严重的溃疡——如今我们知道这种溃疡
可能是由克罗恩病引起，并且会导致腹痛和严重的腹泻，但是威
尔克斯将她肠子上的急性红肿和溃疡解释为砷中毒的症状。

## 马德琳·史密斯（1838—1912 年）

马德琳·史密斯是格拉斯哥一个富有的建筑师的女儿，19
岁。有一天她在外出散步的时候邂逅了一个来自泽西的船舶运
输业务员——26 岁的埃米尔·勒安吉利尔，并且对他一见钟情。
虽然他们保持着非常狂热的性关系，但是马德琳知道她是完全无
法接受勒安吉利尔作为丈夫的。在另一个男人进入马德琳的生
活之后她用一杯掺入了大量砒霜的可可饮料毒死了勒安吉利尔。
1857 年 3 月 22 日勒安吉利尔在与马德琳的一次夜间幽会之后不
久就痛苦地死去了。在当年晚些时候马德琳接受审判，但是由于
陪审团做出了苏格兰所特有的奇怪的"未经证实"的裁决而躲过
了上绞架的命运。在审判中，她的辩护律师提出了所谓"斯太尔
辩护理由"，声称勒安吉利尔可能是一个秘密的食砷者，而马德
琳所购买的砒霜是用作化妆品的。

维多利亚时代的公众对审判过程中披露出来的这对情人之间
性关系的各种淫荡的细节津津乐道。媒体将勒安吉利尔描述成一
个为钱财勾引女人的道德败坏的家伙，而马德琳则被描述为一个
受害者，她唯一的出路就是摆脱勒安吉利尔。在审判结束后马德
琳搬到了英格兰南部，最终在伦敦定居。在那里她遇见并嫁给了

乔治·沃德尔。沃德尔是威廉·莫里斯的设计师之一，后来成为他的业务经理。（沃德尔曾经在斯塔福德郡的里克市拥有一家丝绸厂。）不久马德琳就在该公司当了一名地毯绣花师。她成为一个社会主义知识分子团体的成员，包括萧伯纳在内的很多当时著名的艺术家和作家都是该团体的成员。萧伯纳与马德琳非常熟悉。最终马德琳的婚姻破裂，她的晚年是在美国度过的，1912年她在默默无闻之中死去，终年 74 岁。

## 赫伯特·H. 海登教士（1850—1907 年）

1878 年 9 月，美国康尼迪克州洛克兰市循道宗教堂的一个牧师将一个年轻的女用人诱骗到一个偏僻的地方，给了她一杯含有 1 盎司（28 克）砒霜的水，告诉她那是堕胎药，让她喝了下去。女用人喝下那杯水后痛苦地尖叫起来，而这个牧师则猛击她的头部将她打昏，然后割断了她的喉咙。在第二年 10 月开始的对这个牧师的审判持续了 15 个星期，敬畏上帝的美国人怀着浓厚的兴趣关注着这一案件的审判结果。尤其值得注意的是，该案中司法证据的广泛性和辩护律师试图对被害人玛丽体内的砷提供不同的解释的可耻行为。

玛丽·斯坦纳德出生于一个贫寒的家庭，靠给别人当仆人维持生计。她的工友们认为她是一个性格开朗、工作勤奋的女孩。但是她在 19 岁的时候生了一个名叫威利的私生子，她从来没有透露过这个孩子的父亲是谁。1878 年，她被 29 岁的海登教士和他的妻子雇用。海登夫妇有两个孩子并且海登夫人已经怀了第三个孩子。海登喜欢上了玛丽，而玛丽也没有拒绝他的挑逗。结果在 1878 年 3 月 20 日他们从教区的牡蛎晚餐桌上偷偷溜走并发生了性关系。玛丽认为这次性行为导致了自己怀孕，她告诉她的姐姐说，让她怀孕的是那个教士。玛丽说她将去找那位教士并要求他安排给自己堕胎。

9 月 2 日星期一，玛丽想办法与海登在他家的谷仓单独见了面。海登保证给她弄一些打胎的药来。第二天海登离开洛克兰市前往米德尔敦，但是他却告诉他的妻子说他要去达勒姆买一些燕麦。为了给自己去米德尔敦找个借口，海登首先去找了一个正在给他做工具的人，然后去了泰勒药店并在那里用 10 分钱买了 1 盎司砒霜，声称是为了消灭他家周围的老鼠。药店的销售人员将这些毒药包好，并清楚地在包装纸上注明成分，而后在药店的账本上记录了这笔交易，但是没有记录购买者的姓名。

不幸的是，海登刚一出药店就遇到了一个熟人，他们谈论了一会儿海登即将出生的第三个孩子。在回洛克兰市的途中，海登来到斯坦纳德家，他表面上是去讨口水喝，实际上是去告诉玛丽他已经弄到了她想要的药，并且约她下午在位于偏僻地方的"巨石"见面。在回到家之后，海登将砒霜装进了一个旧的锡质调料瓶中，然后将包装纸扔掉。午餐过后不久他就离开了家，他对妻子说他要去自家拥有的一个林地里堆木材。

海登于下午两点半到"巨石"，玛丽已经在那里等着他了。海登将 1 盎司砒霜全部溶解在水里，劝说玛丽全部喝了下去。到了下午 3 点钟的时候玛丽发觉事情有些不对头，3 点 15 分的时候她开始痛苦地尖叫并往家里跑。海登抓起一块木头猛击了她两下，使她昏迷过去。然后为了使她看上去像是自杀，海登掏出一把折刀割断了她的喉咙。海登将玛丽的尸体摆放成一种很平静的姿势，使她看上去好像是有意躺下自杀的一样。当然，海登不敢将自己的刀留在犯罪现场，他的计划是先回家，在晚些时候再拿另一把刀回来摆在现场。然后他跑到了那片林地，堆了几根木头，以表明自己那天下午去过那里。接着海登回到了家中，将他的折刀清洗干净，放到了一个人们看不到的高架子上。对于这位教士来说非常不幸的是，那天下午晚些时候下了一场大雨，玛丽的家人见她没有回家，感到非常担心，于是就出去找她，结果发现了她的尸体。海登的计划就无法实施了。

9月4日星期三，海登教士一大早就起了床，他来到他的林地，花了两个小时堆放木料，并往他的四轮马车上装载货物，目的就是造成一个好像他在前一天下午一直在那里干活的假象。当海登回到家的时候，一些邻居正好过来看望他的妻子，于是他故意当着他们的面找那把折刀，并且在厨房的高架子上"找到"了它。与此同时，在斯坦纳德家里，医生对玛丽的尸体进行了解剖，他发现玛丽并没有怀孕，而是得了卵巢囊肿。负责解剖的医生并没有寻找玛丽中毒的证据，因为他根本就没有怀疑玛丽中了毒。在死因调查法庭上，玛丽的姐姐指控海登谋杀了玛丽，第二天海登就被逮捕了。

9月10日星期二，赫伯特·海登在位于附近的麦迪逊市公理教会的低级法庭受审。经过两个星期的审判，法庭判定有关海登谋杀玛丽·斯坦纳德的指控不成立。海登走出法庭时，一大群支持者高兴地欢呼。但是这一切还为时过早，因为在法庭上并没有提到玛丽在死前服了大量的砒霜，但是耶鲁医学院的塞缪尔·约翰逊（Samuel Johnson）教授弥补了这一证据上的漏洞。当法院得知海登曾经在玛丽死亡的那天到米德尔敦购买砒霜之后，立即发出了针对这个教士的新的逮捕令。海登于 10 月 8 日被逮捕，在一年之后受审。那时玛丽的尸体已被挖出了两次，以便取得更多的样本进行砷含量测试。

海登的审判在整个美国引发了人们的极大兴趣，它被称为"大案"。针对海登的司法证据非常有说服力而且其标准要比普通证据高得多。耶鲁医学院的约翰逊教授和他的同事爱德华·达纳（Edward Dana）都作为检控方的证人出庭作证。达纳甚至专程跑到英格兰的德冯大矿业集团的矿区去提取砷矿的样本，在全美国出售的砷都产自那里。达纳之所以去那里，是因为他发现可以通过在显微镜下检查于不同地方发现的三氧化砷的晶体来确定它们是否为同一批开采的。达纳在矿区了解到，即使一种矿物在包装和运输前被研磨成粉末，也还是可以通过这种方法进行鉴别的，这是因为矿物中最微小的晶体不会受研磨的影响，而不同批次开采的矿物中的微小晶体的确是不一样的。

达纳的证据表明，玛丽胃中的砒霜与米德尔敦药店中的砒霜相同，而与最终提交到法庭上的那个调料瓶中的砒霜不同。（究竟是谁又在那个瓶子中装进了砒霜，这一点我们永远也无法知道了。但是海登在他重新被逮捕之前的两个星期之内可以很容易地在该州的任何地方购买到砒霜。）达纳能够通过对晶体的观察区分出随机地摆在他面前的产自不同地方的砒霜样本。他和约翰逊当然也对他们所能够获得的所有样本进行了"马什测试"。另外两位教授也提供了有关玛丽尸体的器官中存在砷的更多的司法证据。

　　然而正是司法证据的庞大数量和创新之处，使得辩护律师得以通过无休止的质疑使陪审团对这些证据感到困惑不解，最终在做出裁决时不得不忽略这些证据。辩护方甚至提出，玛丽胃中的大量砒霜是警方为了陷害海登教士而在后来放进去的。在玛丽尸体中所发现的砒霜的量大得惊人：从她的肝脏中提取出的砷高达23谷（1500毫克）。从胃壁吸收的砷大部分都会进入肝脏，但是其中有一些也进入了她的肺和大脑之中。辩护方提出，玛丽摄入砷之后不久就被杀死了，在这么短的时间内砷不可能进入她的那么多器官。而检控方则证明这种情况是可能的。（这几位知识渊博的教授亲自服用了少量砒霜，然后向法庭展示，在15分钟之内就可以在他们的尿液中检测到这种元素了。）有人提出玛丽大脑中的砷可能是当尸体躺在坟墓中的时候从胃中扩散到那里的，而对其他尸体的实验表明这种情况不会发生。

　　辩护方故意对出庭作证的教授的每一个陈述都提出质疑，而专家证人们都不愿意发誓对自己的结论有绝对的把握。也许正是这一策略最终使陪审团没有采信科学证据。另外，玛丽当时没有怀孕这一事实也对辩护方非常有利，因为这样的话这个教士就没有谋杀玛丽的动机了。而对被告方最有利的是他的妻子罗萨在证人席上声泪俱下的表演。她对自己丈夫的清白深信不疑，甚至到了为他那天的行踪撒谎的地步。法庭上的许多人都被她的表演感动得流下了眼泪。

　　最终陪审团在1880年1月14日退出法庭审议他们的裁决。从被他们扔掉的投票单上我们可以看出，最初的表决结果是10

票无罪，两票有罪。第二天的表决结果是 11 票无罪，1 票有罪。后来又经过 9 次投票之后，他们仍然没有取得做出无罪裁定所需的 12 ：0 的一致表决结果。陪审团中一个勇敢的农民戴维·霍奇基斯没有屈服于其他成员的压力，始终坚持被告有罪的立场——当然他的立场是正确的。这个表决结果意味着该案必须重新审判，但是州政府在得知陪审团的表决过程之后，决定不再出钱提起一场旷日持久并且很可能会以失败告终的公诉。于是赫伯特·海登教士就被释放了。获释后海登带着家人搬到了纽黑文市，他在那里从事木匠和店员等工作，57 岁的时候死于肝癌。

## 较晚时期用砷实施谋杀的案例

在第一次世界大战结束后的几年中，出现了一些著名的用砷实施谋杀的案例。1922 年因谋杀妻子而被处以绞刑的赫伯特·阿姆斯特朗少校的案子就是其中的一个。他本来不会被发现，但是在毒死妻子之后，他又给一个在律师生意上的竞争对手寄去了一盒下了毒的巧克力。在这次谋杀行动失败之后，阿姆斯特朗又邀请那名律师到他家去喝茶，并给他吃了抹有黄油和三氧化砷的软饼。这名律师吃了那些软饼后出现了严重的中毒症状，但他还是活了下来。正是阿姆斯特朗这些拙劣的谋杀企图导致他被捕以及对他死于一年前的妻子开棺验尸。验尸官在阿姆斯特朗的妻子体内发现了大量的砷，仅在她肝脏中的砷含量就高达 138 毫克。阿姆斯特朗案是 1920 年的格林伍德案的翻版。在这两个案件中，投毒者都是律师，他们生活在同一个地区，而且他们都用三氧化砷谋杀了自己的妻子。两者的唯一区别就是格林伍德被法庭宣判无罪。

最近的一次大规模下毒案于 1943 年发生在圣安德鲁斯的一家学生旅馆。许多学生在吃了用含有三氧化砷的肉制作的香肠之后都病倒了，其中两人死亡。有些香肠中砷含量高达 650 毫克。这一案件一直没有被侦破。

如今，现代的砷分析技术不仅能够探测到物体中极为少量的砷，而且还可以非常准确地测量其含量。诸如色度分析、原子吸收分析和原子发射等技术能够测量用旧的方法不可能探测到的砷含量。中子活化分析是一种特别敏感的方法，它能够在一根头发丝中探测到砷。这种技术用从原子反应炉中发射出来的中子轰击被怀疑含砷的样本，从而产生一种被称为砷 –76 的放射性砷，这样就可以通过砷释放的射线进行精细的分析。砷在头发中所处的部位可以揭示每次摄入砷的时间以及各次之间的时间间隔。头发生长的速度非常稳定。如果在一个人的头发距发根 5 毫米处砷水平很高的话，那么我们就可以很肯定地说这个人在 14 天前摄入过这种毒药。然而在首次使用中子活化分析技术的重大审判中，这种技术却没有起到多大作用。

玛丽·贝斯那（1896—1980 年）[*]

对于投毒者来说，砷这种毒药有一个致命的缺点：它在被毒死的受害者体内很容易被探测到。但是即使通过开棺验尸在死者

---

[*]　卒年由汉斯·布马（Hans Bouma）提供。

体内发现了砷，被指控下毒的人还可以争辩说，死者体内的砷来自尸体周围的土壤。法国系列投毒者玛丽·贝斯那就通过这种辩护理由逃脱了惩罚，尽管在对她的第二次审判中公诉方用中子分析技术提供了她下毒的证据。

玛丽·贝斯那的丈夫列昂于 1947 年 10 月 25 日死亡，在死前他告诉一个探访者说，他怀疑自己的妻子给他下了毒。那么他的妻子为什么要这么做呢？卢顿小镇上的居民怀疑她这么做是为了能够继续与一个名叫狄茨的 20 岁的小白脸鬼混。狄茨是一个在贝斯那家的农场工作的德国战俘，后来成了玛丽的情人。在随后的几年中玛丽的确带着他出去度了几次假。有关玛丽的各种传言在小镇上传得沸沸扬扬，最终法院在 1949 年下令对列昂开棺验尸。列昂的一些组织样本被送往马赛做司法科学分析，结果分析人员发现这些样本含有大量的砷——它们的平均砷含量为 39ppm。

还有传言说玛丽的母亲在 1949 年 1 月也是突然死亡的，于是她的尸体也被挖出来进行分析，结果分析人员发现其组织样本中的砷含量为 58ppm。然后玛丽的第一任丈夫，于 1929 年突然死亡的奥古斯特的尸体也被挖了出来，他的体内砷含量也很高（60ppm）。接着被从坟墓中挖出来的是玛丽的一个姨婆、她的父亲、她的公公，甚至她的一些邻居。被开棺验尸的人数最终达到了 12 人。这些人的尸体中都含有很高水平的砷，这意味着他们很可能是被毒死的。玛丽从其中一些被害人那里继承了大量的遗产，从而使自己变成了一个大富婆。

玛丽于 1949 年 7 月 21 日被捕，但是对她的审判直到 1952

年 2 月才开始。她用自己通过谋杀所获得的一部分不义之财聘请了来自巴黎的优秀律师阿尔伯特·高特拉特（Albert Gautrat）。她的这一明智投资给她带来了丰厚的回报。在第一次审判中，高特拉特就利用检控方对尸体组织样本的标注错误大做文章，给人造成检控方提供的司法科学证据都不可靠的印象，即使这些分析是由法国最受尊敬的司法科学证据专家乔治斯·贝儒（Georges Bèroud）做出的。法院不得不放弃对玛丽的审判，但是并没有释放她，当时她已经因被认定通过伪造签字非法领取一个已故亲戚的年金而被判处二年监禁。

第二次审判于 1954 年 3 月 15 日在波尔多举行。那时，巴黎最重要的刑侦专家已经对相关样本重新进行了分析，并且确认其中含有大量的砷。这次高特拉特将攻击的矛头转向了这些新分析结果的有效性。他让自己的专家证人提出这样一个论点：那些尸体中所含的砷完全可能来自卢顿地区坟场中的土壤。土壤中的微生物可能使得这些砷变得具有流动性，从而污染埋在那里的尸体。（后来人们才发现埋在那里的其他尸体并没有受到土壤中砷的污染。）法庭再一次暂时放弃对玛丽的审判，以等待检控方收集新的证据。与此同时，玛丽被获准取保候审。

对玛丽的第三次审判在 1961 年 11 月举行。专家们又对相关证据做了新的研究。这时已经能够采用中子活化分析技术对头发样本中的砷含量进行检测，并且显示所检验的尸体中含有很高水平的砷。不幸的是，这一新技术又为辩护方提供了另一个质疑检测结果的机会。高特拉特利用了伴随着每项新技术的不可避免的不确定性，让持不同意见的科学家就此问题相互攻击。进行这一检测的科学家将相关的头发样本放在原子反应炉中接受了 15 小时的辐射，而高特拉特的专家证人则认为这些样本必须接受 26 小时的辐射。世界著名的诺贝尔奖获得者约里奥—居里夫人提供的证据确认出土尸体的头发中含有高水平的砷，而且其他专家作证说，他们检测了与那些人埋在同一个坟地里并在很多个月之后被挖出来的动物尸体，并没有发现砷。即使对这些，高特拉特也提出了相反的证据。他了解到 1952 年开展的一项研究：研究人员用砷将一条狗毒死，然后将其埋在地下。他们在两年之后将这条狗的尸体挖出来进行检测，却没有在其中发现砷。很明显，我们很难预测一具尸体被埋入土中之后其砷含量将会发生何种变化，因而对玛丽的有罪判决缺乏充分的理由。1961 年 12 月 12 日，玛丽·贝斯那这个曾经用砷谋杀多人的投毒者最终因缺乏证据而被判无罪。

## 用砷实施的复仇计划

1998 年，立陶宛一个名叫约瑟夫·哈尔马兹（Joseph Harmatz）的 73 岁的老人讲述了一个离奇的大规模投毒的故事。在第二次世界大战期间，纳粹占领立陶宛后，在首都维尔纽斯建立了犹太人集中营，而哈尔马兹则是从这个集中营里逃出来的少数几个人之一。他后来参加了抵抗运动，在"二战"期间一直生活在森林中。战争结束后，他和另外两名抵抗组织成员发誓要对他们的敌人进行复仇。他们的复仇计划是对那些曾经担任集中营看守的纳粹党卫队队员下毒。这一计划在 1946 年实施。这一组织自称"丁"（Din）——希伯来语"复仇"的意思。他们在以色列获得了大量毒药，将其藏在标有"浓缩牛奶"字样的铁罐中。当他们带着这些致命的货物乘船前往欧洲的时候，被英国警察发现了。他们被送回了当时还是英国殖民地的埃及，并被关进监狱，而他们的毒药则被倒入了大海。接着，这一组织计划杀死被关在一个名叫"第 13 号战俘营"中正等待接受审判的党卫军集中营看守。他们从法国的一名药剂师那里获得了一些三氧化砷，将其偷运到了德国。然后他们将这种毒药溶解在水中，交给了一个在面包店工作的组织成员，而这个面包店是专门为战俘营供货的。这名成员将这种毒药涂抹在了 3000 片专门提供给犯人的面包上，结果导致超过 2000 名德国战俘砷中毒。哈尔马兹估计其中有 400 人死亡。当负责关押这些战俘的美国当局意识到当时发生的事情的时候，这个小组成员已经逃到了捷克斯洛伐克。但是有关这一事件的另一种更为可信的说法是，大约有 2000 名战俘中毒，其中只有 200 人需要住院治疗，没有一个人死亡。

## 马库斯·马力蒙特（1921年—　）

在 20 世纪 50 年代，随着含砷的日用化学药品被更为安全的药品所取代，用砷蓄意实施谋杀的情况已基本消失，但是偶尔仍然会发生。*在其中一起案件中，37 岁的美国中士马库斯·马力蒙特因用砷谋杀了他 43 岁的妻子玛丽·海伦而于 1958 年被判定有罪。玛丽·海伦于 1958 年 6 月 9 日在奄奄一息的状态下被送到医院，24 小时之前她吃了一顿饭之后就一直呕吐不止。尽管医生试图采用一切方法来挽救她的生命，但是这时她很明显已经处于濒死状态。当医生将这一情况告诉她丈夫的时候，她丈夫只是耸了耸肩。照顾玛丽·海伦的医生认为她是被下了毒，提出要对她进行尸检。马库斯一开始表示同意，但是后来又反悔了。他说尸检会使他的三个年幼的孩子感到非常难受。尽管如此，由于医疗机构对死因产生了怀疑，医生还是对玛丽·海伦进行了尸检。他们将她的一些器官组织送往苏格兰进行检测，结果发现了大量的砷：她的肝脏的砷含量为 60ppm，肾脏的砷含量为 9ppm，指甲的砷含量为 120ppm。

与此同时，调查人员发现马力蒙特具有谋杀他妻子的强烈动机：他与 23 岁的辛西娅·泰勒有着婚外恋情。辛西娅是一个与丈夫分居的女人，她于二年前在梅登黑德的一家夜总会认识了马

---

\* 在英国最后一个因使用砷实施谋杀而被定罪的人是约克郡布拉德福特市的祖拉·沙赫。她于 1992 年用砷毒死了穆罕默德·阿兹曼。祖拉的男友阿兹曼是一个有妇之夫。他经常殴打、强奸祖拉，并强迫她与其他男人发生性行为。在法庭上祖拉没有提到阿兹曼虐待她的情况，因为她认为这会使她的家族蒙羞。结果她被判处终身监禁。〔在此我要感谢向我提供这一案件情况的保罗·博尔德（Paul Board）先生。〕

力蒙特，并在当年的晚些时候开始与他发生关系。马力蒙特甚至在 1957 年圣诞节期间抛开住在伦敦远郊区赖斯利普的家人前去与辛西娅幽会。调查人员发现，马力蒙特曾试图在梅登黑德的一家药店购买砒霜，当时药店的掌柜伯纳德·桑普森告诉他说，他必须出示有关机构的许可才可以购买，于是马力蒙特离开了药店，再也没有回去。事实上，他是在其部队驻扎的位于诺福克法肯汉姆附近的斯卡尔索普美国空军基地弄到的三氧化砷。该基地的两名清洁工记得，有一天晚上马力蒙特曾经进入该基地的化学实验室，并摆弄过一瓶三氧化砷。马力蒙特还说应该将这种毒药锁起来，妥善保存。

司法证据化学家 I.G. 霍尔登（I.G.Holden）博士对玛丽·海伦的头发做了中子活化分析，他发现玛丽在被毒死之前至少已被人用砷下过三次毒，每次间隔为一个星期。她丈夫只在周末回家看望她，而这与她头发中含砷部位的间隔相吻合。她的头发根部的砷含量为 20ppm，这表明她在死亡前不久曾摄入致死剂量的砷。

1958 年，马力蒙特在位于白金汉郡德纳姆市的美军一般军事法庭受审。马力蒙特的辩护理由是，他的妻子是在看到一封他写给辛西娅·泰勒的未寄出的信并意识到自己的丈夫有了婚外情后服毒自杀的。马力蒙特声称，玛丽肯定是吃了她曾经为杀死厨房洗碗池下面的老鼠而购买的含砷的老鼠药。但是马力蒙特的这一辩护理由在事实面前显得苍白无力——玛丽曾经被人多次下毒，每次下毒的时间与马力蒙特去赖斯利普看望她的时间相吻合。马力蒙特被判定谋杀了自己的妻子及与辛西娅·泰勒通奸，并被判处终身监禁。在审判结束之后，他被送往美国堪萨斯州利文沃兹要塞监狱服刑。

### 迈克尔·斯旺格（1955 年—　　）

有可靠的证据表明，迈克尔·斯旺格在担任医生和医疗辅助人员的 20 年中谋杀了多达 60 名病人和数名同事。他的谋杀生涯肇始于 1978—1983 年就读位于伊利诺伊州斯普林菲尔德市的南伊利诺伊州立大学医学院期间。在此期间那里有 5 名病人在神秘的情况下死亡，他的同学甚至根据"007"电影中具有"杀人执照"的特工詹姆斯·邦德的"007"编号给他起了一个"00 斯旺格"的绰号。

斯旺格后来在位于俄亥俄州哥伦布市的哥伦布州立大学医学中心找到了一个工作。在那里，一个老年病人指责斯旺格向她的静脉滴液中注入不明物质。一个与这位老年病人同住一个病房的病友以及一个实习护士证实了这一说法。该医院的高级医生对此事开展了调查，并得出了以下结论：那两名病人神志不清醒，而那名实习护士不可靠。虽然他们没有认定斯旺格有任何不当行为，但是他们还是要求斯旺格在一年实习期满后离开这家医院。此后斯旺格来到了伊利诺伊州的昆西市。在那里，他在一个与他发生了矛盾的同事的炸面圈上和咖啡里撒了一种含砷的灭蚂蚁药。这一谋杀企图被发现了，斯旺格因此受审并被认定有罪，被判处五年监禁，但是仅仅两年之后他就被假释出狱了。

出狱后，斯旺格来到了南达科他州弗米利恩市，并在南达科他大学医学院医院的内科获得了一个住院医生的职位。他向该医院的负责人解释说，他上一次坐牢是因为受到嫉妒他的同事的陷害，而医院的负责人相信了他。但是最终斯旺格还是因为过去的劣迹而被解雇。随后他在纽约州诺斯波特市退伍军人中心的精神病科获得了一个住院医生的职位，但是不久之后又被迫离开了那里。1993年斯旺格离开美国，前往津巴布韦的一家乡村医院工作。在那里，他因为被怀疑毒死了5名病人而遭到解雇。然后他去了赞比亚，在那里他又因为被怀疑下毒而遭到解雇。1997年，斯旺格为了去沙特阿拉伯工作而回到美国办签证，在那里被逮捕。2000年9月，他为了逃避死刑而与检控方达成一项诉辩交易：他承认毒死了3名病人并被判处终身监禁，永远不得假释。

### 并没有被人用砷下毒的美国总统

泽卡里·泰勒（1784—1850年）是美国第12任总统。他在肯塔基的一个家庭农场中度过了童年，在22岁的时候参军。他在军队中很快就以诚实和朴素的演讲而闻名，并不断得到晋升。他于1808年被提拔为中尉，并最终于1846年晋升为少将。然后他在墨西哥战争的布埃纳维斯塔战役中一举成名。当时他在敌我力量悬殊的情况下拒绝服从上级下达的避免与敌人交战的命令，结果以少胜多，大获全胜。泰勒因此成为民族英雄。他被辉格党选为总统候选人，并战胜民主党候选人刘易斯·卡斯，从而成为总统。

泰勒当选总统的时候体格强壮，身体健康，人称"大老粗"。但是在就任美国总统仅仅 16 个月之后，也就是 1850 年 7 月初，他在没有戴帽子的情况下坐在室外顶着炎炎烈日听了一个很长的演讲，随后突然感到身体不适。他进入室内，有人给了他一碟樱桃和一杯冷牛奶以帮助他解暑，但是不久后他的情况突然急剧恶化并开始呕吐。尽管随后被叫来的医生给他服用了各种药物，但是似乎都没有起到任何作用。泰勒总统于 7 月 9 日去世。他是被毒死的吗？至少有这种可能，并且的确有一些人希望除掉他。泰勒在是否在让反对奴隶制的加利福尼亚加入联邦的问题上因为南方各州坚决反对而遇到了麻烦，而且他还发现自己内阁的三名成员卷入了一起经济丑闻。

1991 年，佛罗里达州一个名叫克拉拉·赖兴（Clara Rising）的作家开始对泰勒死亡的事件进行研究，准备写一本有关这方面的书。她提出泰勒是被人用砷毒死的，并且收集到了要求对泰勒开棺验尸的足够的间接证据。她愿意支付 1200 美元的验尸费，并获得了肯塔基州政府的批准，从被埋在该州路易斯维尔市泽卡里·泰勒国家墓地的棺材中的泰勒遗体上提取了一些头发、指甲和骨骼刮取物。

这些样本被送到橡树岭国家实验室和肯塔基州的两个

实验室进行砷含量分析，分析结果为阴性。在这些样本中含有微量的砷，远远没有达到能够引起砷中毒的程度。泰勒是死于自然原因——很可能是霍乱或病毒性胃肠炎，因为这两种疾病的症状与砷中毒非常相似。

## 第八章

# 再次讨论谋杀:
# 弗洛伦丝·梅布里克的罪行

在所有用砷实施的谋杀案中,梅布里克案是最令人感兴趣的一个。1889 年 8 月 7 日,弗洛伦丝·梅布里克被判定谋杀了她的丈夫詹姆斯并被判处死刑。但是在两个星期之后,她的死刑被减免为终身监禁。有些人认为她是无辜的。还有些人认为,即使是她杀死了丈夫,她也是为民除害,因为她杀死的那个人实际上就是"开膛手杰克"。这一听上去有些离谱的说法是 20 世纪 90 年代一本据说是詹姆斯·梅布里克所写的日记被公开后有人提出的。

该审判在当时引起了轰动,有两个群体的人将弗洛伦丝看作殉难者:妇女权利的倡导者和建立上诉法院的倡导者。前者认为她是受男性支配的法律制度的受害者,而后者则将她的案子看作当时英国法律制度无法矫正的一个司法不公的例子。妇女国际梅布里克协会甚至征得了三任美国总统的支持,但是这一切都无济于事,因为其中有一个不为人们所知的理由:维多利亚女王关注了这个案子,并且她认为弗洛伦丝是有罪的。只要女王还活着,弗洛伦丝就不可能被释放。而女王去世后她立即就被释放了。

　　梅布里克案提出的法律问题的核心在于当时主持审判的菲兹詹姆斯·斯蒂芬斯（Fitzjames Stephens）法官的证据总结。在最后的几个阶段，这种总结演变成了一种一般化的长篇道德说教。他抓住弗洛伦丝与别的男人通奸这一情节不放，暗示一个能够干出这种罪恶勾当的女人肯定也能够实施谋杀。（但是在审判过程中他却没有提到弗洛伦丝丈夫的情妇以及五个私生子。）他的证据总结还有其他方面的问题。例如他提出了在审判期间没有被提出的材料；由于自己的庭审笔记混乱不堪，他所引用的证人证言是从报纸上剪下来的；他多次说错有关事件发生的时间和日期；而他对陪审团做出的一些指示如今可以自动导致上诉。

　　在审判梅布里克的时候，斯蒂芬斯法官已经 60 岁了。他后来被人们称为"疯法官斯蒂芬斯"，而且他在 1885 年的时候似乎得过某种精神病，但是后来恢复到了足以履行其司法职责的程度。他在 1889 年 8 月审判梅布里克期间看上去还是正常的，但是两年之后他的行为变得如此之古怪，以至于下议院怀疑他精神是否不正常。1891 年 4 月，经劝说他辞去了法官的职务，作为补偿，他被授予准男爵的称号。不久之后他就被悄悄地送进了伊普斯维奇疯人院并于 1894 年 3 月死在了那里。有关梅布里克审判的书或文章都会提出斯蒂芬斯在审判她的时候精神是否正常的问题。这位法官当时的行为使这个原本就很令人瞩目的案件更增加了几分神秘的色彩。

　　但是这场戏的主角还是弗洛伦丝本人。她嫁给了年龄大得足以做她父亲的詹姆斯·梅布里克。后来她爱上了一个比较年轻的男人，而她结束这一婚姻的途径就是毒死自己的丈夫。但她在下毒方面很不专业，在两个星期之内对她的丈夫多次使用砒霜投毒才最终把他毒死。由于人体排泄砷的速度很快，因此在詹姆斯·梅布里克死的时候，他体内的砷已所剩无几。

## 弗洛伦丝·钱德勒与詹姆斯·梅布里克之间的婚姻

詹姆斯·梅布里克于 1839 年出生在利物浦，父亲是一名牧师。他在家中排行老二，有三个兄弟：哥哥托马斯与他没有什么联系；弟弟埃德温是个单身汉，与他合伙做棉花经纪生意；另一个弟弟迈克尔是著名的作曲家，笔名叫斯蒂芬·亚当斯。* 詹姆斯在 20 岁的时候给伦敦一个运输经纪人做学徒，在那里认识了一个女店员，他们成了恋人并共同购置了一套房子。最终她为他生了五个孩子。但是詹姆斯大部分时间都在其公司所在地利物浦工作。他的公司在美国弗吉尼亚州的诺福克市也有一个办事处，詹姆斯在 1877 到 1880 年之间主要在那里工作。那年 3 月，詹姆斯在乘坐白星航运公司的波罗地号邮轮从纽约前往利物浦的途中遇到了冯·罗克男爵夫人和她 17 岁的女儿弗洛伦丝·钱德勒。

弗洛伦丝于 1862 年 9 月 3 日出生在美国亚拉巴马州莫比尔市。她的父亲在她出生的第二年年初就去世了。不久她的母亲改嫁，但是其第二任丈夫很快也去世了。其第三任丈夫是普鲁士的冯·罗克男爵，但是这一婚姻也于 1879 年破裂。在此期间，弗

---

\* 他谱写的最畅销的一首歌《神圣的城市》（*The Holy City*）销量达数百万份，持续流行了半个多世纪。

洛伦丝一直寄养在亲戚家，由家庭教师教育。1880 年 3 月，弗洛伦丝和母亲一起前往欧洲旅游，在横跨大西洋的旅途中她爱上了詹姆斯，而詹姆斯也被弗洛伦丝的美貌所吸引。詹姆斯在 1880 年的整个夏天和秋天都在追求弗洛伦丝。他们最终于 1881 年春天在伦敦皮卡迪利大街的圣詹姆斯教堂结婚，在伯恩茅斯度过了蜜月，然后在弗吉尼亚州的诺福克市住了下来。他们的第一个孩子詹姆斯于 1882 年 3 月出生。

在随后的三年中，梅布里克夫妇不断地在弗吉尼亚和利物浦之间穿梭，最终在利物浦郊区的塞夫顿公园定居下来，他们的第二个孩子格拉迪丝于 1886 年 6 月出生。1887 年，弗洛伦丝发现詹姆斯有一个情妇，于是他们之间的婚姻出现了危机。也就是大约在这个时候，长期患有疑病症的詹姆斯开始定期服用各种补药，其中包括当时被普遍认为是一种春药的福勒溶液。当时梅布里克已年近半百，性能力开始减弱，而弗洛伦丝则正处于充满青春活力的时期。

1888 年，梅布里克一家搬进了位于利物浦埃格布尔茨郊区里弗斯戴尔路一个名叫巴特克里斯的有着 20 个房间的大宅子中。从表面上看，詹姆斯和弗洛伦丝之间一切都很好：他们过着活跃的社交生活，组织或参加各种舞会、晚会、惠斯特扑克牌游戏和赛马大会。但是实际上他们之间的婚姻已经名存实亡了。弗洛伦丝已经移情别恋，爱上了 34 岁的单身汉阿尔弗雷德·布赖尔利。弗洛伦丝是 1888 年 11 月在巴特克里斯举办的一次舞会上认识这个身高 1.8 米的英俊男人的。弗洛伦丝还有另外一个秘密：她欠了伦敦一个放债者很多钱。

　　1889 年，詹姆斯和弗洛伦丝之间的关系恶化到了无法掩饰的地步，他们甚至开始在公共场合争吵。3 月初，他们参加完一次赛马大会之后，在绍斯波特的一家饭店当着和他们一起玩牌的另一对夫妇的面大吵了一架。不久之后，弗洛伦丝就安排与布赖尔利一起在伦敦度周末。在 3 月 21 日星期三上午，弗洛伦丝离开利物浦前往伦敦。她对詹姆斯说，她在伦敦的一个姨妈将要做手术，需要她去照顾。然后她告诉孩子的保姆——28 岁的爱丽丝·亚普——将所有寄给她的邮件转到伦敦大饭店。弗洛伦丝说她母亲就住在这个饭店，自己在下一个星期准备去看望她。实际上，弗洛伦丝已经为自己和布赖尔利在位于卡文迪什广场附近的弗拉特曼酒店预订了一个房间。

　　阿尔弗雷德·布赖尔利在星期五乘坐下午的火车从利物浦来到伦敦，并在晚上 7 点 30 分与弗洛伦丝共进晚餐。他们两个共同度过了星期五夜晚、整个星期六和星期天上午，然后布赖尔利回到了利物浦，而弗洛伦丝则住进了位于肯辛顿的朋友的家中。她在随后的几天中拜访了几位亲朋好友。其中有一天晚上，她丈夫的弟弟迈克尔·梅布里克带她去了皇家咖啡馆，然后又一起去剧院看了场戏。弗洛伦丝于 3 月 28 日星期四坐火车回到了利物浦，以参加在第二天举行的由威尔士王子出席的全国越野障碍赛马大会\*。就在这一天，詹姆斯和弗洛伦丝又在大庭广众之下发生了激烈的争吵。这场争吵最初是在赛马场上爆发的，其结果是弗洛伦丝挽着布赖尔利的手离开了赛马场。在回到巴特克里斯后，

---

\*　弗雷盖特以 8∶1 的优势赢得了这场比赛。

他们之间的争吵又一次爆发了，而这次的结果是弗洛伦丝被打得鼻青脸肿。

在度过了一个不眠之夜之后，弗洛伦丝于第二天星期六来到她的朋友布里格斯夫人家，告诉布里格斯夫人她再也无法与詹姆斯一起生活了。她抱怨说，詹姆斯不仅有一个情妇，而且还拆看她的信件，并且严格控制她的开销，以至于使她欠下了1200英镑（相当于今天的10万英镑）的债务。布里格斯夫人使弗洛伦丝平静下来，然后带她去了家庭医生霍珀那里，让医生检查詹姆斯施暴所造成的伤害。然后她们又前往布里格斯夫人的律师那里，询问有关离婚的事。这个律师的意见使弗洛伦丝离婚的幻想破灭，但是他建议弗洛伦丝可以将她的信件送往邮局的一个私人信箱之中。于是弗洛伦丝就和布里格斯夫人一起去了邮局。

星期六下午，霍珀医生来到巴特克里斯。他以调解人的身份平息了梅布里克夫妇之间的冲突。弗洛伦丝还承认自己遇到了经济困难，而詹姆斯则同意在下次去伦敦的时候帮她还清债务。布里格斯夫人应邀在梅布里克家小住几天，等事态完全平息之后再离开。一个星期之后，也就是4月6日星期六，弗洛伦丝到阿尔弗雷德·布赖尔利那里去找了他，随后又给他写了一封信。但是布赖尔利却没有回信。到了这个时候布赖尔利对弗洛伦丝的热情已经迅速消退，他瞒着弗洛伦丝为自己预订了到地中海长期旅游的船票。

4月13日星期六，詹姆斯离开利物浦前往伦敦。他的确帮弗洛伦丝偿还了一些债务。他住在弟弟迈克尔的家中，第二天到富勒医生那里去做了一次体检。他说有严重的头痛、便秘和四肢麻木的毛病，但是医生安慰他说，他的身体并没有任何器质性的毛病，然后就给他开了一种通便剂、一种补药和一些治疗肝病的药物，并告诉他一个星期之后再回来复查。医生开的通便剂就是普鲁默药片，其活性成分为硫化锑。他告诉詹姆斯每天晚上服用这些药物。

詹姆斯于星期天回到利物浦。第二天他拿着药方到当地的一家药店购买了富勒医生所开的药物。他的健康状况开始好转，在下一个星期六，也就是 4 月 20 日，他前往伦敦，再次去富勒医生那里。普鲁默药片显然已经起了作用。富勒医生告诉詹姆斯停止服用此药，改服硫磺片。医生还给了詹姆斯一个药方让他带回去，并说还将亲自给他配制一瓶药，稍后给他寄过去。詹姆斯回到了利物浦并在星期三按照新的药方购买了药物。富勒医生配制的药物在星期五从伦敦寄到了詹姆斯家中。这些药物似乎起到了预期的作用，詹姆斯的身体状况继续好转。詹姆斯是一个疑病症患者，在他的家和办公室中摆放着各种药物，其中有些药物是在他结婚之前购买的。（辩护方在法庭上出示了在詹姆斯家中放着的旧药瓶，里面药物的成分包括铁、奎宁和砒霜。）

4 月 23 日星期二，詹姆斯订立了一个新的遗嘱，将他的大部分钱委托给他的兄弟管理，但是这些钱将来必须用在他的孩子身上。他只给弗洛伦丝留下了一份人寿保险。根据这份保险，在他死后弗洛伦丝能够得到 2500 英镑的赔偿金。对此弗洛伦丝一无所知。而詹姆斯不知道的是，此时他的生命只剩下 16 天了。

## 弗洛伦丝准备毒药

弗洛伦丝决定用砒霜毒死她的丈夫。她必须首先得到这种毒药，然后再想办法让她丈夫吃下去。要将毒药放进詹姆斯的食物中是很困难的事情，因为巴特克里斯所有的食物都是由厨师准备的。因此弗洛伦丝决定将毒药添加到詹姆斯钟爱的药物之中。在弗洛伦丝被审判之后的几年中，有很多人都宣誓作证，试图解释在巴特克里斯发现砒霜的原因。在 1894 年，有一个作证者说，他在当年的 2 月份詹姆斯死亡之前曾经向他提供过作为商品样本的白色和黑色砒霜。这种可能性似乎很小，只有那些争取使弗洛伦丝出狱的人才会相信。

在 1926 年出现了另一种更为可信的解释。一名利物浦的药剂师披露说，他曾经给弗洛伦丝提供了一包三氧化砷，在包装纸上标有"砒霜毒药"的字样，并且在其一侧还写着"猫用药物"——这可能就是弗洛伦丝提供的购买这种药物的理由。弗洛伦丝不愿意在毒药销售记录上签名。由于她是一个常客，药剂师也没有坚持。他卖给弗洛伦丝的是黑色砒霜——之所以这么称呼，是因为人们为了防止其被误用而在其中掺了煤烟灰。后来弗洛伦丝又到那个药店去买了一包黑砒霜，她说她把上次买的那一包弄丢了。这次那个药剂师又一次在包装上写了"猫用药物"几个字。在詹姆斯死后，人们在他家中发现了这包黑砒霜。那个药剂师说，他由于害怕而在弗洛伦丝被审判期间没有将此事说出来。只是在弗洛伦丝被定罪后他才向警方报告了此事。如果药剂师的证据在法庭上被使用的话，肯定会对弗洛伦丝非常不利。而这一证据也使当局确信，弗洛伦丝并没有被冤枉。

弗洛伦丝可能使用的第二种含砷毒药是灭蝇纸。它们在许多商店中都能够买到，价格为半便士一张，并且毒性极强。事实上，就在梅布里克一家搬到利物浦的时候，这个城市发生了一起著名的用灭蝇纸溶液实施的谋杀案。1884年，一对名叫弗拉纳根和希金斯的姐妹用灭蝇纸溶液毒死了其中一人的丈夫、儿子、继女和她家的一个房客。她们最终被定罪并被绞死。

灭蝇纸的使用方法是将其放在一个装有糖水的盘子里，所有落在盘子上吸吮糖水的苍蝇都会被毒死。* 为了防止误用，灭蝇纸中添加了一点儿带苦味的苦木提取物和一种棕色颜料。将一张灭蝇纸泡在水中就可以在几个小时之内溶解其中的大部分砷盐，产生一种茶色的溶液。考虑到一张标准的灭蝇纸含有高达400毫克的砷，用它下毒可以杀死一个成年人，条件是投毒者必须能够掩盖住这种毒药的苦味和棕色，否则就会引起怀疑。浓茶、咖啡或肉类提取物饮料是最好的掩饰材料，而它们也的确曾被用作灭蝇纸溶液的下毒媒介。白兰地也是一种很好的媒介。

弗洛伦丝于复活节前后在当地的一家药店购买了一些灭蝇纸。她向店员抱怨说巴特克里斯的苍蝇非常讨厌。尽管她在这家药店有一个支付账号，但她还是坚持付现金，并让药店将这些灭蝇纸送到她家中。当在法庭上被问及此事的时候，那个药店的店员已记不清购买的确切日期了，只记得当时是4月中旬。他之所

---

\* 这种灭蝇纸的活性成分是亚砷酸钠和亚砷酸钾，是通过用碳酸钠或碳酸钾处理三氧化砷溶液获得的。由此而产生的盐溶解度要比三氧化砷高得多，而它们的毒性则与三氧化砷一样强。

以记得这件事情，是因为弗洛伦丝是那年春天第一个购买灭蝇纸的人。事实上，巴特克里斯并不存在苍蝇的问题，而且在她家中的橱柜里还有前一年夏天没有用完的灭蝇纸。一个女仆在弗洛伦丝的床底下发现了她购买的灭蝇纸，当时那些灭蝇纸被浸泡在一盆水中，上面扣着一个碟子，并且用毛巾覆盖着。孩子的保姆爱丽丝·亚普听说之后也去看了一下。

在审判过程中，弗洛伦丝对此的解释是，这种溶液是她用来美容的。这也许可以解释在她被捕之后人们在她的衣柜中发现的用香水瓶装着的浓度很低——仅含 6 毫克砒霜——的溶液。弗洛伦丝在少年时期一直用含砒霜的洗面液美容。在她 16 岁的时候，纽约的一个药剂师给她开了这样一种美容洗面液，她在去各地旅行的时候都会带着它。但是后来——随着年龄的增长——她已不再需要这种化妆品了。在对弗洛伦丝的审判结束之后，她的母亲在搬家离开巴黎前往鲁昂的过程中发现了这一药方，她甚至找到了许多年前曾经按照这个药方给弗洛伦丝配制洗面液的巴黎药剂师。

当然，弗洛伦丝是一个业余的投毒者。她很可能高估了砒霜的作用，因而给詹姆斯所下的药量太小，但正是这一错误判断使她几乎得以逃脱法网。而另一方面，我们必须承认，她这么做可能有一个很好的理由，那就是可以使詹姆斯的症状看上去像是胃肠炎。然而弗洛伦丝的其他行为表明她是一个冲动、感情用事而非理性和小心谨慎的人。她头几次下毒很可能是因为不知道毒死詹姆斯所需的剂量而导致失败的。虽然那几次没有毒死詹姆斯，但是破坏了他的健康。

弗洛伦丝将她的大部分毒药藏在了自己卧室里一个装帽子的盒子中。这个盒子中有三个瓶子：第一个装着黑砒霜和水，第二个里面是饱和的氧化砷溶液，第三个瓶子里是残留的一点儿饱和的砒霜溶液。这些毒药是在詹姆斯死后被发现的。在另一个帽盒中有一个装着一些牛奶的杯子和一块手绢，两者都含有大量的三氧化砷。人们在她的行李箱中发现了装有砒霜的小包以及一点儿残余的木炭（不到 5 克）。很明显，弗洛伦丝在她用作卧室的化妆间开了一个小型毒药配药处。她使用的技术似乎是在黑砒霜中加入水，以溶解其中的三氧化砷，然后用手绢过滤掉煤烟灰，得到几乎是透明的砒霜溶液。

## 对詹姆斯·梅布里克下毒

4 月 27 日星期六上午，詹姆斯计划到威勒尔去参加赛马。在用过早餐并服下了双份剂量的富勒医生从伦敦给他寄来的药之后，他突然感到身体严重不适。他抱怨双腿和双手麻木，但是他还没有病到必须取消当天的外出计划的程度。他在上午 10 点 30 分来到他的办公室，然后离开办公室前去参加中午的赛马。在赛马场上，人们明显注意到詹姆斯无法平稳地骑在马上。那天天气很潮，詹姆斯浑身都湿透了。他在晚上和几个朋友吃饭的时候浑身发抖，并且洒了一杯葡萄酒。

第二天星期天，詹姆斯又一次感到身体严重不适，这很可能是服用了被下过毒的药所引起的。那天上午詹姆斯喝了一杯白兰地，希望能够安抚一下他的肠胃。但是到了上午 9 点钟的时候，他感到非常难受，于是喝了对他的健康一直非常关心的弗洛伦丝所配制的、用芥末和水混合而成的催吐剂。这种催吐剂起到了明显的作用：詹姆斯狂吐不止。上午 10 点 30 分，居住在离詹姆斯家 10 分钟步行路程的汉弗莱斯医生被叫了过来。詹姆斯告诉医生说，他那天早上起床之后所做的第一件事情就是喝了一杯浓茶，然后就出现了这些症状。医生诊断詹姆斯肠胃不适，建议他坚持清淡饮食，并且只饮用牛奶和苏打水。詹姆斯告诉汉弗莱斯医生他一直在服用富勒医生专门为他准备的药物，而汉弗莱斯医生则建议他停止服用这种药物。

那天中午詹姆斯吃了厨子为他准备的竹芋粉，下午茶的时候喝了牛尾汤，晚餐又吃了一顿开始时由厨子准备而后来由弗洛伦丝加工完成的竹芋粉，詹姆斯只吃了一点儿。当剩下的竹芋粉被端回厨房的时候，厨子发现其颜色变得有些发暗，她认为这可能是在里面添加了香草油调料造成的。晚上 8 点钟詹姆斯早早地上床睡觉了，而弗洛伦丝则和詹姆斯的弟弟埃德温在楼下聊天。到了 9 点钟的时候，詹姆斯开始呕吐并摇铃要求帮助，他说自己的两条腿都动不了了。汉弗莱斯医生又一次被叫了过来，并为他开了碘化钾和天仙子。由于詹姆斯看上去病得很重，埃德温同意当晚留下来，以防万一。如果呕吐可以被看作砷中毒之后不久就会出现的症状的话，那么詹姆斯的晚餐应该是被下了毒。竹芋粉的颜色表明那里面很可能被弗洛伦丝掺进了灭蝇纸的浸泡液，也许她还在詹姆斯早上喝的茶中加入了这种溶液。

到了 4 月 29 日星期一上午，弗洛伦丝肯定意识到自己的谋杀计划失败了。埃德温发现詹姆斯已经好多了，而汉弗莱斯医生也确认詹姆斯可以起床去工作了。詹姆斯肠胃不适的所有症状都消失了，只是觉得舌头有些发涩。为了防止他的症状复发，医生建议他在一周之内保持清淡饮食，停服以前所服用的药物，并且为他开了西摩制剂—— 一种通常被认为具有助消化和养肝作用的植物提取物溶剂。那天詹姆斯去了他的办公室，但是只在那里待了大约一个小时。与此同时，弗洛伦丝出去购物了，她在附近的另一家药店购买了两打含砷的灭蝇纸，并且这次也是支付的现金。没有人知道她用这 24 张灭蝇纸做了什么。住在巴特克里斯的其他人都不知道此事，而且再也没有人见过这些灭蝇纸。

4 月 30 日星期二，厨子为詹姆斯准备了一份由无糖面包和牛奶构成的早餐，但是詹姆斯发现面包有甜味，于是就将其送回了厨房。他在午餐之后离开家前往办公室，并于下午 1 点钟到达那里。他让办公室的一个勤杂工去购买了一些杜巴丽公司出售的勒瓦伦塔—阿拉比卡牌疗养食物，并让公司将食物送到巴特克里斯。那天晚上，弗洛伦丝在埃德温的陪同下去参加了一个私人化装舞会，晚会结束后埃德温陪弗洛伦丝回到家中，而他也在那里过了一夜。

星期三是五朔节。医生一大早就来到巴特克里斯，宣布詹姆斯已经完全康复了。医生一走，詹姆斯就离开家前往办公室了。他临走时埃德温仍然在睡觉，于是詹姆斯吩咐厨子准备一些疗养食物，让埃德温给他带到办公室去。厨子加工了一些杜巴丽食品，并且按照詹姆斯的口味在其中加了一些雪莉酒。她将这些食物交给了弗洛伦丝，而弗洛伦丝则让厨子去拿一些纸和绳子来将食物打包。但是当厨子拿着纸和绳子回来的时候，她发现弗洛伦丝已经将食物包好了。这包食物被交给了埃德温，他在上午晚些时候去办公室时带给了詹姆斯。

午餐送到之后，詹姆斯让办公室的勤杂工出去购买了一个用来加热午餐的平底锅以及一个用来吃午餐的盘子和勺子。然而当他品尝了一勺食物之后，他发现这种液体食物不符合他的口味。他向埃德温抱怨说，厨子在食物里面放了雪莉料酒。在仅仅吃了很少量的午餐之后，詹姆斯就感到有些不舒服，但是还没有达到生病的程度。尽管如此，他还是感到很担心，于是在下班回家之后又去看了医生。那天晚上，梅布里克一家举办了一个由一些朋友参加的小型晚宴。

弗洛伦丝决定将杜巴丽疗养食物作为给詹姆斯下毒的媒介。5月2日星期四，詹姆斯像往常一样去了办公室，在临走时带了一些加工好的杜巴丽疗养食物。由于他不喜欢这种食物的味道，在午餐的时候只吃了很少一点儿。而在下午的时候他又一次感到身体不舒服。当一个前来打扫办公室的清洁工清洗詹姆斯用来加热午餐的平底锅时，她发现在锅的底部有一些黑色的颗粒。这表明弗洛伦丝在午餐里面放了黑砒霜。在夜晚的时候詹姆斯抱怨他的双腿疼痛。

弗洛伦丝是个坚持不懈的女人。她决定在第二天改用灭蝇纸溶液下毒。那个星期五的上午，詹姆斯让人去叫汉弗莱斯医生，后者于10点钟到达梅布里克家。医生除了发现詹姆斯的舌苔很重之外，没有发现其他任何问题。詹姆斯问医生土耳其浴是否对他的身体有好处，医生说是的。于是詹姆斯带着一罐杜巴丽疗养食物和一瓶雪莉酒上班去了。詹姆斯在午餐之前洗了一个土耳其浴，然后回到办公室加热了一下杜巴丽疗养食物，这次他把那些食物全部吃下去了。

这是一顿致命的午餐。那天詹姆斯吃午餐的时间要晚于平常，在吃完之后，食物剩余的汤水被留在罐子里放了很长时间才被倒掉。在此期间汤水的表面结了一层膜，而在被倒掉的时候这个膜的一小部分粘在了罐子的内壁上。尽管清洁工用水清洗了那个罐子，但是粘在罐子内壁上的那块膜并没有被洗掉。那个罐子那天留在了办公室，在詹姆斯死后被拿去做了测试分析。分析员对那块粘在罐子内壁上已经干了的膜进行了测试并探测到了砷。分析员还用开水冲洗了用来加热詹姆斯午餐的平底锅和用来吃这种食物的盘子，然后对冲洗这些餐具的水进行了分析，结果也在其中发现了砷。然后他又用开水对这些餐具进行了第二次清洗，并第二次对清洗这些餐具的水进行了测试，而这次则没有探测到砷。这表明第一次清洗这些餐具的水中的砷并非来自餐具表面的釉层。

在用完午餐之后，詹姆斯开始感到不适，于是匆忙赶回家中。到家之后他开始呕吐，并说他吃的疗养食物和雪莉酒有问题——因为那天中午他只吃过这些东西。然后他就躺在了床上，身体状况越来越糟糕。在晚上 11 点钟的时候，汉弗莱斯医生被叫了过来。医生发现詹姆斯的脸色非常苍白，他痛苦不堪，两条大腿有被啃咬的感觉。为了缓解詹姆斯的痛苦，医生给他使用了吗啡栓剂。

## 致命的一个星期

1889 年 5 月 4 日星期六：那天早上人们发现詹姆斯的情况并没有好转，他又呕吐了。当医生被叫来之后，他认为呕吐是吗啡栓剂引起的。詹姆斯感到口渴难当，但是医生建议他不要喝任何东西，只用漱口水漱口或通过吸吮湿布滋润口腔。在医生走后，詹姆斯又与弗洛伦丝发生了争吵。詹姆斯告诉弗洛伦丝说，他知道弗洛伦丝背着他在做什么，并且他已经开始对弗洛伦丝在伦敦的行踪进行调查了。感到惊慌的弗洛伦丝给阿尔弗雷德·布赖尔利发了一封电报，告诉他詹姆斯正在调查他们，并且还特别提到詹姆斯在伦敦的报纸上刊登广告，征求有关他们两个人行踪的线索。

埃德温前来探望他哥哥的病情，结果发现詹姆斯已经无法吃下任何东西了：他在喝了白兰地和苏打水之后就会呕吐；在那天晚些时候，他在吃了药之后也会呕吐。那天晚上厨子给詹姆斯做了一些浓汤。弗洛伦丝告诉女仆伊丽莎白，从那时起将由她本人负责倾倒病房中的污物。

1889 年 5 月 5 日星期天：现在詹姆斯只能干呕，已经吐不出任何东西来了。前来给他看病的医生注意到他的喉咙发红并且非常疼痛，他的舌头上长着厚厚的舌苔。他建议詹姆斯用科迪漱口液（高锰酸钾溶剂）漱口，并且用瓦伦丁牛肉汁取代杜巴丽疗养食物。詹姆斯感到极度口渴，他让仆人从厨房给他拿一些新鲜的柠檬汁过来，但是伊丽莎白只允许他用柠檬汁漱口。埃德温过来看望他的哥哥，并决定在他家过夜。

与此同时，星期天上午阿尔弗雷德·布赖尔利购买了伦敦的各种报纸，仔细搜寻詹姆斯刊登的广告，但是没有找到。他给弗洛伦丝写了一封信，将此事告诉了她，并且说自己计划出国待几个星期。布赖尔利还暗示他们在秋天到来之前最好不要见面。

1889 年 5 月 6 日星期一：詹姆斯的身体情况开始好转，他能够坐在床上看晨报，并且发了几份有关公司业务的电报。汉弗莱斯医生来看了他，并给他开了福勒溶液，詹姆斯服用了三个剂量，因此而摄入的砷含量不足 1 毫克。汉弗莱斯医生建议再找另外一个医生给詹姆斯看一下，但是遭到了弗洛伦丝的反对。现在弗洛伦丝已经完全掌控了詹姆斯的病房，她甚至告诉女仆不要给詹姆斯换床单，由她亲自来换。

那天晚上汉弗莱斯医生又一次上门给詹姆斯看病。他注意到詹姆斯持续了三天的腹泻已经发展到了一种在医学上称为"里急后重"的症状，即肠子不断收缩，但是排不出任何东西。他在詹姆斯的肚子上敷了一些发疱剂——这是当时得到承认的治疗这种症状的方法。他没有给詹姆斯开出新的药方，而是让他吃一些诸如牛肉汤、鸡肉汤、尼夫疗养食物等的清淡食品，并且告诉他只能喝牛奶和水。詹姆斯的身体似乎开始恢复了。

1889 年 5 月 7 日星期二：当汉弗莱斯医生上午来看詹姆斯的时候，詹姆斯告诉他说，自己感觉"好像换了一个人似的"。

他说医生开的发疱剂起到了治疗作用。他仍然有口臭并且喉咙口好像有一根毛发卡在那里一样发痒。他吃了一些食物，并没有因此感到任何不适。然而埃德温还是决定让另一名医生来看一下。在埃德温的坚持下，弗洛伦丝给一个名叫威廉·卡特的医生发了个电报，让他在下午4点45分和汉弗莱斯医生一起过来给詹姆斯会诊。那天埃德温去了办公室，但是他乘坐4点45分的火车回到了詹姆斯家，以便与前来给詹姆斯会诊的医生见面。

卡特医生对詹姆斯做了检查。在得知詹姆斯连续几天出现呕吐和腹泻的症状之后，他做出了由胃部不适引起消化不良的诊断，并为詹姆斯开了一种镇静剂（安替比林）、一种增加唾液分泌以缓解咽喉症状的药物（毛果芸香）和一种漱口水（氯水）。卡特医生注意到虽然詹姆斯口腔有臭味，但是他呼出的气并不臭。他让詹姆斯继续保持汉弗莱斯医生在前一天推荐的饮食，并且增加了维多利亚时代的一种万灵药：哥罗颠。

保姆亚普注意到弗洛伦丝偷偷地将一个瓶子中的药倒入另一个瓶子中，但是她什么也没有说。这些药被放在主卧室附近的楼梯平台上。


1889年5月8日星期三：这是梅布里克案中关键的一天。詹姆斯的情况继续好转。埃德温本来要派人把他们的弟弟迈克尔叫过来，但詹姆斯说自己的病情已经好转，没有必要再打扰迈克尔了。汉弗莱斯上午过来给詹姆斯检查身体，发现他的身体情况已经全面好转，但是晚上还是睡眠不好，而在此期间弗洛伦丝一直陪伴在他的床边。

　　很显然，这时弗洛伦丝是最需要休息的人。在上午 9 点钟的时候，一名私人护士被找来照顾詹姆斯，以便让弗洛伦丝能够睡一会儿觉。也许正是疲惫使弗洛伦丝决定采取下一步行动。她意识到前几次毒死丈夫的企图都失败了，而她的情人阿尔弗雷德对她的热情也在迅速降温，因此她必须抓紧时间。在那个星期三的上午，她又一次对詹姆斯下毒，詹姆斯开始剧烈呕吐。弗洛伦丝给正在工作的埃德温和在伦敦的迈克尔发去了电报。埃德温在乘坐 12 点 40 分的火车回到巴特克里斯之前也给迈克尔发去了一封电报。

　　迈克尔那天还收到了第三封电报，它是由梅布里克家的朋友布里格斯夫人发出的。电报的内容是："赶快过来，这里发生的事情很蹊跷。"布里格斯夫人在那天上午刚刚探望过詹姆斯。在此期间，保姆亚普把她拉到一边，告诉了她一些最近发生的奇怪的事情。她特别提到了浸泡在水中的灭蝇纸。在接到这三封电报之后，迈克尔匆忙赶到了利物浦。

　　当那个名叫戈尔的私人护士来到巴特克里斯的时候，她发现她的病人病得非常严重。詹姆斯刚刚呕吐过，在这天没有再呕吐。在戈尔接手病房之后，弗洛伦丝立刻匆忙地给阿尔弗雷德写了一封信。由于太累了，她没有亲自去邮局，而是把信交给了孩子的保姆亚普，让她在下午带格拉迪丝出去散步的时候顺便把信寄出去。下午 3 点 30 分的时候爱丽丝·亚普带着格拉迪丝出了门。当看到弗洛伦丝的信是写给阿尔弗雷德·布赖尔利的时候，她在好奇心的促使下打开了信封。（在弗洛伦丝的审判过程中，亚普提供的打开这封信的借口是她不小心把它掉在泥坑中了。）

亚普看到的内容证实了她所有的怀疑：

星期三

亲爱的……自从回来之后我一直在日夜不停地照顾 M。他已经病入膏肓了。（这句话下面的着重号是原始信件中加的。）昨天医生对他进行了会诊，现在一切都取决于他还能够坚持多久。他的两个弟弟都在这里，我们都非常着急。今天我不能回答你信中的所有问题，但是不要担心，我们之间的事情永远也不会被发现了。自从星期天以来 M 一直神志不清。现在我知道他已经忘记一切事情了，甚至连自己家所在的街道名称都记不起来了。另外他也没有对我们开展任何调查。他以前对我所说的纯属捏造，其目的是为了吓唬我，逼我说出实情。事实上他相信了我所说的话，只是口头上不愿意承认而已。因此，亲爱的，你不必因为这个而出国。无论如何，在我们再次见面之前不要离开英格兰。考虑到我在写这两封信的时候所处的境况，我想你一定能够原谅我在信中所说的那些不公平的话。如果那时我所说的话是当真的，你觉得我还会给你写信吗？如果你有什么事情要告诉我，那么现在就给我写信吧，因为现在这个家中的所有信件都由我经手。请原谅我潦草的字迹。现在我一刻也不敢离开那个房间，我也不知道什么时候能够再给你写信。写于匆忙之中。永远属于你的弗洛里。

爱丽丝·亚普回到巴特克里斯把这封信给埃德温看了。埃德温意识到弗洛伦丝正在做什么。他试图挽回弗洛伦丝所造成的损害，但是为时已晚。他告诉戈尔护士，从那时起只有她才能给詹姆斯喂药，不幸的是，戈尔已经给詹姆斯喂了一次由弗洛伦丝准备的药物，但是她在 7 点钟以需要使用装药物的平底无脚杯为由倒掉了杯中剩余的药物。埃德温另外给了戈尔一瓶瓦伦丁肉汁，让她给詹姆斯喂下，但是这已经无法挽救詹姆斯的生命了。

詹姆斯的病情每况愈下。最终迈克尔从伦敦赶了过来，让他感到震惊的是，当时詹姆斯已处于半昏迷状态。迈克尔告诉弗洛伦丝，他对他哥哥得到的治疗很不满意。他在晚上 10 点 30 分的时候去找了汉弗莱斯医生。

与此同时，护士安顿詹姆斯睡觉。但是那天晚上詹姆斯只睡了三个小时。而在旁边一个房间中的弗洛伦丝则在最近几天以来第一次睡了整整一个晚上。

1889 年 5 月 9 日星期四：早上的时候詹姆斯的情况稍微有了一些好转，迈克尔和埃德温都认为詹姆斯看上去好点儿了。尽管如此，詹姆斯在上午 8 点钟的时候又呕吐了一次，而他的腹泻仍然很严重。两名医生那天上午都来看了詹姆斯，并且开了一些可卡因，以缓解詹姆斯的病痛。在他们离开之前，迈克尔告诉他们，他怀疑詹姆斯被下了毒。两名医生同意对此进行调查。汉弗莱斯医生带走了一些尿液和大便样本，以及在卧室中放着的白兰地和疗养食品样本。迈克尔怀疑白兰地里被下了毒，于是就把它换了一瓶新的。

汉弗莱斯医生对尿和大便的检测结果是阴性的。但是后来他承认，他当时只是敷衍了事地对这些样本做了"莱茵希测试"。卡特医生是当地砷中毒专家。他对白兰地和疗养食品样本进行了检测，但是没有发现任何可疑的东西，因为它们并没有被弗洛伦丝下毒。虽然这些人没有能够证明詹姆斯的症状是由砷中毒引起的，但是那天晚上弗洛伦丝自己却提供了证明。

上午 11 点钟戈尔护士下班，在随后的 12 个小时内由另一名护士接替她的工作。在此期间詹姆斯只吃了由护士在病房中为他准备的食物。除了疗养食物和鸡汤之外，詹姆斯只喝了一点儿香槟和迈克尔拿过来的那瓶新的白兰地。他整天都抱怨肚子疼和喉咙发烫。在那天晚上 8 点 15 分的时候，他的情况又一次恶化了。

戈尔护士在晚上 11 点钟的时候回到了她的岗位。她所做的第一件事情就是给詹姆斯喂了一些从她亲自打开的一个新瓶子中倒出来的瓦伦丁肉汁。午夜过后不久，弗洛伦丝鬼鬼祟祟地拿走了这瓶肉汁，把它带到了自己的卧室。她的这一花招没能逃过那个护士的眼睛。护士还看到弗洛伦丝在大约一分钟之后又拿着另外一个瓶子回来了，偷偷地将其放到原来那个瓶子所放的地方——她在作案过程中被发现了。那个瓶子被交给了迈克尔。第二天下午，迈克尔将其交给了卡特医生。一名专业分析员对那个瓶子中的肉汁进行了分析，发现其中含有 38 毫克砷。那瓶肉汁被掺进了砒霜溶液。

原来，当时弗洛伦丝已经准备好了一瓶下过毒的瓦伦丁肉汁，把它藏在了一个帽盒之中。她用这瓶有毒的肉汁调换了那瓶新的肉汁，然后迅速回到病房中，希望在护士喂詹姆斯之前将那瓶有毒肉汁放在原来那瓶肉汁的地方。她笨拙的行动使自己的阴谋暴露，但是由于戈尔护士当时什么也没有说，并且将那瓶肉汁留在它原来的地方，因此弗洛伦丝以为自己的行动并没有被人发现。

后来人们在弗洛伦丝的帽盒中发现了那瓶无毒的肉汁，从而解释了当时所发生的情况。另外它也解释了为什么当时弗洛伦丝的行动如此迅速——如果想获得成功，她当时的行动必须迅速。这一证据对弗洛伦丝极为不利，以至于她被迫在审判过程中亲自对此做一番解释。根据她的说法，詹姆斯当时央求她给他服用他自己的药粉，于是她就同意了，将其掺入了肉汁之中。在此过程中她洒掉了一些肉汁，因此就往里面兑了一些水。

那瓶有毒的瓦伦丁肉汁还表明，弗洛伦丝对于砒霜的致死剂量没有一个清晰的概念。我们似乎可以合理地推测，她以前曾使用类似的小剂量砒霜给詹姆斯下毒。即使詹姆斯每天喝下那瓶有毒肉汁的四分之一，他也只会摄入大约 10 毫克砒霜，而这个剂量肯定不足以毒死他。事实表明，使詹姆斯摄入致死剂量砷的肯定是他在星期五中午所吃的那顿被掺入灭蝇纸溶液的杜巴丽疗养食物和白兰地酒。但是弗洛伦丝在此之后给他下的小剂量砒霜也起到了使他的病情恶化的作用。

1889 年 5 月 10 日星期五：戈尔护士在看护詹姆斯度过了不眠之夜之后于上午 11 点下班了。在此期间詹姆斯呕吐了两次。戈尔在离开岗位之前警告白天值班的护士，不要给詹姆斯喂食那个可疑的瓶子中的肉汁，并且在 1 点 30 分上床睡觉之前（她住在巴特克里斯）将她看到的事情告诉了迈克尔。迈克尔立刻拿走了那瓶肉汁，交给了前来看望病人的卡特医生。

詹姆斯的情况不断恶化。他的脉搏越来越弱，他的一只手变得十分苍白，医生说他的舌头"极为肮脏"。医生又为詹姆斯配制了一些药物：用于安眠的索佛那，用于缓解他手部症状的硝化甘油，用于缓解疼痛的可卡因，以及用于漱口的磷酸。

在白天，迈克尔无意中发现弗洛伦丝正在从一个瓶子向另一个瓶子中倒药水，于是就把这两个瓶子没收了，但是后来在两个瓶子里都没有发现砷。在这天的晚些时候，有人听见詹姆斯对弗洛伦丝说："你又给我吃错了药。"但是弗洛伦丝否认了此事。下午4点30分，一名新的日班护士接班照顾詹姆斯。在下午6点钟她听见詹姆斯责备弗洛伦丝道："噢，邦尼，邦尼，你怎么能够这么做呢？我真没有想到你会做出这种事情。"这句话他连续重复了三次。这也是他在丧失神志之前所说的最后一句话。

到了晚上10点30分，詹姆斯的脉搏已经微弱到了无法感觉到的地步。医生放弃了救治。当时已经知道詹姆斯即将死亡的弗洛伦丝就像往常一样表现出极为担心的样子，并要求迈克尔把伦敦的富勒医生叫过来。迈克尔告诉她说，现在这么做已经太晚了。詹姆斯的情况继续恶化。弗洛伦丝在午夜时分叫醒了迈克尔：詹姆斯似乎就要断气了。布里格斯夫人被叫了过来。

1889年5月11日星期六：早上8点30分医生被叫了过来。他确认詹姆斯的最后时刻即将到来。下午5点钟，小詹姆斯和格拉迪丝被带到他们父亲的床边，以便他能够向他们最后道别。詹姆斯于当晚 8 点 30 分死亡。*弗洛伦丝在詹姆斯死后不久晕倒了，护士将她扶到了另一个房间的床上。她晕倒的原因究竟是疲劳、悔过还是震惊，我们已无法得知了。但我们知道，她那时突然意识到，巴特克里斯的所有人都相信是她导致了詹姆斯的死亡。

詹姆斯死亡两个小时之后，护士和保姆在房子中搜寻毒药，结果发现了那个巧克力盒子，里面装着一个在边上标有"猫用药物"的三氧化砷小包。迈克尔立即把住在隔壁的一个律师叫了过来，并当着他的面将这个证明弗洛伦丝有罪的证据封存了起来。在那个多事之夜，似乎当时在场的所有人都认为这是可以证明弗洛伦丝有罪的一个确凿的证据。

弗洛伦丝在第二天上午很晚的时候才从昏迷中苏醒过来。当她最终出现在大家面前的时候，迈克尔坚持让她和刚刚从曼彻斯特赶过来的哥哥托马斯一起到利物浦城里去安排丧事。但是这只是把她支出那所房子的一个借口。弗洛伦丝一出门，迈克尔、埃德温和布里格斯夫人就开始搜查她的房间。他们在一个帽盒中发现了装有砒霜溶液和肉汁的瓶子，在另一个帽盒中发现了一个装有少许牛奶的杯子——经检测，这杯牛奶中含有砒霜。他们将这些物体以及其他一些可疑的瓶子搜集起来，交给了被叫过来的一名警察。

当弗洛伦丝回到巴特克里斯的时候，发现她面临着一个自己

---

\* 1911 年，弗洛伦丝的儿子詹姆斯因服用氰化钾溶液而死亡。这可能是一起意外事故，因为当时他正在加拿大不列颠哥伦比亚的一座金矿工作，而氰化钾在那里被用来提炼金子。他在吃午饭的时候喝下了氰化钾溶液，而后打了求救电话，但是在救援到来之前就死亡了。

无法控制的局面，于是就回自己房间上床睡觉去了。第二天，医生对詹姆斯进行了尸检，发现他喉咙和腹部有炎症，这表明他可能患有胃肠炎。他的胃容物和肝脏被取出进行分析。警察在星期二对弗洛伦丝提出了警告，在那个时候她已经完全被孤立了，甚至连她所谓的朋友布里格斯夫人也对她施展了一个残酷的诡计。布里格斯夫人劝说弗洛伦丝给阿尔弗雷德·布赖尔利写了一封紧急求助信，然后将此事告诉了警方，结果这封信立刻就被缴获了。在那个星期五，也就是詹姆斯死后的第六天，弗洛伦丝的母亲男爵夫人从巴黎赶了过来。第二天，也就是 5 月 18 日星期六，男爵夫人的女儿被关进了沃尔顿监狱。

## 对弗洛伦丝·梅布里克的审判

验尸官对詹姆斯死因的调查在 5 月 14 日被暂时中止之后，于 5 月 28 日继续。詹姆斯的尸体在 5 月 30 日被从坟墓中挖了出来，他更多的器官被取出分析，结果检查出了更多的砷。对弗洛伦丝的审判于 7 月 31 日在斯蒂芬斯法官的主持下进行。这是一场维多利亚时代的人们所喜欢的戏剧式的审判，法庭上坐着当时许多报纸的记者。

弗洛伦丝的辩护团由王室顾问、议员查尔斯·拉塞尔爵士带领。当时正处于名声的巅峰时期的拉塞尔对砷中毒案件并不陌生——他曾经于 1873 年在达勒姆成功地起诉了玛丽安·科顿。拉塞尔知道他可以很容易地贬低司法证据的价值，使它们看上去无足轻重。他还很善于利用注重主观经验的老一代医学工作者和注重更为科学的方法的新一代医学工作者之间的紧张关系。在为弗洛伦丝辩护的过程中，他试图针对检控方的证据提出替代性的理由。拉塞尔将希望寄托在本书前两章所提到的"斯太尔辩护理由"之上，即砒霜被詹姆斯作为补药定期服用，也被弗洛伦丝用作美容药品。

拉塞尔的主要论点是：在詹姆斯体内发现的砷的含量太少，不足以导致他死亡。他的第二道防线是：即便詹姆斯的确死于砷中毒，也没有证据表明是弗洛伦丝下的毒。根据拉塞尔的说法，詹姆斯体内的砷是他擅自用药的结果。拉塞尔的辩护没有成功。但是他总是认为，根据当时的法律，陪审团如果愿意的话，他们有充分的理由作出无罪裁决。而他们之所以不愿意这么做，是由于法官的过错。拉塞尔对法官的证据总结感到非常不满。该总结的最后部分完全是对被告的谩骂和对她性关系及道德方面所犯错误的谴责。

如果当时有上诉法院的话，那么拉塞尔肯定能够以法官误导陪审团为由对有罪判决提出质疑，并且他的上诉很可能会得到法院的支持。他可以提出在如今看来非常有力的法律论点，其中最有杀伤力的一条就是，法官在证据总结过程中提出了在此前的审判过程中没有被作为证据提出的、对被告人不利的事实，因而辩护方无法对这种证据提出反驳意见。

在审判中负责起诉的是王室顾问、议员约翰·埃迪森先生。他杂乱无章的传唤证人的方式使法庭对整个事情发生的时间、日期和顺序感到一头雾水，从而帮了辩护方一个大忙。法官做出评论说，他被检控方出示证据的方式搞得晕头转向。实际上任何人都会被这种方式搞得晕头转向。即使如今我们在阅读审判记录时仍然无法弄清事情发展的时间顺序。难怪法官有时会把日期弄错。尽管如此，检控方还是向法庭提供了以下证据：詹姆斯的肝脏中含有 20 毫克砷，这表明他生前曾经摄入的砷的量比这要大得多；他的肠子中含有 6 毫克砷；在他的肾脏中也检测到了砷，但是其含量被认为只有 0.5 毫克。他的头发和指甲没有被送去检测，因为当时人们还没有认识到砷可以在头发和指甲中累积起来。如果我们现在能够得到詹姆斯的一根头发并对其做现代的中子活化分析的话，那将是一件令人兴奋的事情。

总的来说，检控方未能清晰地表达其论点，并且还经常有意地对辩护方手下留情。法官在证据总结时不得不做一些本来应该由检控方做的工作。检控方将科学证据弄得一团糟，对从巴特克里斯提取的样本的分析也使人们感到非常困惑。审判的很大一部分时间都在争论砷中毒的症状问题。富勒、汉弗莱斯、卡特和斯蒂文森等医生以及内政部专家们认为，詹姆斯的死因是砷中毒；而德赖斯戴尔、泰迪、麦克纳马拉和保罗医生则认为，在验尸报告以及砷毒物学知识中找不出任何证据支持詹姆斯死于砷中毒的说法。

辩护方的专家证人所提供的医学证据也并非没有道理。例如，都柏林洛克医院的麦克纳马拉医生曾经使用"砷浸透"的方法治疗性病。他指出，詹姆斯当时表现出的症状是胃肠炎，而不是砷中毒，因为用发疱剂涂抹腹部的方法可以止住由前者引发的症状，而对由后者所引发的症状则无效。保罗教授发现，滚烫的酸能够从盘子的釉层中释放砷离子，而且对于像詹姆斯这样体格

的人来说，砷的致死剂量应该为 3 谷（250 毫克）。在交叉询问
的过程中，保罗教授承认以前从来没有接触过任何与砷中毒有关
的案件。辩护方使出了各种招数，他们甚至传唤了像约翰·汤普
森这样的人到庭作证。汤普森是一个药品批发商。在几年前詹姆
斯曾经为给自己的一个表弟（这个表弟现在已经去世）介绍工作
而找过他。这意味着詹姆斯曾经可以很容易地弄到砒霜。但是没
有证据表明詹姆斯从汤普森那里购买过任何砒霜。

辩护方还找到了一个来自北威尔士班戈市的药剂师。他出庭
作证说，有人"在没有苍蝇的时候"也会到他那里去购买灭蝇
纸。最后，一个专门给妇女美发的名叫詹姆斯·比奥莱提的理发
师出庭作证说，他曾经使用砷化合物给人们除掉他们身上不想要
的毛发。另外，在有些情况下——尽管这种情况很少——他的一
些女顾客要求他使用砷来给她们美容。这一证言是用来证明弗洛
伦丝购买灭蝇纸是为了美容的说法。但是弗洛伦丝从来没有做过
比奥莱提的顾客。比奥莱提还告诉法庭，他曾经在报纸上读到过
一篇有关砒霜可以生发的文章。

尽管拉塞尔提供的许多证据都是毫无价值的，但是他在检控
方的脚下为弗洛伦丝挖掘一条逃生地道的努力还是取得了一定的
成效。他的医学专家证人对检控方的医学证据提出了很有效的反
驳。但是当弗洛伦丝在法庭上作出自愿陈述的时候，拉塞尔为她
挖的逃生地道垮塌了。这一陈述肯定是在没有听取律师建议的情
况下作出的。根据当时的法律，法庭不能强迫她作证，但是她可
以自愿作出陈述，而她选择这么做了。在陈述中，她承认在肉汁
中掺入了砒霜，但是她说是詹姆斯让她这么做的。

在其总结发言中，拉塞尔暗示詹姆斯有一个情妇，但是他提到这个情妇时只是称其为"与此事有关的另一个人，一个女人"。他还暗示辩护方很难获得有效证人出庭作证。（而法官则在证据总结时对这种说法提出了反驳。他问道：既然弗洛伦丝声称她有使用砒霜美容的习惯，那么为什么了解她生活习惯的母亲和其他朋友都没有就这个问题出庭为她作证呢？）拉塞尔还问道，如果弗洛伦丝真是有罪的，那么她为什么不处理掉自己房间里的那些砒霜呢？然后拉塞尔犯了一个法律上的错误。他出乎人们意料地说，如果不是保姆亚普不道德地私拆了弗洛伦丝的信件，这件事根本就不会暴露出来，也根本不会有今天的审判。其言外之意就是，弗洛伦丝是因为运气不佳才被抓住的。

斯蒂芬斯法官的证据总结在审判的第六天开始，到第七天才结束。在前一天的总结中，他提出了一些很好的观点，但也在日期方面犯了几个错误。他公开承认自己对科学证据中所使用的那些专业术语一窍不通，但他还是向陪审团解释这样一个现象，即使在一个人的尸体内只能发现少量的砷，这个人也可能是死于砷中毒。

在审判的最后一天法官继续证据总结，但是他说话的语气完全变了。虽然在前一天他对弗洛伦丝采取了公正和不偏倚的态度，但是仅仅一夜之间他对她的态度就发生了显著的变化。在一开始的时候，法官的态度还和前一天没有什么两样，但是在这个8月份的炎热日子里，随着气温的升高，斯蒂芬斯法官的言辞也变得越来越激烈。他将弗洛伦丝描绘成一个放荡的女人，还认为在弗拉特曼饭店与弗洛伦丝见面的那个放债者也是她的一个情夫。他提到了在弗洛伦丝房间中发现的其他信件。他显然读过这些信件，还说："任何一个对自己的人格和名声还有一点儿爱惜的女人都会烧掉这些信件。"他还当庭宣读了其中一封没有被作为证据出示的信件，以此证明弗洛伦丝是个撒谎者。

然后法官谈到了弗洛伦丝写给阿尔弗雷德·布赖尔利的那封灾难性的信件，用它来向陪审团表明弗洛伦丝是一个阴险狡猾、满口谎言的通奸者。（她的确是这样一个女人。但詹姆斯也是一个通奸者，而且还是一个施暴者。然而在法庭上却没有人提到这一点。）接着法官从他所收集的有关这次审判的剪报中宣读了弗洛伦丝的陈述。他的证据总结是以下面这段言辞激烈的斥责结束的：

> 她竟然对这样一个可怜、无助的病人，一个已经被她严重伤害过——这种伤害对于婚姻生活来说是致命的——的人蓄意下毒。只有一个毫无人类情感的人才会做出这种事情。但是我无须对此再说什么了，否则我很可能会说出一些不体面的话，做出一些可憎的事情来。

但是过了一会儿之后，他又进一步说道："你们必须记住她和这个叫布赖尔利的男人所施展的诡计以及你们的感受：一个女人竟然为了追求其堕落、邪恶的生活而谋杀其丈夫，这对于相对清白的普通人来说是极为可憎、难以想象的事情。"

在此之后，主要由那些一眼就能够认出邪恶女人的兰开郡熟练工人阶层和下中层男子所组成的陪审团，只用了 38 分钟就做出了有罪裁决——当然他们的裁决是正确的。法官随即做出了死刑判决。在随后的几个星期内，该案引起了极大的社会反响，以至于弗洛伦丝的死刑判决最终被改为终身监禁。（讽刺的是，三年之后，被转到沃金监狱服刑的弗洛伦丝几乎死在自己的手上。她为了证明自己患有肺结核而从阴道中取血，结果弄破了里面的一根动脉。）

尽管在不同的时期总共有三任美国总统曾请求英国政府释放弗洛伦丝，但是她还是在监狱中服了 15 年刑。她在 1904 年被释放后回到了美国，在那里，她主要靠从事有关自己经历的写作和演讲为生。这种情况持续了几年，随着公众对她的兴趣逐渐消退，她最终于 1917 年隐退到了康涅狄克州南肯特县的一个小村庄中。在那里，她过着与世隔绝的生活，终日与一群近亲繁殖的猫为伴。她于 1941 年在穷困潦倒中死去，终年 79 岁。

令人感到不可思议的是，有很多人认为弗洛伦丝不仅受到了不公正的待遇，而且还是无辜的。以下五个主要的事实都表明弗洛伦丝是有罪的，而对这些事实她也无法提供令人满意的解释：

1. 在她的卧室中发现了她所购买的大量砒霜；

2. 她在瓦伦丁肉汁中下毒。如果不是戈尔护士警觉的话，詹姆斯肯定会喝下这些肉汁；

3. 经检测，詹姆斯在办公室最后一次用餐时使用的罐子和其他餐具表面含有微量的砷；

4. 在詹姆斯所喝的由富勒医生配制的药水中含有砷；

5. 为什么弗洛伦丝要第二次购买 24 张灭蝇纸？那些灭蝇纸到哪里去了？

　　在詹姆斯尸体的器官中发现的砷总量的确很小，但是考虑到他最后一次摄入大剂量砷的时间是在死亡前 14 天，这并不值得奇怪。在此期间，他体内的大部分砷应该都被排出了体外。詹姆斯在那个致命的星期三服下最后一个剂量的砒霜之后存活了三天，而在他肝脏中所发现的砷主要是那一次摄入的砒霜的残余。人体排泄砷的速度非常快。在摄入三天之后，我们能够在人体中检测到的砷含量应该小于致死量，并且砷进入人体之后不会只聚集在肝脏中，而会扩散到各个组织之中。

Antimony

锑

# 第九章

# 包治百病的锑*

如果以相同重量的元素相比较的话，那么锑和砷的毒性不相上下；但是如果以人体摄入相同剂量的元素相比较的话，那么砷比锑更为致命——这只是因为锑盐可以迅速导致剧烈的呕吐，从而使这种毒素的一大部分在被人体吸收之前就被排出体外。由于锑的这种能够引起胃部肌肉强烈收缩从而排出胃容物的奇怪特性，它一般不会被用作谋杀工具。但是正如查尔斯·布拉沃（Charles Bravo，见第十章）身上发生的情况那样，一次性摄入大剂量的锑偶尔也会导致死亡。仅仅 120 毫克剂量的锑就可能导致死亡——条件是它在摄入后没有被人体迅速排出。而另一方面，也可以通过多次使用小剂量投毒的方式杀死一个人——正如我们将在第十一章中所要看到的，这正是乔治·查普曼实施谋杀的方法。

锑在自然界的分布没有砷广泛。它在地壳中的含量为 0.3ppm，在海水中的含量仅为 0.3ppb，分别相当于砷在地壳和海

---

* 有关汞元素的更为详细的技术信息，请参考本书所附的术语解释。

水中含量的十分之一。因此进入食物链中的锑的量要远远小于砷。每年被释放到大气中的锑的总量为 1600 吨，其中大多数来自煤炭燃烧（煤炭中的平均锑含量为 3ppm），金属冶炼厂和城市垃圾焚化炉所释放的锑也占相当大的比例。

最近几百年来自然环境中的锑含量在不断增加，这主要是由铅和铜的生产导致的，因为这两种金属的矿石中往往含有锑这种杂质。虽然这种元素在环境中的排放引起了人们的担心，但是它对人体健康的影响很可能被低估了。德国海德堡大学的威廉·舒提克教授是锑方面的专家。他对瑞士和苏格兰沼泽中泥炭样本的分析表明，如今环境中的锑含量是 5000 年前的 1000 倍。就像铅一样，锑没有任何生理功能，而其毒性则比铅要高 10 倍。像铅一样，它是一种可以在人体中累积的毒素。在第五章中我们看到，砷可以穿透肠壁进入血液之中，并且能够在新陈代谢过程中替换磷原子。虽然锑的化学特性与砷相似，但是它不具备以上性能。虽然锑比砷更难突破人体防线，但是它一旦突破，就很难从人体中被清除出去。

## 人体中的锑

锑在人的体液中的背景水平在过去是几乎探测不到的。但是随着近几年来相关技术的发展，如今我们已经能够用万亿分之一（ppt）为单位来测量人体中的锑了。人的尿液中的锑含量通常为 250ppt 左右（也就是大约为 0.000000025%）。人体的某些器官所含锑的量相对较高，如大脑中的含量为 0.1ppm，头发中的含量为 0.7ppm，肝脏和肾脏中的含量为 0.2ppm，但是它们都不会对健康造成任何危害。在所有这些器官中，锑的含量通常都高于砷的含量，其原因很简单：人体可以迅速地将砷排出体外，而锑则趋向于在人体中累积起来。对曾经使用含锑药物治疗寄生虫感染的病人的监测表明，锑在他们身体内停留的时间比人们预期的要长。一个由连续几天的注射剂量所构成的典型的完整疗程会向人体注入大约 500 毫克的锑。即使在治疗结束六个月之后，病人尿液中的锑含量仍然相对较高，为 1ppm；在一年之后，仍然可以在尿液中检测出 0.25ppm 的锑含量。

我们平均每天从饮食中摄入 0.5 毫克锑。它们主要来自蔬菜中的微量锑元素。人体的平均锑负荷总量为 2 毫克。人体中的锑一般与蛋白质中的硫原子结合在一起。只要这些与锑结合的硫原子不是位于酶的活性部位，那么这些锑就不会对人体的新陈代谢造成太大的干扰。

而锑化三氢气体（$SbH_3$）则是一种极为致命的锑化合物。所幸的是，人们只有在某些工业行业中才会接触到这种气体。但是，正如我们将在下文中看到的，在 20 世纪 90 年代的时候有人认为它会导致童床猝死综合征。当某些锑合金与强酸接触的时候就会产生锑化三氢气体，它是毒性最强的一种锑化合物，会导致头痛、恶心和呕吐。它会阻碍确保正常心跳的抗胆碱酯酶起作用。工业锑中毒的另一个来源是三氯化锑的盐酸溶液，又被称为铜粉漆，因为它能够在铸铁等其他金属表面镀上一层像青铜一样的抛光。这种液体有时也被用来给家具抛光或处理漆皮。历史上曾经有过喝铜粉漆导致死亡的报道。但是这绝不是一种适合用于谋杀的药物。这种液体具有腐蚀性，因而不可能在受害者不知情的情况下投毒。

当锑进入人体之后，它首先聚集在肝脏里，然后再从肝脏向身体的其他部位转移。它可以通过肾脏慢慢排出体外。但是锑中毒的一个症状就是尿生成量减少，而这又会阻碍锑的排泄。如果锑中毒的受害者能够存活 48 小时的话，那么只要照顾好他，治疗就可以使其完全康复。对死于锑中毒者的尸检不能揭示除胃肠道发炎之外的任何锑中毒迹象。

在维多利亚时代，探测锑的最好的办法就是"马什测试"。就像测试砷一样，这种测试可以形成一个金属镜。与砷镜相比，锑镜颜色较暗，其在玻璃管上形成的部位也更靠近用于分解所分析的溶液中产生的锑化三氢气体的火焰。与砷不同的是，在空气流中加热锑沉积层也不会使其转化为不稳定的三氧化物。因此"马什测试"的这一延伸过程被用来区分这两种金属。确认"马什测试"产生的金属镜为锑镜的方法是：让硫化氢气体通过被加热的锑镜可以将其转换为橘黄色的硫化锑沉积物，而用同样的方法处理砷镜则会生成鲜黄色的硫化砷沉积物。正如专业术语表中所介绍的，在 20 世纪分析测试方法的灵敏度变得越来越高。

在做出锑中毒的诊断之后就可以开始进行治疗了。如今锑中毒者死亡的可能性很小，因为我们可以使用螯合药物将锑从血液和器官中清除出去，然后排出体外。但是在这些药物被发现之前，标准的治疗方法是将胃中的容物吸出去，再用水将胃清洗数遍，然后让病人饮用大量液体。这种方法也可以挽救病人的生命。有记录表明，有些血锑水平高达 0.1ppm——这高于正常水平 60 倍，是严重锑中毒的标志——的患者曾经在没有使用螯合剂的情况下被治愈了。

## 药物中的锑

人类使用各种形式的锑治疗疾病的历史已超过 3000 年。根据古埃及莎草纸文献的记载，当时人们曾经用存在于自然界中的辉锑矿（黑色硫化锑）治疗发烧和皮肤病。公元 1 世纪后半叶，生活在安纳扎巴（位于土耳其南部）的古罗马医生迪奥斯科里德对辉锑矿也非常熟悉，他称之为斯蒂比（stibi）。他建议将其与蜡混合作为药膏涂抹，用以治疗皮肤病、溃疡和烧伤。他还注意到，将辉锑矿放在煤炭上加热可以产生一种像铅一样熔化的金属。另一个提倡使用硫化锑治病的人是在欧洲被称为阿布卡色斯（Abulcasis）的卡拉夫·伊布恩—阿巴斯·阿尔—扎拉维（Kalaf ibn-Abbas al-Zahraui，卒于 1013 年）。他是西班牙摩尔地区的一名杰出的医生。他知道先知穆罕默德本人就曾推荐使用辉锑矿治疗诸如眼炎等眼部疾病。

在中世纪，锑金属以两种形式出现：催吐酒杯和永久性药丸。前者用于治疗宿醉和饮食过度，而后者用于治疗便秘。在经过一晚上的过度饮食之后，人们会在用锑做成的特殊的酒杯中倒一些葡萄酒，第二天早上喝下去。这种酒会很快导致呕吐，从而清空胃中的食物。而永久性药丸则是用锑做成的小球。当它们被吞下之后就会刺激肠道，使其排出其中的刺激物。然后人们从排泄物中找出这些金属球，把它们洗干净保存起来，以便下次再用。据说这种金属球非常有效，在许多家庭中被一代一代地传下去。

在 16 世纪锑化合物变得非常流行。它们被用来治疗各种疾病，但是并不是所有的医生都相信。17 世纪，在追随推荐使用这些药物的帕拉塞尔苏斯的经验主义医生和坚持古罗马盖伦所倡导的传统治疗方法的医生之间，发生了所谓的"锑论战"。帕拉塞尔苏斯竭力推荐使用锑化合物治病。他最得意的药物是"利利由姆"（lilium），一种锑（4 份）、锡（1 份）、铜（1 份）的硝酸盐和酒石酸盐的酒精溶液。他声称这种药能够治疗许多疾病。

随着新的锑化合物不断被制造出来，越来越多的经验主义医生开始对其进行试验。尽管如此，锑治疗方法还是受到巴黎内科医生协会的指责。该协会于 1566 年通过一项法律，对锑化合物疗法做出了严格的限制。这项法律在法国实施了一个世纪。德国的许多州也认为含锑药物应该被禁止。在 1580 年和 1655 年之间，从海德堡大学医学系毕业的学生都要宣誓决不对病人使用锑（或汞）。

经验主义医生逐渐占了上风。到了 17 世纪的时候，许多著名的医生都推荐使用含锑药物。这得到了奥斯瓦尔德·克罗尔（Oswald Croll，1580—1609 年）的支持。他所写的《化学殿堂》（*Basilica Chymica*）一书中包括 23 个使用锑的药方。他对三氯化锑（$SbCl_3$）尤其感兴趣。这种化合物具有黄油一样的质地，并且也的确被人们称为"锑黄油"。* 在水中它会与水分子发

---

\* 三氯化锑在低温条件下是一种晶状固体物质，但是在常温下变成像黄油一样的糊状物；它在 73℃的时候融化为一种会发散烟雾的黄色液体。直到最近，三氯化锑的酒精或哥罗芳溶液还被用于除去小牛的角，但是根据法律这种方法必须在小牛出生一个星期之内使用。

生反应，产生不溶于水的氯氧化锑（SbOCl）——医生用来治病的就是这种物质。由于三氯化锑毒性太强，即使外用也很危险。1604 年出版的一本名为《锑的胜利战车》（*The Triumphal Chariot of Antimony*）的书也对锑的药用价值起到了宣传作用。许多含锑的药方都使用了很隐晦的术语，我们只能猜测它们所指的化学物质。如"锑玻璃"应该是氧硫化锑，而"固化锑"则是硝酸锑。

到了 17 世纪末，已经出现了一百多种含有锑化合物的药方。有些医生用他们自己的名字给其配制的含锑药物命名。如意大利维洛那市的医生维克多·阿尔伽罗蒂（Victor Algarotti，卒于 1603 年）首创了一种在英国被称为阿尔伽罗蒂药粉的催吐药，它的成分是氧氯化锑。这种药服下之后立即会引发呕吐，从而被看做是从体内排出"瘴气"。其他一些专利药品则更受人们欢迎。如 1620 年出现的"沃里克伯爵药粉"是罗伯特·达德利（Robert Dudley，1574—1649 年）发明的。他的父亲是伊丽莎白一世的宠臣，著名的莱斯特伯爵。（莱斯特伯爵在达德利出生两天之前娶了他的母亲，后来又抛弃了她，甚至否认曾经与她结过婚。）伯爵去世之后，达德利试图证明自己是他的婚生子，从而继承其父亲的爵位和财产。在这一努力失败之后他移居法国，并改信罗马天主教。在那里，他被国王费迪南二世封为沃里克伯爵，而且这一爵位得到了教皇的批准。达德利于 1649 年去世。

1657 年，19 岁的法国国王路易十四在加莱得了伤寒。"沃里克伯爵药粉"曾被用来给他治病，取得了惊人的疗效。从此以后这种药粉就成了国际知名的品牌，并且一直畅销不衰。法国内科医生协会再也无法阻止人们使用这种药物了。1666 年禁止使用含锑药物的法律被废除。即便如此，"沃里克伯爵药粉"还是一种危险的药物，使用这种药物的医生也因此受到谴责。法国剧作家莫里哀确信，他的独生儿子的死亡就是由医生随意使用这种药物导致的。这也许就是为什么莫里哀在其戏剧中从来不放弃任何嘲讽医生的机会。他的作品《无病呻吟》（*La Malade Imaginaire*）写的是一个总怀疑自己有病的人以及人们治愈他的努力。这是一个很好的戏剧题材，但是它却给医生们造成了重大的损失。虽然"沃里克伯爵药粉"遭到了人们的讥讽，但是它仍然很受欢迎。1721 年的《伦敦药典》（*London Pharmacopoeia*）介绍它的成分为：2 盎司旋花科植物树脂（一种泻剂）；1 盎司锑发汗剂（可能是氧化锑 *）和 1 盎司的塔塔粉（酒石酸氢钾）。这一配方可以制作超过 1000 个剂量的"沃里克伯爵药粉"。

约翰·格劳伯（Johann Glauber，1604—1670 年）于 1651 年发明了一种名为"红锑矿"的新含锑药物，但是他没有透露具体配方。它也被认为是一种万灵药，并且在法国尤其受欢迎。法国人称它为"沙特尔药粉"。他们不仅用它来治疗发烧，而且还用它治疗诸如天花、水肿和梅毒等更为严重的疾病。格劳伯在世的时候一直没有透露这种药粉的制作过程，但是他在去世前将制作秘法传给了一个名叫德查斯特尼（de Chastenay）的医生。德查斯特尼在死的时候将这一配方传给了一个名叫拉里日里（La Ligerie）的外科医生。拉里日里又将其传给了一位名叫布

---

\* 锑有两种氧化物，一种是常见的三氧化二锑（$Sb_2O_3$），另一种是不常见的四氧化二锑（$Sb_2O_4$）。后者可以通过将前者在空气中高温加热的方法获得。

拉泽·西蒙（Brother Simon）的僧人，后者用它治疗其他僧人的疾病，取得了很大的成功。拉里日里最终将这一配方卖给了路易十四国王。他具体卖了多少钱我们不得而知，但肯定是一大笔。后来伟大的化学家贝采利乌斯（Berzelius）经过多年的分析，推断出其配方为大约 40% 氧化锑和 60% 的硫化锑。在具体制作过程中可能还会加入少量的硫化钠。直到 1910 年，人们还可以在《美国药典》（*US Pharmacopoeia*）之中找到该配方。

格劳伯用以制造"红锑矿"的原材料是黑色的辉锑矿。他通过将这种矿物在草碱（碳酸钾）中沸煮，得到了一种红色的物质。他认为这是一种新的物质，但它实际上只是硫化锑的另外一种形式。在 100 年之后，一位名叫罗斯（Rose）的化学家才揭示，这种化学物质可以分别以黑色和红色两种形式存在。当它在溶液中沉淀的时候是红色的，在加热之后又变成黑色。格劳伯发现了一种将辉锑矿转化为红色形式的方法，但是在此过程中一些辉锑矿被氧化了。

最终这些药物在很大程度上被一种疗效更好和更为安全的药物——"詹姆斯药粉"——所取代。罗伯特·詹姆斯（Robert James，1705—1776 年）医生于 1747 年获得了这种药物的专利。詹姆斯医生是于 1755 年出版了第一部英语字典的塞缪尔·约翰逊博士的终身好友。"詹姆斯药粉"可以导致大量出汗，所以又称"退烧药粉"。在随后的 150 年里它一直被列在药典之中。一份这种药粉的剂量含 5—10 毫克锑，这足以产生医生需要的效果。医生甚至为乔治三世国王开过这种药粉。19 世纪初，一支探险队在北极失踪，多年之后人们发现了该探险队遗弃的一些物品，其中的一个药箱里就装有"詹姆斯药粉"。

根据专利说明，该药粉的制作方法如下：首先加热锑金属，使其产生氧化物，然后将这种氧化物加入动物油脂、盐和硝酸钾的混合物中处理。实际上，詹姆斯在专利说明上提供了一个假配方，而把这种药粉真正的配方隐瞒了起来。后来人们对这种药粉进行的化学分析表明，它实际上是一种氧化锑和磷酸钙的混合物。虽然前者可以通过专利说明书上的方法获得，但是后者肯定是由煅烧过的骨头磨成的粉末，因为在18世纪这是获得磷酸钙的唯一方法。一种出现在药典中的获得官方批准的"詹姆斯药粉"的替代品是硫化锑或氧化锑和公鹿角粉的混合物。但是许多人认为它的疗效没有"詹姆斯药粉"好。因此直到19世纪，伦敦仍然在制造"詹姆斯药粉"。这种药粉中唯一的有效成分就是锑，但是这种物质只需要很少的量就可以产生所需的效果，因此需要用诸如磷酸钙等惰性物质来稀释它。

比以上这些专利持续时间更久的含锑药物就是吐酒石（酒石酸锑钾）。麦克伦伯格公爵的医生阿德里安·明西施特（Adrian Mynsicht）于1631年首次对这种药物进行了描述，但是在此之前它很可能已经以不同的形式被使用很多年了。格劳伯于1648年公开了这种药物的制作方法：将3份阿根廷锑花（一种氧化锑）与4份酒石（酒石酸氢钾）一起沸煮一个小时，然后将由此产生的溶液过滤，并蒸发掉大多数水分。当溶液冷却的时候就会产生吐酒石晶体。

这种药物的疗效在18世纪中期被两个著名的英国医生——来自约克郡的成功而富有的伦敦执业医师约翰·福瑟吉尔（John

Fothergill，1712—1780 年）和皇家学会成员约翰·赫克萨姆
（John Huxham，1692—1768 年）——所确认。赫克萨姆来自一
个名叫德文的地方，他于 1755 年因其有关锑的论文而获得了皇
家学会著名的科普利奖。在论文中他特别推荐锑酒。这种酒的
制作方法是将 1 盎司氧化锑加入 24 盎司玛德拉酒中浸泡 10—12
天，由此而产生的溶液根据不同的剂量被用作一般性补药、减肥
药和发汗药。

另外还有许多以五花八门的名称出现的含有酒石酸锑钾的
专利药品，如"J. 约翰逊医生药片""欣德发汗药丸"（兽药）和
"米切尔药片"。还有许多类似的药品是以法语或德语名称命名
的，这或者是由于这些药品产自那些国家，或者是由于这些药品
在那些国家中以其疗效而出名的。

与酒石酸锑钾相比，人们更喜欢使用酒石酸锑钠，因为前者
在干燥的空气中容易风化，也就是说失去其水分。当它完全干燥
之后再要溶解它就比较困难了。而酒石酸锑钠则没有这个问题。
另外酒石酸锑钠还有一个好处，那就是它不像酒石酸锑钾那样刺
激肠胃。但是它始终没有完全取代酒石酸锑钾，因为后者可以使
用很容易获得的配料通过很简易的方法制造。吐酒石在当时几乎
被看作一种万灵药，而它在治疗发烧方面特别有效。尽管如此，
后来随着诸如"福勒溶液"（见第五章）等含砷药物的流行，它
的使用逐渐减少。19 世纪 90 年代，阿司匹林得到普及，成为人
们首选的退烧药。

一般来说，较早的含锑药物在 19 世纪末失去人们的青睐，
其部分原因无疑在于一些用此类药物实施谋杀的轰动性案件。然

而，在 1915 年有人发现锑盐可以有效地治疗血吸虫病和旋毛虫病等寄生虫引起的疾病之后，这些药品又一次引起了人们的医学兴趣。足以杀死这些寄生虫而又不至于对人体造成毒害的剂量的酒石酸锑钾溶液被用作注射液。用酒石酸锑钾治疗寄生虫疾病通常是成功的，但是往往会产生与锑中毒相关的副作用。偶尔有些对锑过于敏感的病人会死于这种治疗，有一名病人甚至在首次注射后几分钟之内就死亡了。

有关的药物学研究显示，一种比较安全的抗寄生物锑化合物是锑钠双邻苯二酚 –2，4– 蜘磺酸盐。这种化合物的通用名称为锑波芬，它被以福锑、特里蒙等名称销售。以 100 毫克的剂量注射该药物，可以有效地治疗血吸虫病、旋毛虫病和美洲锥虫病，它产生副作用的可能性要远远小于酒石酸锑钾。在 2041 个接受该药物治疗的病人中，只有 1 人死于锑中毒。另一种常用药物是安锑锂明（硫苹酸锑锂），其用量为每 2—3 天注射一次，每次 1 毫升（含有 10 毫克锑），并逐渐增加到 4 毫升。最终每次注射输入体内的锑的剂量将增加到 40—60 毫克，具体剂量取决于病人的体重。

血吸虫病是由一种名叫裂体吸虫的微小吸虫引起的。这种吸虫感染人体各种器官的静脉，它们有的聚集在膀胱里，有的聚集在肠子、肺或肝脏等器官中。人类是在接触这种寄生虫的卵之后被感染的，而这些卵是由它们所感染的中间宿主即水生螺和水陆两栖螺释放的。对于这种疾病的一种成功的治疗方法就是注射锑波芬。这种药品含有低价氧化锑，即三价锑。如今用来治疗血吸虫病的药物是吡喹酮。这种药物不含锑，并且只要一个剂量就可以了。

　　含有高价氧化锑即五价锑的药物被用来治疗另一种名叫利什曼病的寄生虫感染。得这种病的人的皮肤被一种名叫利什曼虫的原生动物类感染，形成痘。这种痘会逐渐长大并且化脓。世界上平均每年报告的病例有 200 万，受感染的主要是儿童，因此在一些国家它被视为儿童疾病。锑制剂被用来治疗特别耐药性的感染，并用以遏制致命的利什曼病形式，即寄生虫感染肝脏、脾脏和淋巴结并引起这些器官的可怕肿胀。沙蝇可以传播利什曼病，而且它们经常生活在人们的家里。这些昆虫还会感染家养和野生的动物，因此有很多宿主，这使得人们无法仅仅通过控制害虫的方法来阻断人类感染的循环。

　　最早人们是用三价氧化锑治疗利什曼病患者的。但是到了20 世纪 50 年代，人们更偏向于使用五价的氧化锑，如葡萄糖酸锑钠（可乐锑）或亚锑酸葡甲胺（glucantim）。然而这种寄生虫似乎对这些锑制剂产生了抗药性，其原因在于锑的氧化价位。在寄生虫的细胞中五价锑被还原为可以杀死寄生虫的三价锑，但是一些利什曼虫不能将五价锑还原为三价锑，使自己受到了保护。

　　正如以上的例子所揭示的，锑仍然在传统的药物中被使用，而且根据德国汉诺威大学的尼娜·乌尔里希（Nina Ulrich）教授的估计，锑在医学方面的使用未来还会增加。如果真的是这样的话，那么就应该对锑的使用进行严格的监控，因为它的作用很难预料。安替莫散，即锑波芬的钾盐，曾被用来治疗多发性硬化症，但后来被证明是无效的。在 1926 年，一个患有多发性硬化症的 24 岁的妇女接受了一系列安替莫散注射治疗，她在两个月内注射了 17 针这种药物之后，病情似乎有所好转，但是在注射了第 18 针后，她出现了强烈的副作用，开始呕吐和咳血，然后就陷入昏迷状态，再也没有苏醒过来。然而有一些使用锑制剂的治疗方法总是完全安全的，例如锑在顺势疗法药品中仍然被广泛地使用。但是在这些药品中，锑溶液已经被稀释到了几乎不含锑原子的程度，因此是完全安全的。

## 锑的用途

锑并不是一种真正的金属。化学家们称之为类金属或准金属，因为它同时兼有金属和非金属的特征。其金属形式与铅类似，并且可以与铅形成合金，而制造这种合金是锑的主要现代用途，这种合金被用于汽车蓄电池中的电极板。锑可以增加其他金属的强度和硬度。少量的锑被加入黄铜中用以制造铃铛。曾经非常受欢迎的铅锡锑合金后来被一种含有 89% 的锡、7% 的锑、2% 的铜和 2% 的铋的合金所取代。诸如子弹头、铅弹和缆线护层等铅制品仍然要加入百分之几的锑以增加其硬度。正如我们在下一章中将要看到的，通过检测锑含量可以鉴定子弹的出处。

巴比特金属是艾萨克·巴比特（Isaac Babbitt）于 1839 年获得专利的一种金属，但是如今它被用于指一系列具有惊人的抗磨性质的银白色金属合金，它们都含有锑。它们由镶嵌在较软的金属矩阵之中的较硬的合金晶体构成，是制作机器轴承的理想材料。它们被用来制造燃气轮机、电动机和泵。其中一些是以铅为主要材料的，通常含有 15% 的锑和少量的锡和砷；而其他一些则是以锡为主要原料，含有 7% 的锑和少量的铜和铅。这种合金可以被浇铸在金属表面，甚至可以用弧光枪喷涂到金属表面。巴比特金属可以被用于固定表面与移动部件之间可能存在的不完全分离的情况。这种金属能够迅速地根据移动部件调整其形状，减少金属表面的摩擦，并且可以使润滑油均匀地分布在两个金属部件之间，从而减少热点以及不同金属部件因受热融化而粘连在一起的可能性。

锑化合物在工业中的使用在过去要比现在更为广泛。例如，酒石酸锑钾曾在制革和纺织工业中被用作媒染剂，即在皮革和织物的染色过程中起着定色的作用。在这一过程中，锑通过化学反应与纤维表面结合，而染料则通过化学反应与锑结合。如今，硫酸铝钾中的铝已经取代锑而成为媒染剂。其他锑化合物，如砷锑化镓，仍然被用在某些玻璃、陶瓷、颜料和半导体的制作过程之中。硫化锑被用于医用闪烁造影设备。这种设备使用放射性同位素和闪烁计数器获得人体器官的图像。

锑对于世界经济来说是一种重要的金属。2003 年全球锑产量为 14 万吨，其中 90% 产自中国。中国的锑储量超过 100 万吨，主要的锑矿为锑辉矿和黝铜矿（含有硫化铜、硫化铁和硫化锑的矿物），锑是作为这些矿物的副产品生产的。在国际市场上，锑的价格大约为每磅 1 美元（合每吨 2400 美元）。在美国，大多数锑是从回收的铅酸蓄电池中获得的，全国大约有 8 万吨的锑储备。美国没有在产的锑矿，但是在阿拉斯加、爱达荷、明尼苏达和内华达州均有富含锑的矿藏，在需要时可以开采。

三氧化二锑被作为阻燃剂添加到塑料，特别是汽车部件、电视和榻床垫中，这种使用占到了这种化合物总消耗量的三分之二。三氧化二锑能够与燃烧的塑料发生化学反应，形成一层可以闷熄火焰的黏稠物质，从而起到灭火的作用。虽然这种化合物可以增加家中的安全性，但是它也被人们认为是可能导致猝死的物质。

## 锑与童床猝死

从 20 世纪 50 年代开始，大多数婴儿所使用的海绵床垫都是用防水的聚氯乙烯（PVC）套子包裹的。由于在 1988 年通过的一项法律要求在家具中添加阻燃剂，以减少发生火灾的危险，所以床垫中也必须包含阻燃物质。在大多数情况下，这意味着在聚氯乙烯套子中添加三氧化二锑。从 20 世纪 50 年代起，婴儿猝死的病例开始增加。到了 20 世纪 80 年代末，大约每 1 万名婴儿中就有 23 名在莫名其妙的情况下死去，并且找不出任何原因。那么在聚氯乙烯床垫的使用和婴儿猝死病例的增加之间是否存在某种联系呢？有两个英国人认为它们之间有联系，并且提出了解释这种联系的一种推测：是床垫中释放出的锑化氢气体导致了婴儿中毒。他们在广播节目和一封写给一个主要的医学杂志的信中公布了这一推测，从而引发了由各种压力组织所开展的长达近七年的一场运动。在此期间，曾有成千上万年轻的父母丢弃婴儿床垫，并且惊慌失措地拨打热线电话求助。

"童床猝死"这一像矛盾形容法一样具有情感力量的词于 1954 年被 A.M. 巴雷特（A.M.Barrett）医生首次用来指看上去

很健康的婴儿出人意料地死亡的现象。1969 年，美国一个名叫
J.B. 贝克威斯（J.B.Beckwith）的医生给了童床猝死一个更为正式
的名称——婴儿猝死综合征（SIDS）。不管其名称如何，这种现
象的发生率不仅在英国和美国，而且在西欧、澳大利亚和新西兰
都似乎有上升的趋势。奇怪的是，在世界上其他地区，如中国、
印度、非洲和日本几乎没有这种病例发生，但是在美国的日本人
以及其他民族的孩子也会死于这种疾病。因此人们推断这种疾病
是由婴儿照顾方法或家居环境中的某些因素造成的。

　　在 20 世纪 70 和 80 年代，婴儿猝死综合征越来越普遍。到
了 20 世纪 80 年代末，死于这种疾病的婴儿数量占了 12 个月以
下婴儿死亡总数的三分之一。在英格兰，一个星期之内就有 20
名婴儿死于婴儿猝死综合征，而且这一数字不包括死于未知传染
疾病或意外窒息等自然原因的婴儿。很明显是某种原因导致了这
些死亡。但是究竟是什么原因呢？人们提出了各种解释，如对牛
奶的极端过敏反应。另一种解释就是这些死亡是由父母吸烟所导
致的。还有一些具有神秘主义倾向的人甚至认为婴儿猝死综合征
是居室附近的输电线路所导致的。

　　1990 年，有关婴儿猝死综合征是由锑化氢气体所导致的锑
中毒的推测，在各国媒体特别是英国媒体上成了头版头条。根据
这一推测，这种气体是由在聚氯乙烯床垫所含的氧化锑阻燃剂中
繁殖的一种名为短帚霉（Scopulariopsis brevicaulis）的真菌释放
出来的。正如我们在第六章中看到的，这种微生物在潮湿的环境
中会大量繁殖。就像它能使得砷变成不稳定化合物一样，它也能
够对锑产生同样的作用。因此婴儿猝死综合征实际上是由锑所引

起的高西欧病：似乎这种真菌会在被尿液浸湿的床垫上繁殖并释放出同样致命的锑化氢气体。

这一推测是由巴里·理查森（Barry Richardson）和他的朋友彼得·米切尔（Peter Mitchell）于 1988 年提出的。理查森是一名独立材料顾问和位于根西的佩纳斯国际研究所的所长。而米切尔则来自英格兰南部的温切斯特。最初他们以为婴儿床垫的聚氯乙烯套子中所使用的是含砷阻燃剂，因此推断是砷化三氢气体导致了婴儿猝死综合征。他们从全国各地的警方那里获得了一些这种床垫，并且开始对其进行检测，看看它们是否会释放出砷化三氢气体。他们没有检测到这种气体，但是他们认为这种床垫会释放出锑化氢气体。他们使用潮湿的硝酸银试纸探测到了这种气体。当这种试纸遇到锑化氢气体后就会变黑。

婴儿猝死综合征的另一些方面似乎也符合这一推测。这种病例是在聚氯乙烯包裹的婴儿床垫出现之后才有明显增加的，而且只在那些使用这种床垫的国家中才会出现。例如在日本，婴儿睡在用硼酸盐处理过的日式床垫上，而在这个国家中婴儿猝死综合征不是一个得到承认的问题。理查森和米切尔发现，死于婴儿猝死综合征的婴儿血液中的锑水平都比较高，这使他们确信自己找到了婴儿猝死综合征的原因。他们在一篇投给《英国医学杂志》（*British Medical Journal*）的文章中介绍了这一推测以及支持这一推测的科学证据，但是该杂志的编辑拒绝发表这篇论文，因为理查森和米切尔违反了该杂志的一项规则，那就是在文章发表之前不得对其内容进行宣传。

理查森在投稿之前与英国广播公司第四广播频道于中午时

段播出的《你和你们的》(*You and Yours*)栏目的一名记者取得了联系，该栏目的制作人将此事告诉了在早晨播出的《今日》(*Today*)栏目的编辑，后者很高兴报道这一新闻并采访了理查森。因此英国公众在 1989 年 6 月的一个早晨得知了理查森有关婴儿猝死综合征的推测，它是由婴儿床垫中的一种名叫氧化锑的化学物质所导致的。理查森最终于 1990 年在《柳叶刀》杂志（第 335 期第 670 页）上发表了他的文章。该文章中声称，他在其检查过的所有床垫中都探测到了短帚霉，并且他推测这种微生物所产生的气体就是锑化氢。

各种报纸对这一新闻的报道使公众产生了很大的恐慌，以至于英国政府感到必须对此采取行动。它首先委托政府化学实验室对理查森的发现进行核实。虽然政府化学实验室无法证实理查森的实验结果，但是这一相反的证据与媒体上要求政府采取行动的呼声相比是微不足道的。于是英国政府在 1990 年 3 月 9 日宣布对这一事件开展正式调查。调查小组由政府毒物学咨询委员会主席、伦敦著名的巴塞洛缪医院的保罗·特纳（Paul Turner）教授带领。

该调查组在 14 个月之后的 1991 年 5 月提交了调查报告。它的结论是，没有科学证据支持理查森的推测。但是政府采纳了理查森的一个建议，那就是父母不应让婴儿采取俯卧的姿势睡觉。理查森认为这样可以减少婴儿吸入从有霉菌生长的潮湿床垫中散发出来的锑化氢气体。英国卫生部于 1991 年 12 月发起了一场名为"找回仰卧睡觉的习惯"的运动，提倡父母让他们的婴儿采取仰卧的姿势睡觉。当时婴儿猝死综合征的发生率已开始从 1988 年 1500 例的高峰回落。由于这一建议，这一疾病的发生率以更快的速度下降。到了 1993 年，该病的发生率降至 420 例。在此之后婴儿猝死综合征在英国仍然是一个令人关注的问题。一天早上，很受欢迎的电视主持人安娜·戴蒙德的四个月的儿子塞巴斯蒂安突然死在婴儿床上，这使得婴儿猝死综合征又一次成为媒体关注的焦点。

特纳领导的调查组所咨询的一名调查者就是琼·凯利（Joan Kelley）。她应卫生部的邀请检查婴儿床垫中的微生物。她检查了 50 个婴儿床垫，其中包括 19 个发生过婴儿猝死综合征的床垫。她在这些床垫上发现了很多种微生物，包括非常危险的烟曲霉真菌，但是她只在其中的 3 个床垫上发现了短帚霉。她得出的结论是：没有证据证明这种微生物真菌与婴儿猝死综合征之间有任何联系。

到了这个时候，理查森和米切尔正在迅速丧失其可信度。但是在 1994 年 11 月 17 日，一个名叫"库克报告"（Cook Report）的很受欢迎并且很有影响力的电视栏目为他们的假说专门制作了一期节目，从而在媒体和公众之间引发了新一轮恐慌。这一名叫《童床猝死中毒》的节目支持了理查森的理论。播出这一节目的电视公司所设立的一个热线电话接到了 5 万个忧心忡忡的父母打来的求助电话。这些父母纷纷扔掉了他们家里的婴儿床的床垫。尽管理查森的理论已经被证明是错误的，一些主要的专家也批评这一电视节目不仅危言耸听，而且缺乏科学内容，但是这一切似乎都无济于事。

尽管如此，尸检分析显示，死于婴儿猝死综合征的婴儿体内含有高于预期水平的锑元素，而且这些分析是由来自萨里大学罗本斯工业和环境健康与安全研究所的德高望重的科学家安德鲁·泰勒（Andrew Teylor）做出的，因而在科学上是站得住脚的。泰勒分析了37个死于婴儿猝死综合征的婴儿的血液样本，发现其中的20个样本中平均锑含量为0.07ppm。他发现15个死于其他原因的婴儿的血液样本中锑含量仅为0.0005ppm。这一证据似乎表明在锑和婴儿猝死综合征之间存在很重要的联系。

两个星期之后，于12月1日播放的"库克报告"的第二次节目提供了有关婴儿猝死综合征的新证据，即受害者体内的锑含量高于死于其他疾病的婴儿。在许多人看来，这似乎确认了锑化氢的确是导致婴儿猝死综合征的原因，而且这种气体来自婴儿床垫的聚氯乙烯套子。成千上万个可疑的床垫被丢弃。

作为对"库克报告"的回应，商店赶忙将所有婴儿床垫撤掉，尽管一些生产商在1991年的锑化氢恐慌之后已经采取措施，停止在其产品中使用任何含砷或锑的阻燃剂。有些生产商甚至转而生产使用聚氨酯发泡材料制作的床垫，其中既不含砷或锑，也不含磷酸盐阻燃剂。作为对"库克报告"的反应，英国政府又成立了一个调查小组——婴儿猝死综合征理论英国专家小组。这一次的调查更为彻底，而领导这次调查的不是别人，正是婴儿死亡研究基金的副主席西尔维亚·利默里克（Sylvia Limerick）夫人。她保证将调查这一问题的所有方面，并且通过卫生部委托和资助相关的实验性研究。

其他一些研究人员受命对有关锑化氢的推测进行更为深入的调查。在伦敦大学的比尔克贝克学院，微生物学家简·尼克林（Jane Nicklin）博士和化学家麦克·汤普森（Mike Thompson）博士开展了一系列实验。尼克林将发生过婴儿猝死综合征的床垫切成碎片，将其放置在有利于短帚霉生长的环境之中，然后汤普森分析这些细菌所释放的气体，看看其是否含有锑化氢。结果他没有发现锑化氢。与此同时，苏格兰婴儿猝死综合征信托基金也委托格拉斯哥皇家儿童医院的研究人员开展了一项调查。他们发现死于婴儿猝死综合征的婴儿肝脏中的锑元素水平要低于死于其他原因的婴儿。在利物浦大学，迪克·范·威尔森（Dick Van Velsen）教授分析了死于婴儿猝死综合征的婴儿的头发样本后发现，这些婴儿在母亲子宫中的时候生长出的头发的砷含量要高于在他们出生之后生长的头发。这似乎又一次证明有关床垫散发锑化氢的推测是错误的。位于布里斯托尔的皇家儿童医院儿童健康研究所的彼得·弗莱明（Peter Fleming）教授所开展的流行病学调查表明，用聚氯乙烯套子包裹的床垫与婴儿猝死综合征之间的联系要小于其他材料的床垫。

《柳叶刀》杂志在 1995 年 12 月 9 日刊登了由布里斯托尔公共健康实验室的戴维·沃诺克（David Warnock）博士领导的一个研究小组所写的一篇很长的文章。该研究小组应利默里克调查小组的要求对 23 个聚氯乙烯床垫套进行了测试。虽然其中大多数都含有氧化锑（一般含量为 0.7%—1.5%，有一个样本中的含量为 3%），但是其中一些仅含有微量的这种化合物。理查森自愿与该小组进行了合作。他们小心地重复了理查森对聚氯乙烯床垫套的分析，但是却得出了与理查森大不相同的结果：在适合细菌生长的聚氯乙烯床垫套样本上生长出来的不是短帚霉，而是一种在普通环境中生长的芽孢杆菌。这些细菌所释放的气体不是锑化氢,而是一种硫化物,这种物质也能够使硝酸银试纸变黑,而这与理查森在他的实验中所观察到的结果相符。

报告这些调查结果的《柳叶刀》杂志承认,理查森在1989年所开展的测试受到了当时资源等条件的限制。它指出,那时理查森被其所观察的结果所误导,并对其作了错误的解释。该期杂志还刊登了麦克·汤普森的一封信。他对9个含有锑的婴儿床垫套进行了实验。虽然他也可以使包括短帚霉在内的各种细菌在这些床垫上生长,但是没有迹象表明它们可以释放出锑化氢。他所使用的是一种可以探测到微量锑化氢的先进的分析方法(电感耦合等离子体质谱)。1995年,英国广播公司一个名为QED的电视节目组织相关人员重复了理查森和汤普森的实验,这次他们也没有探测到锑化氢气体。

《柳叶刀》的读者来信栏目开展了有关锑化氢问题的辩论。理查森声称婴儿猝死综合征与床垫有关,而其他人则说两者之间没有关系。在媒体上有关这一问题的辩论仍在继续。一些报纸的专栏作者坚定地支持理查森的说法,并竭力贬损该说法的批评者。他们甚至不公正地暗示,由政府设立并由利默里克夫人领导的调查小组在调查开始之前就对理查森的推测采取了拒绝的态度,因此不能指望它作出公正的裁定。

婴儿猝死综合征是一个挥之不去的问题,报纸不断地刊登声称锑化氢是造成这一疾病的主要原因的文章。化学顾问和司法证据科学家吉姆·斯普罗特(Jim Sprott)在新西兰出版了一本名为《婴儿猝死综合征:被掩盖的真相》(*The Cot Death Cover Up*)的书。该书提出了一些指控,但是没有提供支持这些指控的信息来源，因此并不是一本科学著作。斯普罗特还是新西兰消除婴儿猝死综合征运动的成员。他推崇该国所出售的不含锑、砷和磷化合物的"婴儿安全"床垫和床垫套。他发行的一个名为《童床生活2000》（*Cot Life* 2000）的简报声称，新西兰婴儿猝死综合征病例的锐减要归功于他有关锑化氢危害的警告和建议。

英国莱斯特市德蒙福特大学由彼得·克雷格（Peter Craig）带领的一些研究人员受利默里克调查小组的委托，对短帚霉及其用无机锑产生不稳定的化合物的能力进行了深入的研究。他们首次发现这种霉菌可以产生不稳定的锑化合物，但是这种化合物不是锑化氢，而是三甲基锑（由三甲基与锑离子结合而成）。但是当这种微生物在加入氧化锑的聚氯乙烯婴儿床垫上生长的时候，它甚至无法产生三甲基锑这种不稳定的化合物。

那么那些婴儿体内的锑到底是从哪里来的呢？ 1997 年 3 月，《柳叶刀》杂志报道的伦敦皇家学院的麦克·汤普森与伊恩·桑顿（Ian Thornton）开展的一项研究最终揭开了这个秘密。该研究结果发表在《环境技术》（*Environmental Technolog*）杂志上（第 18 期第 117 页）。该文章报告了他们对从伯明翰（一个工业城市）、布莱顿（一个海边城市）、里士满（伦敦的远郊区）和威斯敏斯特（伦敦市区政府所在地）等地任意选择的 100 个家庭住所中收集到的尘土样本进行的分析。所有这些样本中都含有 10—20ppm 锑，其含量之高出人意料。与之相比，地壳中的锑含量仅为 0.2ppm。（一些住所尘土中的锑含量超过 100ppm。而在伯明翰的一个家庭住所中，尘土中的锑含量竟高达 1800ppm。）汤普森和桑顿指出，死于婴儿猝死综合征的婴儿肝脏中的锑含量仅为

0.005ppm，而这些锑很容易通过吸入居室中的尘土获得。他们认为，一个婴儿一天所吸入的尘土大约为 100 毫克。对于大多数婴儿来说，这可以使他们摄入 1 微克锑。居室中尘土的锑含量与灰尘中的铅含量成正比，这暗示着锑的来源。

一些报纸报道了这一研究结果，但是同时又对这一令人欣慰的消息提出了质疑，因为它似乎与斯普罗特书中所提出的其他一些数据相冲突。但是，最近的一些研究结果似乎趋向于排除锑导致婴儿猝死综合征的嫌疑。伦敦大奥蒙德街儿童医院对 148 个婴儿的尿样进行的检测显示，即使出生不到 24 小时的婴儿的尿液中也含有锑。尽管这些锑的含量低到了几乎无法测量的程度，但是仍然可以被探测到。而这些锑是不可能来自婴儿床垫的。

利默里克调查小组的最终报告——《婴儿猝死综合征理论专家调查小组报告：有毒气体假说》(*The Expert Group to Investigate Cot Death Theories: Toxic Gas Hypothesis*)——于 1998 年 3 月公布。该报告批驳了所有有关锑化氢导致婴儿猝死综合征的论点。它指出，婴儿床垫很少会受到短帚霉的污染；他们做了数百次实验，但是都没有发现能够证明婴儿床垫产生锑化氢的证据。(但是该报告承认，在实验室条件下可以将氧化锑转化为三甲基锑。)它指出，没有临床证据表明任何一个婴儿猝死综合征的患者是死于锑中毒；大多数婴儿的体内都含有锑，而死于婴儿猝死综合征的婴儿体内的锑含量并不比其他婴儿高；1988 年在床垫套中引入氧化锑阻燃剂并没有导致婴儿猝死综合征的病例数量上升，而 1994 年停止在床垫套中使用这种阻燃剂的措施也没有导致这种病例的数量下降。所有这些结论都得到了相关领域专家的支持。利默里克的研究花费了 50 万英镑，用了三年时间才完成。但是人们认为，只要它能够揭示锑化氢是否为导致婴儿猝死综合征的原因，花费这么多金钱和时间还是值得的。

媒体对于利默里克报告的报道远不及它们对理查森等人那些耸人听闻的说法的报道积极。一些报纸采访了那些因为"库克报告"而受到很大影响的人，他们对这一节目提出了严厉的谴责，称之为不负责任的节目，给婴幼儿的父母带来了不必要的痛苦。一个名为《周日人物》（Sunday People）的大众报纸甚至提出，应该吊销制作这一节目的卡尔顿电视台的营业执照。婴儿死亡研究基金的秘书长乔伊斯·爱泼斯坦（Joyce Epstein）在提到利默里克报告的时候，总结了这些年来人们所经历的不必要的担忧和被误导的各种努力。她对报告的结论表示赞同，称它结束了一个"制造公共健康恐慌的恐怖时期"。

尽管利默里克报告给人们带来了安慰，但是研究人员仍然检查了死于婴儿猝死综合征的婴儿身体内的锑含量，以确定其是否高于正常值。相关证据表明，这些婴儿体内的锑含量并不高。都柏林儿童医院的 T.G. 马修斯（T.G.Mattews）教授组织了一项针对爱尔兰猝死婴儿的深入研究。他们在 1999 年对 52 名爱尔兰猝死婴儿的肝脏、大脑、血液和尿液中的锑含量进行了分析，并将之与死于其他原因的婴儿的样本进行了比较。所有这些婴儿细胞组织中的锑含量都小于 0.01ppm，在这方面死于婴儿猝死综合征的婴儿与死于其他原因的婴儿之间没有区别；他们血液中的平均锑含量约为 0.3ppm，在这方面死于婴儿猝死综合征的婴儿略微高于死于其他原因的婴儿；尿液中的平均锑含量大约为 3ppm，而在这方面死于婴儿猝死综合征的婴儿与死于其他原因的婴儿之间没有区别。研究得出的结论是：没有证据支持有关婴儿猝死综合征是由锑引起的说法。事实上，对于婴儿猝死综合征的许多原因至今仍然没有一个简单的解释。

有关婴儿猝死综合征的恐慌很可能是锑的使用引起公共关注的最后一个例子。虽然这一元素在制造某些材料方面做出了很有价值的贡献，但是它不是家居环境中的一个重要部分，而且它的使用也不大可能影响人类的健康。由于锑的主要用途是作为合金增加铅的强度，因此目前对铅的使用的限制也必然会限制锑的使用。如果说锑在未来还有其他用途的话，那么它很可能会用来制作以治疗一些早已存在的疾病的药物。但是如今所有新药都必须满足严格的安全方面的要求，因此用来对付寄生虫的新的含锑药物也不大可能引起副作用。

锑将永远是我们人类的环境的一个部分。尽管如此，它终究还是一种有毒的元素，而且这一点永远也不会改变。锑有时也可以为我们提供通过其他手段无法获得的司法证据，从而帮助我们侦破刑事案件。正如我们将在下一章中看到的，它为我们了解世界上最有权的一个人被谋杀的事件提供了有价值的线索。它甚至为我们揭示了为什么巴西人消费的苏格兰威士忌的总量会远远大于苏格兰出口到这个国家的这种酒的总量。

## 假冒苏格兰威士忌

威士忌在巴西很受欢迎。在 20 世纪 70 年代早期，苏格兰威士忌的主打品牌尊尼获加销售非常火爆。事实上，这种酒的销售量似乎远远大于从苏格兰进口的总量——很显然，有人在当地制造假冒的尊尼获加。警察得到举报之后展开了调查，并最终找到了一个装有大量看上去像正宗尊尼获加的威士忌酒瓶。他们还发现大量可疑的螺旋盖、软木圈和铝箔盖。这些东西以及可疑的威士忌被送到位于圣保罗的原子研究所放射性化学研究室，交给了该研究所的主任福斯托·利马（Fausto Lima）。

威士忌含有许多微量的化学物质，在不同批次的威士忌中这些物质的构成差别很大，因此几乎无法通过分析其成分鉴定苏格兰威士忌的真伪。但是我们可以通过分析酒中的微量金属元素的方法比较威士忌的真伪。在尊尼获加威士忌中含量最高的金属元素是铅、锑、钴和铜。通过将查获的可疑威士忌与真正的尊尼获加威士忌相比较，他们仅发现了一些微小的区别：真正的威士忌和可疑威士忌的铅含量都为 1000ppm；真正的威士忌的锑含量为 330ppb，而可疑威士忌为 340ppb；真正的威士忌的钴含量为 320ppb，而可疑威士忌为 300ppb；真正的威士忌的铜含量为 200ppb，可疑威士忌为 130ppb。换句话说，它们之间几乎没有什么区别。也许这些威士忌真的像它们的所有者所声称的那样是真的。

随后，负责调查此案的司法证据科学家将他们的注意力转向了用来封酒瓶的铝箔盖，而正是这些铝箔盖证明了这些可疑威士忌是假冒的。真正的尊尼获加酒瓶盖的锑含量仅为 0.056%，而可疑威士忌的酒瓶盖以及在那个仓库中发现的未使用的铝箔盖的锑含量为 0.237%。这个案子告破了。那些假冒威士忌被没收并销毁。

# 第十章

# 锑的安魂曲

除非尸体被火化——而火化在过去的那些时代是很罕见的，否则尸体中的锑会永久性地保留在那里。因此使用锑实施谋杀的人永远也不能肯定什么时候会东窗事发。然而相对于谋杀所能获得的好处——这种好处可能非常之大——来说，这点儿风险还是微不足道的。而且锑作为谋杀工具还有一些优势，其中最明显的一个优势就是锑本身是一种被广泛使用的药物。

## 有毒的锑

用锑下毒的人都会选择吐酒石（酒石酸锑钾）。这种浅黄色的晶体有两个优点。首先，它很容易溶解在水中，而且虽然其溶液带有淡淡的金属味，但是这种味道很容易被其他味道所掩盖。其次，这种化合物很容易获得，所有药店都有售，并且由于它被广泛用于治疗动物疾病，因此销售人员很少怀疑其用途。另外吐酒石的价格很便宜。在 1897 年，1 盎司吐酒石仅售两个便士（相当于今天的 50 便士或 1 美元）。这种药物在药店是以磅为单位进货的，可见当时的需求量之大。

5毫克的小剂量酒石酸锑钾可以被用作发汗药，也就是说它可以促进排汗，从而起到降低体温的作用。大约50毫克的较大剂量可以用作催吐剂，这种药物在服用后15分钟之内就会引发呕吐，在呕吐过程中大部分胃容物都会被排出体外。因此在某种程度上说，这种毒药本身就是自己的解药：有一个人误将25克（25000毫克）——也就是相当于满满两茶匙——酒石酸锑钾当作小苏打吃了下去，结果却得以生还。而有些人仅仅在服用120毫克之后就命丧黄泉了，但是对这种毒药如此敏感的人极为罕见。通常需要两倍于这个剂量才能够导致死亡——前提条件是它能够在人体中停留足够长的时间，以被人体吸收。正如巴勒姆神秘中毒事件所揭示的，有些人对锑特别敏感，而这种敏感性也许可以解释令人迷惑不解的莫扎特死亡之谜。

500毫克以上单一剂量的酒石酸锑钾可以在数小时之内致人死命，但是不同的个人对锑反应的差别是如此之大，以至于我们无法准确地给出一个致死剂量。人们认为威胁生命的最低剂量大约是250毫克；500—1000毫克的剂量肯定会对人的生命造成威胁，条件是在服用之后短时间内不发生呕吐。锑在人体内会阻碍肝脏、肾脏特别是心肌所需要的酶的运作。

不同个体对锑的敏感性的差异使得它的毒性很难为人们所预料。在1854年，一个16岁的女孩在服用了50谷（3200毫克）吐酒石之后剧烈呕吐了三个小时，第二天早晨她似乎已经恢复健康，但是在下午病情复发，陷入精神错乱状态，并于当天晚上死亡。1966年，一个43岁的男子误服了四分之一盎司（7000毫克）

吐酒石。当他意识到这一错误之后走了 1.6 公里的路去看医生，但是没有出现任何锑中毒症状。在一小时之后他开始呕吐，被送回家卧床休息。第二天早晨他似乎已经康复，但是在第三天他的病情急剧恶化。人们给他喝了一些白兰地，这似乎使他恢复了过来。但是一天之后他就死了，虽然直到生命的最后一刻他仍然保持着清醒。

在 1928 年的一个炎热的夏日，泰恩河畔纽卡斯尔市一家公司的 70 名员工在饮用了该公司于前一天用所谓的"水果晶体"在搪瓷提桶中制作的柠檬水之后，出现了严重的锑中毒症状。这种"水果晶体"的主要成分是柠檬酸和酒石酸，而用来装饮料的提桶上的搪瓷则含有 3% 的氧化锑。在饮料的制作和存放过程中，搪瓷中的锑被柠檬酸和酒石酸溶解。后来人们发现，一杯半品脱（约 280 毫升）的这种饮料就含有 60 毫克锑，这足以导致这些员工身上出现的症状：恶心、呕吐、胃绞痛和昏厥。但是在这 70 名员工中除了 2 人需要住院观察一晚之外，其他人都很快恢复了健康。

在下一章中我们将看到乔治·查普曼的妻子是如何在反复摄入非致命剂量的锑之后死亡的。多次摄入小剂量的锑的受害者会因丧失食欲和呕吐而变得日益消瘦和憔悴，并会感到极度口渴。最终他们会死于全身性器官衰竭。这种被锑谋杀的受害者一般为女性。她们往往会因反复遭受放入其食物、饮料和药品中的毒药的侵害而经历漫长和痛苦的生死挣扎过程。而给她们下毒的往往正是她们最信任的、每天都对她们的健康表现出特别关切的那些人。

历史上有一个人的死因在过去的 200 年中一直是一个谜，但是现在看来他很可能是死于锑中毒。不管这种中毒是意外还是蓄意谋杀，它使这个世界失去了一个最伟大的而且是正处于创作高峰期的作曲家。

## 莫扎特不和谐的死亡

1791 年夏天，一个陌生人找到了沃尔夫冈·阿玛迪乌斯·莫扎特。他出一大笔佣金请求莫扎特为他创作一首安魂曲。几个月之后，莫扎特在创作这首曲子的过程中死去。当时他一直为一个想法所困扰，那就是这首安魂曲实际上是为自己谱写的。事实证明的确如此。他未完成的安魂曲后来由他的门徒绪斯迈尔完成，于 1793 年 1 月公开演奏。但是绪斯迈尔当时完成这首曲子的目的，只是为了使莫扎特的遗孀康斯坦泽能够得到这首曲子的佣金。雇用莫扎特创作这首安魂曲的是弗兰兹·冯·瓦尔塞格 – 史都帕赫伯爵。他是为了纪念他去世的妻子而请莫扎特谱写这首曲子的，并且他还企图把这首曲子说成他自己的作品。

莫扎特因伤寒于 1791 年 12 月 5 日凌晨 1 点在维也纳他自己的家中死亡。现在伤寒已经不再被承认为一种疾病名称，它只不过描述一种症状，即高烧和皮疹。那么究竟是什么杀死了这位正处于事业高峰期的 35 岁的作曲家呢？多年来人们对这个问题给出了包括毒杀和自然死亡等各种各样的答案。最近有人提出，莫扎特是死于他自己的疑病症和他服用含锑专利药品的癖好。在他生命的最后几天，医生为了缓解他明显的发烧症状，又给他开了更多的含锑药物，这更是雪上加霜。

另外，人们还提出了许多其他解释莫扎特死因的理论。最近的一个理论认为，他很可能只是死于食物中毒。这一理论是普吉特海湾医疗中心和西雅图华盛顿大学的甘·V.赫西曼（Gan V.Hirschman）教授在 2001 年出版的《内部医学档案》（*Archives of Internal Medicine*）一书中提出的。他的理论就是：莫扎特很可能死于旋毛虫病。当人们吃了被旋毛虫污染并且没有完全煮熟的猪肉之后就会被这种寄生虫感染。我们知道莫扎特喜欢吃猪排，并且他在去世的六个星期前在给妻子的一封信中谈到了他所吃的一份猪排。旋毛虫病通常会在感染后三个星期之内导致死亡，而莫扎特所出现的浮肿、呕吐、发烧和皮疹等症状与该病的症状相符。

1966 年，一个名叫卡尔·巴尔（Carl Bar）的瑞士医生提出，莫扎特死于他在年轻时候患上的慢性风湿热，而诸如放血、通便、发汗等治疗这种疾病的方法则加速了他的死亡。

一个名叫彼得·J.达维斯（Peter J.Davies）的奥地利医生在 20 世纪 80 年代发表了数篇有关莫扎特的疾病和死亡的文章。它们揭示莫扎特可能死于很多种疾病中的一种。这些疾病包括风湿热、败血症、肺炎、天花、肝炎或链球菌感染。达维斯甚至提出，莫扎特最后一次病倒是在 11 月 18 日，当时他正在共济会指挥演奏一部他专门谱写的清唱剧。他就是在那次演奏会上得了最终导致他死亡的肾脏和尿路感染。

另一个理论将莫扎特的症状归因于一年前他因醉酒跌倒而导

致的头部创伤，这就是莫扎特的医生所观察到的头部肿胀。而莫扎特的死因就是在脑部形成的一个血栓。在萨尔茨堡的莫扎特博物馆收藏的一个据称是莫扎特的头颅骨似乎证实了这一说法。

莫扎特于 1791 年 11 月 20 日得病后一直卧床不起，并在 15 天之后死亡。在此期间，托马斯·弗朗兹·克罗赛特（Thomas Franz Closset）医生曾经给他看过病，诊断结论是他头部肿胀。后来当克罗赛特医生开始担心莫扎特有生命危险的时候，他还请他的同事马赛厄斯·冯·萨拉巴（Matthias von Sallaba）医生一起给莫扎特会诊。到了 12 月 3 日星期天的时候，莫扎特的病情似乎有了好转。但这只是暂时的，第二天他的病情急剧恶化。事实上莫扎特当时也知道自己死期将至，他在星期天告诉他的姐姐说，死神已经在敲他的房门了。那天夜晚他的病情进一步恶化。在晚上 11 点的时候克罗赛特医生被叫了过来，他为高烧不退的莫扎特开了一些降温药膏，但无济于事，两个小时之后这位作曲家就死了。第二天这两个医生做出了莫扎特死于伤寒的结论。这一结论被记录在政府的官方死亡登记簿和离莫扎特家不远的维也纳圣斯蒂芬天主教堂的死亡登记簿上。

莫扎特被安葬在圣马可墓地。为了节省本来已拥挤的墓地空间，维也纳法律不允许用棺材埋葬尸体，因此莫扎特与其他最近去世的人一起被葬在一个普通的墓穴之中。这一法律的目的是废除铺张浪费的丧葬习俗，并抑制教会的影响——下葬时的宗教仪式也被禁止，而且将许多人一起埋葬也可以加速尸体的腐烂。与流行的说法不同的是，莫扎特并没有被丢进一个埋葬乞丐的墓穴，他的丧葬费也并不是当地政府支付的。他是根据当时的法律下葬的，他的丧葬费是他的家人和朋友支付的。*1792 年 4 月，莫扎特所属的共济会为他举行了一个纪念仪式。

但是在莫扎特去世几天之后，一些人开始怀疑他被人下了毒。有关在他去世之后他的尸体立即出现浮肿的报告被当作他遭到下毒的确凿证据，并且在布拉格出版的《音乐周刊》（*Musikalisches Wochenblatt*）上加以报道。巧合的是，莫扎特创作的最后一部歌剧《狄托的仁慈》中的主角罗马皇帝狄托也是被人下毒而亡的。

1983 年，在英格兰布莱顿举行的国际音乐节上成立了一个调查莫扎特之死的委员会。该委员会的成员得出结论说，莫扎特的确是被毒死的。他们列出了各种嫌疑人，其中包括莫扎特的学生泽弗·绪斯迈尔。人们怀疑他与莫扎特的妻子康斯坦泽有染，并且他是莫扎特的儿子弗朗兹·泽弗的亲生父亲。另一个嫌疑人是弗朗兹·霍夫德梅尔，他是一名朝廷官员，并且是共济会的成员。他谋杀莫扎特的动机是莫扎特在他的歌剧《魔笛》中泄露了共济会的秘密。他为了防止莫扎特泄露更多共济会的秘密仪式而谋杀了他。需要注意的是，与这一推测相一致的是，霍夫德梅尔在莫扎特死后第二天割喉而死。有人甚至提出莫扎特与霍夫德梅尔的妻子有染。霍夫德梅尔的妻子是莫扎特的学生，当时已怀孕五个月。霍夫德梅尔在割断自己的喉咙之前残暴地攻击了他的

---

* 在此我要感谢伯林的汉斯·格罗斯（Hans Gross）教授，是他告诉了我这一事实。他还指出，莫扎特根本不是穷人。如果按照今天的水平计算，他的年薪大约是 3 万英镑。另外他的作品的出版收入还有 15 万英镑。他之所以经常缺钱，并且在去世时没有留下多少遗产，是因为他生活奢侈、酗酒和赌博。

妻子。

另一个嫌疑人是安东尼奥·萨列里。他是维也纳的一位宫廷作曲家，人们知道他嫉妒莫扎特这位比他年轻的竞争者。他有很充分的理由嫉妒莫扎特：他的作品很快就会因为莫扎特的作品而失去市场。有一份德国报纸甚至报道说，在莫扎特的歌剧《唐璜》演出的过程中，萨列里先是大声吹口哨，然后又大摇大摆地走出剧场。但是其他一些证据表明，虽然莫扎特与萨列里有着竞争关系，但是他在其有生之年一直与萨列里保持着良好的关系。事实上，1791 年 10 月 13 日莫扎特还邀请萨列里和他的儿子卡尔·托马斯参加《魔笛》的演出，而且萨列里也应邀出席了这场演出。

萨列里在 1823 年因精神崩溃被送进了维也纳综合医院。在医院中他承认自己谋杀了莫扎特。1824 年 5 月 23 日，在贝多芬第九交响曲的一个演奏会上，有人向观众散发传单。该传单上的一首诗称萨列里毒死了莫扎特。萨列里甚至试图割喉自杀，但是因被及时发现而获救。他于一年之后的 1825 年 5 月 7 日死亡。到了那个时候人们已经相信了他的坦白。但是如今很少有人相信萨列里真的毒死了莫扎特，而大多数人都认为这一坦白只不过是患老年性痴呆症的萨列里的胡言乱语而已。但是也许萨列里的声称并不是空穴来风，因为他告诉他的忏悔牧师自己谋杀了莫扎特，并且随后写信给他的主教确认此事。那些声称看过这封信的人说，信中的内容并不是语无伦次的胡诌，而是表达了真诚的忏悔。

那么杀死莫扎特的究竟会是什么毒药呢？如果像人们所说的

那样是砒霜的话，那么它很可能是以"托法娜水"的形式给莫扎特服下的。据说这种毒药如今在萨列里的故乡意大利仍然可以买到。莫扎特自己也曾怀疑被人用"托法娜水"下了毒，在他最后一次生病的一个月前，也就是 1791 年 10 月 20 日，莫扎特对他的妻子康斯坦泽说出了这一怀疑。另一个推测就是意外汞中毒。这一假设是 1956 年由两个德国医生——迪特·克尔纳（Dieter Kerner）和君特·杜达（Gunter Duda）——提出的。他们推测莫扎特当时为了治疗自己的梅毒而使用了这种危险的药物。

伦敦皇家自由医院的伊恩·詹姆斯（Ian James）医生认为，如果莫扎特是死于中毒的话，那么这种中毒是意外发生的，它是由莫扎特的生活方式和他生命最后阶段的治疗所导致的。詹姆斯是在 1991 年莫扎特逝世 200 周年的时候提出的这一理论。当莫扎特最后一次发病的时候，他的医生首先诊断他患有忧郁症——如今我们称之为严重抑郁，并给他开了一剂含锑的药粉。当时莫扎特患抑郁症是有充分理由的。他赌博输了一大笔钱；他过度操劳；他的歌剧《狄托的仁慈》于当年秋天在布拉格首演之后遭到了评论家的猛烈攻击（但是这一歌剧受到了公众的喜爱）。他的债务还包括维也纳多个药剂师的大额医药账单。虽然我们不知道他究竟买了什么药，但是他很可能服用了含锑的药物，因为在那个年代通常是用这种药物来治疗忧郁症的。有迹象表明莫扎特患有抑郁症，并且还是个疑病症患者，定期大量服用各种药物，以至于他欠下维也纳各个药店的账单的数额相当于如今的 2000 英镑（3000 美元）。

伊恩·詹姆斯认为莫扎特病实际上就是锑中毒，因为他在生命的最后几天和几个小时所出现的症状与锑中毒症状相符：剧烈呕吐、手脚和腹部肿胀。他的身体和口腔发出难闻的气味。也许伤寒只不过是锑中毒的一种症状。锑中毒最开始的时候病人表现出的症状是四肢僵直和肌肉乏力，继而出现高烧和严重的抑郁。几天之后，病人颈部和胸部就会出现皮疹，即红色突丘疹。这些丘疹最终会变为黄色，因此人们很容易将其与猩红热相混淆，但是医生能够看出两者的区别。在有些锑中毒病例中可以观察到这种化脓性皮疹。伤寒一般持续 7—14 天，这种病并不总是致命的。

詹姆斯医生查看了当年由维也纳权威机构颁布的官方药典，发现当时治疗伤寒的标准疗法同时使用含汞和含锑的药物。含锑药物的作用是退烧，而含汞药物的作用是通便。他得出的结论是：莫扎特的症状与锑中毒相符。医生首先用含锑药物治疗他的忧郁症，从而导致锑中毒；然后又使用更多的含锑药物治疗他的伤寒，从而加重了中毒症状。他的疲惫、肾损伤（这导致脸部和手脚肿胀）以及最终像肺炎一样的症状，甚至他的脓包性皮疹都与锑中毒相符。莫扎特很可能属于特别容易受锑影响的人之一，也就是说，很少剂量的锑就会产生很严重的后果。

莫扎特可能并不是被人用锑谋杀的，但其他一些人则肯定是的。用锑实施谋杀是一件风险很大的事情，因此很少有人敢这样做。而那些实施了这种谋杀的人一般都是医生，其中有两位成了新闻人物——威廉·帕尔默（William Palmer，1855 年）和爱德华·普里查德（Edward Pritchard，1865 年）。作为医生，他们可以将被发现的风险降到最低程度，而且他们所掌握的充足的知识使他们能够控制所使用的酒石酸锑钾的剂量，从而将受害者的中毒症状伪装成自然疾病。甚至乔治·查普曼——我们将在下一章中介绍他实施的谋杀案件——也具有一些医学知识。

用锑下毒的人要想取得成功，就必须坚持频繁地下毒，直到受害者吸收足以致其死命的毒药。与摄入过多的砒霜一样，一个人在摄入过多的锑之后最早出现的症状与肠胃炎的症状相似，这很容易被误诊为食物中毒或病毒感染。投毒者所依赖的就是这种相似性。但是他们还必须持续地对受害者下毒，这样每次症状出现的时候，都会被认为是旧病复发。不久受害者就会变得身体虚弱，消瘦憔悴了。即使在这一阶段，许多其他医生仍然认识不到这是锑中毒的症状。查普曼的受害人之一在临死的时候变得非常虚弱和消瘦，但是她却被诊断为死于肺结核。

## 威廉·帕尔默医生（1824—1856 年）

威廉·帕尔默所实施的一系列谋杀导致英国议会通过了一项被称为《帕尔默法》的法律。该法禁止对他人的生命投保，除非被投保人的死亡会给投保人造成经济损失。换言之，该法禁止帕尔默所实施的那种行为，即对第三人的生命投保——其中有些人根本就不知道自己被投了保，然后再为了获取保险金而将被投保人毒死。帕尔默的与众不同之处在于他使用了很多不同种类的毒药，而最终导致他被公开处决的毒药则是锑。

威廉·帕尔默出生于 1824 年 8 月 6 日。他的父亲是生活在英格兰中部鲁奇利镇的一位非常富有的木材商。帕尔默的父亲非常希望他成为一个专业人员，因此送他到利物浦的一名药剂师那里当学徒。但是仅仅在大约一年之后，帕尔默就因为偷窃主人的钱而被送回了鲁奇利。正在这个时候，帕尔默的父亲去世了，给他留下了 7 万英镑的遗产，这相当于今天的数百万英镑。帕尔默的母亲送他到当地一个名叫泰莱科特的医生那里去当学徒，但是没过多久他又因为不当性行为而被解雇。随后他的母亲又送他到斯塔福德医院当学生，结果又一次以不光彩的方式告终：他与一个名叫乔治·艾布利的 27 岁的管子工赌酒，导致对方死于酒精中毒。

帕尔默回到了鲁奇利，但是不久他母亲又劝说他到伦敦著名的圣巴托洛缪医院学习。在随后的两年内他没有惹什么麻烦，并且最终拿到了一个使他能够行医的毕业证书。他于 1846 年回到了鲁奇利并当了一名医生。不久他就开始追求安妮·布鲁克斯——一个富有的前印度军官的私生女。安妮的父亲在去世的时候给她留下了一大笔钱。这笔钱本来是由一个信托基金托管，但是在安妮与帕尔默结婚之后被转交给了帕尔默。帕尔默将这笔钱的大部分花在了饮酒和赌博上。尽管帕尔默生活放荡，他却交了不少朋友，定期与妻子去教堂领圣餐。在今天他无疑会被看作是一个招人喜爱的坏小子。另外他喜欢女人，并且对女性也颇具吸引力。

至于帕尔默究竟毒死了多少人，这个问题至今仍然没有定论。有人甚至替他辩护，说他受到了诽谤。我们几乎可以肯定他杀害了他与遍布于斯塔福德郡各地的女人所生的 10 个私生子女。

他有时会邀请一个孩子到鲁奇利跟他同住一段时间，被他邀请的孩子无一例外都会生病并死亡。我们永远也无法知道他当时究竟是用什么毒药毒死这些孩子的。他不断地从当地药店购买各种有毒的化合物，特别是马钱子碱和酒石酸锑钾——他正是用后者毒死了他的岳母。

帕尔默相信他的岳父布鲁克斯上尉在信托基金中给安妮留了一大笔钱，而在安妮的母亲死后安妮就能够拿到这笔钱——没有人会关心这个脾气暴躁的老女人：她经常喝得酩酊大醉，并且家里养了一大群近亲繁殖的猫。1849 年 1 月 6 日，人们发现她由于喝了太多的杜松子酒而不省人事，于是帕尔默将她带回了自己的家中。大约 12 天之后她突然病倒，出现了锑中毒的所有症状，并且很快就去世了，终年 50 岁。她的死亡证明是由一个名叫班福德的 80 岁的当地医生签署的——帕尔默在这种事情上总是找班福德帮忙，并给他一些小恩小惠作为报答。对于帕尔默来说很不幸的是，这次他的计划落了空。他发现布鲁克斯上尉的遗嘱是由衡平法院控制的，而这个法院已将构成这个上尉的主要财产的九座房屋的所有权转给了他的婚生子女。安妮什么也没有得到。

帕尔默的下一个谋杀目标是 45 岁的伦纳德·布莱顿——帕尔默在赛马场上输给了他几百英镑。布莱顿也被帕尔默接到家里去住了几天，然后就很合时宜地病倒，并于 1850 年 5 月 10 日突然去世。根据帕尔默的说法，布莱顿死于骨盆脓肿。布莱顿记录帕尔默所欠钱款的笔记本一直没有被找到。尽管帕尔默这次走了好运，但是他欠其他债主的钱款数额仍然在不断增长，最终达到了数千英镑。这时帕尔默已经制订了一个计划。如果这个计划能够成功的话，那么他不仅可以还清所有的债务，而且可以有一小笔剩余。1854 年 4 月，帕尔默花 760 英镑在威尔士王子保险公司给他的妻子上了 1.3 万英镑（相当于如今的 25 万英镑）的人寿保险。6 个月之后他用锑毒死了他的妻子并获得了这笔保险金。

9 月 18 日，安妮在利物浦的圣乔治音乐厅参加一个音乐会的时候得了感冒。她在回到鲁奇利后就卧床不起，并且不久就开始呕吐。班福德医生被叫了过来，他诊断安妮得了霍乱。安妮于 9 月 29 日死亡，终年仅 27 岁。班福德在她的死亡证明上所写的死因也是霍乱。有些人怀疑她由于精神抑郁而自杀，因为她的五个孩子中的四个都夭折了。还有人怀疑她和她夭折的孩子都是被帕尔默毒死的。1851 年 1 月，他们仅 10 个星期大的女儿伊丽莎白死亡；恰好一年之后他们 4 岁大的儿子亨利死亡；他们的第二个儿子弗兰克出生仅仅几个小时之后就死了；而他们的第三个儿子也在出生四天后死亡。这四个孩子都死于"惊厥"。（根据民间传说，帕尔默在手指上涂上有毒的蜂蜜，然后给这些孩子吸吮。）虽然保险公司曾经提出要对安妮的死亡进行调查，但是他们没有追究此事，而是支付了保险金。但是这并没有解决帕尔默的所有问题，因为他仍然肆无忌惮地赌博，并且很快又负债累累了。

如果说 1.3 万英镑是天上掉下的一块馅饼的话，那么 8.2 万英镑就更是一块大馅饼了——而这正是帕尔默希望给他的兄弟沃尔特投保的数额。没有保险公司愿意接受这样高的保额。帕尔默能够为他的兄弟投保的最高数额是 1.3 万英镑，这还是在他的一个很大的债主的帮助下办成的，因为如果体弱多病的沃尔特死亡的话，这位债主也可以从中获利。而因为沃尔特是一个酒鬼，所以也的确很可能会死去。帕尔默于 1865 年 1 月给沃尔特购买了人寿保险，而沃尔特于当年 8 月就很"尽职"地死去了。但是保险公司拒绝支付保费。帕尔默非常气愤，但是还没等到他向法院起诉保险公司，他自己就因为涉嫌谋杀另一个人而被逮捕了。

帕尔默所谋杀的另一个人是 28 岁的约翰·帕森斯·库克，他拥有一匹名叫北极星的赛马。1856 年 11 月 13 日在什鲁斯伯里举行的赛马中，北极星使库克赢了大约 2000 英镑。在第二周的周一，也就是 11 月 19 日，库克领到了他所赢的钱。当天晚上，库克就在他与他的新朋友帕尔默共同下榻的乌鸦酒店病倒了。该酒店的一名女性房客看见帕尔默在大厅里拿着一杯白兰地和水，似乎在往里面溶解什么东西。帕尔默往白兰地里加的正是酒石酸锑钾，因为库克在喝了这杯酒之后就开始剧烈呕吐。第二天库克似乎好多了，并且住进了鲁奇利镇位于帕尔默家对面的塔尔博特徽章酒馆。在那里，库克喝了帕尔默给他的一杯咖啡之后又一次病倒了。在随后的几天中帕尔默每天都到酒馆去看望库克，似乎是去那里照顾朋友。有一次帕尔默给库克带去了一些浓汤，结果不仅库克的病情急剧恶化，而且喝了一点儿这种汤的一个女仆也病倒了。库克最终在一天之后死亡，他很可能死于马钱子碱中毒。在他死后，他的钱以及他记录赌博交易和放贷的小黑本子也神秘地失踪了。

库克的继父很快就赶了过来。他对库克的死亡起了疑心，于是要求做尸检。尸检结果让帕尔默很高兴，因为在库克体内没有发现马钱子碱。但是这时其他一些人的死亡已经引起了人们足够的怀疑。帕尔默的妻子和岳母被开棺验尸，结果在她们的尸体中的确发现了锑。对帕尔默的兄弟沃尔特的尸检没有发现任何下毒的证据，这表明他是被马钱子碱毒死的，因为这种毒药不会在人体中保留很长时间。

帕尔默被逮捕了。由于他在当地引起的民愤极大，因此他被转移到伦敦接受审判。但是这并没有能够救他的命，陪审团认定他有罪。他被押送回斯塔福德执行死刑，并于 1856 年 6 月 14 日早晨 8 点钟被绞死。当时围观的人达 3 万之多。帕尔默是如此之臭名昭著，以至于他的蜡像在伦敦杜莎夫人蜡像馆的恐怖屋中陈列了 127 年。

## 爱德华·普里查德医生（1825—1865 年）

爱德华·普里查德于 1825 年出生在汉普郡的南海城。他父亲是皇家海军的一个船长。他在朴茨茅斯给两位外科医生当过学徒，于 1846 年被皇家外科学院录取，在皇家海军中得到了一个助理外科医生的工作。1860 年他爱上了玛丽·简·泰勒，并于同年与之在爱丁堡结婚。

虽然普里查德喜欢海军生活，但是他的妻子希望他在陆地上定居下来。她说服自己的父母为她的丈夫购买了一个诊所。这个诊所位于约克郡海边度假胜地布里德灵顿附近的亨曼比小镇，在那里普里查德很快就出了名。一部分原因是他在报纸上发表的文章，另一部分原因是他花钱毫无节制，很快就债台高筑。最终他不得不卖掉经营了六年的诊所，以偿还债务。

然后普里查德找到了一份工作，即担任一个富有的老年男人的私人医疗随从，陪伴他长期旅行，尤其是到他不熟悉的地方旅行。与此同时，普里查德的妻子住到了她父母的家中，并且最终说服他们再次筹资为女婿购买了一个诊所。这个诊所位于格拉斯哥伯克利街 11 号，在那里，普里查德又一次成为受欢迎的人物。他发表公共演讲，参加共济会和格拉斯哥文艺俱乐部，并且最终成为该俱乐部的主席。但是在该城市中的医生同行都对他敬而远之，并且对他的自我炒作行为，包括他有关自己旅行和冒险经历的演说非常反感。例如他在一次演说中吹嘘说："我曾经在阿拉伯北部的沙漠中从鹰巢里抓过小鹰，还曾经在北美的大草原上捕捉过努比亚狮子。"也许在那个无知的年代，人们可能会相信在阿拉伯的鹰巢里抓小鹰或者在美洲捕捉努比亚狮子这类故事。他们甚至还可能在看到普里查德那把刻有"送给爱德华·普里查德——你的朋友加里波第将军敬赠"字样的手杖后对他敬佩得五体投地。事实上，普里查德根本就没有见过这位伟大的意大利领袖。

就像在维多利亚时代其他专业人员的家庭一样，普里查德家也雇用了一位住家女佣，她就是年轻漂亮的伊丽莎白·麦吉恩。至于她是否与普里查德有不正当的性关系，这一点我们永远也无法弄清楚了。伊丽莎白于 1863 年 5 月 6 日夜晚蹊跷地死亡：她在阁楼里自己的床上被活活烧死了。当时路过的一个警察敲开了伯克利街 11 号的门，告诉那里面的人，他看见有火焰和浓烟从阁楼的一个窗户中冒出来。普里查德告诉警察，他知道阁楼起火了，但是他无法叫醒伊丽莎白，也无法进入她的房间。这位警察也因火势太大而无法进入阁楼，于是就叫来了消防队。这场从床头烧起的大火很快就被扑灭了，然后他们就发现伊丽莎白躺在床上，她的尸体已经被部分烧焦了。似乎是一支蜡烛引燃了床单，而伊丽莎白因为被浓烟熏晕而无法逃生。但实际情况很可能是她当时因为被下了药而处于昏迷状态。她甚至可能已经怀孕。火灾发生后，普里查德向保险公司提出了夸大其词的理赔要求，声称他在火灾中失去了价值不菲的珠宝，但是保险公司仅赔付了被火烧毁的那个房间的损失。

在火灾发生后不久，普里查德一家先是搬进了在皇家新月楼附近的一个出租房，然后又搬进了他在新城皇宫街购买的一所房子。购买这所房子的 400 英镑首付是他的岳母出的，另外他还借了 1600 英镑的房贷。他们家的新女佣，年轻的玛丽·麦克劳德，也成了普里查德的情妇。有一天普里查德夫人甚至看见他们两人在接吻，但是普里查德对妻子说当时他只是一时冲动。他的妻子相信了他的话，允许玛丽继续留在家中。然而普里查德已经告诉玛丽，一旦他妻子去世，他将娶她为妻。为了早日实现这一承诺，他于 1864 年 11 月 16 日在当地的一家药店购买了 1 盎司酒石酸锑钾。在随后的三个月中，他用这种毒药多次以小剂量对自己的妻子下毒。

普里查德将他妻子的第一次呕吐说成是肝脏受寒所造成的，但是他暗示还可能有更深层的病因。虽然在此期间她似乎有短暂的好转，但是这些好转都是转瞬即逝。在整个冬季她的病情日益恶化。1865 年 2 月 1 日夜晚，她发生了特别剧烈的呕吐，并且伴随有胃痛和双腿痉挛。普里查德假装对此迷惑不解，叫来了爱丁堡的 J.M. 考恩医生，以听取他的意见。考恩医生自然没有能够诊断出锑中毒。他认为普里查德夫人的症状是由肠胃不适引起的，并认为给她喝冰镇香槟酒是最好的治疗方法。他甚至建议让普里查德夫人的母亲来照顾她。在考恩医生过来的那天普里查德又购买了 1 盎司酒石酸锑钾。考恩的治疗似乎没有起到作用，因此普里查德夫人要求见另一个医生，于是生活在附近的一个名叫盖尔德纳的医生被请了过来。盖尔德纳认为持续的呕吐、胃痛和肌肉痉挛等症状是由冰镇香槟引起的，建议不要再给她更多的刺激，她所需要的只是清淡饮食和休息。

2 月 10 日，普里查德的岳母泰勒夫人过来照顾她的女儿，但是在她到来两天之后，她女儿的病情却进一步恶化了。不久泰勒夫人也出现了呕吐和腹痛的症状，因此在 3 月 4 日另一个名叫帕特森的医生被叫来给她看病。帕特森不同意普里查德所说泰勒夫人的症状是由长期酗酒和吸食鸦片导致的，不过他认为泰勒夫人已经濒临死亡。第二天她果然死了。后来人们对帕特森开的药进行了分析，结果发现其中含有锑。

帕特森还注意到普里查德的妻子似乎病得很重。他甚至怀疑她的症状是由像锑之类的刺激性毒药引起的，但是他没有对普里查德提起此事。后来普里查德又叫来一个新的医生给他的妻子看病。在 3 月 15 日，普里查德认为到了送他饱受折磨的妻子到另一个世界去与她的母亲团聚的时候了，于是就给她喝了一杯（由生鸡蛋、糖和威士忌搅拌而成的）蛋酒，她喝完之后病情急剧恶化，并于 1865 年 3 月 18 日凌晨 1 点钟死亡。如果不是苏格兰司法系统的首领帕斯卡检察长收到了一封匿名信的话，普里查德夫人的死很可能会被归结于自然原因。这封信是由一些自称为"热爱正义的人"写的，匿名信声称，泰勒夫人和普里查德夫人的死都非常可疑。

对普里查德夫人的尸检揭示，她体内存在大量的锑，而在泰勒夫人体内也发现了锑。普里查德被逮捕，以谋杀罪受审，被认定有罪，并被判处绞刑。（他在等待处决期间坦白了自己的罪行。）大约 10 万人前往观看他的绞刑。他在受刑时并没有立即死去，行刑者不得不用力拉住他的双腿，直到所有生命迹象都消失。虽然他被埋在了一个无名的坟地，但是许多年之后，人们在为格拉斯哥建造法院而挖地基的时候找到了他的骷髅。人们通过骷髅脚上的仍然可以辨别的松紧带便鞋确认了其身份，因为普里查德被处决的那天所穿的正是这种鞋子。

普里查德谋杀他妻子和岳母的动机并不是很清楚。虽然他当时欠着银行的钱，但是银行并没有催促他还款。也许他真的爱上了玛丽·麦克劳德。

## 弗洛伦丝·布拉沃（1846—1878 年）

1876 年，巴勒姆的一个名叫查尔斯·布拉沃的 30 岁的律师也死于酒石酸锑钾，但是与众不同的是，他是单一剂量酒石酸锑钾致死的极为罕见的例子之一。在此之前也有这样的例子。在 1856 年，一个名叫麦克马伦的妇女给她丈夫服用了一个剂量的酒石酸锑钾"镇静"药粉，据说是为了治疗他酗酒的倾向，但更可能是为了降低他的性要求。结果她丈夫在服药后死亡，而她则被判定犯有过失杀人罪。布拉沃事件很可能源自类似的目的。

查尔斯和他 29 岁的妻子弗洛伦丝生活在当时为伦敦南部远郊区的巴勒姆贝德福德山路一个名叫"小修道院"的壮观的大房子中。查尔斯被毒死的时候他们结婚刚刚五个月。他是弗洛伦丝的第二任丈夫。弗洛伦丝的第一任丈夫亚历山大·里卡多是著名的英国近卫步兵第一团的一名上尉。他于 1871 年死于酗酒，并给他 25 岁的妻子留下了一笔 4 万英镑的遗产（相当于今天的数百万英镑）。在她第一次婚姻期间，弗洛伦丝染上了严重酗酒的恶习，并且曾经于 1870 年在莫尔文接受过水疗。在那里她还接受过当时 62 岁的著名医生詹姆斯·曼比·格利（James Manby Gully，1808—1883 年）的治疗。

格利与他的搭档詹姆斯·威尔森于 1842 年建立了他的水疗中心。弗洛伦丝在莫尔文治疗期间爱上了这个医生，并在她丈夫去世后成了他的情妇。他们之间的感情是如此之深厚，以至于格利最终搬到了巴勒姆，住进了离弗洛伦丝家步行仅五分钟的一所房子中。他们俩一起到欧洲大陆度了几次假，格利甚至有可能使她怀了孕，并且为她做了堕胎手术。由于这段恋情，弗洛伦丝的父亲与她断绝了关系。她是为了回到家庭圈子中才与名声很好的查尔斯·布拉沃结的婚。虽然查尔斯当时也有一个情妇，而且这个情妇还给他生了个孩子，但是他的名声仍然很好——这就是当时的道德标准。弗洛伦丝和查尔斯都向对方坦白了各自以往的恋情。弗洛伦丝同意不再与格利医生见面，而查尔斯则同意与他的情妇断绝关系。

弗洛伦丝和查尔斯·布拉沃于 1875 年 12 月 3 日结婚，从而将两个富有的家族——肯辛顿广场的布拉沃家族和伯克郡布斯科特公园的坎贝尔*家族——联结在了一起。这是一对为了错误的目的而结合在一起的奇怪的夫妻：她是为了能够在社会上得到尊重，而他则是为了她的钱。一年前，查尔斯在与弗洛伦丝订婚的时候对前来祝贺的一个熟人坦白说："祝贺个屁！我只是为了钱。"——这个熟人在对查尔斯死因的调查过程中将此事报告给了调查人员。结婚不久之后，弗洛伦丝和查尔斯都对这一婚姻感到后悔了。查尔斯有时会对弗洛伦丝施加暴力，并强迫她进行"反常的性行为"（可能是指肛交）。

1876 年 4 月 18 日（星期四）晚上，查尔斯、弗洛伦丝和弗洛伦丝交往多年的女伴简·考克斯夫人在一起吃晚餐。在里卡多上尉去世之后，当时 43 岁的考克斯夫人成了弗洛伦丝的有偿伴侣。非常巧合的是，她在许多年前曾经在牙买加遇到过查尔斯·布拉沃的父亲，并与他结识。在那天晚餐时，弗洛伦丝用雪莉酒和马沙拉白葡萄酒——这两种酒的酒精含量都很高——把自己灌得不省人事。事实上，在那天晚上那两个女人各自喝了一瓶酒，然后就早早地上床睡觉了。在晚上 9 点 15 分，查尔斯回到了另一个房间中他自己的床上——当时弗洛伦丝刚刚流产，正在恢复之中。但是在上床之前查尔斯喝了一直摆在他床头柜上的一个玻璃水瓶中的大量的水，而这些水被人用酒石酸锑钾下了毒，结果查尔斯在几天之后死亡。这就是所谓"巴勒姆迷案"。究竟是谁在玻璃水瓶中下了毒呢？是弗洛伦丝还是忠诚的考克斯

---

* 弗洛伦丝的娘家姓为坎贝尔。

夫人？

　　到了那个致命的夜晚的 9 点 30 分，查尔斯开始呕吐并在床上痛苦地扭动着身躯。他的喊叫声没有吵醒弗洛伦丝，但是考克斯夫人听到了。她发现他把头伸出窗户，对着楼下的房顶呕吐（后来调查人员从那个房顶上提取了呕吐物样本，用以分析）。考克斯夫人让一名家仆去找当地的一个医生。医生立即赶到，但是他发现查尔斯已经处于昏迷状态，而且他的心跳几乎已经探测不到了。国王学院医院的乔治·约翰逊医生也被请了过来。他发现查尔斯又开始呕吐，而且呕吐物中有血。他问查尔斯吃了什么东西。查尔斯所能够给出的唯一回答就是：他服用了一些鸦片酊，主要是为了缓解他在白天早些时候跌倒所造成的疼痛。那瓶鸦片酊就放在卧室中。在随后的两天中，医生们已无力回天。查尔斯病情不断恶化，于 4 月 21 日星期五，也就是喝了那个玻璃水瓶中的水 55 个小时之后就死亡了。

　　据估计，查尔斯服下了 20—40 谷酒石酸锑钾，这相当于1—2 克，或一小茶匙的剂量。在后来于"小修道院"举行的死因调查听证上，考克斯夫人试图让陪审团相信这是一起自杀事件。但是陪审团做出了吐酒石中毒死亡的结论。这一结论是通过司法证据学分析得出的。虽然那个玻璃水瓶中的水已经找不着了，但是调查人员在查尔斯房间外面的房顶上收集到了呕吐物并对其进行了分析。分析结果表明，这些呕吐物中明显含有锑。死因调查结论远不是事情的结束。这一裁决显然不能使查尔斯的父母满意。在随后的几个星期内，有关这一事件的谣言和猜测闹得满城风雨，以至于最高法院的首席法官撤销了验尸官的这一结论，并下令重新进行验尸调查。新的死因调查听证于 7 月 11 日在巴勒姆的贝德福德饭店举行，它实际上是以谋杀丈夫的罪名对弗洛伦丝的一场审判。

查尔斯的死可能是意外，甚至是自杀，但是这种可能性似乎微乎其微。后来人们了解到，查尔斯为了治疗弗洛伦丝酗酒的毛病而购买了一种专利药粉。这种药粉每份含 35 毫克吐酒石，将它加在酒中可以导致饮酒者呕吐。这种治疗方法后来被称为厌恶疗法。在喝了几次加入这种药粉的酒之后，人体就会将酒精与恶心联系在一起，以至于只要一想起饮酒就会产生一种恶心的感觉。这种疗法对于弗洛伦丝没有起到作用。事实上她很可能根本就没有尝试过这些药粉，她最终死于酒精中毒。

如果这种戒酒药粉是导致查尔斯死亡的毒药的话，那么投毒者那天晚上必须在查尔斯的玻璃水瓶中倒入 30 包这种药粉。这种做法实际上是不可行的。玻璃水瓶中的吐酒石更可能来自马厩，因为他们的马夫——曾经为格利医生工作过的格里菲斯——有时用它来杀死马身上的寄生虫。在谋杀发生那天他去了肯特，但是在此之前，有人在巴勒姆听见他在酒后声称，布拉沃先生"在几个月之内就会死掉"，但是他没有说布拉沃先生为什么会死。另外，弗洛伦丝和考克斯夫人也可以很容易地从马厩中拿到吐酒石，并且将一茶匙这种毒药放进查尔斯房间的玻璃水瓶中。也许下药者的目的只是使查尔斯"安静下来"。

在与查尔斯的五个月的婚姻之中，弗洛伦丝两次怀孕，结果两次都流产了。第二次流产仅仅发生在查尔斯死亡的两个星期之前。流产之后的弗洛伦丝感到非常不快乐，因自己的身体状况感到抑郁，整天借酒浇愁。她肯定会认为自己所有的烦恼源自与查尔斯的仓促的婚姻。她似乎具有谋杀动机。但是她忠诚的女伴试图打消人们对她的怀疑。在第一次死因调查听证中，考克斯夫人作证说，查尔斯在临死前对她坦白说是他自己故意服下了毒药："考克斯夫人，我喝了……毒药。不要告诉弗洛伦丝。"在第二次死因调查听证中，考克斯夫人同意说出在上一次作证中没有透露的查尔斯临终遗言中的那部分内容："考克斯夫人，我喝了从格利医生那里弄来的毒药。不要告诉弗洛伦丝。"

第一次死因调查得出的结论是查尔斯死于锑中毒，但是没有充分的证据揭示这种毒药是如何进入查尔斯体内的。在第二次死因调查中，陪审团通过包括格利医生等许多证人了解到了此事件所涉及的许多人员，但是他们还是没有能够得出确切的结论。他们拒绝采纳考克斯夫人有关查尔斯自杀的证据，并得出了查尔斯"被蓄意谋杀，但是没有充分证据确定谋杀者"的裁决。从法律上说，这就是最终的结论，但是在1876年的整个夏天，各种报纸仍然不断刊登"巴勒姆迷案"的各种细节，以此满足读者的好奇心。这个案子直到如今仍然对犯罪文学作家们有着很大的吸引力。发生在上层社会的谋杀案不是每天都会遇到的，而在这个案件中存在各种嫌疑人和谋杀动机的组合，从而使人们能够提出有关那个晚上所发生的谋杀案的各种推测。

最有可能的一种解释就是，正如查尔斯告诉乔治·约翰逊的，他在那天的早些时候因为骑马受伤而服用了具有镇痛功效的鸦片酊。那天下午他回到"小修道院"的时候头发凌乱，走路一瘸一拐。也许那天晚上他由于伤痛而饮酒过度。似乎他有在上床睡觉之前喝一大杯水的习惯，这是避免宿醉的一种传统的方法。*
另一种可能性就是他本打算在睡觉前喝一杯通便剂清空肠胃，结
果在水中放了太多的酒石酸锑钾。但这不是一个现实的解释，而
且在他死后人们也没有在他的房间里找到吐酒石。

那么在死因调查结束之后，这个案件中的那些主角都怎样了
呢？弗洛伦丝于 1878 年在众叛亲离、被人遗忘的情况下死于南
海城，当时她年仅 32 岁。考克斯夫人在死因调查结束后立刻就
被弗洛伦丝炒了鱿鱼。她回到了牙买加，在那里生活了很多年，
并且继承了一大笔财产。格利医生因为这个案件而身败名裂，并
在九年后去世。他在生命的最后几年中将大部分时间用于研究
玄学。

## 总统之死

子弹是用铅制造的，并且一般来说是按批次制造的，每个批
次 5 万发。用来制造它们的铅含有微量的铜和银等其他金属，但
是其中用来增加子弹坚硬度的锑的含量每个批次都不尽相同。有
的子弹的锑含量仅为 0.4%，但是特别坚硬的子弹的锑含量可能
高达 4%。由于用来制造子弹的合金并不是完全同质的，同一批
次中的不同子弹的锑含量可能不完全相同，但是这种差别非常细

---

\* 饮酒会导致身体失去水分，而这种脱水是导致大多数宿醉症状的原因。在醉
酒之后喝一品脱（约 570 毫升）水再上床睡觉是一种很好的习惯——前提条
件是，你还没有醉到记不起要喝水的程度。在出去狂饮之前先将一瓶水放在
床边是确保你临睡前记得喝水的一种方法。

微。一般来说，我们可以通过中子活化分析（见术语解释）确定一颗子弹甚至一块子弹碎片属于哪个批次。这对于许多刑事调查来说非常重要，因为通过这种方法可以将在犯罪现场发现的子弹与在嫌疑犯那里发现的子弹联系在一起。这样即使犯罪嫌疑人处理掉了用以实施犯罪的枪（通过枪管在发射过程中在子弹上留下的痕迹可以将其与子弹联系在一起），我们也可以将其与犯罪联系起来。

1963 年 11 月 22 日，约翰·F. 肯尼迪总统在得克萨斯的达拉斯被枪杀。不久主要犯罪嫌疑人李·哈维·奥斯瓦尔德就被逮捕，但是他还没有来得及接受审判就在被警方关押期间遭到一个叫杰克·鲁比的人枪杀。有关机构将现场收集到的子弹及其碎片的司法科学分析结果封存了很多年，而且似乎对这一案件的调查进行得非常杂乱无章。调查人员用石蜡对奥斯瓦尔德右手和左脸颊提取的可能含有子弹微粒的模具，送到橡树岭国家实验室进行中子分析，但是由于在操作样本过程中的粗心大意，这一分析没有得出任何有用的结果。

从总统遇刺时乘坐的轿车上，从总统的遗体中，以及从在这一刺杀事件中受伤的得克萨斯州州长康纳利的体内提取的子弹碎片，都被送往联邦调查局实验室，并用常规技术进行了分析。他们能够报告的唯一结论就是这些子弹都是属于同一个牌子的。但这只是他们所声称的。现在我们知道这些子弹也被送到联邦调查局的司法证据分析专家约翰·F. 加拉格尔（John F.Gallagher）那里，他于 1964 年 5 月对这些子弹做了中子活化分析。但是直到 1975 年他的分析结果才被公布——而且这还是堪萨斯医学院的文森特·吉恩（Vincent Guinn）教授和约翰·尼科尔斯（John Nichols）博士长期法律斗争的结果。吉恩当时是子弹及子弹碎片成分分析领域的一名主要的专家，他在阅读联邦调查局的报告时发现，在这些子弹中探测到的锑含量的差别之大超过了他所分析的任何子弹。他申请对这些证据进行重新检查，对它们做进一步的中子活化分析——在过去十几年中这项技术的精确度已大大提高。

1977 年吉恩的申请得到众议院刺杀案件选择委员会的批准。他利用其当时所在的加利福尼亚大学欧文分校的核反应设施对这些子弹及其碎片进行了分析。他的分析结果显示，在这些子弹的铅中锑含量极低；换言之，这些子弹非常软，这就是为什么它们那么容易破碎。从总统的头颅中取出的子弹碎片的锑含量为 621ppm（也就是说仅为 0.0621%）；从总统乘坐的轿车上提取的子弹碎片的锑含量为 642ppm；从康纳利手腕中取出的子弹碎片的锑含量为 797ppm；而在用来运送康纳利去医院的担架上发现的一颗神秘的子弹——人们认为它是从康纳利大腿的伤口中掉出来的——的锑含量则为 883ppm（0.0883%）。虽然这些分析结果有差别，但是这些差别对于同一批次的熔铅来说是在预期范围之内的。

吉恩得出的结论是：奥斯瓦尔德仅对总统轿车发射了两颗子弹，其中一颗首先击伤了总统，然后又击伤了州长，最后进入了州长的大腿中。另一颗子弹杀死了总统并在总统的头颅中裂成碎片。虽然许多人都相信，当时除奥斯瓦尔德外还有一名枪手向总统开枪，但是这一锑含量分析结果表明，当时只有一名枪手。

# 第十一章

# 塞维林·克拉索威斯基
# （化名乔治·查普曼）

塞维林·克拉索威斯基于 1865 年 12 月 14 日上午出生在俄国占领的波兰领土克洛附近的一个名叫那格尔那克的村庄中。38年之后，也就是 1903 年 4 月 7 日的早晨，他（这时他已改名为乔治·查普曼）因毒死他的三个女友而在伦敦被绞刑处死。他是用锑化合物对她们下的毒。他的下毒方式使这些受害者在遭受了漫长而痛苦的折磨之后才死去，却使她们看上去像是死于自然原因。这些谋杀案的与众不同之处在于许多人目睹了他实施谋杀的过程。

## 塞维林·克拉索威斯基

塞维林出生的时候，他的父亲安东尼奥·克拉索威斯基 30岁，而他的母亲 29 岁。他们都是罗马天主教信徒，安东尼奥是村里的木匠。1873 年 10 月 17 日，7 岁的塞维林开始上小学。七年之后，也就是 1880 年 6 月 13 日，他以优秀的成绩毕业。当年12 月 1 日，他开始在离华沙 90 公里远的兹沃伦给一个名叫莫什科·拉帕波特的人当学徒。拉帕波特将把他培养成一名"助理医生"——一种理发师兼小手术外科医生的职业。这种资格使他可以独立做一些小手术，或者协助具有完全资格的外科医生做大手术。

1885 年夏天，19 岁的塞维林带着他的雇主和当地一个医生的推荐信，离开兹沃伦来到华沙，准备成为一名具有完全资格的外科医生。为了使自己有钱完成学业，他在华沙郊区普拉加给一个理发师兼外科医生当助手。当年 10 月，他在附近的圣婴医院参加了一个为期三个月的实用外科课程。1886 年 1 月，塞维林在一位名叫莫什科夫斯基的医生那里担任了助理外科医生，一直为他工作到当年的 11 月 15 日。在 12 月份他已经成年，这使他能够申请护照，并且为取得初级外科医生学位而参加帝国大学的入学考试。*

1887 年 2 月，塞维林向华沙助理外科医生协会支付了一个月的学费，但是随后就退学了。我们不清楚他在这一年的随后几个月以及 1888 年的前几个月中究竟做了什么，在这段时间，他可能开始与一个女友同居，并且与另一个女友生了一个孩子。这可能就是他没有能够完成学业的原因。无论如何，他后来移居到了伦敦。一名妇女带着两个孩子尾随他来到了伦敦，但是他却对她们不予理睬，最后她们不得不离开伦敦回到波兰。

---

\* 为了能够申请该大学，他必须提供有关他的出生、教育和作为"助理医生"接受培训的证明以及有关他人品的推荐信。当他于 1902 年被逮捕时仍然保留着这些证书。正是这些证书使我们能够了解他早年的生活，甚至使我们知道他在普拉加的居住地址——姆兰诺夫斯卡加街 16 号。

　　我们从塞维林的一本名为《500种疾病和不适处方大全》的波兰文书上所写的地址了解到，他最初来到伦敦的时候居住在贝斯纳绿地克兰布鲁克街54号，而且很可能在那里居住了很长时间。在初到伦敦的五个月中，他一直担任在波普拉区西印度码头路开发廊的亚伯拉罕·雷丁先生的助手。他给雷丁夫人看了他的波兰证书，并告诉她自己受过医疗方面的培训，因此雷丁夫人还在自己儿子患病的时候让塞维林帮助照顾他。塞维林的下一份工作是在白教堂大街第89号白鹿酒店地下室的一个理发店。有两个独立的证人记得他曾于1888年在那里工作过，其中一个是贩卖理发用品的波兰游商沃尔夫·列维松。当时塞维林自称路德维希·扎果斯基，这是他到伦敦之后所使用的一个化名。

　　第二个记得克拉索威斯基在那个地下室理发店工作的不是别人，正是当年负责搜捕"开膛手杰克"的阿伯林探长。1888年秋，伦敦东区白教堂地区发生了一系列谋杀妓女的案件，受害者都被开膛破肚。"开膛手杰克"究竟实施了多少谋杀案是一个有争议的问题，但是我们知道在那年秋天至少有六名妇女遇害。其中第一起谋杀案就发生在克拉索威斯基曾经工作过的理发店附近的乔治庭院大厦的平台上。在该案中，35岁的玛莎·特纳于1888年8月6日星期一凌晨被害，凶手用两把不同的刀子在她身上捅了39下。有关克拉索威斯基是该案中的凶手的说法是值得怀疑的，但是我们有充足的理由怀疑他，而且每当人们讨论"开膛手"案件的时候总是会提到他的名字，因为阿伯林探长确信克拉索威斯基就是他要找的凶手。但是对于克拉索威斯基用锑实施谋杀的案件来说，以上这些猜测并不能提供任何新的线索。

克拉索威斯基可能最终接手了他为之工作的那家理发店，但是他于 1889 年 6 月在靠近码头的凯布尔街拥有了一家他自己的理发店，并且重新使用自己的真名——塞维林·克拉索威斯基。他变得更善于交际，在位于克拉肯威尔圣约翰广场的波兰人俱乐部，他认识了一个来自当时被德国占领的波兰领土的妇女，名叫露西·巴德尔斯基。他轻而易举地把她弄到了手，二人同居在一起。在那年 8 月的银行休假日，露西告诉她的兄弟说，她已和克拉索威斯基结婚，并搬进了他那家理发店楼上的住房中。事实上他们是在 10 月 23 日，也就是露西怀孕之后才结婚的。1891 年 5 月，在露西和她所生的孩子身体状况稳定之后，他们就立即动身前往美国，在新泽西州开了一家理发店。

在那个时候克拉索威斯基的理发店的生意很不错，但是他的家庭生活却是一团糟：他和露西经常吵架，并且导致了暴力。第二年 2 月露西受够了，虽然当时她已身怀六甲，但她还是不顾严寒和颠簸的海上旅行，毅然乘船回到伦敦，投奔了住在斯卡伯勒街的姐妹玛丽，并于 1891 年 5 月 12 日在玛丽家生下了一个女婴。

两个星期之后，露西的丈夫从美国回到了伦敦与她达成和解，他们说服玛丽搬出那个住所，以便他们能够住在一起。但是他们之间的和解没有维持多长时间，很快就达成了一个永久性分居的协议，孩子随母亲生活。虽然在此之后他们再也没有生活在一起，但是他们一直没有离婚。

我们没有关于克拉索威斯基从 1891 年 5 月到 1893 年秋的行踪的记录。那段时间他很可能回到了美国，因为在他被捕之后警方在他的住所搜出了一张纸，上面有他所写的以下内容："1893年独自从美国回来"，"从美国回来时有 1000 英镑，存了 100 英镑"。我们无法知道后面一句话的确切含义，它似乎是说克拉索威斯基从美国带回了 1000 英镑，而这在当时是很大的一笔钱，相当于一个普通男性上班族 10 年的工资。

回到伦敦之后，克拉索威斯基在托特纳姆西格林路 5 号哈丁先生所开的理发店中做助手。他就是在托特纳姆生活和工作的时候认识了安妮·查普曼，并请安妮当他的管家。安妮答应了，于1893 年 11 月搬进了他的家。虽然他们并没有结婚，但是不久他们就以克拉索威斯基先生和夫人自称了。然而这一关系并没有维持多长时间，安妮不久就离开了克拉索威斯基。然而在次年 1 月底的时候安妮又找到了克拉索威斯基，她说自己怀孕了，而孩子的父亲就是克拉索威斯基。克拉索威斯基否认这个孩子是自己的，并且拒绝与她再有任何关系。安妮感到非常气愤，她找到了一名律师，但是这名律师说他也爱莫能助。因为安妮没有和克拉索威斯基结婚，因此也就不能对他提出任何法律主张。她最后一次见到克拉索威斯基是在 2 月份，当时他骑车来到安妮的家，说自己将离开这一地区。他从她那里拿走的唯一一样东西就是她的姓氏，但安妮当时对此毫不知情。从那以后，克拉索威斯基就将自己的名字改为乔治·查普曼。从现在起，我在书中也将用这个名字称呼他，因为他就是以这个名字臭名远扬的。在此之后他再也没有使用过自己的真名，甚至在即将走向绞架的时候还坚持说自己是乔治·查普曼。

在离开托特纳姆之后，查普曼回到了伦敦东区。他很可能在索迪治地区工作了一段时间，后来他看到了温泽尔先生发布的招聘广告，于是就到利顿石教堂街 7 号去申请一个理发师的工作。他自称乔治·查普曼，得到了这份工作。他之所以选择这个名字，也许因为他认为这是一个很好的掩护。安妮在孩子出生后很可能会请求法院命令他赡养孩子，而她肯定不会想到通过查普曼这个名字来寻找他。他有时自称是一个从小就失去父母的美国人，并且总是非常注重穿着，希望被别人看作一个绅士。但是他对妇女的态度却离绅士相差甚远。他相貌英俊，举止优雅，因此很容易吸引女性，并说服她们与自己同居，但是不能与她们结婚，因为他与露西的婚姻还没有解除。查普曼的特别之处在于：他对于这些女友从来不采取一走了之甚至把她们赶出家门的做法，而是通过长期下毒的方法把她们慢慢地杀死。

## 玛丽·斯平克谋杀案

查普曼在利顿石遇到了 39 岁的玛丽·伊萨贝拉·斯平克。她是一个铁路搬运工的妻子，已经与丈夫分居。她在与丈夫的婚姻期间生了两个孩子：长子谢德拉克与他父亲一起生活，在他们分居之后出生的当时 5 岁的次子威利与母亲一起生活。玛丽租住在位于森林路的一个房子中。她告诉查普曼说，她租住的房子中有一个带家具的房间要出租，查普曼去看了一下，租下了那个房子。

不久，查普曼和玛丽的关系迅速升温。有一天房东太太看见他们两个在楼梯上接吻，于是她毫不含糊地告诉查普曼，在她的家中不允许这种"放肆的行为"。而查普曼则回答说，他和玛丽很快就要结婚了。果然，在1895年10月27日那个星期天，查普曼和玛丽一大早就穿着他们最好的衣服出门了。他们在上午10点钟回到住所，声称他们在伦敦市内的罗马天主教堂举行了婚礼。不用说，实际上他们并没有结婚。

玛丽也并不是没有缺点。她是个酒鬼——这也是她的婚姻破裂的原因。另外，她还被一个孩子拖累着。但是她有一个远远补偿了她所有缺点的优点：她从祖父那里继承了600英镑。其中一些钱在她与丈夫斯平克先生一起生活的时候已经花掉了，但是她还有500英镑，而且她愿意用这些钱来投资新的生意。于是他们在当年5月搬到了南部海岸的度假胜地哈斯庭斯，准备用玛丽所继承的那笔由信托基金所管理的钱在当地购买一家理发店。恰好他们看到乔治街上有一家理发店要转让，价格为195英镑，于是就咨询了一个律师，问玛丽是否可以从信托基金中提出一笔钱来购买这家理发店。那个律师说可以，于是他们于1895年6月11日完成了这笔收购交易。一开始，理发店的生意非常令人失望，但是后来查普曼产生了一个灵感，他在理发店中安装了一台钢琴，由玛丽演奏，为那些等待理发的人提供消遣。

查普曼夫妇和玛丽的儿子似乎在哈斯庭斯安顿了下来。他们的生意也日益兴隆，这使得查普曼有足够的钱购买了一艘名叫"蚊子号"的小船以及一些航海服装。他们一家经常在周末坐着这艘小船出去游玩。但是有一天这艘船在海上倾覆，幸而他们被一个渔民救上了岸。查普曼还是一个摄影和自行车爱好者。而玛丽则又开始严重酗酒，并且似乎总是处于一种昏头昏脑的状态。

她的儿子小威利也由于得不到母亲的照顾而变得体弱多病。但是玛丽在信托基金中仍然有 300 英镑。

在商业大街上经营一家药店的威廉·戴维森是查普曼的常客之一。1897 年 4 月 3 日，查普曼花了两便士从戴维森那里购买了 1 盎司酒石酸锑钾。我们之所以知道详细的购买日期，是因为查普曼在药店的毒药购买登记簿上签了名，并且还写下了购买该毒药的理由，但是由于字迹潦草而无法看清。不过这并不重要，因为购买者与药店主人相互认识。

在这个时候查普曼游移不定的眼睛已经在寻找新的目标了：他想要进入新的商业领域，结交新的情人。有一段时间他一直在追求一个名叫爱丽丝·彭福尔德的女佣。他甚至告诉她说自己正在考虑购买一个小旅馆，并邀请她一起搬进去。他们甚至还到一个名叫海上圣伦纳德兹的地方去看了一个待售的小旅馆，但是最终这件事情还是不了了之。这主要是因为查普曼对居住在海边已感到厌倦，他向往伦敦刺激的大都市生活。他最终决定购买在伦敦芬斯伯里区圣巴塞洛缪广场的一个名叫威尔士王子的啤酒屋。这一次律师又同意他们从玛丽的信托基金中取款，并且将基金中的余额全部取出。1897 年 8 月 31 日，玛丽从信托基金那里得到了一张 250 英镑的支票。玛丽把这笔钱存进了哈斯庭斯的劳埃德银行。在一个星期之内，这笔钱就被取出并交给了查普曼。随后他们出发前往伦敦，而这笔钱也被存入了查普曼在伦敦的银行账户之中。

虽然玛丽在那年曾经生过两次病——一次在 5 月，一次在 8 月，但是当他们来到威尔士王子啤酒屋的时候，她的身体状况还是很好的。她有过度饮酒的倾向，有一次她明显喝醉了，被查普曼赶出酒吧。对于查普曼来说，玛丽不但帮不上他的忙，而且还成了一个负担，因此他准备用锑毒死她。由于玛丽把钱借给了查普曼，因此查普曼不能与她分手，这意味着她必须死掉。

查普曼很可能是在11月份开始对玛丽下毒的，因为到了12月12日，她的身体状况已经变得如此糟糕，以至于啤酒屋的一个名叫玛莎·道布尔迪的常客被要求在夜晚住在店里照顾玛丽，而白天玛丽则由一个名叫简·芒福德夫人的女人照顾。

大约在圣诞节前两个星期，玛莎告诉查普曼说，他应该找个医生来给玛丽看一下。于是查普曼就叫来了住在附近的罗杰斯医生。医生诊断玛丽得了肺结核，为她开了一些药。不用说，这些药没有起到任何作用。玛丽无论吃下或喝下什么东西似乎都会呕吐。玛莎注意到，玛丽每次在喝下查普曼给她倒的白兰地之后呕吐的症状就会加剧——白兰地是传统上用来治疗肠胃不适的。查普曼特意将一瓶上等的白兰地放在玛丽的床边，告诉其他人这酒是专门给玛丽准备的，其他任何人都不准喝。他这么做不仅使人们以为他真的是关心玛丽，而且还确保除了玛丽之外没有人喝那个瓶子中的酒。

随着圣诞节的临近，玛丽变得越来越虚弱。她几乎不停地上吐下泻，还感到非常口渴，并且伴有剧烈的腹痛。她的呕吐物中含有胆汁，因而呈绿色。一位名叫伊丽莎白·韦马克的兼职护士被请来照顾她。韦马克夫人发现玛丽的情况非常糟糕。查普曼说玛丽所得的是因酒精中毒引起的震颤性谵妄，也就是说，她是个酒鬼。但是在那个时候医生所作出的肺结核的诊断似乎是正确的，玛丽的症状像是"百日痨"，即恶化极快的肺结核。她的情况日益严重，已经到了病入膏肓的地步，甚至还出现了子宫大出血的症状。她在圣诞节的早晨又发生了剧烈的呕吐，并于下午1点钟死亡。

根据照顾玛丽的妇女的回忆，查普曼在玛丽生病期间对她表现出一种特别矛盾的态度：一方面他坚持自己给她喂药，并且每次喂药的时候都把玛莎支出房间，另一方面他还坚持让玛丽喝白兰地，但是每次她喝了药或白兰地之后不久就会呕吐。很明显它们都被下了毒。在玛丽死的那天，查普曼掉了几滴眼泪。但是令照顾玛丽的那两名妇女感到吃惊的是，随后他就下楼让酒吧照常营业了。玛丽于1897年12月30日下葬于立顿石圣帕特里克公墓。她的榆木棺材被埋在了一个六米深的墓穴之中。她死的时候并不是没有人去悼念。威尔士王子啤酒屋的几个常客跟随着她的灵柩走到墓地，而经常在这个酒吧聚会的当地惠斯特牌戏俱乐部的几个成员甚至还凑钱为她买了一个花圈。

在随后的五年中，玛丽的遗体一直静静地躺在她的棺材里，在此期间她的棺材上面又陆续被埋进了七口棺材。当埋葬她的墓穴于1902年12月被打开的时候，另外七口棺材中的尸体发出了令人难以忍受的臭气，但是当人们打开玛丽的棺材的时候，却非常吃惊地发现她的尸体几乎没有任何变化。曾经照顾过她的护士韦马克夫人一眼就认出了她，而且人们还注意到她的眼睛仍然完好无损。随后的尸检表明，她的脾脏、肾脏、膀胱、心脏和双肺都是正常的，没有任何罹患痨病的迹象。她的死因是由化学物质引起的胃肠炎，这种化学物质就是锑。而她体内的锑也不可能来自棺材附近的土壤，因为警方对这些土壤进行了测试，并没有发现锑的成分。

玛丽的尸体中含有大量锑，这也是她的尸体保存完好的主要原因，因为锑可以导致人体严重脱水。化学分析揭示，玛丽身体的各个器官的锑含量分别为：肾脏，4 毫克；胃，2 毫克；肠，27 毫克；肝脏，27 毫克。这最后一个含量表明，玛丽在临死前不久摄入了大量含锑药物。在所分析的各个器官中总共含有 90 毫克锑。

在玛丽死后，查普曼就开始想办法摆脱她的儿子威利，他可不想照顾这个 7 岁的孩子。1898 年 12 月他带着威利来到巴纳多孤儿院，希望孤儿院能够收留他。但是孤儿院不愿意这么做。他们首先必须查一查这个孩子是否还有能够照顾他的亲属。查普曼给了他们一些据他说是玛丽在立顿石地区的亲属的地址，但是孤儿院发现这些地址都是假的，因此拒绝收留威利。由于威利还能在酒吧中做一些杂活，查普曼暂时放弃了把他送走的念头。1899 年 5 月 20 日，也就是威利母亲死后 17 个月的时候，查普曼最终把威利送到了索迪治救济所，并且从此之后再也没有去看过他。

## 贝西·泰勒谋杀案

在玛丽·斯平克死亡几个星期之后，查普曼发布了一个招聘威尔士王子酒吧助理的广告，并从应聘者中选中了 32 岁的贝西·泰勒小姐。她来自柴郡，父亲是一个以卖牛为生的农民。贝西是一个独立性很强的年轻女性，在 21 岁成年之后就离家来到了伦敦。在随后的 10 年内她在许多餐馆工作过。从照片上看她很胖，但是查普曼显然喜欢她，并且不久就把她弄到了手。他们不仅在一起工作，而且还睡在了一起。不久他们就对外以夫妻相称了。查普曼肯定告诉了贝西他不能和她结婚：他已经结过婚，并且由于他是个天主教徒而无法离婚，因此也就不能再结婚。但是在贝西搬进圣巴塞洛缪广场之后不久他们就宣称结婚了。我们不知道他们宣称结婚的具体日期，但是 1898 年 7 月 18 日贝西收到了她父亲寄来的一份结婚礼物：一张 50 英镑的支票。这张支票被存入了查普曼的银行账户。在此之前这个账户中已存有查普曼从玛丽那里"继承"的 250 英镑。

那年夏天，查普曼和贝西在闲暇的时候一起骑自行车郊游，他们甚至还参加了当地的警察自行车俱乐部。他们可能在一次自行车郊游的过程中到达了比夏史托福这个地方，因为查普曼于 1898 年 8 月与人达成了一笔购买那个地方的一个名叫葡萄的酒馆的交易，并于当月 23 日从自己的银行账户中取出了所有的存款——大约 369 英镑，然后就和贝西一起搬到了这个位于赫特福德郡和埃塞克斯郡交界处的乡村小镇。这一商业投机行为似乎从一开始就注定要失败的。不幸的是，此时贝西又得了牙病，因为口腔脓疮而不得不到医院去接受手术治疗。当时恰逢圣诞节前夕，贝西邀请了她的一个老朋友伊丽莎白·佩因特在葡萄酒馆居住了两个星期。在这一时期贝西和查普曼之间的关系恶化。伊丽莎白目击了他们之间的多次争吵，有一次查普曼甚至用转轮手枪威胁贝西。

查普曼并不真正喜欢乡村生活。1899 年新年伊始，他就卖掉了葡萄酒馆，与贝西一起搬回了伦敦。他在 5 月份租下了另一个位于南华克区联合街的名叫纪念碑的酒吧。在此后的一段时间，他们之间的关系有所改善。贝西是一个很有个性的女人，很快就在酒吧以及附近地区中成为一个受人欢迎的人物。她参加位于紧邻联合街的胡椒街上的万圣节教堂的礼拜活动，并且慷慨地向慈善组织捐款。她保持骑自行车郊游的爱好。她的父母来伦敦看望过她几次，并且在此期间住在他们的酒吧中。她的母亲对她所谓的女婿印象很好，称赞女儿找到了一个好丈夫。在那年的后几个月以及第二年的大部分时间情况都是如此。

查普曼于 1900 年 12 月开始用酒石酸锑钾对贝西下毒。大约在圣诞节前两个星期贝西感到身体不适，并出现了便秘的症状。纪念碑酒吧的一个名叫玛莎·斯蒂文斯的常客建议她到离酒吧大约半英里路程的新肯特路的斯托克医生诊所去看病。不管斯托克医生给贝西开了什么药物，它们都没有起到任何作用。贝西不断地呕吐。玛莎是一名职业护士，在离圣诞节大约还有十天的时候查普曼请她来照顾贝西，她答应了。一开始只是在白天，后来当贝西的病情恶化之后，她在晚上也留在酒吧照顾贝西。

当贝西生活在伦敦的兄弟威廉被叫去看望贝西的时候，他发现贝西病得很厉害，身体消瘦，看上去比她 34 岁的实际年龄要老得多。她对威廉说自己感到剧烈的腹痛和恶心。在 12 月份探望贝西的另一个人就是她的老朋友伊丽莎白。伊丽莎白发现贝西当时已经瘦骨嶙峋了。查普曼偶尔还对伊丽莎白进行挑逗，有一次还亲了她一下。

1901 年 1 月 1 日星期二，由于贝西的病情，斯托克医生被叫了过来，并且此后他每天都要到纪念碑酒吧来看贝西，直到她在六个星期之后，也就是 2 月 13 日星期三去世。（维多利亚女王于 1 月 22 日星期二去世。）这个医生发现贝西有定期呕吐、腹泻和腹痛等症状。有时她的情况会好转，但是在几天之后又会恶化。

在 1 月份，斯托克医生决定找一名医学专家来帮助他寻找贝西的病因。首先被叫来的是妇科医生桑德兰医生，他认为贝西的子宫出了问题，但是在检查之后他发现她的子宫并没有问题。于是他又叫来住在附近的索普医生对她进行检查。索普医生得出的结论是：贝西的症状是由身心失调引起的——在前弗洛伊德时代，他称这种症状为癔病。就贝西的症状不是由任何器质性病变所引起的这一点而言，他是正确的。尽管如此，贝西的症状是实实在在的，因此他们又咨询了一个名叫科特的医生。科特医生认为贝西可能得了胃癌或者肠癌。根据他的建议，贝西的一份呕吐物被送到临床研究协会进行化验，但是并没有发现癌细胞。2 月初，贝西的母亲被叫了过来。她在酒吧住了下来并且担负起了准备女儿所有食物的责任。贝西的身体慢慢地得到了恢复。到了 2 月 10 日星期天的时候，她感到可以下床活动了。当斯托克医生来看她的时候，她正在弹钢琴。

查普曼发现贝西不像玛丽·斯平克那样好对付。在贝西母亲的严密监视下，他无法像以前那样定期以小剂量的锑给贝西下毒了。于是他决定以大剂量的锑给她下毒，并于 2 月 12 日星期二实施了这一计划。贝西于那天夜晚的 1 点 30 分死亡。被叫来的医生已无法挽救她的生命，他在她的死亡证明上所列出的死因为肠梗阻、呕吐和衰竭。贝西被埋葬在她家乡柴郡的利姆教堂墓地。查普曼声称自己很穷，因此贝西的丧葬费还是她的兄弟威廉支付的。

贝西的尸体在地下埋了 21 个月，这足以使它腐烂了。但是当它于 1902 年 11 月 22 日被从墓穴中挖出来的时候，它却没有散发出任何腐烂的气味。除了表面的一层霉菌之外，尸体保存得异常良好。对贝西的尸检表明，她除了胃部有炎症的迹象外，其他主要器官都没有发现任何疾病。她的肠道内部附有一层黄色的硫化锑，这表明有人曾经通过灌肠的方式向她体内注入致命剂量的毒药。这种化合物是由锑与蛋白质腐烂形成的硫化氢反应所产生的。

化学分析表明，贝西体内各器官的锑含量分别为：胃，8 毫克；肾，20 毫克；肝，107 毫克；肠，548 毫克——最后这个含量是在所有有案可查的锑中毒受害者中最高的一个。在贝西的各个器官中所发现的锑的总量为 683 毫克。对墓穴附近的泥土的分析显示其中不含有任何锑的成分。这些证据都表明，贝西在她死亡的前一天夜晚被灌入了大剂量的锑。

## 莫德·马什谋杀案

现在查普曼需要一名酒吧女招待。1901 年 8 月他在一份报纸上看到了由 18 岁的莫德·马什刊登的一份求职广告，而她要找的正是酒吧女招待的工作。查普曼对这一广告作出了回复。几天之后，莫德在她母亲的陪伴下前来面试。在面试的过程中，马什夫人提出了有关查普曼的婚姻状况的问题，他回答说自己是一个鳏夫。当查普曼提出莫德居住在店内的要求时，马什夫人想知道还有什么人居住在这个楼上。查普曼向她保证说，他将楼上的一些房间出租给了一个家庭。于是莫德在她母亲的同意下接受了这份工作。莫德在15岁的时候就开始给别人当女佣，但是在为两个家庭工作之后，她在克罗伊登地区的一个酒吧当上了女招待。她在失去这个工作之后登报寻求一个类似的工作，结果就来到了纪念碑酒吧。

查普曼立刻就对莫德想入非非。他甚至让莫德等到他把楼上的那家租户赶走之后再搬进酒吧，这样在莫德搬进酒吧之后，住在这个楼房中的就只有她和查普曼了。查普曼立即对莫德展开了攻势，我们有充分的理由相信莫德对此并不反感，但是她还记着母亲的叮嘱，因此一直与查普曼保持着距离。然而当查普曼向她求婚的时候，她就痛快地答应了。查普曼希望这意味着他不用再上演结婚的把戏就可以轻松地把她搞到手。但是对于莫德来说，这只意味着他们已经订婚，而她必须在婚礼之后才能够上他的床。

在9月中旬，莫德在一封写给家里的充满焦虑的信中说："乔治说如果我不顺从他的话，他就会给我35英镑，然后让我回家……但是我已经和他订婚了……如果他不和我结婚的话，那么我就违反誓言了，对不对？"她的母亲立刻给她回信，让她回家。但是莫德随后又给她父母写信说，现在一切都好了，她和查普曼将在星期天骑车到克罗伊登去看望他们。他们真的去了。为了表示诚意，查普曼还给莫德的父母看了一份他的遗嘱草稿，声称莫德将在他死后获得 400 英镑的遗产。

10 月 13 日星期天，莫德和查普曼穿上了他们最好的衣服，他们将莫德的妹妹留在酒吧照顾生意，前往位于主教门街的罗马天主教堂去结婚。在下午 1 点钟的时候他们回到酒吧，声称现在他们已经是夫妻了。莫德的母亲从克罗伊登赶了过来，她自然对这个消息感到非常困惑，要求莫德给她看一下他们的结婚证书。莫德说查普曼已经将它和他的其他证件一起放在了安全的地方，因而她母亲也就没有坚持。不管怎么说，她已经接受了他们结婚的事实，并且留下来吃了一顿饭。在随后的几个星期中，她从女儿的信中看出她很开心，因此她原来对此事怀有的不满情绪也就逐渐消释了。随着时间的推移，莫德的家人接受了查普曼，并且经常到纪念碑酒吧去做客。莫德的父亲有时还会到酒吧去帮忙。

与此同时，查普曼想出了一个赚钱的坏点子。他决定为纪念碑酒吧上保险，然后再放火烧掉它，以骗取保费：纪念碑酒吧的租期马上就要到了，这使他没有充足的时间计划下一个工作。但是他把这场火灾弄得明显像是故意纵火，结果保险公司拒绝赔付。事实上，他是在将这个楼房中的所有家具和值钱的东西搬走之后才在地下室里放火的。《广告人早报》（*Morning Advertiser*）用非常损害查普曼名誉的方式报道了此事，以至于查普曼让法院给该报纸发了传票，但是后来当警察开始调查这起火灾事件的时候，他又撤销了对该报纸的起诉。警方在调查之后没有采取行动，这件事情也就不了了之了。

在圣诞节之前，查普曼又设法租下了一个远比纪念碑酒吧重要的酒馆，即位于博罗市场大街第 213 号的皇冠酒馆。这是一个较大的酒馆，其顾客群主要是附近盖伊医院的医科学生。它甚至还有一个台球室。查普曼肯定感到自己最终在事业上取得了成功。接着莫德就怀孕了，但是在 4 月份查普曼说服她把孩子打掉了。是查普曼自己帮她打的胎。他向她子宫内注射了一种叫苯酚的消毒液稀释剂（它当时的名称为石炭酸）。

　　大约在这个时候查普曼又一次上了报纸，但这次不是因为犯罪，而是因为他成了一起犯罪的受害者。有一天，一个名叫阿尔弗雷德·克拉克的游商带着一个名叫马蒂尔达·基尔摩的女人来到了皇冠酒馆，他们是一对骗子，其所设的骗局是兜售他们偷来的几乎一钱不值的苏格兰金矿公司的股票。当时他们还没有找到一个买主。查普曼感到马蒂尔达有些面熟，于是就和她交谈起来。他对她编造的故事很感兴趣，于是就同意出 700 英镑认购他们兜售的股票，并且交了 7 英镑的定金。随后他就把他在银行里所有的钱都取了出来。但是他在将这些钱交给这两个骗子之前很明智地对苏格兰金矿公司开展了一番调查，结果发现它的股票毫无价值。

　　查普曼向警方举报了这两个骗子。他还告诉警察说他为购买这些毫无价值的股票而花了 700 英镑。这一对骗子在前去向查普曼交货的时候被逮捕，并于 1902 年 7 月在纽因顿法庭受审。查普曼作为检控方的证人出庭作证，而莫德也支持了他的说法。虽然克拉克的辩护律师试图推翻查普曼的说法，但是他失败了：陪审团认定克拉克有罪并判处他 3 年监禁。马蒂尔达被宣布无罪。当时查普曼向警方提供了他从银行取出的一些钞票的序列号，并声称这些钞票被克拉克骗走了。在他于 1902 年晚些时候被逮捕之后，检控方在他的皇冠酒馆中发现了这些钞票。阿尔弗雷德·克拉克在当年 12 月获得赦免。

虽然莫德对她在法庭上作假证的"丈夫"给予了全力的支持，但是她的忠心并没有得到好报。她在皇冠酒馆的地位已经受到了一个新来的酒馆女招待的威胁，这个女招待就是 1902 年 6 月来到酒馆的弗洛伦丝·雷纳。很长时期以来，她是这个酒馆中午的常客。有一天莫德问她是否愿意在酒馆做一份工作，工资是每个星期 5 个先令，并且包伙食。弗洛伦丝接受了这一工作。这样莫德就可以在中午的时候腾出时间做一些家务事，并且准备一顿饭，以便她和查普曼能够在下午酒馆关门的时候一起吃。在两个星期之后查普曼就和弗洛伦丝勾搭上了，但当时他们之间的关系还没有超出偶尔偷一个吻的范围。

当莫德发现他们之间的暧昧关系之后，免不了要和查普曼发生争吵。她威胁要离开查普曼。而查普曼则回答说，如果这样的话，那么她永远也不要再回来了。对于莫德来说非常不幸的是，她留了下来。在这次争吵发生后不久莫德就病倒了，上吐下泻，但是在此之前她已经解雇了弗洛伦丝。

莫德在挫败查普曼用弗洛伦丝取而代之的企图的同时，也决定了自己被谋杀的命运。在 7 月中旬，查普曼开始用酒石酸锑钾对她下毒。在数次呕吐和腹泻之后，莫德的妹妹说服她去看医生。与查普曼的前两个伴侣不同的是，莫德与家人，尤其与她的妹妹爱丽丝和母亲保持着密切的关系。她们的关心虽然没有能够挽救莫德的生命，但是却最终使查普曼落入法网。在 7 月份，爱丽丝采取的行动使莫德的情况暂时得到了缓解。尽管查普曼竭力反对莫德去医院，但爱丽丝还是坚持带她去看医生。为了安抚查普曼，她们保证首先到皇冠酒馆附近的一个诊所去看一下。但是她们在那个诊所中没有找到医生，于是爱丽丝就带她的姐姐去了盖伊医院，并把她留在那里等待就诊。

莫德当时身体非常虚弱，还没有见到医生就晕倒在了候诊室中。但是医生对她检查之后认为她没有什么需要住院治疗的严重疾病，于是就让她回家了。在莫德回家不久查普曼就又一次对她下了毒，于是她又赶快回到了医院。这次她使医院相信了她身体状况的严重性：她被盖伊医院收治，并且住了四个星期的院。她在刚入院的时候表现出的症状为高烧、心率加速、腹泻、呕吐和腹痛，这些症状有时会变得非常严重。在头两个星期的时候，她的情况一直没有多大的改变，但是到了 8 月 10 日她的身体状况开始有了显著的改善，她的体温恢复了正常。又过了 10 天之后，医生宣布她可以出院了。负责治疗她的塔吉特医生认为她得的是腹膜炎。

莫德回到了皇冠酒馆，有一个月的时间她的身体状况一直很好。10 月 7 日，皇冠酒馆开始了新的作息制度：莫德每天中午在酒馆工作，在下午独自吃午餐。就在那天，查普曼从他自己和另外两个雇员所吃的午餐中为莫德留出了一些土豆。那天下午莫德在吃了那些土豆之后就病倒了，她感到身体非常难受，以至于不得不卧床休息。第二天莫德的妹妹来看她，结果发现她正在上吐下泻。查普曼开始对莫德进行最后一轮下毒。我们能够看到的有关莫德生命最后两个星期的记录，远比有关查普曼的另外两个受害者生命最后阶段的记录要详细。从皇冠酒馆发生的事情中我们可以了解查普曼是如何下毒的，而且他知道使用这种毒药下毒不会被人发觉。就在这段时间，查普曼曾经向酒馆中的一位顾客吹嘘说："我只要给一个人这么一点点毒药（他用拇指和食指捏在一起表示一小撮）就可以杀死他，即使有 50 个医生也查不出原因。"他曾经两次用锑实施谋杀，而且第二次还是在 4 位医生——其中有两位是专家——的眼皮底下实施的，这使他确信锑是最理想的毒药。

在那个星期剩余的几天内，莫德的情况没有好转。在星期五查普曼到斯托克的诊所去购买了一些治疗莫德呕吐和腹泻症状的药物，他就是在这次开药的过程中向医生透露了他和莫德并没有结婚的情况的。医生给他开了一些由白垩、铋化合物和鸦片混合而成的胃药，并让莫德保持清淡的饮食。医生在第二天，也就是 10 月 11 日星期六到莫德家去看了她，结果发现她仍然病得很重。莫德问医生这次她得的是否又是腹膜炎，医生告诉她不是，她听了之后感到有些放心了。第二天医生发现她的情况好多了。在星期天中午，莫德吃了猪肉、土豆、蔬菜、面包，并喝了一些姜啤酒。查普曼等到下午茶的时候又一次对她下了毒。在下午 5 点半她又开始剧烈呕吐。晚上查普曼打开一瓶香槟酒递给了莫德，但是路易萨先尝了一口，发现它的味道不对，并告诉了查普曼。查普曼立即把这瓶酒倒进了夜壶。

10 月 13 日星期一，这是莫德和查普曼的第一个"结婚"纪念日，但是莫德已经没有力气庆祝了。从那天起她的情况日益恶化。她持续不断地呕吐和腹泻，并伴有腹痛和腿部痉挛。到了星期三她无论吃什么东西都会立即呕吐，因此医生说必须通过肛门向她体内灌输营养。查普曼请酒馆的一个名叫图恩夫人的常客帮助照料莫德，并通过肛门向她体内灌输营养。鉴于这后一项工作的性质，图恩夫人拒绝了这一请求。由于其他人也都不愿意帮这个忙，查普曼只好自己去做。图恩夫人同意每天晚上照顾莫德，直到凌晨1点钟酒馆关门再回家。

图恩夫人发现莫德非常口渴，但是她所喝的饮料并不能缓解这一症状——大多数饮料她喝完之后立即就吐出来。通过肛门灌输营养的方法也不成功：这些营养很快就被排出体外。莫德拒绝服用斯托克医生开的药，因为这种药只会使她的情况变得更糟糕。查普曼主动承担起了满足莫德所有需要的任务，几乎一直守在她的身边。他坚持亲自照顾莫德的饮食，这种行为引起了在星期天被叫来的莫德父亲的怀疑。莫德的父亲说，如果到了星期一莫德的病情还没有好转的话，他就要找另外一个医生来给她看一下。但是当天晚上莫德的病有了好转的迹象，这表明查普曼一直在酒馆中忙于生意，因而没有时间给莫德下毒。

到了星期天，莫德的身体状况已经好到能够在午餐的时候吃一些兔肉了。但是在当天下午她的症状又出现了。她认为这些症状是由午餐引起的。一个吃了那份午餐的用人也病倒了。马什一家人决定由他们自己轮流照顾莫德，而莫德的母亲也于星期一上午赶了过来。她发现女儿病得很重并抱怨极度口渴和下腹疼痛。查普曼给她喝白兰地——而且还是马爹利三星白兰地——和苏打水，但是她每次在喝了一点儿之后就吐了出来。

斯托克医生来了之后发现莫德的身体已经非常衰弱了，于是他把莫德的母亲叫到一边，告诉她莫德很可能已经无可救药了。他与马什夫人商讨了莫德死亡证书上应该使用的措辞，很可能还告诉了她莫德并没有与查普曼结婚的事情。第二天，也就是10月21日星期二上午9点钟的时候，莫德的父亲找到了他自己的医生格拉佩尔，要求他去看一下自己的女儿。他们于下午3点30分到达了酒馆。在中午已经来过一次的斯托克医生也被叫了过来。这两位医生一起对莫德进行了检查。格拉佩尔发现莫德的脉搏很快，但是心跳有力。她的身体有黄疸，肤色苍白，呼吸微弱，已经处于半昏迷状态。这两位医生认为莫德是食物中毒，并且安排在第二天晚上再一起对莫德进行会诊。

那天晚些时候，莫德的情况开始改善，当她父亲下班之后来看她的时候，她说自己已经感觉好点儿了，而且情绪也很好。莫德的父亲告诉查普曼说，莫德能够挺过去。但是查普曼却回答说："她永远也不会再起来了。"

当天晚上莫德的情况又恶化了，她母亲整夜都在照顾她。护士在凌晨1点钟回家之后，查普曼拿上来一大杯白兰地放在了莫德的床边，以便她在夜晚需要的时候饮用。莫德小睡了一会儿，在凌晨3点钟醒了。她母亲给她喝了一些兑了苏打水的白兰地，但是不久她就把它吐了出来。在凌晨5点钟的时候，马什夫人在连续照顾莫德两个晚上之后感到筋疲力尽，于是决定喝一些白兰地提一提神。她喝之前在白兰地中加入了一些冰和水。几分钟之后她也开始呕吐，并且在随后的两个小时内上了六次厕所。

莫德的母亲根据事实推定那杯白兰地有问题，她让图恩夫人尝了一点儿。图恩夫人在尝了之后说这酒太烈了，烧得她的嘴火辣辣的。但是这两个女人已经来不及采取任何行动了。在图恩夫人到达后不久莫德又发病了，她的一只胳膊变成了深红色，而她的嘴唇则呈深灰色。随后她又出现了严重的小便失禁的症状。她的状况迅速恶化，但是到了中午时分她的头脑恢复了短暂的清醒，并意识到自己死期已至。她对查普曼和照顾她的两个女人轻声说："我要走了。"而查普曼则问道："去哪儿？"莫德用她的最后一口气向他道了一声别，然后就死去了。当时的时间是夜晚12点30分。查普曼情绪失控，泪流满面。但是随后他又找到足够的精神力量使自己镇静下来，并且在半个小时之后又像往常一样到酒馆去开门营业了。斯托克医生在下午3点钟来到皇冠酒馆的时候发现莫德已经死亡，他拒绝签署死亡证明，说要对尸体进行非官方尸检。在此之前莫德的母亲曾说，如果莫德死亡的话，那么她就会要求做尸检。

## 对查普曼的逮捕和审判

当天下午，马什夫人给她丈夫发了一份电报。马什先生在收到电报之后，立即拿着它找到了格拉佩尔。格拉佩尔向马什先生保证，他会采取行动调查莫德的真正死因。事实上，他在发给斯托克医生的一封电报中表示，他怀疑莫德是被用砒霜毒死的。斯托克医生在尸检的过程中取出了莫德的部分肝脏、直肠和胃，并将其送给临床研究协会的伯德纳医生进行分析。斯托克医生的尸检本身并没有揭示直接死因：肝脏、肾脏和卵巢看上去都很健康。这一尸检是非官方的，因此稍微有些不规范。但是它是以正确的方法进行的，并且还有两名医生在场作证。

伯德纳医生于10月24日星期五开始对莫德的器官进行分析，其目的是寻找砷。事实上他发现了微量的砷，并将这一结果报告给了斯托克医生。后者立即通知了警方，同时也就此事给验尸官写了一封信。他的这种做法有些为时过早，因为进一步的法医学分析表明在莫德的胃液中含有大量锑。但是博德纳并没有提到这件事情，因为斯托克医生明确要求他寻找砷。（他以为莫德胃液中的锑是作为药物摄入体内的。）

与此同时，在皇冠酒馆，查普曼开始意识到，他用来解决自己不想要的性伴侣的方法并不像他以前想象的那么完美，于是就采取措施掩盖自己的罪行。他对图恩夫人进行贿赂，并且警告她对这个星期以来发生的事情保持沉默。他把莫德母亲让图恩夫人保存起来的沾有莫德呕吐物的衣服、毛巾和床单、被罩全部找出来烧掉。他还处理掉了他用来给莫德下毒所剩的酒石酸锑钾。后来司法证据科学家所能够找到的，只有装斯托克医生所开的药的瓶子中一些微量的锑。但是对于警方来说所幸的是，查普曼保留了他多年前在哈斯庭斯的药店购买的毒药瓶子上的标签。

10月25日星期六，是为庆祝爱德华七世加冕而在伦敦南部举行皇家游行的日子。就像在这个游行队伍行经路线上的许多商户一样，查普曼也用彩旗把他的酒馆装饰了一番，然后让那些愿意出钱的观光客从他酒馆的窗户中观看经过酒馆门前的游行队伍。但是查普曼已无法从这个投机小生意中受益了：就在快到中午的时候，两名警探来到皇冠酒馆，以谋杀莫德·马什的指控逮捕了查普曼。他们还对这个酒馆进行了搜查，扣押了查普曼的个人证件、总额为268英镑的钞票和沙弗林金币以及一把装了子弹的转轮枪。随之而来的是一系列在如今看来非常古怪的法律程序。斯托克医生启动了两个相互独立的针对莫德·马什死亡事件的调查程序。正如我们在上面所看到的，警察几乎立即就采取了行动，在星期六逮捕了查普曼，在星期一把他带到治安法庭接受听证，并不准他取保候审。验尸官也采取了积极的行动，在葬礼之后的第一天就开展了死因调查，并且在第一次治安法庭听证之后又开展了调查。然后验尸官暂停对案件的审理，以等待由斯蒂文斯医生进行的第二次尸检和分析。斯蒂文斯医生在莫德体内发现了砷和锑，而后者的含量远远大于正常值，因而被认定为致死的原因。他的分析揭示，莫德体内各器官的锑含量分别为：胃，221毫克；肠，390毫克；肝，46毫克；肾，9毫克；脑，11毫克。这些器官总共含有777毫克锑。

　　在随后的两个月内，验尸官法庭共举行了四次听证，不仅听取有关莫德·马什死因的证据，而且还听取了有关玛丽·斯平克和贝西·泰勒死因的证据。后两者的尸体于11月底被从墓穴中挖了出来并做了分析。最终验尸官法庭的陪审团于1902年12月18日作出了这三名妇女被乔治·查普曼蓄意谋杀的裁决。查普曼被拘押，等候中央刑事法庭的审判。审判本身已毫无悬念。它于3月16日星期一开始。前三天由检控方出示证据：第一天证明了乔治·查普曼的真实身份为波兰人塞维林·克拉索威斯基；第二天听取了有关他谋杀莫德·马什的证据；第三天听取了有关他谋杀玛丽·斯平克和贝西·泰勒的证据。而第四天则是审判的最后一天。

　　在总结发言中，主持审判的格兰瑟姆法官以强烈的措辞谴责了查普曼的罪行，同时也批评了那些负责治疗查普曼的受害者的医生——他们未能及时发现自己的病人被下毒的情况。陪审团只用了10分钟就认定查普曼有罪。查普曼于1903年4月7日被处决。他直到临死也不承认自己是塞维林·克拉索威斯基。虽然他真正的妻子露西多次到旺斯沃德监狱去探望他，但是他却始终拒绝见她。

# Lead

◇◇◇◇◇◇◇◇◇

# 铅

# 第十二章

# 铅的帝国*

铅是一种有用的，神奇的，难以预测的，危险的，而且还是致命的元素。

铅是有用的。我们的祖先发现它是文明生活的一个重要部分：水管、白镴器皿、陶器、油漆，甚至补药中都含有铅。玩具士兵是用它浇铸的，葡萄酒是用它保存的，灰色头发是用它染黑的，教堂屋顶是用它覆盖的，化妆品中有它的成分，罐头食品也是用它密封的。

铅是神奇的。在 1859 年，莱昂·普莱费尔（Lyon Playfair）教授带着 18 岁的威尔士王子——也就是后来的爱德华七世，参观了爱丁堡大学的化学实验室。当他们走到一个装着熔化的铅的罐子前的时候，普莱费尔做了一个令人称奇的展示：他将熔化的铅倒在他助手的手指上。让王子感到吃惊的是，那个年轻助手的手竟然毫无损伤。王子也想试一下。在用氨水溶液洗过手之后，他也让人将熔化的铅倒在了自己的手指上，结果也是毫无

---

\* 有关这一元素的更为详细的技术信息，请参考本书后所附的术语解释。

损伤。*直到 20 世纪 50 年代仍然有人在表演这一令人目瞪口呆的把戏。其秘诀在于将手弄湿，这样当皮肤上的水膜遇到熔化的金属时就会立即产生一层水蒸气。这层蒸汽既可以保护皮肤，又可以使铅变成微小的珠子并将其弹出去。

铅是难以预料的。在莎士比亚的《威尼斯商人》中，那些希望娶美丽的鲍西亚的人都必须在三个盒子——一个是用黄金做成的，一个是用白银做成的，还有一个是用铅做成的——当中选择一个。其中的一个盒子里装着鲍西亚的肖像，选中这个盒子的人就可以娶到鲍西亚。这个盒子当然就是用铅做成的，而且上面还写着以下这句预言："谁选择了我，就必须付出，并且可能失去他所拥有的一切。"鲍西亚的求婚者巴萨尼奥推断这一定是正确的选择：

> ……可是你，寒碜的铅，你的形状只能使人退却，一点儿也没有吸引人的力量，然而你的质朴却比巧妙的语言更能打动我的心，我就选择你吧，但愿结果美满！
>
> ——《威尼斯商人》第三幕第二场

所有这些都意味着莎士比亚知道铅有着黑暗和令人畏惧的一面。但这并不妨碍它在随后的几个世纪内成为在经济上远比白银甚至黄金更为重要的金属——但是人类也为它付出了沉重的代价，成千上万的人因为受到其毒害而过着悲惨的生活。

铅是危险的。生活在公元 1 世纪的古罗马建筑师兼工程师马

---

* 这样做的目的是去除手上的油污，并且确保他的手处于完全潮湿的状态。

库斯·维特鲁维乌斯（Marcus Vitruvius）曾经注意到，炼铅厂的工人的肤色总是苍白的。古希腊医生希波克拉底描述了一名铅矿矿工出现的严重的急性腹痛症状。就像在他们之后的许多个世纪中曾经治疗过铅中毒病人的大多数医生一样，他们两个都没有将这些症状归因于铅。但是偶尔也有少数医生认识到铅可能是毒性很强的，其中的一个就是巴黎慈善医院的唐克里尔·迪布朗谢（Tanquerel des Planches）。他于1839年写了一份有关铅中毒职业病的报告。虽然这份报告使医学界注意到了铅的危害，并且使铅中毒能够得到更好的诊断，但是它并没有阻止铅渗透到人们广泛的日常生活之中并对几乎每个人都造成毒害。直到150年之后，铅对于人类的危险才得以解除。

铅是致命的……这不仅仅是因为它可以用来做子弹。20世纪40年代，在美国和英国，一些贫困家庭将废弃的铅电池用作廉价燃料，结果导致儿童铅中毒。在约克郡罗瑟勒姆附近的一个叫堪克娄的村庄里，一个收破烂的人以一先令一麻袋的价格出售这种废电池，结果导致25名儿童因铅中毒而入院治疗，其中两名儿童死亡。有人推测，铅可能导致一些帝国的统治者死亡，因而对于这些帝国来说也产生了致命的影响。罗马帝国的上层社会很可能就是因为铅中毒而衰亡的，而大英帝国的统治者也并不是没有受到影响。

## 铅对人体的影响

如果人体突然摄入大剂量的铅的话，那么通常就会通过呕吐和腹泻的方法将其排出体外。但是如果铅以许多小剂量的形式进入人体的话，那么它就会侵入机体并被部分吸收。在这种状况下，如果每天摄入的剂量都很小，那么人们可能在很多年内都不会意识到其恶毒的影响。显示受到铅污染的最好的指标就是血铅浓度。血铅浓度可以与铅中毒导致的症状以及其导致的新陈代谢系统的紊乱联系在一起（见表 12.1）。

**表 12.1　血铅浓度、铅中毒症状和病因**

| 血铅浓度<br>（微克 /100 毫升）[a] | 可能出现的症状 | 病因 |
|---|---|---|
| 10 | 无 | |
| 40 | 头痛、消化不良、便秘、易怒、注意力不集中 | 过多氨基乙酰丙酸[b] |
| 80 | 以上所有症状，但是程度更为严重，外加抑郁、急性腹痛、贫血和乏力等症状 | 过多氨基乙酰丙酸[b]以及其他代谢产物 |
| 100 | 以上所有症状，外加失眠、手脚刺痛、牙龈上出现蓝色线条[c]、男性不育、女性流产 | 外周神经系统衰弱和中枢神经系统紊乱 |
| 150 以上 | 以上所有症状，外加抽搐、瘫痪、失明、幻觉和昏迷 | 导致永久性损伤的脑肿胀（铅毒性脑病） |

a. 将本栏中的数值除以 10 就可以将其单位从微克 /100 毫升转化为 ppm，如 10 微克 /100 毫升除以 10 就是 0.1ppm。
b. 见下文。
c. 这也可能是不注意牙齿卫生造成的。

　　不同的人对铅的反应不同。有些工人被测出血铅浓度超过了150 微克 /100 毫升，但是没有出现任何铅中毒的症状。而另外一些人在血铅浓度只有 75 微克 /100 毫升的时候就出现了急性铅中毒的症状。但是无论如何，任何血铅浓度超过 80 微克 /100 毫升的人都需要进行解毒治疗。我们曾经遇到过极高的血铅浓度。例如 2001 年在澳大利亚阿德莱德市一名锡克族妇女所生的一个早产儿创下了儿童血铅浓度的纪录。这个母亲在怀孕期间一直服用从印度寄来的一种含有 9% 铅化合物的草药片，她生下的婴儿血铅浓度几乎达到了 250 微克 /100 毫升，并且出现了各种重度铅中毒的症状。通过解毒治疗，医生最终挽救了这个婴儿的生命，在经过三个月的治疗之后，其血铅浓度降到了对生命威胁不大的 35 微克 /100 毫升。

铅从母亲的血液进入胎儿体内的这个例子显示了铅在人们不知不觉中对他们造成伤害的危险。

在 20 世纪的大部分时间，人们一直认为人的血铅有一个"门槛"浓度，在这个浓度之下不会产生任何可以观察到的影响。当时著名的铅化学家之一就是后来成为乙基汽油公司医疗顾问的罗伯特·基欧（Robert Kehoe），他将这个"门槛"浓度设定为 80 微克 /100 毫升。在 20 世纪 60 年代之前这一标准一直没有受到质疑。但是我们现在知道，这一"门槛"浓度远远高于安全标准。它于 20 世纪 60 年代被降至 70 微克 /100 毫升，在 20 世纪 70 年代被降至 60 微克 /100 毫升；在 1975 年被降至 30 微克 /100 毫升，最后又于 1990 年被降至 15 微克 /100 毫升。

当然大多数人的血铅浓度都没有那么高。美国公民的平均血铅浓度在 20 世纪 70 年代为 15 微克 /100 毫升，在 80 年代降至 10 微克 /100 毫升，而在 90 年代则更是远远低于 10 微克 /100 毫升。就儿童而言，他们的血铅浓度在 20 世纪 80—90 年代下降得尤为显著：从 13 微克 /100 毫升降到了 3 微克 /100 毫升。在过去几乎所有儿童的血铅浓度都高于 10 微克 /100 毫升，到了 20

世纪 90 年代初只有十分之一的儿童达到这一水平。然而在另一方面，即使到了 2000 年，在两岁以下的美国儿童中仍然有 1/20 的儿童血铅浓度超过 10 微克 /100 毫升。他们主要是生活在大城市破败的贫民区中的非裔儿童。

铅会干扰人体的三项重要的功能：造血功能、神经系统功能和肾脏功能。人体的造血功能受到干扰之后，会导致体内两种易制毒化学物质——氨基乙酰丙酸和粪卟啉原——的堆积，而正是这些物质导致了铅中毒的症状。铅阻止负责将氨基乙酰丙酸转化为血液的主要成分——血红蛋白中的血红素——的几种重要的酶的产生，从而导致氨基乙酰丙酸在人体中堆积。这种物质会影响人的胃脏，从而引起急性腹痛；它会使肠肌瘫痪，从而引发便秘；它还会影响肌肉和神经纤维，从而导致乏力和四肢麻木。它影响最严重的地方在脑部，它会弱化脑部血管壁，从而导致其渗出液体，引起脑部水肿。而氨基乙酰丙酸本身也能够渗入脑部，其导致的症状包括轻度头痛、抑郁、轻度失眠；而在严重的情况下则会导致幻觉、失眠、痉挛、失明和昏迷。对于儿童来说，铅中毒最可怕的症状就是脑水肿，也称铅毒性脑病，因为这可能导致大脑的永久性损害。

铅可以干扰神经系统向肢体传输信息的能力，并且妨碍大脑中两种信号分子——羟色胺和多巴胺——的运作。羟色胺控制身体的睡眠模式，它的缺乏会导致失眠；而多巴胺的缺乏则会使一个人变得孤僻和抑郁。铅会破坏脑神经元并使其被一种不能以同样方式工作的神经胶细胞所取代。肾脏试图通过将铅从血液中析出然后再与蛋白质结合的方式，从尿液中排出体外。但是这一过程非常缓慢，而且会干扰肾这种重要的器官的运作。

## 人体究竟能够耐受多少铅

　　如今一个成年人体内的平均铅含量大约为 100 毫克。在下一代人中，人体的平均铅含量可能会降至 50 毫克。再经过几代人之后，这一含量可能会进一步降低到 10 毫克。人体中的铅主要存在于骨骼中。骨骼的铅含量可达 30ppm。在过去被暴露在铅污染环境中的人，其体内的铅会被保存在骨骼中。因此我们可以通过分析骨骼中的铅含量来测定他们受铅污染的程度。如果我们知道他们的准确的死亡时间的话，那么他们骨骼中的铅含量就可以成为了解当时铅污染情况的一个很有用的工具。到了 20 世纪末，新近死亡的儿童骨骼中的铅含量已降至 2ppm，但是大多数成年人骨骼中的铅含量仍然在 5ppm 左右。在这方面，对波兰一个教堂的地下墓穴中尸骨的分析尤为重要。这些尸骨一直被存放在干燥的条件下，因此没有从其周围的环境中吸收铅。其中有些尸骨的铅含量高达 100ppm。在中世纪，人体骨骼中的平均铅含量为 30ppm，但是在此之后开始上升。到了 18 世纪，这一含量上升到了 50ppm，在 19 世纪，这一含量又上升到了 60ppm。很明显，他们的环境遭到了铅的严重污染。

　　那么如今我们体内的铅来自哪里呢？其中大多数来自我们的饮食，有些则来自我们所呼吸的空气。我们的日常饮食中可能含有超过 200 微克的铅，其中 10 微克进入血液，另外通过肺吸入的铅中还有 5 微克也会进入血液（这个量因我们所居住的环境而异）。因此我们每日摄入体内的铅大约为 15 微克。人体可以很容易地将其排出体外。

值得庆幸的是，我们日常饮食中所含的铅只有百分之几进入血液，但是我们吸入的尘土中的铅则有一半会进入血液。1995年由约瑟夫·格拉齐亚诺（Joseph Graziano）所带领的纽约哥伦比亚大学的一个研究小组证明了这一点。他们让 6 名志愿者每人服下一颗装有从一个废旧铅矿附近采集到的含有 3000ppm 铅的泥土的胶囊。铅 –206/ 铅 –207 的同位素比（见附录中的术语解释）要低于正常值，因此我们可以通过观察这种比例的变化来计算进入血液的铅含量。如果这种胶囊是在空腹的情况服下的，那么铅的吸收率就高达 25%；如果这个胶囊是在志愿者吃了一顿丰盛的早餐之后服下的，那么铅的吸收率只有 3%。

在通过肺或肠胃进入血液的铅中，有 5 微克被肾脏析出并随尿液排出体外，而 10 微克则被转化为不可溶的磷酸盐被储存在骨骼之中。骨骼就像吸收钙一样吸收铅，即将其转化为不可溶解的磷酸盐。我们的骨骼的铅含量日复一日地增加，到了 40 岁的时候可能超过 100 毫克。然后随着我们逐渐变老，骨骼中的铅就像钙一样逐渐被分离出来，我们的骨骼也就变得日益脆弱。前几代人由于骨骼中积累的铅远远大于我们这一代人，因此他们到了老年之后面临着持续的轻度铅中毒的危险。

铅之所以会进入食物链中，是因为所有植物都含有少量的铅。例如新鲜的甜玉米含有 0.02ppm 铅，但是水果中的铅含量几乎为零：西红柿的铅含量为 0.002ppm；而苹果的铅含量仅为0.001ppm。植物所吸收的铅的量取决于土壤中的铅含量：在铅加工厂附近生长的生菜的铅含量可能高达 3ppm，但即便食用大量这种生菜也不大可能产生铅中毒的症状。对饮用水而言，除非是用铅管运送的，否则不大可能含有很多铅。即使它是用铅管运送的，如果水质是硬的，即含有溶解的钙盐和镁盐的话，那么也不会有太多的铅溶解到水中。世界卫生组织于 1995 年将其建议的饮用水铅含量的上限从 0.05ppm 降低到 0.01ppm，要求所有国家争取在 2010 年前达到这一标准。美国环境保护局设定的安全上限为 0.015ppm，但是在华盛顿特区 6000 个被检测的家庭中，有4000 个的饮用水铅含量超过了这一上限。在其中一个家庭中提取的饮用水样本的铅含量高达 48ppm。

铅在水中以铅离子（$Pb^{2+}$）的形式存在，而在食物中则很可能以不可溶的形式存在，但是当它们遇到诸如果酸等溶解剂的时候可能会释放出铅离子。铅离子与钙离子所含的电荷相同，但是它们的体积要比钙离子大得多，因此不容易穿透肠黏膜进入血液。尽管如此，还是有一些铅离子会通过肠黏膜进入血液。

## 铅和帝国的衰亡

古希腊诗人兼医生尼堪德（Nicander）描述了铅中毒的各种症状，包括幻觉和瘫痪，他建议用很强的泻药来治疗。尽管如此，铅中毒仍然没有得到控制，这主要是因为在这种金属与其对健康的危害之间的关系并不是很明显。另一方面，铅的益处则是显而易见的。事实上，一个社会中铅使用得越多，其居民的生活水平就越高。铅是一种极为有用的金属：它很容易从矿石中提取，熔点相对较低，并且是理想的焊接材料。铅的可塑性很强，可以被压成薄片，做成管子、平底锅、屋顶和蓄水池。它不会受氧气和水的腐蚀。

人类开采铅矿的历史已经超过 6000 年。古埃及人曾经使用含铅的颜料，并用铅浇铸小塑像。我们在公元前 2000 年的古墓中发现过用铅矿制作的化妆品，其中包括黑方铅矿（硫化铅）、白铅矿（碳酸铅）、白色羟氯铅矿（氯化铅）和棕色角铅矿（氯化铅和碳酸铅的混合物）。

古埃及人使用的铅可能部分来自腓尼基商人。腓尼基人从公元前 2000 年就开始在西班牙开采铅矿了。但是真正开始大量生产铅的还是古希腊人，他们是在开采银矿的过程中无意开采到铅的。从公元前 650 年至公元前 350 年，古希腊人在拉乌里翁地区开采了一个很大的矿藏，他们总共从那里开采了 7000 吨白银和 200 万吨铅。

从拉乌里翁开采的白银一直是古希腊经济的支柱，直到公元 4 世纪该矿藏枯竭，而古希腊也随之衰亡了。到了那个时候，他们在这一矿区已经挖掘了两千多个矿坑和 150 公里的矿道。在几百年之后，发现铅及其化合物越来越有用的古罗马人，仍然在开采从这些矿井中挖出的作为废料的铅矿。建筑师、管子工、画家、厨师、制陶工、金属工、铸币工、牙医 *、酿酒师和殡葬师都要使用这种金属（在整个古罗马时期铅制棺材经常被用来埋葬重要的人物）。

---

\* 古罗马人用铅补牙。

　　古人将铅视为神赐的礼物。古埃及人将它与俄赛里斯（地狱的冥神和鬼判）联系在一起，古希腊人将其与克罗诺斯（掌管时间的神祇）联系在一起，而古罗马人则将其与萨杜恩（农业之神）联系在一起，这就是为什么至今人们有时还会称铅中毒为萨杜恩病。实际上，铅是一种来自地狱的金属。罗马帝国的一个令人不解的特征就是统治阶层惊人的低生育率，而这与饮食中的高铅含量有关。如果说一个帝国的命运是由其统治阶层的命运所决定的话，那么有关世界上最伟大的帝国是被铅所摧毁的说法并非无稽之谈。事实上，受到低生育率影响的并不仅仅是贵族。尽管罗马帝国具有食物充足、卫生水平以及科学较高、技术和医学发达等社会优势，但是这些都没有能够导致人口的增长。罗马帝国的人口始终保持在 5000 万左右。

　　一些研究人员认为铅是罪魁祸首，而对当时居民的遗骨的分析表明，他们的身体由于铅的使用而受到了损害。有关铅导致罗马帝国衰亡的推测最初是由加利福尼亚大学圣莫妮卡分校的 S.C. 吉尔菲兰（S.C.Gilfillan）于 1965 年在《职业医学杂志》（*Journal of Occupational Medicine*）中提出的，他的这一论断得到了加拿大国家水研究所的杰罗米·恩里亚古（Jerome Nriagu）的支持。后者在发表于《新英格兰医学杂志》（*New England Journal of Medicine*，1983 年第 308 期第 660 页）上的一篇文章中估计，在古罗马，平均每人每天的铅摄入量为：贵族，250 微克；平民，35 微克；奴隶，15 微克。对于前两类人来说，他们摄入的铅主要来自其饮用的葡萄酒。恩里亚古甚至将罗马皇帝的疾病及其古怪的行为归咎于其过高的铅摄入量。这些皇帝中大多数都有痛风的毛病。在公元 41—54 年在位的克劳狄乌斯出现了铅中毒的许多症状，包括反复的急性腹痛。恩里亚古在其于 1983 年出版的一本名为《古代的铅与铅中毒》（*Lead and Lead Poisoning in Antiquity*）的具有争议的学术著作中进一步阐述了这一推论。

古罗马人的住所受到多种形式的铅污染。饮用水是通过衬铅的引水渠和铅管运送的，存储在铅制的蓄水池中，而且还可能是用铅制的器皿饮用的。房间中的墙壁和木制品是用含铅的颜料涂饰的。还有一样东西肯定对他们饮食中的铅含量起了很大的作用，那就是一种叫作萨帕的甜味剂。著名的罗马作家普利尼（公元 23—70 年）给出了萨帕的配方，并且特别提到必须在铅制的平底锅中制作这种甜味剂。

古罗马的厨师只有两种可以用来烹制甜食的甜味剂：蜂蜜和萨帕。* 萨帕是通过将废弃或变酸的葡萄酒在铅锅中沸煮而成的。我们现在知道由此而制成的糖浆之所以会有甜味，是因为它含有大量的醋酸铅。其中的铅来自铅锅，而醋酸则来自在酶和空气的作用下发酵的葡萄酒。从这种糖浆中析出的晶体看上去和尝起来都像蔗糖，被称为铅糖。最近有人按照古罗马的配方制作了萨帕，对其进行分析，结果发现这种糖浆含有大约 1000ppm（0.1%）的铅。一勺这种糖浆中所含的铅就足以导致一些铅中毒的症状了。而当时很受欢迎的古罗马食谱《阿比修斯食谱》中

---

\* 古罗马人还不知道有蔗糖。甘蔗最初仅产于波利尼西亚，逐渐向西传播，大约在公元 800 年才传到欧洲。

记载的 450 种食品中，有 85 种就使用了萨帕。酿酒师也会使用帕萨。

萨帕被用来保存葡萄酒，特别是希腊葡萄酒。这些葡萄酒在古罗马很受欢迎，但是据说它会导致不育、流产、便秘、头痛和失眠等症状——如果这些酒中加入了萨帕的话，那么出现这些症状就不奇怪了。另外，据说古罗马的妓女大量服用萨帕，因为它可以起到避孕的作用，使她们的皮肤变白（这是由于贫血造成的），并且还可以起到堕胎的作用。

古罗马人在希腊、西班牙、不列颠岛和撒丁岛开采铅矿。在罗马帝国的鼎盛时期，不列颠岛的矿藏是罗马人的铅的主要来源，每年的产量超过 10 万吨（据估计，古罗马人总共开采和使用了 2000 万吨铅）。最初罗马人将铅的开采和冶炼交给私人经营，但是后来他们认为这种金属太重要了，因而将其转为国营。罗马人并不是不知道铅矿的开采和冶炼对人体的危害，因此主要让奴隶来从事这些工作。在帝国的鼎盛时期，共有 4 万名奴隶在西班牙的铅矿中工作。

西罗马帝国的灭亡导致欧洲经济的发展停滞了 1000 年。人们认为导致这一帝国灭亡的原因包括气候变化、瘟疫、经济衰退、宗教纷争、权力斗争和外部压力。的确，从公元 250 年开始，以上这些因素都起了作用。随着气候变冷，生活在北方的部落开始南迁，并且入侵罗马帝国的北部地区。瘟疫和各种传染病在整个帝国肆虐。与此同时，帝国内部的军事化宗教纷争愈演愈烈。铅对罗马帝国的衰亡来说充其量只是一个次要因素。那么它是否也是导致 1500 年之后大英帝国衰落的因素之一呢？

在欧洲走出黑暗时代（公元 500—1000 年）之后，情况开始得到缓慢的改善。其中最重要的改变就是随着气候逐渐转暖，农业和经济活动得到恢复，铅也重新得到广泛的使用。不仅其旧的用途得到了恢复，而且还出现了很多新的用途：在 12 世纪出现了铅釉陶器，这使得人们能够生产更高质量的餐具和厨具，但同时也增加了饮食受到铅污染的危险。在 15 世纪出现了铅印刷技术。在 16 世纪以后铅质子弹成了人们的首选。

到了大英帝国时期，贵族受铅毒害的程度与罗马帝国时期不相上下。他们在日常生活的许多方面都依赖于铅。除了古罗马人就已经知道的用途——包括在葡萄酒中掺入含铅的糖浆，他们还用铅釉陶器装食物，用铅晶玻璃和铅制器皿装饮料；他们服用含铅的药物，使用含铅的染发剂和化妆品；他们吃用铅封口的罐头食品，并用主要含铅白的颜料涂饰许多物品。聚集在他们的铅质屋顶上的雨水含有铅；在酒吧中，啤酒也是用铅管从地窖中输送到吧台的饮料龙头上去的。铅就是通过以上各种途径进入他们的饮食的。以下的表通过对罗马帝国和大英帝国的对比揭示了这两个帝国的居民受铅污染的程度。

**表 12.2　罗马帝国和大英帝国中的铅**

|  | 罗马帝国（公元 1—400 年） | 大英帝国（1700—1960 年） |
|---|---|---|
| 饮用水 | 衬铅水渠<br>铅质蓄水罐 | 铅管<br>铅质蓄水罐 |
| 餐具 | 铅质器皿 | 铅质器皿<br>铅釉陶器<br>铅晶玻璃细颈酒瓶和酒杯 |
| 厨具 | 衬铅蒸煮器皿<br>铅焊 |  |

| | 罗马帝国（公元 1—400 年） | 大英帝国（1700—1960 年） |
|---|---|---|
| 食物 | 含铅葡萄酒 | 含铅葡萄酒 |
| | 含铅糖浆（萨帕） | 食品罐头上的铅焊 |
| 油漆 | 铅白 | 铅白 |
| | 铅丹 | 铅丹 |
| | | 铬黄（铬酸铅） |
| 药品 | 含铅皮肤药膏 | 含铅皮肤药膏 |
| | | 其他含铅药品 |
| 化妆品 | 黑色氧化铅眼线膏 | 醋酸铅染发剂 |
| 建筑物 | 铅质屋顶 | 铅质屋顶 |
| | 铅焊 | 铅焊 |

饮用水往往是从铅质屋顶上收集并存储在铅制蓄水罐中的，因此往往会含有大量溶解铅。雨水带有弱酸性，因此能够溶解铅，其铅含量可高达每升 1 毫克。在软水地区用铅管运送的生活用水，特别是那些在水管中滞留一段时间的水，其铅含量也会达到类似的水平。有很多饮用这种水而导致铅中毒的病例。

如果我们假定罗马帝国和大英帝国的命运掌握在那些大脑受到铅损害的统治者手中的话，那么很明显，铅可能是导致这两个帝国衰弱的原因之一。虽然铅可能影响到了罗马帝国民众的生育率，但是它肯定没有对英国民众的生育率产生影响，因为在 18 和 19 世纪，英国的人口增长速度惊人，当时的经济学家托马斯·马尔萨斯（1766—1834 年）甚至警告说，英国的人口增长可能会超出食物供给的能力，因此应该采取措施控制人类的繁殖。

大英帝国的一个令人感到疑惑的特征，就是它拥有大批精力充沛的科学家、海员、投资家和工程师，他们创造了构成帝国基

础的财富。然而，这一帝国却在 20 世纪上半叶分崩离析，被由
50 个国家及其附属国组成的松散的英联邦所取代。就像罗马帝
国一样，英帝国那些受到铅的严重毒害的统治阶层也应该对帝国
的衰落负有一定责任。英帝国在 20 世纪的衰落是如此迅速，以
至于未来的历史学家肯定会对其原因感到迷惑不解。很明显，我
们不能将英帝国的衰落归咎于铅，但是我们可以想象，未来的某
个历史学家可能会得出结论：英帝国遭到了某些内部因素的破
坏，而这个因素就是铅。

## 在铅灰色的天空之下

我们每呼吸一口空气就会增加我们体内的铅负荷，即使对
于史前人类来说也是如此。但是如今我们已经不必为此而感到
担忧了。对于上一代人来说，这的确是个令人担心的问题，因
为当时城市的空气中铅尘含量是非常高的。由于铅化合物是较
重的固体，因此人们认为它会掉落在其排放地附近。对于大多
数铅尘来说，情况也的确如此。但是正如 20 世纪 60 年代在格陵
兰岛工作的一些地质学家所揭示的，有一些铅尘颗粒可以漂移
数千公里。1969 年在《地球化学和宇宙化学杂志》（*Geochemica
et Cosmochimica Acta*，第 33 期第 1247 页）上发表的一篇文章报
告了日本室兰工业大学的室住正世（Masayo Murozumi）以及加
州工学院的蔡华·周（Tsaihwa Chow）和克莱尔·帕特森（Clair
Patterson）的研究结果。他们警告世人，铅正以空前的程度进入
大气之中，它们主要来自我们大规模使用的汽油添加剂。他们还

希望了解前工业时代地球环境中的铅含量。因此他们从格陵兰和南极积雪层的深处提取了冰核样本，对其铅含量进行了分析。这使他们能够计算史前时代大气中的背景铅含量。这些铅来自自然界，如火山喷发、由风携带的海浪飞沫、沙暴和尘暴。但是在最近形成的积雪中的铅含量大大超出了人们的预期。

在各个冰川时代降雪所形成的积雪层中，铅的平均含量很少，仅为 0.5 万亿分之一（ppt）。在古罗马时代，这一水平上升到了 2ppt，但是罗马帝国衰落之后，这一水平也随之回落，然后到了中世纪又有所回升。然而真正刺激铅矿开采和冶炼的是工业革命。从 1750 到 1940 年之间，降雪中的铅含量从 10ppt 上升到了 80ppt，在随后的 25 年中又上升到了 200ppt，并最终在 20 世纪 70 年代达到了 300ppt。从那以后，随着含铅汽油的逐步淘汰和对烟囱排放的控制，这一含量又逐渐下降。即便如此，如今降雪中的铅含量仍然高于 19 世纪。

克莱尔·卡梅伦·帕特森（1922—1995 年）一生中最大的成就就是证明了地球的年龄为 45 亿年。他是通过一套复杂的分析技术分析微量铅同位素后得出这一结论的。由于帕特森发明的技术，铅同位素地理化学成为追溯大气中铅的来源的一种重要方法，因为不同的铅矿具有不同的同位素构成。帕特森在解释如今铅对人类及其环境的污染程度方面起着关键的作用。他的工作导致的一个结果就是含铅汽油逐渐被淘汰。消除其他铅污染源，如含铅油漆和食品罐头上铅焊等许多措施也都基于他的研究。帕特森通过分析在秘鲁所发现的一具 1600 年前的尸骨揭示，人类身体内自然的铅含量要远远低于被认为安全的水平。尽管遭到了铅行业界的诋毁，帕特森还是于 1987 年当选为美国国家科学院院士，他的名字甚至还被用来命名一颗小行星和南极毛德皇后山脉中的一个山峰。

帕特森根据其研究估计，在史前时期一个成年人体内的铅含量仅为 2 毫克，而在 20 世纪 60 年代中期的美国，成年人体内的平均铅含量达到了 200 毫克。帕特森还估计，铅对人类大脑的作用影响了人类历史的进程。

在大自然中有以下几种保存大气中的铅沉积记录的档案：极地冰、冰川、泥炭沼泽和湖泊、海底沉积物，甚至树木，但是其中有些可能会受到本地污染的影响。这些自然档案表明，自然背景的铅含量为每年 0.9 万—2.4 万吨。其中有些自然档案，如极地、格陵兰的冰层和瑞士的高山冰川一直没有受到干扰，因此它们不仅保存了有关铅同位素的可靠记录，而且还揭示了不同铅同位素之间的比例（即铅 –206 与铅 –207 之间的比例）。这可以告诉我们大气中增加的铅来自何方。不仅仅冰层能够保存这种记录。伯尔尼大学的威廉·索提克（William Shotyk）通过对瑞士一座山上的一个泥炭沼泽的铅含量进行分析，估算出 14500 年前到现在的大气铅含量。他的分析结果揭示：在欧洲人类于公元前 4000 年左右开始开垦森林，耕种土地，在公元前 1000 年左右铅同位素比例发生变化，即铅 –207 相对于铅 –206 的比例增加。这表明这时欧洲人——很可能是腓尼基人——开始大规模开采铅矿。在 19 世纪，随着澳大利亚铅矿的开采，铅 –207 的比例进一步增加。

6000 年前，人类的活动导致了大气中铅含量的增加。但是到了公元前 700 年左右的时候，随着银币的铸造，铅矿的开采才真正开始。当时作为白银的副产品生产出来的铅每年达 1 万吨。当古罗马人开始开采并使用铅金属的时候，铅产量最终达到了每年 10 万吨。但是在公元 5 世纪，随着罗马帝国的灭亡，铅产量有了明显的下降。在此之后，铅矿开采一直保持在较低的水平上，直到中世纪，人们开始在德国开采铅矿以提取其中的白银，而西班牙人也开始在新大陆开采铅矿。但是直到工业革命时期，铅矿的开采才真正得到了迅猛的发展。铅产量在 20 世纪早期剧增到每年 100 万吨，在含铅汽油出现之后迅速增加到了每年 400 万吨，其中超过一半是用作汽油添加剂的。尽管如今含铅汽油在大多数国家已被淘汰，但是铅的产量却仍然在增加——现在已超过了每年 600 万吨。

## 被铅逼疯的世界

并非所有的铅化合物都是沉重的固体：有些是液体，而且其中有些还是比较容易挥发的。这种化合物是 1854 年在德国被人发现的。它由一个铅原子与四个乙基（$CH_3CH_2$）组成，其学名为四乙铅（TEL）。正是这四个乙基使这种金属化合物具有较低的沸点，即 202℃。这一沸点并不是很低，但是仍然足以释放出可吸入的危险蒸气。在其被发现之后的 50 年内，这种分子一直没有引起人们的兴趣——直到汽车爆震问题的出现。这种爆震是汽车内燃机过早熄火所引起的，它造成燃烧室内的汽油燃烧不充分。人们从 1912 年起就开始寻找抗爆震汽油添加剂。随着汽车的普及，炼油厂越来越难以满足市场对高品质汽油的需求，因而寻求抗爆震添加剂的任务变得日益紧迫。能够解决汽车爆震问题的添加剂也可以解决炼油企业的问题，因为它使汽车发动机能够使用低品质汽油。炼油厂从每吨原油中提炼出的低品质汽油要多于高品质汽油。

人们在使用各种化学物质进行抗爆震实验之后，发现四乙铅可以解决这个问题。只要在每加仑汽油中加入几毫升四乙铅就可以消除引擎爆震，即使压力增加一倍也是如此。杜邦公司开始在特拉华州威尔明顿的工厂生产四乙铅。这种产品于 1923 年 2 月 2 日在戴顿的一个服务站开始销售。在那里，顾客可以购买由服务人员加入四乙铅的汽油。加铅汽油的销量逐渐增加。

1924 年 10 月 24 日，欧内斯特·欧尔格斯之死使公众突然意识到生产四乙铅的危险。欧内斯特在处理这种添加剂的过程中出现了严重的幻觉和疯狂的行为举止，在被送进医院后第二天死亡。他的工友们也都出现了奇怪的症状。在生产四乙铅的工厂中很快也出现了很多严重铅中毒的病例，并且有许多人死亡。仅杜邦公司在戴顿的工厂中就有 50 人死亡。四乙铅的问题在于它能够通过皮肤被人体吸收。* 在 1924 年四乙铅危机进一步加深，报纸报道了越来越多的铅中毒死亡事件。美孚公司 49 名从事与四乙铅相关工作的人，有 5 人死亡，35 人被送进了医院。另外，对加油站工作人员的检测表明，他们的血铅水平也升高了。

---

* 后来有人披露，由于四乙铅的剧毒性质，美国陆军部曾经尝试将其开发为化学武器。

　　这一问题必须得到解决。生产四乙铅的公司实施了一套方案，有效地减少了从事与四乙铅相关工作的人员受其毒害的危险。加油站的工作人员也不必自己往汽油中添加四乙铅了。汽油在出厂之前就已经添加好。1926 年，美国卫生局长哈姆·卡明斯成立了一个四乙铅调查委员会，并建议汽油中四乙铅的最高浓度为每加仑 3 毫升，而不是乙烯石油公司提出的每加仑 5 毫升。此建议尽管不是强制性的，但还是得到了这一行业的遵守。

　　乙烯公司在随后的 60 年中生产了差不多 700 万吨四乙铅。甚至到了 1985 年还在为这种物质的使用辩护。该公司强调，没有可以替代四乙铅的物质，但是四乙铅的使用很可能妨碍了早期高效引擎和高质量汽油的开发。

　　在美国之外，四乙铅的主要生产商是英国的奥泰公司。它也争辩说四乙铅是汽油中不可缺少的成分。事实上，该公司就是英国政府为了准备第二次世界大战而于 1938 年成立的。当时英国政府认为四乙铅极为重要，担心其供应被切断。如果这样的话，不列颠之战就不可能取得胜利，因为英国皇家空军喷火战斗机的劳斯莱斯引擎必须用添加四乙铅的汽油。奥泰公司声称，尽管各石油公司为了寻找替代四乙铅的添加剂而测试了将近 1000 种化学药品，但是除了在化学结构上与四乙铅类似的四甲基铅〔简称 TML，它含有四个甲基（$CH_3$）而非乙基〕外，他们没有找到其他替代品。当含铅汽油燃烧的时候，四乙铅和四甲基铅被转化为无机铅化合物，并作为尘粒从汽车的排气口排出。其中较重的颗粒趋向于落在较近的地方，而较轻的颗粒则会随着空气飘到很远的地方。正如我们在前面所看到的，它们甚至会沉积在极地的积雪之中。

城市中的铅污染程度似乎没有随着四乙铅的使用而有多大的改变，但这是因为城市中由燃烧煤炭而导致的铅污染正在逐步减少。无论如何，在 20 世纪 40—50 年代，接受检测的城市居民的身体血铅浓度都没有超过每百毫升 80 微克。只是在 20 世纪 60 年代，当这一安全"门槛"标准被降至每百毫升 60 毫克的时候，才有一些人被查出超标（在所检查的 2300 人中有 11 人超标）。另外，即使农村地区的人血液中也含有铅，只不过含量要比城市居民低得多。

在 1994 年，另一个大自然的铅水平档案被发现了。它是由比利时安特卫普大学的理查德·罗宾斯基（Richard Lobinski）在一个酿酒商的酒窖这样一个不大可能的地方发现的。他分析了来自位于法国罗纳河地区 A7 和 A9 号公路相交处的一个酿酒厂所酿造的"教皇新堡"葡萄酒，发现从 20 世纪 50 年代以来那里所生产的葡萄酒中的铅含量在不断上升。该酿酒厂所生产的最好的 1978 年的葡萄酒铅含量最高，是在此之后生产的葡萄酒铅含量的许多倍。他的发现也反映了汽油添加剂的变化。从 20 世纪 60 年代起的一些年中，葡萄酒中的四乙铅添加剂的残余逐渐减少，而取代它的四甲基铅的残余含量则逐渐增加。到了 1978 年，这两种添加剂在葡萄酒中的总含量达到了 0.5ppb。研究人员得出结论：如果一个人经常饮用 1978 年生产的葡萄酒的话，他可能会出现轻度的铅中毒症状。但这完全是不必要的担心，因为 1978 年生产的葡萄酒是最好的葡萄酒之一，因而价格非常昂贵。从 1980 年起"教皇新堡"葡萄酒的铅含量开始下降，到了 20 世纪

90 年代中期降至前些年的十分之一。

2004 年 2 月，纽约哥伦比亚大学的心理学家厄兹拉·苏瑟（Ezra Susser）在美国科学促进会的年度会议上报告说，可能高达四分之一的精神分裂症病例是由汽油和油漆中的铅导致的。他的研究是建立在 1959—1966 年从怀孕妇女身上采取的血样以及在随后几年对这些妇女回访的基础之上的。他的研究结果表明，那些在子宫中受到铅污染最严重的孩子罹患精神分裂症的危险比其他孩子要高两倍。

并不是所有科学家都认为含铅汽油构成了对地球的危害。波兰华沙放射保护中央实验室的兹比格纽·雅沃罗斯基（Zbigniew Jaworowski）认为，有关四乙铅和四甲基铅的危害被严重夸大了。他在《21 世纪杂志》（21st Century）上发表了一篇题为《含铅汽油的遗书》（The Posthumous Papers of Leaded Gasoline）的很长的论文。该文章声称，帕特森的研究结果遭到了错误的解释并且包含了相互矛盾的证据，因为在某些地方，积雪中的铅实际上是在 1966—1971 年，也就是含铅汽油的使用迅速增长的时候沉积在那里的，而格陵兰岛的积雪中的铅含量则与火山喷发有着更为直接的关系。在为铅所写的遗书的最后部分，雅沃罗斯基得出结论说，人体内的铅水平下降的主要原因是家居环境中铅污染的减少，而非对含铅汽油的禁止。

## 创作油画的男人、涂脂抹粉的女人和吃墙漆的孩子

铅白是一种很特别的物质。它具有耀眼的白色，很少一点儿

就可以涂抹很大的面积。几千年来，它一直是油漆的一个重要组成部分。房屋油漆工用它刷墙，艺术家们欣赏它，而用它来化妆的女人则受到人们的欣赏。所有人都会在不同程度上因为它而遭罪，但是受害最深的还是那些对它一无所知的婴儿和儿童。他们受到它的毒害，甚至被它毒死。但是人们却用了很长时间才认识到它的危害，而为后代赢得一个无铅家庭环境的斗争只是在最近20年中才取得了胜利。

在古罗马时代，最好的铅白来自罗兹岛。它是通过将薄铅片放在装有醋的碗上生产出来的。在几个月的时间内，铅片上就会产生一层白色的物质。人们将这种物质刮下来，压成饼状，然后放在太阳下面晒干。这种制作铅白的方法持续了数百年，直到17世纪的时候荷兰人发现一种增加产量的方法，即将铅堆放在醋坛子旁边，然后再在它们周围堆放粪肥。所有这些都被放在一个封闭的房间中。在90天之后，大多数铅都变成了铅白。

在这一过程中发生了两个阶段的化学反应：首先，醋中的醋酸与铅的表面发生反应，形成醋酸铅。然后醋酸铅又与空气中的氧气、水和二氧化碳发生反应，形成铅白。后者是碳酸铅和氢氧化铅以 2：1 的比例结合的产物，其化学式为 $2PbCO_3 Pb(OH)_2$。荷兰人的方法之所以能够增加产量，是因为腐烂的粪肥不仅能够提供热量，而且还产生促进铅发生化学反应的氨和二氧化碳。

在 18 和 19 世纪，人们以肤白为美，而铅白也被广泛地用于化妆品中。在美国，一些人曾在使用了一种名为"青春之花"的化妆品后死于铅中毒。然而在欧洲和远东地区的人，特别是演员和日本的艺伎，自古以来就有将铅白用作化妆品的习惯。

文明世界所有地方的艺术家都将铅白作为首选的白色颜料——没有任何其他白色颜料能够比得上它的色泽和浓度。虽然存在用钙化的骨头、牡蛎壳、珍珠和白垩等材料做成的白色颜料，但是它们都无法与铅白相比。在 20 世纪早期出现的硫酸钡虽然也很白，但是它的遮盖能力不强，而且价格还很昂贵。

那么历史上著名的画家是否受到了铅的毒害呢？在 1713 年，一个名叫巴纳迪诺·拉马齐尼的医生怀疑柯列乔和拉菲尔可能是铅中毒的受害者。还有人怀疑戈雅也受到了铅的毒害。在这方面尤其值得一提的是凡·高，他特别喜欢用嘴吸吮画刷上的颜料，而他使用的颜料很可能含有铅。他怪异的举止以及心理状态与铅中毒的症状相符。除了铅白之外，还有其他一些颜料也是含铅的。如铬黄的成分是铬酸铅（$PbSnO_4$），铅丹的成分是氧化铅（$Pb_3O_4$），而这两种颜料直到 20 世纪还在使用。（古罗马人尤其喜欢用铅丹粉刷墙壁。）中世纪的画家一直用锡酸铅（$PbSnO_4$）作为黄色颜料，直到它被色泽更为鲜艳的铬黄所取代。

对于使用铅白的艺术家来说，他们的麻烦在于：如果他们的作品被挂在用煤炭取暖的房子或教堂之中的话，其使用的铅白不能长期保持白色。煤炭燃烧后释放出的含硫气体会与铅白发生化学反应，逐渐将其转变为黑色的硫化铅。（硫酸钡则可以避免这种情况发生。）我们在许多古画上也能够看到相同的情况。这些画上原来被涂成浅粉红色的脸现在变成了深黑色。

虽然早在 19 世纪铅中毒就被承认为房屋油漆工的一种职业病，而且人们还注意到粉刷室内墙面的工人要比粉刷室外墙面的工人更容易罹患急性腹痛，但是他们还是用了很长时间才认识到铅的危害。那些在工作中使用铅白的人，尤其是年轻女性，都面临着极大的危险。剧作家萧伯纳甚至在其剧作《华伦夫人的职业》中插入了一段呼吁保护这些人健康的内容。在该剧中，华伦夫人从事的是声名狼藉但十分有利可图的妓院老鸨的职业。她对那些妇女从事的"体面"职业的好处提出了质疑：

> 那么她们从其"体面"中能够得到什么呢？我来告诉你们吧：她们中的一个在一家铅白厂工作，每天干 12 个小时，每个星期挣 9 个先令，直到她因铅中毒而死。她本来以为这个工作仅仅会使她手脚变得有些麻木，没想到却要了她的命。这种体面值得吗？

一些国家制定了改善工作条件的法律。在 19 世纪，德国的一项法律规定，雇主必须采取措施，减少工人受铅毒害的危险，否则就会承担巨额的费用。在英国，1895 年通过的《工厂和工场法》（Factory and Workshop Act）规定，发生职业铅中毒事件必须报告。由于这一法律，铅白工厂工人铅中毒的病例从 1900 年的 1058 起下降到了 1910 年的 576 起。法国首先禁止在室内用油漆中使用铅白，然后于 1909 年禁止在任何颜料中使用铅白。1994 年欧盟禁止销售除一些特殊用途之外的所有铅白。其中一个特殊用途就是在英国用来粉刷一级建筑物的外部木质结构。这些建筑物必须使用与其最初建造时所使用的完全相同的材料进行修缮。

在 20 世纪 20 年代，铅白的生产还占到了铅总产量的三分之一。在此之后，它受到了二氧化钛的竞争。后者的色泽与铅白一样鲜明，而且更为重要的是，它不具有毒性。但是铅白并不是那么容易被取代的。据说房屋油漆工更愿意使用铅白，因为与二氧化钛相比，它磨损得更慢，更均匀，因而更便于重新粉刷。

儿童对铅尤其敏感，但是他们很少会发生群体铅中毒事件，因此往往得不到及时诊断。偶尔也会发生令人无法忽视的事件，如 20 世纪初期在澳大利亚昆士兰地区就暴发了儿童铅中毒事件。经调查，这些中毒是由于儿童吞食了走廊上因风吹日晒而脱落的漆皮所引起的。儿童铅中毒的症状通常为呕吐和腹泻，但是铅还会在不为人们察觉的情况下破坏儿童的中枢神经系统，损害他们的学习能力，导致其终身残疾。

有关铅可能导致儿童行为障碍的说法，最早是由美国波士顿儿童医院的儿科神经医生伦道夫·拜尔斯（Randolph Byers）和心理学医生伊丽莎白·洛德（Elizabeth Lord）于 20 世纪 30 年代提出的。他们确认了 128 个铅中毒儿童并且对他们的成长情况进行跟踪调查，直到 1943 年洛德因白血病不幸去世。他们在那年发表的研究结果显示了铅对儿童造成的严重危害。

在 20 世纪 30 年代，人们发现一种儿童脑膜炎可能是由正在给婴儿喂奶的母亲所使用的含铅搽脸粉导致的，而这可能是数百年来导致儿童受到伤害甚至死亡的原因。巴尔的摩市卫生局的记录显示，从 1936 年开始，该市铅中毒病例不断上升。在 1936 年为 83 例（其中 32 例为儿童），到了 1950 年达到 493 例（253 例为儿童，其中 9 人死亡）。有人指出，如果这仅仅是巴尔的摩地区的病例的话，那么全美国铅中毒病例的数量肯定是非常巨大的。

1971 年 1 月，《铅基油漆中毒预防法》（Lead–Based Paint Poisoning Prevention Act）由尼克松总统签署生效。根据该法，政府拨款 3000 万美元用于实施减少铅基油漆的计划。这些措施预防了数以千计的儿童铅中毒事件和数以百计的儿童死亡事件。到了 1975 年，超过 100 万儿童接受了血铅测试；到 20 世纪 80 年代初，接受血铅测试的儿童超过了 400 万。在此期间共查出 25 万名存在铅中毒危险的儿童；11.2 万个住宅中的含铅油漆或灰泥被清除。随后通过的该法的几个修正案将油漆中可允许的最低铅含量从 1% 降低到 0.5%，然后又降低到 0.06%。美国报告的最后一个儿童因吞食含铅漆片而死亡的事件于 1990 年发生在威斯康星州。这个儿童所吞食的漆片含有 30% 的铅。

在对旧建筑物翻修的过程中，可能需要用砂纸将木结构表面的旧漆打磨掉，使其露出木质，以便重新刷，而这样做就会产生危险的油漆粉尘。但是人们并不总是能够认识到这一危险，而且受到这一问题影响的往往是居住在具有历史意义的古宅中的上层社会。的确，在 20 世纪 90 年代老布什担任总统期间，白宫被重新装修，而由此产生的铅污染是如此之严重，以至于布什家的宠物狗米莉几乎死于铅中毒。

如今儿童已不再笼罩在铅白中毒的阴影之下了，但是在有些文化中，铅黑仍然在威胁着人们的健康。在中东地区广泛使用的传统的阿尔科尔眼影就是磨成粉末的方铅矿（硫化铅，PbS）。它不仅被用于妇女，而且还被用于儿童，甚至婴儿。有些人让儿童吸入由加热的铅所产生的烟雾，认为这种烟雾具有使儿童安静的效果。在使用阿尔科尔眼影的孕妇中发生早产的比例非常高，这被认为是由轻度铅中毒引起的。尽管如此，那里的人仍然在使用这种有毒的化合物。

## 现代人对铅的使用和滥用

在 20 世纪，砷酸铅这种杀虫剂虽然被禁止用于作为人畜食物的农作物，但是可以被用于消灭食叶昆虫。过去人们曾认为将这种农药喷洒在烟叶上是安全的。但是研究结果表明，吸烟者体内的含铅量高于非吸烟者。如今这种对含铅化学药品的滥用已经被禁止，因此吸烟者至少不用再为这两种有毒元素而担忧了。

但是如今人类所开采、回收和使用的铅的总量超过了历史上任何时代。2003 年全世界铅的生产量为 650 万吨，其中 60% 为回收利用的铅。在 20 世纪的大多数时间内，铅的生产和汽车的推广有着密不可分的关系。在此期间，铅的产量成倍地增长，因为它在汽车行业中有很多用途：含铅的底部防锈层、含铅的汽车轮胎、铅电池以及含铅汽油。其中含铅汽油如今已经基本上停止使用了，但是汽车制造行业和铅生产行业之间的亲密关系远未结束。在美国，生产汽车铅电池所消耗的铅超过了这个国家铅消耗总量的四分之三。在铅电池中，阳极是海绵状的铅板，而阴极则是附着在一个铅合金格栅上的氧化铅糊状物。所有这些材料都是可回收的。

用于电视机和电脑显示器阴极射线管的含铅玻璃是不可回收的。而这些东西中含有大量铅，有的甚至高达 1 公斤。但是这些东西即使被扔进垃圾填埋场也不会对人类造成危害，这是因为那里面的铅与玻璃结合在一起了，在遇到地下水的时候也不会溶解。

从矿石中冶炼出来的铅还必须进一步提炼，以从中提取白银（从每吨铅中最多可提炼出 1.2 公斤白银）。其方法是将锌加入熔化的铅水中，然后让它慢慢冷却，直到锌与银在铅的上面形成一个单独的合金层。然后将这个单独的合金层与铅水分离开来，以提取其中的银。最后再将铅水在真空状态下加热，以蒸发掉剩余的锌，从而生产出纯度为 99.99% 的铅。

铅的其他用途包括压片、缆线、焊料、铅晶玻璃、弹药、轴承，以及从举重器材到高尔夫球杆等体育器材。它还曾经被用作 PVC 材料的稳定剂，但是欧盟将从 2015 年起禁止使用加铅的 PVC 材料。铅传输声音和振动的能力很弱，因此它被加入塑料板和盖瓦之中，用于隔音。在建筑领域，铅仍然被用于覆屋面和生产彩色玻璃窗户。即使在工业或沿海地区，由它提供的保护可以持续数个世纪，而且它也不会导致周围的石材或砖材结构变形。在城市和工业地区的环境中，在铅表面形成的保护层经过数个世纪之后从氧化铅转变为碳酸铅，并最终转变为硫酸铅。所有这些铅化合物都是不溶于水的，而且与铁锈不同的是，它们不会剥离金属表面，因而形成了一个保护层。

铅的某些用途虽然不对人的健康构成威胁，却对野生动物构成了威胁，因此也逐渐被淘汰。不幸的是，铅弹如今仍然被广泛使用，但是捕鱼用的铅坠在有天鹅的国家中已被禁止。这些铅坠可能会脱落并沉入河湖的底部，当天鹅在河底淤泥中觅食的时候就会将铅坠吞入肚中。在随后很多个月份中，铅坠会使天鹅逐渐衰弱，直至使其因铅中毒而死亡。

令人感到奇怪的是，似乎每当一种形式的铅污染被消除的时候，就会有人制造一种新形式的铅污染。1994年，匈牙利暴发了大规模的铅中毒事件，它是由于用铅丹给辣椒粉染色导致的。有18个人因此被捕，但是这一事件给人们的健康造成的损害很难估量，因为匈牙利人在诸如红烩牛肉、香肠、腊肠等很多食品中都会使用辣椒粉着色。值得庆幸的是，由于这一假冒行为不久就被发现了，因此没有对任何人的生命造成威胁。但是人们不禁要提出疑问：这究竟是一种新发明的食品掺假手段，还是一种古已有之的食品着色方法？

铅仍然是一种有用的金属，但是它只能被用于少数产品，并且应该确保它不会从这些产品中泄漏出来进入人体。在本章开始的部分我曾经引用《威尼斯商人》中写在铅盒上的一句话——"谁选择了我，就必须付出，并且可能失去他所拥有的一切"，并且赞赏其非常中肯。现在到了本章的最后，我希望读者同意我的说法。当我们将我们自己、我们的社会以及我们的环境都暴露在铅的污染之中的时候，我们的确可能失去我们所拥有的一切。值得庆幸的是，我们在这方面已经得到了教训。

# 第十三章

# 铅与死亡

　　痛风在古罗马和大英帝国时代曾经是一种使很多上层社会的男人失去行动能力的常见疾病。在这两个社会中，人们都将痛风归咎于享用了太多的美食和美酒。这种说法可能是正确的。古罗马作家塞内加、维吉尔、朱韦纳尔和奥维德以及伦敦的漫画家们都曾将痛风病患者作为取笑对象。一种流行的观点就是，痛风是对过分奢侈的生活的惩罚。医生们发现，痛风是由在关节处形成的尖锐的尿酸晶体所导致的。但是导致这些晶体形成的原因又是什么呢？

　　历史上的许多名人都曾罹患痛风，其中包括美国的创建人之一本杰明·富兰克林、英国首相威廉·皮特、诗人阿尔弗雷德·坦尼森、生物学家查尔斯·达尔文以及卫理公会创始人约翰·韦斯利。有人提出，亚历山大大帝、忽必烈汗、克里斯托夫·哥伦布、马丁·路德、约翰·米尔顿和艾萨克·牛顿也是痛风的受害者。在 20 世纪，人们发现在痛风病患者中有三分之一血铅水平都较高。现在看来，以前的人是由于喜欢喝葡萄酒才患上痛风的，因为在过去，葡萄酒毫无例外会受到铅的污染，而且它们是经常被装在铅晶酒瓶之中的。

在18世纪的各个时期，英国与法国经常处于战争状态，因而英国人无法再从法国进口葡萄酒或白兰地——虽然仍然有很多法国酒被偷运到英国。因此英国人转而饮用他们的忠实盟友葡萄牙人酿造的葡萄酒。这些酒都含有铅，它们在英国非常受欢迎，以至于到了19世纪20年代的时候，每年的进口量达到了2000万升。对这个时代的瓶装葡萄酒的分析显示，其铅含量超过了1ppm，这意味着饮用这种酒导致严重铅中毒的可能性相对较小，但是它还是会对人体产生有害的影响。这种酒中所含的铅可能仅仅会刺激肠胃，这就是为什么在晚餐的最后喝一杯葡萄酒可以在第二天早晨起到通便作用。

饮料中的铅是否真的会导致痛风还是一个有争议的问题，因为似乎没有理由认为这种金属会突然导致尿酸在关节部位形成晶体，但是它的确会导致这样的结果。这些微小但非常尖锐的晶体碎片可以在关节活动的时候导致剧痛，而且它们可以在一夜之间形成。有两类人特别容易罹患这种铅中毒痛风：那些在19世纪饮用葡萄酒的人以及在20世纪于美国东南部各州饮用非法酿制的烈酒的人。后者体内的铅来自用汽车散热器作为冷凝器蒸馏出来的烈酒，在蒸馏过程中散热器中少量的铅焊被溶解在酒中。

在整个历史上，男人一直比女人更容易罹患痛风，因为他们血液中的尿酸含量要高于女性。妇女血液中的平均尿酸含量为每百毫升4.3毫克，而男性则为每百毫升5.6毫克。尿酸是嘌呤的最终代谢产物，而嘌呤则是脱氧核糖核酸（DNA）的重要组成部分。在其他动物体内，尿酸被进一步转化为更易溶的化合物排出体外。但是人类缺乏完成这一转化所需要的酶，因而我们只能直接将其以这种不是很易溶的形式排出体外。如果血液中含尿酸太多的话，它就会结晶并从血液中析出。铅似乎会干扰肾脏排泄尿酸的功能，从而导致血液中尿酸含量增加，直至尿酸析出。（即使在今天痛风也不是一种罕见的疾病，但是导致痛风的已不再是铅，而是其他一些原因。）但是过去的酒精饮料为什么会受到铅的污染呢？

## 加了铅的快乐

因为葡萄皮内含有酵母，用葡萄榨取的汁液会自然发酵，由此而产生的葡萄酒含有高达 13% 的酒精。这种酒自古以来就一直为人们所酿造、买卖和享用。但是酿酒者也面临着一定的风险：其他酵母也可能进入酒中，将许多酒精转化为醋酸。这种变酸的葡萄酒的法文名称为 vin aigre（酸酒），而英文中的"醋"（vinegar）这个词就来源于此。虽然醋也可以作为一种单独的商品出售，但是人们对它的需求要远远低于葡萄酒，因而其价值也远远低于葡萄酒。在上一章中我们了解到，古希腊和古罗马人是如何通过加入萨帕的方法用醋酸铅"改进"葡萄酒的，而在葡萄酒中加铅的做法并没有随着罗马帝国的灭亡而消亡。

我们不知道究竟是谁发现了这个秘密——添加氧化铅可以保存葡萄酒，甚至能够改善其口味，但是这种方法一直是酿酒商经常使用的一个诀窍。1795 年在伦敦出版的一本题为《宝贵的艺术和行业秘密》（*Valuable Secrets Concerning the Arts and Trades*）

的书中就提供了在葡萄酒中掺入含铅化合物的方法。这种方法的诀窍在于将铅黄（氧化铅，PbO）溶解在葡萄酒醋中，使其处于饱和状态，然后在每大桶（其容量为 50 英国加仑，即 225 升）的葡萄酒中加入 1 品脱（大约半升）这种铅黄溶液。由此而产生的葡萄酒就不会变质，而且还会有一丝甜味。铅黄与醋中的醋酸发生反应，产生可溶的醋酸铅，这使得葡萄酒中的铅含量超过了 50ppm，这足以使葡萄酒中那些破坏酒精成分的酵母的酶失去活力，而同时又不至于影响葡萄酒的口味。

正如在古罗马时代一样，在中世纪以及随后的几个世纪中，被有意或无意掺入铅的酒精饮料给无数饮用它们的人带来了巨大的痛苦。有时酒中的铅含量会导致严重的铅中毒事件。人们给这种铅中毒的症状起了各种名称，其中大多数是以这些事件的暴发地命名的，如 17 世纪在法国暴发的"皮克顿急性腹痛"、18 世纪初在北美洲殖民地暴发的"马萨诸塞干性肠绞痛"，以及 18 世纪末在英格兰西南部暴发的"德文郡急性腹痛"。所有这些疾病都包括剧烈的腹痛、严重的便秘和精神错乱等症状。

英国人喜欢喝的加强葡萄酒也许铅含量并不高，但是当它们被装在铅晶玻璃酒瓶中放置很长时间之后，其中就会含有大量铅。1991 年，纽约哥伦比亚大学的约瑟夫·格拉齐亚诺（Joseph Graziano）和康拉德·布鲁姆（Conrad Blum）在《柳叶刀》杂志（第 337 期第 142 页）上报告了他们对用这种方法存储的葡萄酒的分析结果：在四个月之后，这种葡萄酒中的铅含量为 5ppm。（在这种酒瓶中存放五年之后的白兰地的铅含量为 21ppm。）铅晶玻璃是通过在熔化的玻璃中加入氧化铅制作而成的，其铅含量最高可达 32%。（铅含量低于 24% 的玻璃不能被称为铅晶玻璃。如今的铅晶玻璃中的铅含量都为 24%。）在澳大利亚生产的铅晶玻璃中铅 –206 同位素的比例要高于美国的铅中相同同位素的比例，这使得研究人员得以计算出这种玻璃中有多少铅被溶解进了葡萄酒，并且通过肠胃进入血液。通过让美国人饮用存储在澳大利亚生产的铅晶玻璃瓶中的雪莉酒，研究人员证明从铅晶玻璃溶入酒中的铅有 70% 都被人体吸收了。

痛风并不是 18 和 19 世纪的中上层社会成员容易罹患的唯一一种疾病，他们往往还会感到身体不适，出现某些莫名其妙的症状。现在我们怀疑这些都是轻度铅中毒的症状。而他们的医生往往会建议他们到某个时髦的温泉小镇去做水疗。英格兰西部的巴斯是当时最为著名的一个温泉疗养地。在那里，"痛风、风湿、疟疾、嗜睡、中风、健忘、颤抖和身体衰弱"等疾病的患者都将自己除头部之外的身体浸泡在温水中，并大量饮用当地的矿泉水。这种温泉治疗每次持续三个小时，每个星期数次，一个疗程最长可持续六个月。这种治疗一般会起到作用。的确，布里斯托皇家医院的 J.P. 奥黑尔（J.P.O'Hare）医生和奥德丽·海伍德（Audrey Heywood）医生于 20 世纪 80 年代开展的研究表明，这种治疗方法能够增加尿流量，从而将大量的铅排出体外。

水疗虽然可以治疗轻度铅中毒，但是它对重度铅中毒患者却没有什么帮助。在中世纪经常暴发这种严重的铅中毒事件。这些事件的原因最终都被追溯到含铅的酒精饮料，但是每个地区的人都必须自己找出中毒的原因。在德国，医生们查出引起急性腹痛的原因是饮用加入铅黄的葡萄酒，因而有些州甚至规定，在酒中掺入含铅物质是可以被判处死刑的罪行。在乌尔姆地区，的确有一些人因为这种行为而被处决，但是这种做法在其他地区却得到了容忍。

"皮克顿急性腹痛"事件于16世纪70年代发生在法国的普瓦捷地区，在1639年达到了流行病的规模。"皮克顿急性腹痛"得名于居住在普瓦捷周边地区的古老的凯尔特部落。17和18世纪，在西印度群岛和美洲殖民地的男性居民中也暴发了相同的疾病，但当地人称之为"干性肠绞痛"。这种病是饮用受到含铅酿酒设备污染的朗姆酒所导致的。马萨诸塞湾殖民地受害尤其严重，人们最终发现，这种疾病是由在铅蒸馏炉中蒸馏出来的朗姆酒引起的。1723年，随着这一生产方法被法律所禁止，这种疾病也就在马萨诸塞地区销声匿迹了。但是它仍然在西印度群岛肆虐，直到托马斯·凯威莱德（Thomas Cadwalader）于1745年查明它是由受到铅污染的牙买加朗姆酒导致的。尽管如此，直到1788年，仍然有许多驻扎在牙买加的英军士兵罹患"干性肠绞痛"，后来人们发现这是由储存在铅釉陶器中的朗姆酒造成的。

在这种意外铅中毒暴发事件中，最著名的就是发生于18世纪英格兰的"德文郡急性腹痛"事件，它的受害者达到数千人，其中主要是男性。他们都出现了瘫痪、精神失常、失明等可怕的症状，其中有些人死亡。首个被报告的病例发生在1703年，此后这种疾病呈逐年扩散的趋势。在1724年，发病率有了大幅度的增长，而这一年恰好也是苹果大丰收的年份。一个名叫约翰·赫克萨姆（John Huxham）的调查者于1739年在他发布的调查结果中认为，这种疾病是由苹果酒造成的。但是这一解释没有

得到人们的认可，因为诸如赫里福郡等其他苹果酒生产地区的人
几乎没有受到这种疾病的影响。

在揭开"德文郡急性腹痛"之谜方面作出贡献最大的就是
女王的御医乔治·贝克（George Baker）。他与美国的本杰明·富
兰克林取得了联系。富兰克林向贝克提到了在他少年时代发生在
波士顿的铅中毒事件，这一事件中铅的来源是用于蒸馏朗姆酒的
铅质蒸馏炉。如今我们仍然可以看到富兰克林写给他的朋友本杰
明·沃恩的一封有关铅中毒的信。该信的部分内容如下：

> 费城，1786 年 7 月 31 日
> 亲爱的朋友：
>
> 　　……
>
> 　　在这方面，我能够回忆起的第一个类似的事件，就是当
> 我还是个孩子的时候，在波士顿受到公众关注的北卡罗来纳
> 居民控诉新英格兰朗姆酒事件。他们声称这种酒对他们造
> 成了毒害，使他们罹患"干性肠绞痛"，并导致他们四肢瘫
> 痪。在这一事件中，当局对相关的酿酒厂进行了检查，结果
> 发现其中几家使用了铅质的分馏头和螺旋冷凝器。医生们认
> 为这种疾病是由铅中毒所造成的，因此马萨诸塞的立法机构
> 通过了一项法律，从此以后禁止使用这种分馏头和螺旋冷凝
> 器，违反这一禁令者将会受到严惩。
>
> 　　……
>
> 　　1767 年当我和约翰·普林格尔爵士居住在巴黎的时候，
> 他访问了以治疗这种疾病闻名的沙里特医院，并从那里拿回

来一个小册子。这个小册子上列出了在该医院治愈这种疾病的患者的姓名和其所从事的职业。我饶有兴趣地对这一名单进行了研究，结果发现所有这些患者都从事与铅相关的工作，如管子工、玻璃工、油漆匠、画家等。只有两种患者例外：石匠和士兵。他们似乎不符合我关于这种疾病是由铅中毒引起的推测。但是当我向该医院的一名医生提到这一问题的时候，他告诉我，石匠经常要用熔化的铅将铁栏杆固定在石头中，而士兵则经常被画家雇用为他们研磨颜料。

我的朋友，这就是我目前所能够收集到的关于这一疾病的所有信息。从中你可以看到，至少在60年前就已经有人提出这种疾病是由铅中毒引起的了。你还可以看到一个令人担忧的情况：那就是在有些真相被揭示很多年之后，仍然得不到公众的承认和重视。

您永远的挚友，B. 富兰克林


乔治·贝克在1767年证明了导致"德文郡急性腹痛"的原因就是铅中毒。他通过化学测试无可争议地证明，德文郡生产的苹果酒大多数都含有铅，而其他地区生产的苹果酒则没有受到这种铅污染。他从一个大肚酒瓶（容量大约为4加仑）的德文郡苹果酒中提取出了1谷（65毫克）铅，据此我们可以估算出这种苹果酒的铅含量为5ppm。即使每天仅喝1品脱（半升）这样的苹果酒，也足以导致轻度铅中毒的症状，而德文郡有些农场工人每天要喝1加仑（大约4升），这很快就会导致严重铅中毒。

在发现这种疾病是由铅中毒所导致的之后，贝克又揭示了使铅进入苹果酒中的罪魁祸首：衬铅的苹果压榨机或发酵容器以及将苹果汁运送到发酵罐中的铅管。由于各个村庄都自己酿造苹果酒，因此苹果酒受铅污染的程度也因地域而异，这主要取决于酿酒设备的铅含量。在一些村庄中，发生铅中毒死亡的原因可能是某个衬铅的发酵罐。

乔治·贝克知道许多人都不同意他的调查结果，因为当时铅化合物被用于一般的医疗目的，并且可以产生明显的疗效。尽管他遭到埃克塞特天主教堂的神职人员的中伤，并被其称为"德文郡的一个不信上帝的家伙"，但他仍然通过各种演讲活动传播他的调查结果，并且指出其他一些不明原因的疾病也可能是铅导致的。例如某些儿童疾病可能是由儿童咀嚼刷有含铅油漆的玩具所造成的。而从事诸如管子工、油漆工等职业的人所患的一些疾病也可能是铅所引起的。即使到了1916年，一项针对油漆工的调查显示，他们中有40%的人患有慢性铅中毒。

由于贝克和其他人的宣传活动——其中一些人揭示了饮用从由铅覆盖的屋顶上收集的雨水的危险性，公众在18世纪末意识到了铅对他们健康的危害。然而，人们对铅的担忧并没有持续很长时间。在19世纪，铅管和铅釉又得到了广泛的使用。

## 铅　釉

釉陶最早出现在中世纪早期，从16世纪逐渐流行。釉陶的釉层含有大量铅。当这种陶器被用来装载各种酸性物质——如葡萄酒、苹果酒、醋、果汁或腌制食品——的时候，釉层中的铅就会被溶解。特别是在 19、20 世纪，家酿酒一直是导致铅中毒的一个原因，但是有时铅的来源很难查明。在这方面，一个典型的令人迷惑不解的例子就是 1958 年英格兰一个 52 岁的屠夫的病例（医学报告没有透露他的姓名和地址）。这个屠夫的尿液被查出含有量很高的铅：他每天通过尿液从体内排出 0.4 毫克铅。在接受一种名叫乙二胺四乙酸铁钠的解毒剂治疗之后，他每天通过尿液排出的铅高达 15 毫克。所有这些铅都来自他自己酿制的一种接骨木果酒。经测试，这种酒的铅含量为 7ppm。但是这些铅来自哪里呢？事实上它来自这位屠夫从其姑姑那里继承来的一个大陶罐。他姑姑告诉他，用这个陶罐酿造的酒特别香醇，事实也的确如此。调查小组报告说，这个陶罐中的酒香味特别浓郁，并且呈一种鲜艳的红色，只是在喝了之后口中稍微有一些金属的味道。这个陶罐的问题在于它的釉层有很多小坑，这使得正在酿制中的酒会将其中的铅溶解出来。

如今这种饮用含铅饮料中毒的事件仍然时有发生。在我以前出版的一本名为《是你吃的什么东西有问题吗？》（*Was It Something You Ate?*）的书中，我的合著者彼得·费尔（Peter Fell）讲述了发生在他一个亲戚身上的事情。这个亲戚是生活在马德里的商人。他在 35 岁左右的时候体重开始下降，但是他并没有主动减肥。一开始他的体重下降的速度还很慢，但是随后逐渐加快，在短短的几个月内就下降了 25 公斤。与此同时，他出现了长期便秘和严重腹痛的症状，但是一直没有能够找出病因。在他入院治疗之后，医生检查发现，他的血铅浓度创造了该院的最高纪录。

经调查，他体内的铅来源于他所喝的葡萄酒。他在西班牙山区有一个用来度周末的小别墅。在那里，他购买了一些本地生产的陶器，其中他最喜欢的一件就是一个容量为 3 升的陶罐。这个陶罐正好能够放进他的冰箱之中。他用它来储存他最喜欢的一种用红酒、新鲜水果和柠檬汁做成的饮料。这种饮料被放进冰箱冰镇，而且可能会连续冰镇好几天。他不知道这个陶罐上涂着没有被煅烧好的铅釉，结果里面的铅不断地溶解在他的饮料之中。

涂在杯子上的铅釉可能含有高达 50 克的铅。即使在今天，这种铅釉也可以致人死命。由家庭制作的陶器上有缺陷的铅釉所导致的死亡事件时有发生。例如在美国，一名男子每天晚上用他儿子给他制作的一个铅釉杯子饮用可口可乐，这导致他每天摄入 3 毫克铅。最终他因铅中毒而死亡。

最早有关铅釉危险的警告来自一个名叫詹姆斯·林德（James Lind）的爱丁堡人写给《斯科特杂志》（*Scot's Magazine*）编辑的一封信。该杂志于 1754 年 5 月刊登了这封信。林德警告人们说，在铅釉陶器中装柠檬汁是非常危险的。他提到的一个事件中，装在铅釉陶器中的柠檬汁从铅釉中溶解了大量的铅，以至于在柠檬汁通过沸煮和冷却的方法浓缩之后，析出了许多铅糖晶体。*林德还警告人们不要用铅釉陶器腌制蔬菜，并说如果腌制的食物尝起来有甜味的话，那么就不能再食用了。他指出，在当时非常受欢迎的代夫特陶器表面的铅特别容易渗透到食物或饮料中。

---

\* 这些晶体应该是柠檬酸铅，而不是醋酸铅。

那些在陶器行业工作的人受到了铅的严重影响。1875 年，英国户籍总署署长将这一行业称为这个国家最不健康的行业之一。在英国的陶器工业基地斯塔福德郡的北部地区，每年都会出现 400 个左右严重的铅中毒病例。在这些病例中，患者出现了瘫痪、抽搐和近乎失明的症状。这一地区流产、死产和初生婴儿死亡的数量也非常多，许多婴儿在出生几个星期内死亡。他们在其短暂的生命中备受铅毒的反复摧残，最终不幸夭亡。

禁止铅釉陶器的斗争漫长而又艰难。在 17 世纪用铅给陶器上釉的做法已经非常普遍。在早期，人们是在将潮湿的泥罐放入火中煅烧之前通过在其表面撒上方铅矿（硫化铅矿，PbS）粉末的方法上釉的。在随后的一个世纪中，上釉的方法改为将调和成糊状的方铅矿粉末涂抹在已经煅烧过一次而称为无釉器的陶器上，然后进行第二次煅烧。即使在那个年代，人们已经意识到制作铅釉陶器这一工作对健康的有害影响，并且寻求铅釉的替代品，但是他们所找到的替代品不是没有铅釉好，就是价格太昂贵。

那些负责给陶器上釉的工人有着一副死尸般的面容，并且很容易得"皮克顿急性腹痛"。尽管议会制定了禁止儿童从事这项工作的法律，但是直到 19 世纪 90 年代妇女工会联盟的格特鲁德·塔克威尔（Gertrude Tuckwell）发起的一场运动将这一问题曝光之后，情况才有所改变。塔克威尔就这一行业对健康的危害向公众发出了警告，并呼吁他们购买无铅釉的陶器。在 19 世纪 90 年代通过的法律大大减少了铅中毒事件的数量：在 1899 年到 1903 年的 5 年中，共发生 573 起铅中毒事件，有 22 人死亡；

50 年之后，在 1949 年到 1953 年的 5 年中，仅发生了 3 起中毒事件，有 1 人死亡。在此之后就没有再发生铅中毒事件。塔克威尔发起的运动最终取得了胜利，它导致 1947 年《英国陶器（健康）特别法规》[ UK Pottery( Health )Special Regulations ] 的实施。该法规规定，自 1948 年 10 月 7 日起不得再使用铅釉。

## 铅的医疗用途

尽管铅是有毒的，但是它在过去两千多年中却被医生用来治疗各种疾病。最早用铅治病的是罗马皇帝提比略（公元 14—37 年在位）的御医提比略·克劳狄乌斯·麦内克拉底。他配制的含有氧化铅的油酸铅硬膏被用于治疗溃疡、疮以及其他皮肤感染。这一古罗马药方建议将铅黄加热，直到其变成金黄色，然后将其与亚麻籽油或橄榄油以及蜀葵根一起研磨。直到 19 世纪末，人们仍然在使用这种药膏，而且在 20 世纪 50 年代中期的《英国药典》和其他国家的药典中可以看到其配方——这说明这种药膏是很有疗效的。由于油酸铅硬膏中的铅并不很容易被皮肤吸收，因此使用这种药膏不会带来很大危险。它含有 33% 的氧化铅，用来治疗冻疮、鸡眼、拇囊肿和慢性下肢溃疡。如今这种药膏仍然被用在一种名为莱斯特弗莱克斯（Lestreflex）的产品中。在这种产品中，它被呈条状地涂抹在一种肉色的像绉纱一样的绷带上。

在法律禁止堕胎的时代，油酸铅硬膏有了一种新的非法用途，即被用于堕胎。19 世纪 90 年代，在伯明翰地区暴发了妇女群体铅中毒事件，其原因是一些妇女为了达到堕胎的目的而服用油酸铅硬膏。而这种药膏的确导致了堕胎。

另一种古老的含铅药物就是萨杜恩药粉。它是通过在醋酸铅溶液中加入碳酸钾所产生的碳酸铅沉淀物，用来治疗肺结核和哮喘。铅丸有时被用于疏通扭曲的肠子。在1926年，哥伦比亚大学的医学教授凯特·伍德（Cater Wood）曾将研磨成细粉的铅的悬浮液注射进癌症病人的体内，并声称它对其中20%的病人产生了某种程度的疗效。醋酸铅曾被用于阻止所谓"内出血"（也就是说妇女的阴道出血和痔疮）。铅盐有止血的作用，它可以通过与血液中的蛋白质结合形成不可溶的蛋白铅，从而使血液凝固。

在18世纪，法国蒙彼利埃的一位名叫托马斯·古拉德（Thomas Goulard）的医生提倡使用由醋酸铅配制的洗液。他还专门写了一本题为《萨杜恩的精华》（*The Extract of Saturn*）的书鼓吹将铅作为药物使用。他的洗液是通过将金色的铅丹放进酒醋中沸煮的方法制作成的。它被用作一种外用药，治疗挫伤、创伤、脓疮、丹毒、溃疡、皮肤癌、脓性指头炎、痔疮和皮肤瘙痒等疾病。丹毒是一种链球菌导致的皮肤感染，会在皮肤上留下深红色的斑块；脓性指头炎是手指甲和脚趾甲周围发炎；皮肤瘙痒就是疥疮，即一种皮肤——特别是生殖器周围的皮肤——的寄生虫感染。在20世纪30年代，醋酸铅溶液在美国曾被用于治疗毒漆藤皮炎。

以上这些药物都是外用的，因此不大可能导致使用者铅中毒。但是口服的含铅药物则不同。醋酸铅与硫磺的混合物被用于治疗肺结核；而用醋酸铅与鸦片做成的药片则被用于治疗痢疾。

后者的确具有疗效。它含有 100 毫克醋酸铅，足以导致便秘，而其中所含的鸦片又可以对急性腹痛起到麻醉作用。醋酸铅有时被用作镇静剂，治疗癫病和抽搐性咳嗽。

如今所有含铅的药物都被禁止使用了。只在一种情况下醋酸铅被允许使用，并且作为非处方药出售：它是一些男用发膏的活性成分，能够使灰白的头发变成深棕色。包括灰白的头发在内的所有头发都含有大量含硫氨基酸——半胱氨酸和蛋氨酸，铅原子可以与这些氨基酸中的硫原子紧密结合，形成的分子结构呈永久性的深棕色。在治疗灰白的头发方面没有比铅更好的药物了。*

### 铅仍然被用于民间医药

在 2000 年，美国华盛顿州沃拉沃市的一名医生在治疗一个两岁的儿童时，发现这个年幼的病人出现了严重的铅中毒症状。事实上，这个孩子的血铅含量达到了每升 124 微克。导致其铅中毒的原因是一种被称为葛丽泰的墨西哥民间药物。这种药物是鲜艳的橘黄色粉末。这个孩子的父母认为他得了腹痛，多次给他服用这种药粉。对葛丽泰药粉的分析表明，它几乎是纯粹的氧化铅。在美国西部的西班牙裔移民聚居的地区也出现了一些儿童服用民

---

\* 虽然没有这方面的记录，但是那些暴露在高度铅污染环境中的人的头发可能不会变白。

间药物而发生铅中毒的事件。这些传统的药物虽然有各种不同的名称，如鲁埃达、玛丽亚·路易萨、科拉尔、阿扎尔孔和丽加，但是其主要成分都是氧化铅。现在美国已禁止进口这些药品。这些药品在传统上被用于治疗各种肠胃不适，特别是痢疾，而它们在治疗痢疾方面的确是有疗效的。

## 亨德尔和贝多芬中毒事件

乔治·弗里德里克·亨德尔（1685—1759年）是具有创造性的早期伟大作曲家之一。他出生在德国的哈雷市，后来被任命为汉诺威选帝侯的宫廷乐师。当选帝侯成为英格兰的乔治一世之后，亨德尔随之来到英国并从此定居伦敦，直到去世。在那里，他创作了一系列歌剧和宗教剧。他最受欢迎的作品就是于1742年首演的《弥赛亚》。这一杰作很可能是亨德尔在铅中毒状态下创作的，但是这时铅中毒使他遭受的唯一痛苦只是痛风，这很明显并没有妨碍他的创作灵感。使他中毒的铅很可能来自他的饮料，而他又特别喜欢喝葡萄酒。亨德尔曾随手在他的一个乐谱手稿上写下了提醒自己从他的酒商那里订购12加仑葡萄酒的留言。他的痛风毫无疑问是饮酒导致的，但是没有迹象表明他还受到了铅中毒的其他影响。

另一个以前不为人所知的慢性铅中毒的受害者就是路德维

希·冯·贝多芬（1770—1827 年）。我们现在有确凿的证据表明，至少在他生命的最后一年中，贝多芬受到了严重的铅中毒的影响。各种迹象表明，折磨了贝多芬一生的可怕的急性腹痛是由铅造成的。贝多芬很早就出现了慢性铅中毒的症状，在 1802 年，他感到自己的身体出现了严重的问题：当时他已经出现了耳聋的迹象。他给他的两个兄弟约翰和卡斯帕写了一封信，要求他们在他死后竭尽全力查出他生病的原因。但是贝多芬一直没有把这封信寄出去。25 年之后他去世的时候，那封信仍然在他的书桌抽屉里面。这封信被称为"圣城遗嘱"，是以这位作曲家曾经居住的多瑙河边上的一个村庄命名的。

我们有科学证据证明贝多芬是铅中毒的受害者。在 19 世纪，欧洲有在某个人去世后剪下他的一绺头发保存在一个小盒子中的习俗。贝多芬于 1827 年 3 月 26 日在维也纳去世。第二天，当时只有 15 岁的音乐家费迪南·希勒前去向贝多芬的遗体告别，他获准剪下这位伟人的一绺头发，以留作纪念。希勒后来成为一名作曲家和指挥家。他将这绺头发放在一个盒子中，并传给了他的儿子保罗。虽然这绺头发后来又被传给了该家庭的其他成员，但是从来没有人怀疑过它的来源。在第二次世界大战期间，保罗的后代用这绺头发作为交换，使自己得以从纳粹占领的丹麦安全地撤退到瑞典。他们的撤离是由一个名叫凯·亚历山大·弗雷明的丹麦医生组织的。

在弗雷明死后，他的女儿将装有贝多芬头发的盒子委托伦敦的索斯比拍卖行拍卖，它于 1994 年被美国贝多芬协会拍得。这绺头发中的 6 根于 2000 年被送到美国能源部的阿贡国家实验室进行分析。在那里，它们被放在同步加速器中受到接近光速飞行的电子的撞击。由此产生的 X 光线激发头发原子中的电子，这使人们得以确认这些原子的类型以及它们的量。这一复杂的分析揭示贝多芬的头发中含有 60ppm 铅，这一水平高出了正常水平的 100 倍。（贝多芬头发中的汞含量是正常的，这使得有关贝多芬的疾病是由他用于治疗梅毒的含汞药物所引起的谣言不攻自破。）

当然，这个盒子中的头发只能揭示贝多芬在生命的最后几个月中所摄入的铅的含量，但是我们没有理由认为贝多芬在那段时间会改变自己原有的饮食习惯。这些铅也不大可能来自染发剂，因为从他头上剪下的这缕头发呈灰色、白色和棕色，这表明他并没有染发。有很多因素都可能使这位伟大的作曲家的饮食受到铅的污染。可能性较大的污染源包括存储在铅罐中的饮用水、葡萄酒、锡镴制的杯子，或者用来存储酸性饮料或诸如泡菜等食物的铅釉陶器。我们知道当时所有这些东西都可能使人摄入大量的铅，而贝多芬的疾病与铅中毒的症状完全相符：他患有急性腹痛和便秘；他易怒的脾气，甚至他日益严重的耳聋（他在 50 岁的时候完全丧失了听觉）都很可能是由神经系统受损引起的。

另一个被证明头发中含有很高铅水平的名人就是曾担任美国第七届总统（1829—1837 年在位）的安德鲁·杰克逊（1767—1845 年）。于 1815 年从他头上剪取的头发样本显示，其中含有 131ppm 铅。这支持了历史学家有关他也是慢性铅中毒受害者的说法。然而这些铅是来自他所服用的药物还是来自他所饮用的酒呢？这一直是个未解之谜。

## 乔治三世中毒事件

在国王乔治三世于 1760 年到 1820 年在位期间，他得了一种怪病并多次发作。这些发作大多数并不严重，但是其中有几次导致了他精神错乱，因而使得王室和大臣们感到非常担忧。较轻的发作发生于 1762 年、1790 年和 1795 年。这些发作以及在 1765 年他 26 岁的时候那次严重的发作都没有导致精神失常。然而在 1788 年、1801 年、1804 年和 1810 年的几次发作则出现了令人担忧的精神失常的症状。

1788 年的那次发作是最严重的一次，因为它产生了政治影响，导致了所谓的"摄政危机"。乔治三世的长子、最终继位者威尔士王子在议会中支持辉格党，并且认为他父亲的精神病是永久性的。在这种情况下需要由王子摄政，行使国王的权力。如果这样的话，那么当时执政的托利党自然就会失势。但是托利党想办法拖延摄政所需的法律在议会的通过，他们的拖延策略保住了其执政地位，因为不久乔治三世就康复了，恢复了其国家元首的角色。他的"精神失常"只不过是他的疾病的一个症状而已。国王的这一生病和康复事件使人们意识到精神病也是一种可以治愈的疾病，这对所有精神病人的治疗都产生了影响。

乔治三世在 1788 年的那次发病过程被清楚地记录了下来，因此值得进一步研究。那次发病，他的主要症状包括严重的便秘、急性腹痛、四肢乏力、吞咽困难、失眠以及日益严重的精神障碍：最开始表现为多话和高度易怒，最后发展为谵语以至昏迷。这些都是典型的急性铅中毒症状。

这次发病始于 1788 年 6 月 11 日。当时国王在温布尔登公地检阅完约克公爵军团之后回到了基尤宫。第二天，刚刚被封为爵士并担任御医的乔治·贝克被召进王宫，他被告知国王陛下得了急性腹痛。在随后的两个星期中国王一直身体不适，于是他在 7 月 9 日到 8 月 11 日之间到切尔滕纳姆温泉浴场接受了水疗。在那里，他暂时恢复了健康。但是在 10 月 17 日星期五他又一次发病。贝克又一次被召进温莎城堡照顾国王，他发现国王正由于腹痛和四肢痉挛而痛苦不堪。在随后的三个星期中，国王的健康每况愈下，有些时候情况远比另一些时候更为糟糕。他还出现了便秘、失眠和四肢乏力的症状。

到了 10 月底，有迹象表明国王的大脑也受到了影响。他变得多话和焦躁。他漫无目的地说话，有时感到头晕目眩。11 月 5 日星期三，他在晚餐桌上谈论谋杀问题的时候与威尔士王子发生了激烈的争吵，在受到王子一句话的刺激之后，他竟然动手打了王子。王后变得歇斯底里，而王子则放声大哭。

究竟是什么导致国王出现如此极端的行为呢？很可能是因为他怀疑王子太急于继承他的王位了。的确，当时王子在经济和婚姻方面都陷入了很大的麻烦之中，只有登上王位才能够解决这些问题。尽管在前一年他从议会得到了 22.1 万英镑，他的年收入也有所增加，但他还是债台高筑。他放荡的生活方式使他在随后的六年中背上了 63 万英镑（这相当于今天的 5000 万英镑）的债务。另外，他还在 1785 年秘密且非法地与他的情人菲茨赫伯特夫人—— 一名罗马天主教徒——结了婚。这意味着这一婚姻不仅是非法的，而且一旦被人们知道就会成为一场政治灾难，因为在英国存在着强烈的反天主教情绪。

1788 年 11 月 9 日星期天，危机发生了。国王很明显已经丧失了神志，而且他的身体状况也迅速恶化，伦敦甚至出现了有关他已经死亡的谣言。到了 11 月 10 日星期一的时候他已经处于半昏迷状态，但是随后他又恢复了健康。然而他的精神状况却没有改善。无论从何种意义上说，他都已经疯了。他的这一症状比其他任何症状都重要，因为它对政府的运作产生了重大的影响，并且从此以后也影响到国王在公众中的形象。很明显，国王不会因这种疾病而死亡，因此新的医生——精神病医生——被请了过来。国王被套上专门用来束缚精神病人的紧身服，并且被绑在一个沉重的椅子上，以控制其失去理智的行为。医生用氯化汞和蓖麻油治疗他的顽固性便秘，并且用奎宁治疗他的发烧。

尽管在圣诞节期间和 1 月份的第二个星期国王又两次发病，但他还是慢慢地恢复了神志。在 1 月中旬，医生开始瞒着国王在他的食物中掺入酒石酸锑，以起到催吐的作用，这使国王感到非常痛苦。在持续这种治疗六个星期之后，医生宣布国王已经被治愈。听到这个消息之后，英国人举国欢庆，只有威尔士王子和他的辉格党支持者例外——他们几乎无法隐藏其沮丧的表情。在此之后，国王于 1801 年、1804 年、1810 年和 1812 年多次旧病复发，其症状包括急性腹痛、便秘、嗓音嘶哑、肌肉疼痛、失眠和精神错乱。最后一次发作是在他 73 岁的时候，这一次发作导致他失明和永久性精神残疾。此时由威尔士王子摄政已成为必要。但至此王子已经足足等了 20 年。

医学史研究人员艾达·麦卡尔平（Ida Macalpine）和她的儿

子理查德·亨特（Richard Hunter）——他也是一名医学史研究人员——合著了一本名为《乔治三世与精神病》（*George III and the Mad Business*）的书。他们对乔治三世的病情做了详尽的研究，并从国王的医生所记录的症状推断出他患有一种代谢障碍症。由于这种病会影响身体的重要化学物质卟啉的生成，因此被称为卟啉症。他们之所以得出这一结论，是因为他们在当时医生的记录中发现国王的尿液有时呈红色。这可能是卟啉症的特征，但它同时也可能是铅中毒的特征。麦卡尔平和亨特认为，导致这种疾病的最可能的原因就是基因缺陷——的确，乔治三世的一些后代也患有卟啉症。他们甚至声称已将这种基因缺陷追溯到英格兰国王詹姆斯一世的母亲——苏格兰的玛丽皇后（1542—1587年）那里。她将这些基因传给了欧洲的其他皇室家族，包括乔治三世所属的汉诺威家族的一些成员。卟啉症的易发人群也特别容易受到铅的影响。正如我们在第六章中所看到的，乔治三世头发样本的铅含量为 6.5ppm，超过了正常值的 10 倍。很明显他受到了铅的毒害，只不过他体内的铅含量没有本章所提到的其他人那么多。但是如果他真的带有导致卟啉症的基因缺陷的话，那么相对较低的铅水平就可以导致极为严重的后果。

铅中毒与卟啉症的症状相同，因为它们都会导致身体中同一新陈代谢过程的障碍。在没有现代分析手段的情况下是无法对这两者作出区分的。铅中毒通常都是轻度的，只有在一次性摄入大量铅，或者积累在骨骼中的铅突然大量释放的情况下，才可能危及生命。乔治三世的症状在当时既没有被诊断为铅中毒，也没有被诊断为卟啉症——卟啉症在 200 年之后才为人们所认识。当时乔治三世的医生之所以没有能够找到他的真正病因，就是因为他们受到了精神错乱这一症状的蒙蔽。

在发生于 1849 年的一次大规模铅中毒事件中，一些受害者表现出与乔治三世完全相同的症状。在那次事件中，有人意外地将一袋 30 磅（14 千克）重的醋酸铅与 80 袋面粉混在了一起并用来烤制成面包。这导致了 500 人中毒，其中一些人的情况非常严重。铅中毒一般会导致贫血，使人脸色苍白。但是这些中毒者却肤色发红（这与乔治三世的情况相同），而且其中有些人的尿液也呈红色。这些中毒者的另一个特征就是他们在吃了受到铅污染的面包几个星期之后再次发病，这也与乔治三世的情况相同。一次摄入大剂量的铅所导致的症状与诸如"德文郡急性腹痛"等慢性铅中毒的症状是不同的，这也许就是贝克当时没有认识到乔治三世真正病因的原因。

那么乔治三世是否真的是铅中毒的受害者呢？考虑到他生活的那个时代，他极有可能从饮食中摄入过多的铅，并且从其饮食习惯中我们可以推断出两个最有可能的铅中毒的来源。这个国王特别喜欢柠檬汁和泡菜，它们都具有很强的酸性，因而都不应该在有铅釉的器皿中制作或存储。在德国，每年春天都特别容易发生铅中毒事件，因为农民一般都在那个时候吃泡菜。在 18 世纪，泡菜在英国还没有得到普及，但是这个国王却非常喜欢。国王体内的铅还可能来自铅质酒壶、铅釉陶器，甚至锡镴大啤酒杯。不管其体内的铅来自哪里，乔治三世都很有可能在其一生的大部分时间中处于轻度铅中毒状态。

## 失踪的探险队

1845 年 5 月 19 日，59 岁的探险家约翰·富兰克林爵士带领一支探险队从英国出发，其目的是寻找一条位于加拿大北部的所谓"西北航道"，以作为从大西洋到太平洋的替代航线。他的两艘探险船厄巴斯号和塔拉号为其由 129 人组成的探险队提供了中央供暖系统和五年的食物储备。在当年 8 月份，有人在加拿大北部的巴芬湾见到过这两艘船，然后这支探险队就失踪了。1848 年，由于一直没有这支探险队的消息，其他一些船只被派出去寻找，但是它们都无功而返。到了 1850 年才有人在比奇岛上发现了这支探险队的三名成员的坟墓，这三个人是死于 1946 年的约翰·托灵顿、约翰·哈特内尔和威廉·布莱恩。很显然，这支探险队的成员在比奇岛上停留了很长时间，因为他们在那里留下了七百多个空罐头罐儿。

根据相关记录，"塔拉号"上装载的食物储备包括成千上万个装有肉、汤、蔬菜和土豆的罐头。这艘船上装载的食物主要包括面粉（30 吨）、咸肉（14 吨）、饼干（7.5 吨）、食糖（5 吨）、烧酒（2300 加仑）、巧克力（2 吨）和柠檬汁（2 吨）。这些食物被认为足够这艘船上的 67 名船员吃上三年的了。

1988 年，加拿大阿尔伯塔大学的欧文·比提（Owen Beattie）博士和其他研究人员获准将埋葬在比奇岛上的那三具保存得非常完好的尸体从坟墓中挖出来进行分析。结果他们在这三个人的尸体中发现了极高的铅含量，几乎可以肯定他们是死于铅中毒。另外，尽管他们为了防止坏血病而在出发时带了大量柠檬汁，但是他们还是患上了这种疾病。研究人员通过分析坟墓附近的空罐头罐儿，证明这些人体内的铅来自他们所吃的罐头罐儿上的焊铅。这些尸体内的铅同位素比例与焊铅上的相同，而与当地的因纽特人体内的非常不同。海军士官约翰·托灵顿的尸体保存得极为完好。他的头发中的铅含量高达 600ppm，这表明他在死前几个月内曾经摄入大量的铅。另外两个人头发中的铅含量虽然较低，为300ppm，但也表明他们曾经摄入的铅达到了危险的剂量。

那么这些海员真的是被他们所食用的罐头食品毒死的吗？这完全可能。当时这种食物保存技术刚刚出现，相关的工艺和技术很不成熟。第一家商业性罐头食品加工厂就是伦敦的柏孟赛公司。它从 1812 年起向皇家海军提供罐装肉、蔬菜和汤。1814年前往巴芬海湾的探险队所携带的食品中就包括邓金和哈尔公司的罐装腌肉和蔬菜汤。到了 1818 年，海军每年从该公司订购2 万听罐装食品，其中主要包括牛肉、羊肉、鹿肉、各种汤以及蔬菜。

这些食品是通过罐头罐儿上方的一个小洞装进去的，再在小洞上焊上一小片焊铅。然后这些罐头被放进开水中加热一个小时。但是有些罐头由于加热时间不够长，里面的细菌没有全部被杀死，在它们被打开的时候，里面的食物已经腐烂。这些罐头中的食物一直处于密封状态，因而不会变质，但是封口处的铅会逐渐渗入食物之中。在 1824 年，W.E. 帕里也曾经带领一支探险队前往北方寻找"西北航道"，他在出发时带了几千个食品罐头。在 112 年之后的 1936 年，有人找到了当年他携带的罐头，将其送回英格兰进行分析。其中一个是 4 磅重的烤小牛肉罐头，另一个是两磅重的胡萝卜罐头。分析人员将这两个罐头打开之后，发现其中的食物仍然保存得很好，只不过带有一股金属的味道。他们将这些食物喂给老鼠吃了，没有引起任何不良反应。

在此之后的几年中，人们一直没有找到富兰克林探险队的任何踪迹，直到 1859 年有人在国王威廉岛上发现了一个用石头堆成的坟墓。在其中有一个瓶子，里面装着一个纸条。这个纸条上写道，这支探险队的两艘船于 1846 年 9 月 12 日被困住，到了第二年——也就是 1847 年——的夏天仍然无法脱身。在第三年，也就是 1848 年的冬天他们仍然被困在冰中。富兰克林于 1847 年 6 月 11 日死亡。在 1848 年春天又有 20 人相继死去。

在这个时候，剩下的队员决定弃船步行 150 公里前往国王威廉岛。他们拖着一条救生船，准备在到达国王威廉岛之后划船前往加拿大最近的一个动物毛皮交易港口。根据这一纸条，他们于 1848 年 4 月 22 日出发。最终有人找到了这条救生船。他们在上面发现了两具骷髅以及一些令人迷惑不解的东西：纽扣磨光粉、一些丝绸手绢、几根窗帘杆和一个便携式写字桌。这些探险队成员的行为符合理性吗？是他们认为可以用这些东西与土著人交换食物呢，还是他们也像乔治三世一样处于思维混乱的状态呢？

当地的因纽特人曾经讲述过他们遇到的瘦骨嶙峋、失魂落魄的白人的故事。他们说这些白人已经堕落到了人吃人的地步。的确，在人们发现的探险队队员的一些尸骨上有刀割的痕迹，这暗示这些骨头上的肉可能是被刀割下来的。在后来发现的四百多块探险队队员的遗骨中，有四分之一都带有被多次切割的痕迹。另一种不那么令人毛骨悚然的解释就是，这些刀痕是攻击他们的因纽特人留下的。比提分析了这些骨头，结果发现它们的铅含量高于 200ppm，虽然这只能表明这些人在一生中都暴露在这种金属的污染之下，但是它也揭示出这些人的饮食中含有大量铅。

　　铅也许并没有导致探险队成员的死亡，但是它肯定严重地削弱了他们的身体，并且还有证据表明这些人患有坏血病。他们为了预防坏血病而带的柠檬汁只能在一定时期内保持其维生素 C，在一年之后就起不到任何预防这种疾病的作用了。不管当时发生了什么，这个倒霉的探险队肯定受到了铅中毒的影响。

# 第十四章

# 用铅实施的谋杀

用铅化合物实施的谋杀案非常罕见，因而也十分引人注目。由于其结果的不确定性，谋杀者不大可能考虑用铅化合物投毒。尽管如此，在历史上仍然有一些用铅化合物实施的谋杀案，如在 1858 年 7 月的托马斯·泰勒谋杀案中凶手使用的毒药是铅白，在 1882 年的玛丽·安·特里吉利斯谋杀案中凶手使用的是醋酸铅，在 1858 年的霍诺拉·特纳未遂的谋杀案中凶手使用的也是醋酸铅。而在 1047 年的教皇克莱门特二世毒杀案中凶手究竟使用的是何种铅化合物，至今仍然是一个谜。

## 托马斯·泰勒谋杀案

由于托马斯·泰勒谋杀案是一起罕见的用碳酸铅实施投毒的谋杀案，因此 1858 年 9 月 27 日由格洛斯特郡验尸官对泰勒死因的调查结果于当年 11 月被刊登在《药学杂志》（*Pharmaceutical Journal*）上。托马斯与他的妻子安以及他跟另一个女人所生的孩子一起居住在格洛斯特郡。他还有一个兄弟，名叫查尔斯。查尔斯刚刚出狱，暂时居住在托马斯家。不久托马斯就与他妻子发生了争吵，原因是她与查尔斯之间关系暧昧。事实上安不仅仅是与查尔斯关系暧昧，她甚至公开宣称自己喜欢查尔斯，并且希望自己的丈夫死掉。她的愿望不久就实现了。

1858 年 8 月，托马斯突然出现了剧烈腹痛的症状，这种症状持续了数天之久。为此他去看了医生。医生给他开了一些止痛的鸦片和通便的番泻叶药水。这些药品并没有起到作用。于是他的医生又为他开了更大剂量的这种药水，并且告诉托马斯说，这些药物可以在他的诊所购买。但是当托马斯的妻子安前往诊所取番泻叶药水的时候，这个医生发现所带来的曾用于装他第一次所开药水的瓶子底部残留的药水颜色不对，而且味道也很奇怪。

托马斯于 9 月 4 日死亡。这时医生已经对他的死因产生了怀疑。他拒绝签署死亡证明，并且要求与他的一个朋友一起对死者进行尸检。他们在尸检的过程中没有发现明确的死因，但是提取了死者胃部的一些样本。经检测，这些样本中含有 4 谷（大约250 毫克）碳酸铅。看上去托马斯是死于铅白中毒。另外在他的肝脏样本中也发现了铅。在死因听证会上，验尸官得出了托马斯死于铅中毒的结论。陪审团做出了安·泰勒和查尔斯犯有蓄意谋杀罪的裁决。安被关押在监狱中等待审判，而查尔斯则消失得无影无踪。这对恋人的最终结局如何，我们不得而知。

## 霍诺拉·特纳未遂的谋杀案

1858 年的《药学杂志》还报道了一起用铅实施的未遂的谋

杀案，而在该案中凶手所使用的毒药是醋酸铅。投毒者名叫詹姆斯·特纳，是一个 22 岁的体力劳动者。他于 1858 年 2 月与霍诺拉结婚。这是一个失败的婚姻，詹姆斯很快就离开了霍诺拉。而霍诺拉则向詹姆斯的雇主投诉说他抛弃了自己的妻子，以此作为报复。詹姆斯希望摆脱他妻子的纠缠，于是就说服他的一个朋友——20 岁的埃德蒙德·基夫购买了一些铅糖（醋酸铅），然后他们一起来到了霍诺拉的家中。特纳让基夫转移霍诺拉的注意力，而他自己则趁机将醋酸铅倒进了霍诺拉和她的一个女友的啤酒中。最终这两个妇女都因铅中毒而病倒了。霍诺拉向警察报案，指控她的丈夫试图谋杀她。警察来到霍诺拉的家中，在她当时所坐的位置的地板上发现了醋酸铅。基夫和詹姆斯被逮捕并在老贝利法院受到审判。陪审团裁定基夫无罪，但詹姆斯被裁定有罪并被判处死刑——在当时谋杀未遂也是死罪。但是后来他被改判终身监禁。

## 路易萨·简·泰勒（1846—1883 年）

这一案件在许多方面都有着独特之处。该案的一个不寻常之处在于，在案发时谋杀犯——37 岁的路易萨·简·泰勒已经因盗窃其受害者的衣物而被关押在警察局中，而她的受害者当时仍然活着，而且健康状况正在改善。该案的另一个不寻常之处是，被她谋杀的受害者—— 一个名叫玛丽·安·特里吉利斯夫人的妇女——在死亡之前还能够做出陈述，指控她的谋杀者。更加不寻常的是，数次向谋杀犯提供毒药的药剂师竟然还是给被害人看病的医生的夫人。

我们没有关于路易萨·简·泰勒早期生活的记录。但是我们知道她出生于 1846 年，婚前的姓名为路易萨·简·斯科特。据我们所知，在她年轻时期所发生的唯一可能导致她后来这些行为的事件就是她曾经试图用铅糖自杀。她接受过制帽工的训练，但是没有迹象表明她从事过这一工作。

我们的故事真正开始于 1882 年 3 月 18 日，也就是另一个托马斯·泰勒死亡的那天。这个托马斯·泰勒是一个退休的码头官员，他每年能从政府那里领到 60 英镑的退休金，这相当于一个普通男人一年的工资。我们不知道路易萨究竟为什么要跟这样一个老得可以做她父亲的男人结婚。她曾经是他的保姆，直到泰勒先生去世之后，他的亲属才知道她实际上是他的合法妻子。他们最初不相信这一事实，直到她出示了结婚证明之后他们才让她拿走了他的遗物和家具。但是对于她来说很不幸的是，在她丈夫死后，他的退休金也就终止了。

后来当她被判定毒死了特里吉利斯夫人之后，人们回忆起了泰勒先生死亡时的蹊跷情况。我们不知道路易萨是否毒死了泰勒先生，但是他的亲属声称是路易萨谋杀了他，而且他的医生也怀疑他的死因是铅中毒。另外，路易萨似乎也有谋杀他的动机——她当时正与一个名叫爱德华·马丁的豆瓣菜贩子私通，但是后者似乎是一个有妇之夫。

在 1882 年 3 月到 7 月之间，路易萨在查尔顿附近一个名叫小荒野的地方租住了一个房子，但是她最终因为拖欠房租而被赶了出来。这时她已经负债累累。在绝望之中她找到了她已故丈夫的老朋友特里吉利斯夫妇，他们租住在位于普拉姆斯蒂德的内勒别墅 3 号楼上的一套房间里，那套房包括一个起居室和一个卧室，租金为每周 3 个先令。

特里吉利斯先生每年从政府那里得到 49 英镑的海军退休金。他曾经在海关部门工作，当时已 85 岁高龄。他于 1856 年第一次结婚。他的第一个妻子死于 1878 年，当时特里吉利斯正被关在巴明荒野疯人院中。他声称是他的妻子导致了他严重精神抑郁，而在她死后他的病情迅速好转，不久他就病愈出院了。一年之后他与第二个妻子，当时已经年近八十的玛丽·安结了婚。

路易萨于 7 月的最后一个星期四找到了特里吉利斯夫妇，对他们说自己继承了 500 英镑的遗产。她提出要把自己的家具送给他们，并说她打算在查尔顿购买一套房子，然后配上全新的家具。与此同时，她问特里吉利斯夫妇是否能够允许她在搬进新房子之前在他们家暂住一段时间。毫无疑问，特里吉利斯夫妇认为她只是在他们那里暂住几天，这从他们为她所做的住宿安排上就可以看出来了：她跟特里吉利斯夫人一起睡在卧室的床上，而特里吉利斯先生夜晚则睡在起居室。在一开始的时候路易萨还帮着特里吉利斯夫妇做一些家务，并且总是亲切地称特里吉利斯夫人为"妈妈"。不久马丁开始去那里找路易萨，他告诉特里吉利斯夫妇的房东说自己是路易萨的一个亲戚。

在路易萨搬进特里吉利斯夫妇家两个星期之后的 8 月 2 日，路易萨与特里吉利斯夫人一起外出散步。当她们走到武威奇造船厂火车站的时候遭到了一个年轻人的抢劫。这个劫匪将特里吉利斯夫人推倒在地，使她的脸部受伤。路易萨将劫匪赶跑，然后挽扶着特里吉利斯夫人回到家中，将其扶到床上。事实上特里吉利斯夫人再也没有能够从床上爬起来。

在特里吉利斯家附近住着一个名叫约翰·史密斯的医生，他的妻子经营着一家药店。路易萨在遭到抢劫的那个星期在那家药店购买了一些铅糖。她没有明确地解释为什么要购买这种药物，但是她当时害羞的表情似乎暗示着这种药是用于某种与性相关的目的。当路易萨在等待审判的时候，她向监狱的医生索要一些铅糖。医生在对她进行检查之后允许她获得一些这种药物，以治疗她的"内出血"，即阴道出血。这是当时醋酸铅公认的一种医疗用途。在路易萨受审的过程中，她的辩护律师所传唤的唯一一个证人就是这位监狱医生。他们试图以此证明路易萨居住在特里吉利斯夫人家时购买醋酸铅是出于合法的目的。

那天路易萨来到史密斯医生那里，说自己喉咙痛。于是医生就给她开了一些药物。她在药店买药的时候与医生的妻子聊起天来。她说自己近来身体状况有些微妙，想要购买一些铅糖。史密斯夫人说，这种药物她的店里有存货，价格是 2 便士半盎司（14克）。于是路易萨就购买了半盎司，说是自己使用。

路易萨之所以对特里吉利斯夫妇下毒，是因为她缺钱的真相即将暴露，因而自己也即将被特里吉利斯夫妇赶出家门。事实上她根本就没有继承 500 英镑遗产，但是她却谎称自己已将这笔钱存在了住宅合作社。为了使特里吉利斯夫妇相信她的谎言，她还说自己已经立下遗嘱，在死后将自己所有的财产留给他们。她交给特里吉利斯先生一个看上去像是政府部门所使用的、上面印着"为英王（或女王）陛下效劳"字样的信封，声称里面装着她的遗嘱。特里吉利斯先生将这个信封锁在了一个抽屉中。但是当他后来再去找这个信封的时候，发现那个抽屉的锁已被撬开，里面的遗嘱不翼而飞。

有一天路易萨的一个嫂子前来催还她借给路易萨的 28 个先令，结果空手而归。这使得路易萨编造的谎言面临着被揭穿的危险。当一个星期之后路易萨的嫂子又一次前来催还债款的时候，她发现特里吉利斯夫人的身体状况明显恶化，结果她又一次无功而返。一个星期之后，也就是 8 月 28 日星期一，她在收到路易萨有关特里吉利斯夫人病危的信之后又一次赶了过来。在前一天，路易萨把房东太太从楼下叫了上来，让她看一看似乎已经濒临死亡的特里吉利斯夫人。她告诉房东太太，医生已经来看过特里吉利斯夫人了，并且说她活不到明天了。

尽管如此，当第二天路易萨的嫂子再次前来催债的时候，特里吉利斯夫人仍然活着。路易萨的嫂子发现她的情况十分糟糕：脸色惨白，牙齿发黑，嘴唇呈一种不自然的红色。路易萨告诉她嫂子说，医生让她每晚往特里吉利斯夫人的药中加入一种白色的粉末——但是医生坚决否认这种说法。特里吉利斯夫人说正是这种粉末使她生病的。随后路易萨的嫂子所说的一句话使路易萨暂时停止了对特里吉利斯夫人下毒——她说特里吉利斯夫人的情况不像是正常死亡。

8 月 23 日星期三，由于特里吉利斯夫人的身体状况非常糟糕，史密斯医生第一次被叫来给她看病。医生发现她浑身发冷，直打寒战，但是却大汗淋漓。这些症状以及她苍白的脸色使医生做出了疟疾的诊断。史密斯为她开了退烧的奎宁、治疗腹痛的小苏打以及作为一般补药的龙胆苦味汁。

当医生第二次来给特里吉利斯夫人看病的时候，她告诉医生说，她服用了他开的药之后感到非常难受，因此医生改变了处方。他对特里吉利斯夫人呕吐的严重程度感到不解，要求路易萨保留一些呕吐物的样本，以便分析。但是当他下一次再来给特里吉利斯夫人看病的时候，路易萨并没有按照他的要求保留呕吐物，还用各种借口加以搪塞。在这个时候路易萨似乎已经用光了她购买的铅糖，因为特里吉利斯夫人开始恢复健康，而医生也认为没有必要像前一段时间那样每天都来看她了。到了9月6日，医生说特里吉利斯夫人的病情已明显好转，因此已没有必要再来看她了。

铅中毒受害者的一个特点就是他们在恢复期间病情会有反复。而9月9日星期六发生在特里吉利斯夫人身上的正是这种情况。史密斯医生被叫了过来。他注意到特里吉利斯夫人的症状又出现了，但是她的颤抖没有以前那样严重。医生建议将病人转移到起居室，并且为她开了一些药。这些药似乎起到了作用，随着日子一天天过去，医生发现她的身体状况逐渐改善。到了9月16日，医生又一次声称已没有必要再来看她了。

特里吉利斯夫人的身体状况继续好转，但是这种情况并没有持续多久。9月20日，路易萨让马丁到史密斯家的药店购买了半盎司醋酸铅。她写了一张让他购买2便士的醋酸铅的纸条，而史密斯夫人则很痛快地将这种毒药卖给了他，并保留着这张纸条。在对路易萨的审判过程中，这张纸条被作为证据出示，那上面的字被证明是路易萨所写。那些醋酸铅在一个星期左右就被用完了，因为一个星期之后路易萨自己又去购买了一包半盎司的醋酸铅。

特里吉利斯夫人的症状又出现了。但是这次没有把医生叫来。在10月份的第一个星期，这个老太太又开始呕吐。10月1日星期天，她的情况特别糟糕，以至于路易萨不得不把房东太太叫了上来。她说特里吉利斯夫人在病情发作的时候从床上掉了下来，请房东太太帮忙把她扶上床去。特里吉利斯夫人皮肤冰冷，两眼盯着天空，手指不断地颤动，呼吸困难，喉咙中不停地发出声响。路易萨说那是人在临死前所发出的痰声。

第二天，特里吉利斯先生将领取他总额为15英镑5先令的季度养老金，而路易萨则决心将这笔钱据为己有。现在她已经典当了自己的所有财产以及属于特里吉利斯夫妇的一些物品，甚至还借了房东太太10个先令。（当她被逮捕的时候，警察从她那里搜出来23张典当票据，其中一些典当品是特里吉利斯的衣物。）特里吉利斯先生在早餐之后前去领取他的养老金。路易萨找了个借口尾随着他出去了，声称要买一只龙虾做午餐，为此她还向房东太太借了1个先令。在特里吉利斯先生领取养老金后不久，路易萨就在大街上找到了他，从他那里骗走了9英镑。她声称特里吉利斯夫人叫她来帮她把钱取回去，以便妥善保存。她用这笔钱做了什么我们不得而知，但是她偿还了欠房东太太的钱。剩下的钱可能被用来赎回她典当掉的特里吉利斯夫妇的一些物品。到路易萨被逮捕的时候，她身上只剩下了9先令。

这笔钱的丢失使特里吉利斯夫妇面临经济危机，并且导致了他们之间的激烈争吵。他们都认为是对方藏匿了这笔钱。最终特里吉利斯先生怒气冲冲地离开了。路易萨对特里吉利斯夫人表示同情，并建议她考虑将她丈夫送进疯人院。正在这时，特里吉利斯夫人的一个朋友特赖斯夫人突然造访。她看到特里吉利斯夫人已经病成这个样子，感到非常难过。她被告知，特里吉利斯夫人之所以会成为这个样子，一个重要原因就是特里吉利斯先生丢失了他的大部分退休金。令特赖斯夫人感到非常吃惊的是，路易萨非常冷酷地掀开特里吉利斯夫人的被子，露出她瘦骨嶙峋的身体，尤其是双腿。她用手举起特里吉利斯夫人的一条腿，然后突然一放手，让它落在床上，并且还开玩笑说："她要去参加一场跑步比赛。"

第二天，路易萨在大街上叫住特赖斯夫人的女儿，让她叫她母亲去照顾特里吉利斯夫人，声称自己要搬进她在查尔顿购买的新居。特赖斯夫人让她女儿到特里吉利斯夫妇家去告诉他们自己过一会儿就去照顾他们。路易萨让特赖斯夫人的女儿出去购买了一些白兰地，将一种乳白色的液体 \* 倒了进去，然后给特里吉利斯夫人喂了一勺。特里吉利斯夫人说这种酒非常难喝，并且在喝完之后她立即就病倒了。这很可能是路易萨最后一次对她下毒。

此时这一事件逐渐进入高潮。在星期四，路易萨用了一整天的时间收拾行李，准备搬出特里吉利斯家。她问特里吉利斯先生是否愿意和她一起走，并说他可以免费住在自己在查尔顿的新房

---

\* 如果铅糖被加入硬水之中——而普拉姆斯蒂德地区的水质就很硬——就会形成乳白色的悬浮液。

子中。特里吉利斯夫人甚至还鼓励丈夫跟路易萨走，并说自己一看见他就心烦。特里吉利斯先生对此感到非常伤心，于是就出去散步。他回来的时候发现自己的行李已经被收拾好了，一辆马车已经在等着他和路易萨。这时特赖斯夫人已经到了，她建议特里吉利斯先生不要跟路易萨走。房东太太和特赖斯夫人已经对路易萨产生了怀疑，而第二天，也就是10月6日星期五所发生的事情证实了她们的怀疑，并促使她们采取了行动。那天上午路易萨一大早就离开了。她在12点30分与马丁一起回来取走她的一些东西，并再次邀请特里吉利斯先生与她一起走。特里吉利斯先生再次拒绝了她的邀请，这并不是出于对他患病的妻子的忠诚，而是害怕遭到路易萨的抢劫。他所给出的拒绝理由是："如果你没有拿走我的养老金和一双靴子的话，我本来是要跟你走的。"

那天下午，房东太太叫来史密斯医生给特里吉利斯夫人看病。医生发现特里吉利斯太太正处于极度痛苦的状态，而且已几乎无法说话。她浑身颤抖，双手和双腕失去了活动能力。然而更能说明问题的是，医生发现在她的牙龈上有一道蓝线。这证实了她的症状是由铅中毒造成的。史密斯医生以前曾经遇到过这种情况，因为他有个曾经做铅弹浇铸工的病人就是死于铅中毒。他还知道路易萨曾经在他家的药店里购买过醋酸铅。他意识到了情况的严重性，于是就叫来了法医。

就在同一天，特里吉利斯先生也叫来了警察。他告诉他们路易萨偷了特里吉利斯夫人的衣服。那天晚上路易萨在喝了点儿酒之后出人意料地回到了内勒别墅3号，结果当场被以盗窃罪逮捕。特赖斯夫人跟随她一起前往警察局，她公开指控路易萨试图用铅糖毒死特里吉利斯夫人。法医于下一个星期一在对特里吉利斯夫人进行检查之后确认她的症状是铅中毒引起的。

第二天，也就是 10 月 10 日星期二，路易萨被带去见治安法官，并被指控犯有抢劫罪。由于特里吉利斯夫人身体虚弱，地方治安法官决定在她住所的起居室里开庭，听取其陈述。不幸的是，特里吉利斯夫人当时说话已非常困难，而且思维混乱。尽管如此，她还是确认了在路易萨搬进她家之前她的身体一直很健康，而且更为重要的是，她说自己有一次看见路易萨将一种白色的粉末倒进她的药中。她在喝了一口这种药之后就感到喉咙刺痛，因此就没有再喝它。

治安法官最终记录的特里吉利斯夫人的陈述如下：

> 我是威廉·特里吉利斯先生的妻子。路易萨·泰勒已经在我们家住了六个月了。她不是我们家的用人，而是一个客人。在此期间她一直和我睡在一起。在她来之前我的身体一直很好。大约三个月前我第一次病倒。当时我感到头晕眼花，身体非常不舒服。医生给我开了一些药。每次都是泰勒夫人给我喂药……我每次服用了她喂的药之后病情都会恶化。三个月前我在吃了她喂的药之后感到身体非常不舒服。我看见她每次都用了两个这么大的瓶子给我配药。医生给我开了一瓶药，让我每四个小时服用一次。我看见泰勒夫人将一些白色的粉末倒进了这种药中。我尝了一点儿，然后说："我不能吃这种药。它的味道令人作呕，而且像醋一样酸。"……只有这一次我看见泰勒夫人往我的药中掺入白色

粉末。但是在此之前和之后，我还喝过很多次这种令人作呕的药水，而且它们都会产生相同的结果。我的呕吐物呈黑色，并且总是会使我的喉咙产生烧灼的感觉。

在维多利亚时代，许多所谓退烧药实际上只是硝酸稀释液。当醋酸铅被加入这种药物之后，它会与硝酸发生反应，产生醋酸。这就是为什么特里吉利斯夫人会觉得被下了毒的药水喝起来像醋，因为醋就是醋酸的溶液。

路易萨参加了治安法官的听证，当她听到特里吉利斯夫人的证言后晕了过去，因此不得不被带离现场。该案的情况是如此不同寻常，以至于在听证结束之后治安法官竟然忘记了在陈述记录上签字。虽然这一疏忽在三个星期之后得到了纠正，但是在随后的审判中它给了辩护律师声称特里吉利斯夫人的陈述不能被用作证据的机会。我们将会在后面看到，这一策略差点儿取得成功。

10月13日的星期五对于路易萨来说的确是个倒霉的日子：她在武威奇治安法庭被以谋杀未遂和盗窃罪起诉。但是这一天并非对所有的人来说都是倒霉的。特里吉利斯夫人的身体状况似乎日益好转，这主要应该感谢房东太太的精心照料。特里吉利斯夫人已经不难受了，甚至她牙齿上的黑色也逐渐褪去了。但是特里吉利斯夫人、她的医生以及照顾她的房东太太都没有意识到，铅已经对她的身体造成了无法修复的损害，而她的好转只是暂时的。10月20日星期五，她又一次说不出话来了，而且她的身体逐渐瘫痪。三天之后她就死了。

在尸检的时候，特里吉利斯夫人牙龈上的蓝线仍然清晰可见。然而她的大脑、肺、肝脏、心脏和脾脏看上去都是健康的，但是她的胃部和肠部有黑斑。进行尸检的法医就是确认史密斯医生有关铅中毒的诊断的那个人。在验尸官调查的过程中，这位法医却说，仅仅根据其检查的结果还不能得出特里吉利斯夫人死于铅中毒的结论。

死者的一些器官组织样本以及从那个别墅的自来水管中提取的水样被送到伦敦的盖伊医院进行分析。（检测结果显示，自来水中仅含有极微量的铅。虽然这种自来水是从铅管中流出来的，但是由于当地的水质很硬，铅管上的铅没有被溶解到水中。）分析表明，特里吉利斯夫人的肾脏中含有大量铅，而在她的肺、肠和脾脏等器官中含有微量的铅。她的肝脏的铅含量为每磅 0.256 谷，相当于 37ppm；大脑的铅含量为每 10 盎司 0.061 谷，相当于 13ppm；胃组织的铅含量为 0.432 谷（27 毫克）。分析报告所得出的结论是：特里吉利斯夫人最近曾经被人用醋酸铅下过毒。在审判的过程中，分析员斯蒂文森医生对这一分析结果进行了详尽的解释。他说，在死亡之前，这些铅不可能在人体内停留两周之久，而特里吉利斯夫人是在路易萨被逮捕之后 17 天才死亡的。这暗示着路易萨在被逮捕之前曾经在特里吉利斯夫人的某些药物或食物中掺入了醋酸铅，而这些药物或食物是在路易萨被逮捕很多天之后才被特里吉利斯夫人吃下或喝下去的。

验尸官调查于 1882 年 11 月 24 日举行。陪审团做出了蓄意谋杀的裁决。路易萨的情人马丁这时开始与路易萨保持距离了。在死因调查的过程中，他否认在路易萨于 7 月离开查尔顿之后曾经见过她。但是在证据面前他不得不承认自己曾经到特里吉利斯夫妇家去找过她五次，但是否认自己曾经购买过醋酸铅。史密斯医生的妻子揭穿了他的这一谎言。她说马丁曾经去过两次她的药店，每次都买了一些醋酸铅。这时马丁似乎才回忆起自己去过一次她的药店。事实上，这个豆瓣菜小贩没有与他的情妇一起被送上法庭接受审判已经是非常走运了。

对路易萨·简·泰勒的审判于1882年12月15—16日在伦敦中央刑事法院举行。主持审判的是斯蒂芬斯法官。（在这一审判举行的时候他似乎还是神志清醒的，但是正如第八章所介绍的，到了1888年主持梅布里克案审判的时候，他已经出现了精神失常的迹象。）

审判的第一天主要是听取医学证据以及特里吉利斯先生的证言。特里吉利斯先生在证人席上作了三个小时的证。他讲述了自己曾经被关进疯人院的经历，以及他是如何于1879年与特里吉利斯夫人结婚的。他说他们当时之所以同意路易萨与他们一起居住，是因为特里吉利斯夫人的身体不好。这与特里吉利斯夫人的陈述相矛盾，而且也没有得到验尸结果的支持。他告诉法庭说，路易萨并没有给他的妻子帮什么忙，每次都是邻居给老太太送食物的。他还指控路易萨从一个抽屉中偷了1英镑15先令的钱。在交叉讯问的过程中，他否认在他妻子生病期间自己曾经照料过她，而且从来没有喂过她任何药物。后来马丁在作证的时候却说特里吉利斯先生曾经给他的妻子喂药。特里吉利斯先生非常气愤地否认了这一说法。

第一天最后一个出庭作证的是武威奇治安法庭的书记官。他承认在特里吉利斯夫人床边所做的陈述记录中有一些是在三个星期之后才签署的。辩护律师抓住这个疏忽要求法官裁定这些陈述不得被采纳为证据。然而斯蒂芬斯法官在就这一问题作出裁定之前就结束了当天的庭审。当地一份名叫《武威奇公报》（*Woolwich Gazette*）的报纸于 12 月 16 日星期六刊登了一篇题为《预计普拉姆斯蒂德投毒案将会作出无罪判决！》（Plumstead Poisoning Case Acquittal Expected!）的文章。似乎事情正朝着对路易萨有利的方向发展。

第二天，斯蒂芬斯法官允许将特里吉利斯夫人临死前所作出的陈述在法庭上作为证据宣读，路易萨所有的希望都破灭了。在这份由受害者所作的有关她的谋杀者是如何在她的药中掺入白色粉末的陈述决定了路易萨的命运。辩护方的唯一一个证人就是上文所提到的那个监狱的医生。辩护律师在其总结发言中强调了以下几点：（1）特里吉利斯夫人可能并非死于铅中毒；（2）路易萨是第一个找医生给特里吉利斯夫人看病的人，如果是她给这位老太太下毒的话，那么她不大可能主动去找医生；（3）路易萨自己有使用醋酸铅的医疗需要，而且她也没有隐瞒这一点；（4）路易萨没有杀死特里吉利斯夫人的动机；（5）特里吉利斯先生可能在无意中给他的妻子喝了醋酸铅溶液。这最后一点是有一定道理的。如果路易萨真的曾经使用醋酸铅洗液清洗下身，并且曾将这种药水装在一个用过的药瓶中的话，那么特里吉利斯先生的确有可能误以为这是他妻子的药水，并且将其中一些喂给她喝下去。

斯蒂芬斯法官用了三个半小时对案件作出了总结，他的总结在公正性方面无可挑剔。他指出路易萨的确是以非常公开的方式购买的醋酸铅。如果特里吉利斯夫人只服下一次这种毒药的话，那这的确很可能是个意外事件。但事实上她曾经多次服下这种毒药，这就排除了意外的可能性。路易萨对特里吉利斯夫妇做的其他一些行为与她自己的说法相矛盾，暴露了她下毒的动机，即图财害命。她在其继承的遗产方面对他们撒了谎，并且还盗窃了他们的财产。另外，作为特里吉利斯夫人的照料者，她也完全有机会对她下毒。

陪审团于晚上 8 点 08 分退出法庭进行审议，仅仅 20 分钟之后就回到了法庭。他们作出了有罪裁决，并且没有提出从轻处罚的建议。听到裁决之后，路易萨只说了一句话："我是无罪的。"然后她就被带离法庭，押往梅德斯通监狱。

在路易萨被处决前的 16 天中没有一个人来探望她——就连马丁也没有来看她。她给内政大臣写信，请求他挽救她的生命。但是内政大臣在与主持审判的法官协商之后决定不干预法律的实施。尽管如此，还是出现了一个支持对路易萨宽大处理的声音，而且这个声音出自一个看上去不大可能的来源——医学界的权威杂志《柳叶刀》。在路易萨被定罪之后，该杂志上发表的一篇文章声称，特里吉利斯夫人在临死前几天曾经心脏病发作，而这才是她主要的死因。路易萨给她下的毒可能加速了她的死亡，但是不能确定就是它导致了她的死亡。然而《柳叶刀》上的这一意见没有起到什么作用，路易萨于 1883 年 1 月 2 日星期二上午 9 点被执行绞刑。特里吉利斯先生于同一天向武威奇治安法庭提出申请，要求典当行退还被路易萨典当的物品。法官让他自行与典当行协商解决此事。

根据当地报纸《武威奇公报》1 月 6 日的一篇报道，路易萨在过去曾经多次试图用铅糖自杀，而且她还可能谋杀了另外两名年轻妇女：其中一名在武威奇，另一名在"乡下"。但是这篇报道没有透露细节。该报纸甚至还引用一名当年为她丈夫看病的医生的意见说，路易萨可能也毒杀了她的丈夫。但是警方没有对以上这些传言开展进一步调查。

那么为什么路易萨·泰勒要选择用这种靠不住的毒药实施谋杀呢？也许是因为她认为这种毒药的甜味可以使她的受害者在毫无察觉的情况下喝下去。但是她犯了一个大错误，那就是将这种毒药掺进了酸性的药物之中。醋酸铅与酸性溶液发生反应，产生醋酸，从而使其带有醋的味道。然后她可能决定将其掺入白兰地酒中，因为白兰地的味道可以掩盖醋酸铅的甜味，而且醋酸铅甚至还可以使白兰地的味道更可口。毫无疑问，路易萨发现醋酸铅是一种慢性毒药，人们很容易将其导致的症状与其他疾病的症状混淆，因此受害者的死亡不会引起别人对她的怀疑。真正令人感到不可思议的是她的受害者——82 岁高龄的特里吉利斯夫人——竟然能够与死神抗争如此之久。

## 教皇克莱门特二世毒杀案

人体用两种方法保护自己免受铅的毒害。首先，它阻止铅进入血液循环。但是一旦铅进入胃中，总会有一些被吸收。其次，那些穿过胃壁进入血液循环的铅被存储在骨骼之中，因为在那里它对人体造成的危害最小。由于以上原因，人体能够抵御许多个星期的铅中毒，直到其防御系统在长期的攻击下崩溃。

有关铅能够被存储在骨骼之中这一发现具有十分重要的意义，因为这使我们能够检测我们前辈的铅摄入量。对出土骸骨的检测表明，在历史上人类受到铅污染的程度逐渐上升，但是到了20世纪有了大幅度的下降。如今尽管铅的使用有了巨大的增长，但是人体内的铅含量却是一千多年来最低的。其原因在于铅已经几乎完全从家居环境中消失了。

对古代骸骨的检测得到了一些有趣的发现。其中最令人感到意外的就是对于1047年神秘死亡的教皇克莱门特二世遗骨的检测结果。他的遗骸被保存在德国班贝克市的一个石棺中。1959年，W. 施佩希特（W.Specht）和 K. 费雪（K.Fischer）对他的骨骼样本进行了分析。他们的分析结果发表在德国的法医学杂志《犯罪学档案》（*Archiv Für Kriminologie*，1959年第124期第61页）上。结果显示，克莱门特二世骨骼中的铅含量远远高于正常值，因而肯定了人们长期以来有关他死于中毒的猜测。但是究竟是谁对教皇下毒呢？通过对11世纪罗马天主教教会状况的分析，我们至少可以找到一个这样的人。

公元10世纪，罗马教会以腐败闻名。本尼迪克特九世于1032年被选为教皇，未满20岁。但是他因为其臭名昭著的淫乱行为而于1045年1月被罗马市民赶下了台。在他之后当选的教皇是西尔维斯特三世。但是这一革命没有维持多久，四个月之后，西尔维斯特在一次政变中被赶下了台，本尼迪克特又一次被立为教皇。但是本尼迪克特更看重金钱而不是神权。他把教皇的职位卖给了他的教父，也就是后来的教皇格利高里六世。

在1046年，以上提到的那两个被废黜的教皇又回到了罗马。

他们都要求重新将自己立为教皇。这样罗马的教皇地位就有三个争夺者。罗马市民在绝望之中求助于德国国王亨利三世。亨利三世则又从德国带来了一个教皇地位的争夺者，将他立为教皇克莱门特二世。作为回报，克莱门特二世于 1046 年圣诞节将他的主子封为神圣罗马皇帝。

克莱门特二世只不过是一个傀儡。他上台后推行了一些改革方案，但是没有得到人们的支持。他首先召开了一个罗马理事会，禁止了对于罗马的一些大家族来说非常有利可图的买卖官爵的行为。他于就职的第二年——也就是 1047 年，在任职仅九个月之后突然死亡，而其改革计划也因此戛然而止。一种流行的说法是，他是被本尼迪克特手下的人毒死的。本尼迪克特在此之后的第二个月就回到了罗马并被重新立为教皇。但他的胜利是短暂的。1048 年 7 月德国皇帝亨利三世又一次将他赶走，立了一个新的教皇（大马士革二世）。

对克莱门特二世遗骨的分析显示，其中含有大量的铅，因此可以确定他死于铅中毒。至于他的中毒是意外还是蓄意谋杀，我们只能猜测了。本尼迪克特有充分的理由谋杀克莱门特二世，但他是否会选择铅化合物来下毒呢？有这个可能。正如我们在上文所看到的，醋酸铅可以被不知不觉地掺入饮料之中。但是在克莱门特二世生活的那个年代，醋酸铅还不为人们所知。另一种下毒的方法就是在他的葡萄酒中掺入铅黄（一氧化铅）。铅黄可以与葡萄酒中的其他成分发生反应，从而迅速溶解，在葡萄酒略带酸性的时候更是如此。而当时的葡萄酒往往是带有酸性的，而且当时人们就知道可以通过这种方法使葡萄酒带有甜味。

另一种解释就是，克莱门特二世是由于过多地饮用通过普通方法增甜的葡萄酒而中毒的。德国酿酒商特别喜欢用这种方法改善葡萄酒的质量，而克莱门特二世又特别喜欢德国葡萄酒。他在去罗马的时候特意带上了大量这种葡萄酒。克莱门特二世可能像历史上许多爱喝德国葡萄酒的人一样是死于意外铅中毒。后来德国禁止了这种给葡萄酒增甜的方法。

施佩希特和费雪在巴伐利亚犯罪学部门工作。他们获准打开从 1052 年以来一直存放在班贝克天主教堂中的克莱门特二世的石棺，希望能够解答他是否被下毒的问题。在克莱门特二世刚死的时候就有谣传说他是被人毒死的。当时德国的许多主教都害怕遭受相同的命运，以至于神圣罗马皇帝发现很难说服他们去罗马。

施佩希特和费雪从石棺中提取了各种样本，包括干枯的人体组织碎片、一根肋骨、头发和衣服样本。他们在肋骨中发现了大量的铅，这表明克莱门特二世是死于铅中毒。他们所分析的肋骨样本重量为 1.8652 毫克。它含有 936 微微克（1 微微克等于 $10^{-12}$ 克）铅。其中 82.8% 在骨骼外层，6% 在骨骼中层，11% 在骨骼内层。骨骼的铅含量为 50ppm，远远高于正常值。他们证明，骨骼中的这些铅并非来自石棺中的环境，因为在克莱门特的衣服的残片中并没有探测到铅。

施佩希特和费雪推断，克莱门特受到了铅的致命毒害，而且这些铅是他在一段时间内反复摄入的。他们得出结论说，克莱门特的遗骨表现出因职业原因而受到铅污染并因此中毒而死的模式。虽然克莱门特明显是死于铅中毒，但是现在已无法弄清他是不是被蓄意谋杀的。我们知道如果一个人连续每日摄入 5—10 毫克铅，那么他会在 3—4 个星期内死亡；如果连续每日摄入 1—3 毫克铅，那么他会在 3 个月内死亡。这种剂量的铅很容易被掺进葡萄酒中，而在梵蒂冈有机会用这种方式下毒的人有的是。这似乎是一起由不明身份的人实施的谋杀案，但是我们很清楚幕后的指使者是谁。

# Thallium

# 铊

## 第十五章

# 铊让你秃顶[*]

铊的英文名称 thallium 源自希腊词 thallos（嫩芽）。铊盐在本生灯的火焰中会发出像嫩芽一样明亮的绿色光芒，所以铊的发现者威廉·克鲁克斯（William Crookes）就以此为其命名。人们最初并没有认识到铊的致命性质。它曾被用来治疗头部的金钱癣，而且还对儿童使用较大的剂量，因为这样可以使头发脱落，从而更方便治疗。还有人用铊作为杀虫剂。这些使用毫无例外地导致了悲剧。

阿加莎·克里斯蒂（Agatha Christie）曾经以铊中毒为主题写过一部推理小说。在她于 1952 年所写的《白马酒店》（*The Pale Horse*）中，谋杀者用铊毒死人们所讨厌的亲戚，并将其下毒的行为伪装成黑色魔法诅咒。这个故事中的主要人物是一个被谋杀的牧师和三个现代巫师。[†]克里斯蒂对铊中毒的症状描写得很详尽：乏力、刺痛、手脚麻木、晕厥、言语不清、失眠和丧失

---

[*] 有关这一元素更为详细的技术信息，请参考本书后所附的术语解释。

[†] 该故事于 2003 年被拍成电影。由科林·布坎南和杰恩·阿什本主演，查尔斯·比森导演。

活动能力。有人曾经指责她为投毒者介绍毒药。但是正如我们在下文将要看到的，她的这本书挽救了一个年幼女孩的生命。无论如何，克里斯蒂并不是第一个描写这种致命毒药的推理小说作家。

小说家奈欧·马什（Ngaio Marsh）在她 1947 年所写的《死亡黑幕》（*Final Curtain*）中描写了一个坏蛋用铊下毒的故事。这个故事中的受害者是亨利·安克雷德爵士。他被人用他为治疗他孙女的金钱癣而买的醋酸铊下毒而死。马什显然对铊的毒理一无所知。她想象那些被用铊下毒的人会立刻倒地而亡。那些模仿她的小说用铊下毒的人一定会感到非常不解和失望：被他们下毒的人似乎没有出现任何不良症状。但是几天之后他们就会因看到铊导致的许多症状而狂喜不已。

## 人体中的铊

每个人的身体中都含有少量的铊。人体中的铊含量很可能不超过半毫克，而血液中的含量仅为 0.5ppb。一般人每天通过饮食摄入 2 微克铊。这些铊在人体内逐渐积累，其中大多数都被存储在骨骼中。事实上，铊可以进入人体除脂肪以外的所有组织，甚至可以进入胎盘里。铊不是生物体所需的元素，但是有些海洋微生物不知出于什么目的，会有意在其体内浓缩这种元素。铊像铅一样是累积性毒药，而且也像铅一样损害神经系统。值得庆幸的是，通常我们体内的铊不会累积到危害健康的程度。但是有些人因为意外或被蓄意下毒，甚至因为使用医药而摄入了过多的铊。

铊在他们的体内缓慢地影响那些依赖于钾元素进行代谢的器官，包括大脑、神经和肌肉。水溶性铊盐很容易被口腔、胃和肠黏膜所吸收，甚至还能够穿透皮肤。

为什么人体能够如此容易地吸收铊？这是因为呈阳性的铊离子（$Tl^+$）与人体所必需的钾离子（$K^+$）大小几乎完全相同。但是一旦进入细胞之中，铊离子与钾离子之间的细微差别就显现出来，并对细胞机能造成损害。铊能够非常有效地模仿钾元素，以至于可以取代存在身体各个部位的钾。但是受其影响最大的还是中枢神经系统，它很快就会导致其失灵。铊最终还会影响全身的毛囊，使其无法产生毛发，并使原有的毛发脱落。

利用铊 -204[*] 放射性同位素追踪铊在人体中的运动轨迹的研究显示，这种元素会累积在骨骼、肾、胃壁、肠、脾和唾液腺中，头发、眼睛和舌头中的含量也很高，但是肌肉和肝脏中的浓度较低。人体排泄铊的主要途径是粪便，但也可以通过尿液排出。进入人体的铊趋向于形成不是很易溶的氯化铊，因此人体需要很长时间才能将其排泄出去。用铊 -204 开展的研究显示，人体至少要用一个月的时间才能够将其摄入的特定剂量的铊的一半排出体外，在三个月之后仍然可以从尿液中检测到铊。

如今我们对铊的生物化学尚未开展全面的研究，因此还没有完全弄明白它在人体中的运作模式。除了模仿钾元素之外，它还干扰 B 族维生素以及钙和铁在体内的运作。有关研究显示，铊中毒的症状与硫胺（维生素 $B_1$）缺乏症有着惊人的相似之处，

---

[*]　这种同位素的半衰期为 3 年 40 周。它会发出不伤害身体的 β 射线。

因此这种元素似乎干扰了硫胺在体内的代谢。铊所干扰的另一种维生素就是参与体内能量生产的核黄素（维生素 $B_2$）。* 铊干扰人体的糖代谢，导致类似糖尿病的症状。除了以上症状外，铊还可以导致男人阳痿，从而影响其性生活。铊对人体最大的危害就是其对中枢神经系统的影响，以及对皮肤、睾丸和心脏等能量需求较大的器官的影响。

对于一个成年人来说，铊的致死剂量大约为 800 毫克，也就是不到四分之一茶匙。但是在过去，医生曾将 500 毫克剂量的铊盐用于治疗金钱癣之前的预处理。† 当时他们认为，只有使所有头发脱落之后才可能根除这种癣。人的毛发在摄入铊之后 10 天左右开始脱落。这在如今被视为一个人摄入接近致命剂量的铊而中毒的标志。致命剂量的铊盐所产生的症状如下：

第一天：没有任何症状或者类似着凉或流感的轻度症状；

第二天：肠胃炎、脚部针刺感，并可能出现腹泻；

第三天：周身带状疼痛、关节痛、脚部对触摸非常敏感、几乎无法入睡。

随着日子一天天过去，中枢神经系统所受到的损害越来越大，以上的这些症状也日益严重。接着而来的是控制说话、吞咽以及舌头和嘴唇活动的肌肉瘫痪。眼部开始发炎，并可能导致失明。脸部和嘴部的肌肉瘫痪导致像面具一样的面容，这时病人已无法说话。皮肤呈灰色并有鳞片状脱落，手上可能会起皮疹。病

---

\* 由于醋酸铊可以使牛奶中的核黄素形成不可溶的沉淀，因此过去人们曾经通过在牛奶中加入醋酸铊的方法提取核黄素。

† 金钱癣极具传染性。它往往是通过与诸如奶牛等牲畜接触而传播的。

人会大量出汗，并且可能导致手掌和脚掌发出难闻的气味。铊可以导致过分排尿，但是通过尿液排出的铊却很少。受害者的心脏、肝脏和肾脏逐渐衰竭，并可能死于诸如肺瘫痪、肺炎或心力衰竭等疾病。由于铊刺激动脉肌肉，因而会导致血压升高。伴随着以上身体中毒症状的是精神失常的症状，包括严重抑郁、轻生、幻觉和癫痫。

因此我们很容易理解为什么铊中毒往往会被误诊为各种各样其他的疾病了，在那些铊中毒极为罕见的社会中更是如此。正如我们在下一章中将要看到的，在格雷厄姆·扬下毒案中，有43名医生对受害者进行过检查，但是其中只有1名医生正确地做出了铊中毒的诊断。我们几乎不可能仅仅通过症状确诊，即使在验尸的时候也是如此。通常在尸检的时候会发现广泛的周边神经细胞病变，但是心脏、肝脏、脾脏和胰脏看上去是正常的。

在1977年报告了一起被误诊的硫酸铊中毒病例，但是多亏了克里斯蒂的《白马酒店》一书，中毒者最终得以获救。在卡塔尔，一个19个月大的女孩突然得了重病，医生们都无法诊断出其患病的原因，因此她的父母将其带到伦敦寻求专家帮助。这个女孩显然病得很重，当她来到医院的时候已经处于半昏迷状态，但是却不清楚她到底得了什么病。在哈默史密斯医院的皇家医学研究生院，由T.G. 马修斯博士和维克多·杜博维茨教授负责对这个女孩进行救治。他们一开始对她做了包括验血、腰椎穿刺以及全身X光检查在内的各项常规检查，没有发现致病的原因。然而这个女孩的脑电图显示，她的大脑明显出现了异常。在随后的几天内她的情况日益恶化：她的血压很高，心率为每分钟200

次，她的呼吸也不规律。看起来她已经没救了。但就在这时，一个名叫玛莎·梅特兰的护士听到医生们谈论这个孩子的病情，提出她可能是铊中毒。玛莎给医生们看了她正在阅读的一本书，那就是《白马酒店》。这些医生很快就确信这个女孩的症状就是铊中毒，因为这时她的头发已开始脱落。

医生立即与苏格兰场取得联系，将女孩的一些尿液样本送往司法证据科学实验室进行检测。检测结果表明，尿液中的铊含量为 3.7ppb，高出正常值 10 倍。医生立即用亚铁氰化钾进行解毒治疗。两个星期之后，随着女孩尿液中的铊含量逐渐下降，她的情况开始稳定。三个星期之后，她表现出明显好转的迹象。又过了一个星期之后医生让她出院，由她父母带回了卡塔尔。四个月之后的跟踪评估显示，女孩已经几乎恢复了正常状态。那么这些几乎要了她的命的铊是从哪里来的呢？它来自女孩的父母用来消灭在下水道和化粪池中滋生的蟑螂和老鼠的一种杀虫剂。据信，这个孩子在厨房的排水管下面找到了一些这种毒药，并把它吃了下去。

证明一个人铊中毒的唯一可靠的方法就是对其血液、粪便和尿液进行分析。要证明一个人死于铊中毒，就必须对其器官组织和骨骼进行化学分析。铊可能会广泛地分布在人体内，以至于在组织中的浓度很低。死于铊中毒的人体内的铊浓度因器官而异，通常在肝脏、肌肉和骨骼中的浓度为 8—10ppm，在心脏、肾脏和肺中的浓度略低，而在大脑中的浓度仅为 2ppm。摄入大剂量铊的人的大脑会受到非常显著的影响。但是摄入非致命剂量的铊的人大脑是否也会受到影响呢？铊的发现者之一的古怪行为表明这是可能的。

## 铊的发现

威廉·克鲁克斯（1832—1919年）是伦敦皇家科学院的一名化学家。1861年，有人要求他调查一批被一种未知杂质污染的硫酸。他所做的第一件事情就是对其进行焰色试验，即用一根铂金丝蘸一点儿这种硫酸，然后将其放进无色的本生灯火焰之中。火焰立即呈现出鲜艳的绿色。虽然这种绿色只持续了一秒钟左右，但是足以使克鲁克斯意识到这种硫酸的确受到了污染，而且这种污染物是一种新的元素，因为他以前从来没有看见过这种绿色的火焰。

当然，简单的焰色实验本身还不能作为他发现新元素的证明，铜和钡这两种元素在这种测试中也会发出绿色的火焰。然而克鲁克斯意识到这种绿色与以上这两种元素所发出的绿色不同。他使用分光光度计对这种绿色火焰进行了测量，结果发现它位于不同的光谱区域，从而确认了这是一种新元素。（我们现在知道其实际光谱波长为535纳米。）克鲁克斯急忙在他做编辑的《化学新闻》（*Chemical News*）周刊3月30日那一期上宣布了这个发现，并且命名这个元素为铊。他开始研究这种元素的化学原理，但是在随后的一年中他仅仅提取了这种元素的几种化合物的少量样本。

与此同时，一个与克鲁克斯素不相识的法国物理学家——来自里尔的克劳德－奥古斯塔·拉米（Claude-Auguste Lamy，1820—1878年）——在对从生产硫酸的铅仓内壁上刮下的一种奇怪的沉积物进行焰色实验的时候，也发现了这种新的绿色火焰。他也意识到这是一种新的元素，并对其开展了更为深入的研究。他最终提取了这种元素的一些样本，将其铸成一小块铊金属锭。拉米将其调查结果通知了法国科学院，而后者则将这一元素的发现归功于拉米。随后拉米将这块铊金属锭送到了 1862 年举行的伦敦国际展览会上。展览会的组织者立即将这种新发现的金属展出，甚至还发给了拉米一枚化学创新特别奖章。克鲁克斯在听到这个消息之后非常气愤。他于当年夏天在《化学新闻》周刊上发起了一场要求国际展览会收回发给拉米的奖章并将其发给克鲁克斯的运动。经过双方一番相互指责之后，展览会的组织委员会不得不也给克鲁克斯颁发了一枚奖章。如今人们一般将这一元素的发现归功于克鲁克斯。

**威廉·克鲁克斯**是一个多才多艺的人。他出生在伦敦的摄政街，是一个裁缝的儿子。他的父亲最终给他留下了足够的钱，使他能够追求其在化学和摄影方面的爱好。他甚至建造了一个属于他自己的私人实验室。他还涉足许多其他科学领域。他发明的早期射电管后来被其他人用以发现 X 光，并且在 20 世纪得到大规模生产，用于电视机显像管。他于 1897 年被授予骑士称号，于 1910 年被授予功绩勋章（由当时在位的英国国王亲自授予），并且成为皇家学会的主席——这是英国科学家所能够获得的最高荣誉。他死于 1919 年。如果说铊在 19 世纪 60 年代对克鲁克斯造成了伤害的话，那么这种伤害并不是永久性的。

克鲁克斯在摄影和物理等领域所开展的研究也非常有名。他后来因醉心于研究招魂术而声名狼藉。他的这种古怪行为是否因为受到了铊的影响呢？他开始参加降神会，还声称见到了由一个年轻、漂亮的女巫师所招来的鬼魂，甚至还给这些鬼魂照了相。有谣传说他真正感兴趣的是那个女巫师，而不是她招来的鬼魂。而这一切都发生在他的妻子怀着他的第十个孩子的时候。

在铊被发现之后的数年中，人们发现这种元素在自然界中分布非常广泛。在泉水、烟叶、甜菜和葡萄酒中都能够探测到铊。事实上，由于铊与植物所需要的钾元素非常相似，因此几乎所有植物中都可能含有这种元素。瑞典在 1866 年发现了一种铊矿石，以克鲁克斯的名字命名为克鲁克斯矿石。*无论如何，铊在火焰中所呈现出的这种鲜艳的绿色使它很容易被探测出来。克鲁克斯在发现铊之后，又用了 10 年时间对其进行研究。他还测出了这种元素的原子重量为 204。

## 自然界中的铊及其用途

在大多数植物中都含有微量的铊，而这些铊又通过植物进入食物链中。蔬菜和肉类中的铊含量为 0.02—0.12ppm，这一含量不足以对人类的健康造成危害。大多数植物的根都可以很容易地从土壤中吸收铊：土壤中所含的铊越多，根吸收的也就越多。有一些植物能够吸收大量的铊：松树中的含量可达 100ppm；而一

---

\* 这是一种硒铊铜矿，其化学结构为 $Cu_7TlSe_4$。

些花中的含量可高达 17000ppm（1.7%）。1980 年人们发现，在德国的一家水泥厂附近生长的植物中含有量值很高的铊。这家水泥厂正在用一种岩石研制一种新型水泥，他们不知道这种岩石含有很高水平的铊，而这些铊从水泥窑散发到周围的环境之中。生长在水泥厂周围的卷心菜的铊含量为 45ppm（新鲜蔬菜），而葡萄的铊含量为 25ppm。即使当地母鸡所下的鸡蛋中，铊含量也高达 1ppm。

铊并不是稀有元素：它在土壤中的含量比白银高 10 倍。在土壤中，铊的含量在 0.02ppm 到 2ppm 之间，但是在大部分地区的土壤中，其含量为 0.2ppm。海水中的铊含量很低，仅为 10ppt，而在大气中其含量几乎为零。与汞和铅等重金属不同，工业活动排放的铊对地球环境没有造成很大的污染。据估计，每年全世界的金属冶炼厂和加工厂大约排放 600 吨铊；另外，每年还有大约 600 吨铊从燃煤发电厂排放到大自然中。

工业上所需要的铊主要是作为冶炼锌和铅的副产品生产出来的。全世界的铊化合物产量为每年 30 吨，而金属铊的产量则不到 1 吨。铊不能与其他金属形成有用的合金。一些铊被用来制造高反射镜头中所需的氧化铊；另一些被用于化学研究。一些发展中国家仍然允许将硫酸铊用作杀虫剂，但是在西方国家中这种农药已经被禁止。溶解在糖浆中的硫化铊在诱杀老鼠、蟑螂和蚂蚁方面特别有效。有一些铊被做成用于光电管的硫化铊、硒化铊和砷化铊；还有些铊被做成红外线探测器上所需的溴碘化铊晶体。化学研究人员将硝酸铊（III）用作特别具有选择性的氧化剂。

## 铊的医疗用途和商业滥用

铊盐一度作为脱发剂被写进药典。铊的这一不寻常的作用是在 19 世纪 90 年代的时候被意外发现的。当时一些研究人员试验用铊治疗肺结核病人的盗汗症。铊并没能治疗盗汗，但是接受这种治疗的人的头发却都掉光了。巴黎圣路易医院的首席皮肤病专家 R.J. 萨布朗（R.J.Sabourand）医生于 1898 年报告了这一副作用。在随后的一段时间内，他曾经将铊专门用于给那些患有金钱癣的病人去除体毛，但是后来由于毒性太大而放弃使用。但是到了 20 世纪 20 年代早期，将铊盐用作脱毛药的做法又死灰复燃。当时的推荐剂量为每千克体重 8 毫克，而且在随后的 30 年中，这成为去除体毛的标准方法——尽管有报告说在使用这种脱毛药物的人中有 40% 出现了副作用。但是这种副作用一般都非常轻，并且会在三个星期之后消失。另外，卢雷耶（Lourier）和兹维吉斯（Zwitkis）两名医生对 500 个使用铊盐脱毛的病人进行的分析更加令人感到宽慰：在这些病人中没有人出现严重的铊中毒症状，只有四分之一的人出现了腿部疼痛和肠胃不适的副作用。（在铊被排出体外之后，病人的头发会重新生长，并恢复原貌。）

因此似乎人们对这种药物没有什么担心的理由。醋酸铊甚至还作为非处方药出售，用于去除人们不想要的体毛。它也被一些人用来去除他们不想要的亲属。在 20 世纪 30 年代，一种被称为西里奥药膏和另一种被称为可雷姆露药膏的脱毛剂特别受欢迎，它们含有 7% 的醋酸铊。一管典型的 10 克装药膏通常含有 700 毫克活性成分。

不同的人对铊中毒的反应差异很大。对于一些人来说，1200毫克的药用醋酸铊就足以致命，但是另一些人服用了超过这个剂量两倍的醋酸铊却仍然活了下来。有一个 10 岁的男孩在仅仅服用了 200 毫克这种药物之后就死亡了；有一名自杀者吃下了三管西里奥药膏都没有死。对于一般的自杀者而言，只吃下一管这种药物是不够的，但是对于一些人来说这个剂量被证明是致命的。一个服用铊盐自杀或意外服下铊盐的人能否活下来，主要取决于救治者能否很快地认识到病人的情况属于铊中毒。如果没有意识到这一点的话，那么即使是最细致的照顾也无济于事，因为这种毒药的解毒药直到 20 世纪 70 年代初才被发现。

在 20 世纪二三十年代发生过数起意外服用过量的醋酸铊而导致死亡的事件。因此铊盐作为一种药物逐渐被淘汰，在 20 世纪 50 年代之后完全被停止使用了。在布达佩斯发生的一起事件中，有人用醋酸铊为一群患有金钱癣的男孩进行治疗，但是错误地使用了 5000 毫克，而不是通常所用的 500 毫克的剂量，结果导致这群男孩全部死亡。在西班牙的格拉纳达孤儿院也发生了相同的事件，导致 16 个接受这种治疗的孩子中的 14 人死亡。在这个事件中，是药剂师的天平出了问题。那些因铊中毒死亡的孩子都没有出现脱发的现象，而那两个活下来的孩子也是在服用醋酸铊一个月之后才开始脱发。

在 20 世纪 20 年代开始被用作杀虫剂的硫酸铊也不可避免地导致了意外死亡、自杀和谋杀事件。有一个墨西哥大家庭的许多成员在吃了用偷来的铊谷做成的饼之后中毒。铊谷是用 1% 的硫酸铊浸泡过的大麦，专门用来消灭松鼠。那个做饼的妇女当时发现这些谷物颜色不对，上面好像包着一层药，但是她还是将其做成了食物。结果在当时食用了这种食物的 31 人中有 20 人病倒，6 人死亡。其中 5 人在两个星期内死亡，另 1 个人在挣扎了一个月之后也不治身亡。

20 世纪 80 年代，在南美洲的圭亚那发生了一起特大规模的铊中毒事件。大约有数百人中毒，44 人死亡。导致该事件的原因是圭亚那蔗糖公司为了杀死在甘蔗地里滋生的老鼠而从德国进口的 500 千克硫酸铊。在购买这批毒药的头两年没有发生任何异常情况。但是在 1983 年圭亚那首都乔治敦的圣约瑟夫医院开始收治铊中毒患者，中毒者的数量逐月增加，最后超过了 100 人。后来当乔治敦一个显赫家庭的成员也发生了铊中毒的时候，政府不得不采取了行动。当时中毒事件的规模已经引发了广泛的恐慌。

相关机构对那个家庭经常饮用的牛奶进行了检测，结果发现它就是毒药的来源。然后他们对向这个家庭提供牛奶的农村进行了检测，发现那里的奶牛也出现了铊中毒，而它们体内的铊来自其舔食的掺有铊盐的糖浆。这些糖浆是为了阻止农民放任其饲养的牛进入附近的甘蔗地而放置的。虽然这些奶牛吃了有毒的糖浆后已生病，但是它们仍然在产奶，而这些牛奶是向公众出售的。有些报告声称有数千人中毒，但是应邀调查此事件的美国疾病预防和控制中心发现，对许多自认为铊中毒的人所做的血液检测的结果都具有误导性，其指示的铊含量水平是完全错误的。

在有些事件中，虽然有人受到了铊污染的毒害，甚至连头发都掉光了，但是始终未能找到污染源。1989 年，在乌克兰的一个名叫切尔诺夫斯比的小镇上有三百多人遭受了这种命运，调查者发现该镇的土壤受到了铊的严重污染。当地居民认为土壤中的铊是随着暴雨落下来的，但是更为合理的解释则是，小镇居民为了提高低质量汽油的性能而在里面加入了他们自己用铊化合物制作的添加剂。

即使在今天，铊仍然被用在一些医疗过程之中，但是使用的剂量远达不到对人体造成伤害的水平。半衰期为 73 小时的放射性同位素铊 –201 被用来诊断心脏病。它会取代心肌中的一些钾元素，但是它只在有充足的血液供应的情况下才能够达到心肌。其发射的穿透能力很强的 γ 射线可以在人体外部监测到。操作方法一般是，首先将这种同位素注射到病人的体内，然后在病人进行体力锻炼前后用闪烁计数器对其身体进行扫描。进入心脏的铊 –201 同位素的量及其在心脏中的分布可以揭示这一重要器官的受损程度。

## 作为谋杀工具的铊

硫酸铊作为谋杀工具有其独特的魅力。它可溶于水，形成无色并且几乎无味的溶液；它所具有的一点点味道很容易被诸如茶、咖啡、可乐等东西掩盖，而且一个剂量就可以致人死命。正如我们在上文所看到的，一个人在摄入铊之后要过 1—2 天才会出现症状，而且这些症状很容易与其他疾病的症状相混淆。对于那些腐败的政府来说，它似乎是用来除掉反政府人士的理想武器。事实上，在 1990 年，南非领袖纳尔逊·曼德拉在普尔斯穆尔监狱的刑期将满的时候，有人就曾密谋用铊对其下毒。这一恶毒的阴谋在 2002 年 4 月南非对 51 岁的乌特·巴松进行审判的过程中被揭露出来。证人说，作为前种族隔离政府的代号为"海岸项目"的阴谋的一部分，巴松负责制造用来对付黑人活动家和非洲人国民大会党领导人的毒药。一些证人作证说，当时政府计划在纳尔逊·曼德拉出狱的前一天在其服用的药品中掺入铊化合物。幸运的是，1990 年种族隔离制度的废除在南非已成定局，因此曼德拉在没有受到任何伤害的情况下被从监狱中释放出来。巴松被指控犯有谋杀、诈骗和走私毒品等罪行，但是最终被宣布无罪释放。

铊似乎是理想的毒药，但是它有两个主要的缺点。首先，如果使用的剂量不足的话，受害者会逐渐恢复，并且会出现头发脱落的症状，这样就很容易使下毒的阴谋败露。其次，在受害者死后，可以通过法医学分析探测到其体内的铊。由于一些铊会被转移到骨骼之中并且保留在那里，因此即使在受害者被火化之后，也可以从其骨灰中探测到铊。尽管如此，正如 20 世纪 30 年代发生在奥地利的一个案件和 20 世纪 50 年代发生在澳大利亚的一个案件所揭示的，在这种案件中除非人们能够认识到案件中受害人的相关症状是由铊中毒引起的，否则投毒者很可能会逍遥法外。

玛莎·洛文斯坦出生于 1904 年，是维也纳一个贫穷的家庭收养的女儿。15 岁的她在一家时装店工作时，被一个名叫默里兹·弗雷切的年长绅士看中。默里兹是一家百货商店的老板，他被玛莎美丽的容貌和身段所吸引。他出钱让她进了女子精修学校，而她则成了他的情妇。他带着她游览了英国和法国，并且最终立下了对她非常有利的遗嘱。他在 1924 年去世的时候将房子和大部分遗产都留给了玛莎。默里兹的前妻和其他亲属对此感到非常气愤，他们指控玛莎毒死了默里兹。但是政府当局认为没有理由怀疑玛莎，并且拒绝对默里兹开棺验尸。考虑到随后所发生的事情，默里兹的确很有可能是被毒死的。

实际上，玛莎在默里兹还活着的时候就与一个名叫埃米尔·马瑞克的男人保持着暧昧关系。玛莎在默里兹去世几个月之后就与埃米尔结婚了。他们很快就把玛莎继承的财富挥霍一空，于是就想出了一个诈骗保险公司的计划。他们为埃米尔购买了价值 1 万英镑的意外伤害保险。他们刚刚支付完第一次保费之后，埃米尔就在一次砍树的过程中发生了"意外"。他的腿部受到了严重的砍伤，医生不得不对其膝盖以下的部分进行截肢。不幸的是，对埃米尔进行检查的外科医生发现他腿部的三处砍伤不可能是意外，只可能是自伤——事实上这些伤口是玛莎砍的。结果他们只获得了 3000 英镑的赔偿。而这笔钱很快又被他们挥霍掉了。随后他们的生活变得艰难起来，玛莎不得不靠推着手推车在大街上卖菜来养活她的残疾丈夫和他们的两个孩子—— 一个女婴和一个儿子。

玛莎于 1932 年 7 月毒死了埃米尔，并在一个月后毒死了他们的女婴英厄堡。在扫除了这些障碍之后，她陪伴在她的一个名叫苏珊娜·洛文斯坦的老年亲戚身边，负责照顾她的生活。后者被玛莎的"善良"深深感动，于是立下遗嘱，指定玛莎为自己的继承人，并在此之后不久就死了。这笔遗产也很快被花光了，于是玛莎不得不靠出租自己的房子维持生计。她的一个房客基滕伯格夫人入住不久就死了，但是玛莎只从她那里得到了 300 英镑。然后她又试图诈骗保险公司，声称自己房子中的一些名贵的油画被盗。但是警察却查出了一家受她雇用取走这些油画的公司。最终使玛莎落入法网的是基滕伯格夫人的儿子。他坚持说自己的母亲是被毒死的，要求开棺验尸。结果果然在基滕伯格夫人的尸体中发现了铊。随后警方对埃米尔、英厄堡和苏珊娜也进行了开棺验尸，结果在他们的尸体中都发现了铊。在这个时候，玛莎的儿子也出现了严重的铊中毒症状，但是他被送到医院进行治疗并在随后恢复了健康。玛莎声称自己从未拥有过铊，但是警方查找到了一个卖给她这种毒药的药剂师。在随后的审判中玛莎被认定有罪，并被判处死刑。她于 1938 年 12 月 6 日被斩首——奥地利本来已经废除了死刑，但是当年 3 月希特勒控制了奥地利之后又恢复了死刑。

另一个著名的使用铊实施谋杀的案子是弗莱切夫人案。弗莱切夫人因被指控用老鼠药*谋杀其丈夫而于 1953 年在澳大利亚新南威尔士州受审。她丈夫在经过 11 天的痛苦挣扎之后死亡。他的症状包括脱发和四肢剧痛。在他活着的时候，医生没有能够对他的病情做出诊断，但是在他死亡之后所做出的尸检揭示，他体内有 100 毫克铊。弗莱切夫人的第一任丈夫巴特勒先生于 1947年死于类似的神秘病症，当时人们就怀疑他是因中毒而死，并对其器官进行了砷和铅的分析，但是没有发现这些金属元素。在弗莱切先生的死因真相大白之后，有关机构对巴特勒先生开棺验

---

\* 这是一种含有 2% 硫酸铊的糊状物。

尸，结果在其体内发现了大量的铊。弗莱切夫人被认定犯有谋杀罪，并被判处监禁。

在荷兰也发生过两起用铊实施的系列投毒案。在其中一个案件中，谋杀者使用食品加工厂中的灭鼠药杀死了这个工厂的经理和三个工头。当时出于政治原因这一案件没有得到恰当的调查，因此凶手一直没有找到。案发时正是 1944 年，当时荷兰仍然处于德国军队的占领之下，没有人愿意向警察报告此案，因为警方很可能会通知盖世太保，而盖世太保则会对那些他们怀疑破坏战争努力的人采取残酷镇压的手段，其后果将十分可怕。在荷兰发生的第二起用铊投毒的案件中，一个女人用西里奥药膏对她家庭中的多名成员投毒。在她被逮捕的时候其中有 7 人已经死亡，另有 6 人最终恢复了健康。中毒者中只有 1 人被正确地诊断为铊中毒，从而导致投毒者被逮捕。她的其他受害者分别被误诊为脑炎、大脑肿瘤、酒精性神经炎、伤寒、肺炎和癫痫。

1964 年罗伯特·豪斯曼（Robert Hausman）和威廉·威尔森（William Wilson）在《刑事侦查技术杂志》（*Journal of Forensic Sciences*，第 9 期第 72 页）上发表了一篇关于在得克萨斯州圣安东尼奥市日益增加的铊中毒的文章，他们将其归因于含铊灭鼠药的销售。他们检查了该市 3 个最大的医院中的医疗记录，发现在前 8 年中发生了 52 起铊中毒案例。在这些案例中有 29 个为意外，主要发生在 4 岁以下的儿童身上；17 个为自杀，其中 2 人死亡；6 个是谋杀，其中 5 人死亡。该文没有透露这些案例中投毒者和受害者的身份。但是其中的一个案例显示，铊中毒的受害者往往会被误诊。

1961 年 10 月，B 夫人购买了一瓶售价为 39 美分的灭鼠药，用它谋杀了她的姐夫——66 岁的保险代理 P 先生。这瓶灭鼠药含有 1.3% 的硫酸铊溶液。她将其倒入存放在她姐姐家冰箱里的瓶装水中，结果导致她姐姐和姐夫病倒。她姐夫的病情尤为严重，但是由于 P 先生是基督教科学派的成员，因此他拒绝寻求医疗救助，直到一个朋友将其情况通知医疗机构之后，才被紧急送往医院。他死于铊中毒，但是被误诊为心血管破裂。P 先生于 11 月 22 日下葬。他的夫人是拄着拐杖参加葬礼的，因为她也受到了铊的毒害。

葬礼之后，B 夫人陪着她的姐姐回到了姐姐的家中，利用这个机会继续对她下毒。第二天 P 夫人的朋友发现她的身体情况很差，于是将她送进医院治疗。（在葬礼之后回到那个房子的一对夫妇也出现了铊中毒的症状。）P 夫人于 11 月 30 日死亡，但是这时她的死因已得到了正确的诊断：对她的肝脏样本的分析显示，其中含有异常高量值的铊。P 先生也被开棺验尸。经分析，他的器官中含有高量值的铊。他们家冰箱里的食物被送往实验室化验，结果发现了那瓶被下了毒的饮用水。B 夫人被逮捕，但是人们发现她患有精神病，于是就把她送进了精神病院。她说自己之所以谋杀姐姐和姐夫，是因为他们过分干涉她的私生活。事实上，后来人们发现她患有大脑疾病。

## 聪明反被聪明误

一个较近发生的案件就是乔治·詹姆斯·特里帕尔案。特里帕尔的智商高于 150。我们之所以知道这一点，是因为他是高智商精英组织"门萨"的成员。目前特里帕尔被关押在佛罗里达监狱的死囚牢中等候处决。他于 1991 年 6 月被认定犯有谋杀罪：他对一个家庭的所有人下毒，导致其中一人死亡。迫使特里帕尔做出这种行为的原因是这家邻居所发出的无休止的噪声——其中包括吵闹的音乐声和狗叫声。他采取的第一个行动是在他们家门上钉了一张死亡威胁信，以迫使他们搬家。但是这家人轻率地忽略了这一威胁。特里帕尔采取的第二个行动就是潜入他们家的厨房，将硝酸铊倒入他们所喝的几瓶可口可乐之中。

这个案件发生的时间是 1988 年，地点是阿松拉斯市的一个小社区，而给 39 岁的特里帕尔带来无穷烦恼的家庭就是不和睦的卡尔一家。这个家庭中的成员包括丈夫派伊——他的大部分时间都和其情妇劳拉·欧文待在一起、他的妻子佩吉、他们的孩子以及几条狗。佩吉喝下了大部分下了毒的可口可乐，在随后几天出现了铊中毒的典型症状：她的手指有针刺感，脚底极为疼痛。她的情况日益恶化，最终住进了温特哈芬医院。在那里，她的头发全部脱落，并陷入昏迷之中。几个星期之后她就死了。与此同时，派伊和他的儿子特拉维斯也因饮用了这些有毒的可口可乐而病倒，但是他们的症状没有那么重。另外，卡尔家的一个名叫杜安·杜布雷的客人也因铊中毒而病倒了。测试结果表明，这三个人的尿液和血液中都含有铊。

警察对这一事件感到疑惑不解，而且他们在阿松拉斯市的调查也没有取得任何进展。只有一个人提供了卡尔一家被下毒的线索，而这个人就是他们家隔壁的邻居特里帕尔先生。他说很显然有人想把这家人赶走，但是他没有说这个人是谁。然而警察已经猜出这个人是谁了，只是没有证据来证明这种猜测。但是他们想出了一个非常巧妙的方法——利用他的虚荣心获取证据。他们派了一名警官前去参加"门萨"为其成员组织的年度"谋杀周末"活动。在这一很受欢迎的活动中，组织者为会员提供一个假想的谋杀案，然后让会员们利用各种线索破案。特里帕尔甚至还为这一活动编写了一个小册子。在这个小册子中他提供了一个奇怪的建议：当一个人收到死亡威胁的时候，他应该扔掉其储存的所有食物，并且对自己所吃的东西保持警惕。

在"谋杀周末"活动中，特里帕尔与一个名叫苏珊·格瑞克的新成员交上了朋友。他们在一起讨论如何才能在不被人发觉的情况下下毒，以及使用何种毒药的问题。虽然特里帕尔很聪明，但是还没有聪明到能够推断出这位新朋友是来自波尔克县警察局的一名侦探。结果警察根据这名侦探掌握的线索搜查了特里帕尔的家，在他家的垃圾桶里找到了一个装有大约半克硝酸铊的小瓶子。（原来特里帕尔曾经在一家药品实验室中担任化学工程师，因此能够很容易地获得作为化学试剂的硝酸铊。）特里帕尔被逮捕，并于1990年4月5日在佛罗里达波尔克县被指控犯有一级谋杀罪和谋杀未遂罪。对他的审判于1991年1月7日开始，持续了四个星期。有80人为检控方作证，而没有一个人为辩护方作证。陪审团认定所有罪名成立，并以9：3的表决结果认为他适用死刑。法院于3月6日对他做出了死刑判决。

在此之后是漫长的上诉过程。如今在13年之后，特里帕尔仍然在死囚牢中等待处决。他的律师提出了以下这些观点：卡尔先生有谋杀其妻子的动机，垃圾箱里的那个装有硝酸铊的瓶子可能是警察栽赃，对瓶子中的药物的分析不可靠，在卡尔家厨房的洗碗池下边有微量的铊（这可能是以前曾经用过的蟑螂药或老鼠药）。在审判期间没有被提到的一个奇怪的证据就是：在这次中毒事件发生之前，佩吉·卡尔曾经被送往巴托市医院接受治疗，医生在她的尿液中发现了高于正常水平的砷。但是几天之后她就康复出院了。有人甚至提出，在她第二次被送进医院的时候，医生在她体内不仅发现了铊，还发现了砷。毫无疑问，在未来的很多年中，这都将是一个令许多人着迷的案件。

## 萨达姆·侯赛因的秘密武器

硫酸铊成为萨达姆·侯赛因铲除反对者的首选武器。在他统治伊拉克期间，被他用这种毒药杀害的很可能有数十人之多。萨达姆曾经是内部安全局的头目。他在其同母异父兄弟巴尔赞·提克里提的帮助下，将穆克哈巴拉克情报局变成了一个可怕的恐怖工具。具有讽刺意味的是，巴尔赞后来成为伊拉克常驻联合国代表团团长，并且在1992年带领伊拉克代表团参加了人权委员会的会议。与此同时，他领导的穆克哈巴拉克情报局正在国内外谋杀反对萨达姆的人士，而他们所用的武器就是硫酸铊。

巴尔赞于1978年在巴格达大学的医学院成立了一个医学毒药部。该部由两个著名的医生——阿哈力迪和穆阿亚德·乌马里——领导。一年之后这个部门采取了第一次行动：一个名叫莫森·舒巴尔的宗教学者被用硫酸铊下毒，但是他活了下来。在

1980 年，一位名叫萨尔瓦·巴拉尼的著名什叶派领导人喝下了被人用硫酸铊下了毒的酸奶，在经过漫长而痛苦的挣扎之后于 5 月份死亡。另一个被用这种毒药谋杀的是马吉迪·杰哈德，他在去巴格达警察局领取为访问英国所需要的护照时，喝下了警察给他的一瓶橙汁。结果他在到达伦敦之后不久就病倒了，并在被送进医院之后死亡。

在 20 世纪 80 年代初，被萨达姆毒死的一般都是在伊拉克境内的与他持不同政见的科学家或宗教人员，但是在 80 年代后期，他开始将下毒的目标对准居住在海外的萨达姆政权的反对者。1988 年，一名居住在英国的伊拉克不同政见者——44 岁的阿卜杜拉·阿里就是其受害者之一。阿里于 1980 年与妻子和两个孩子移居伦敦，在那里成立了出版公司。他的公司最终被清算。虽然这个公司欠下了大笔债务，但是它还有相当多的资产。

威斯敏斯特验尸官保罗·纳普曼对阿里的死因开展了调查。他确定阿里的死因是由铊中毒引起的支气管肺炎，并说阿里是被不明身份的人所谋杀的。在 1988 年新年那一天，阿里一早就陪同三个从巴格达前来与他谈生意的男子到位于诺丁山门的克里奥佩拉餐馆就餐。他回到家之后就病倒了。有迹象表明，阿里的公司欠了与他一起吃饭的那三个男子的钱，因此他们有报复杀人的动机。阿里在临死之前所做的陈述中表示，他怀疑与他一起就餐的那三个人趁他去卫生间的时候在他的伏特加酒中下了毒。第二天早晨他醒来的时候就感到身体非常不舒服，并去医院看了医生。15 天之后，也就是 1988 年 1 月 16 日，阿里死在了富勒姆的圣斯蒂芬医院。

当时有人提出的另一种解释是，阿里是被伊拉克的"玛塔·哈里"——一名据说实施了多起谋杀案的萨达姆的漂亮女特工——毒死的。一些报纸甚至提到了她的名字——那尔门·哈瓦兹。大赦国际声称她是为了使其丈夫获释而被迫加入伊拉克特务组织的。据说她在伦敦谋杀了37岁的阿德曼·阿米夫提、38岁的萨米·索拉什和40岁的穆斯塔法·马穆德，他们都是反萨达姆的武装组织库尔德斯坦爱国联盟的成员。

1992年，伊拉克军队的两名高级官员——阿卜杜拉·阿布德拉提夫和阿布德尔·阿马斯蒂乌伊——在失宠后不久就病倒了。他们逃到了大马士革，然后获得了英国外交部签发的紧急签证飞往伦敦。在那里他们被诊断为铊中毒，并获得了成功的救治。31岁的抵抗运动领导人萨法·阿尔巴塔特也接受了相同的治疗。他在访问库尔德抵抗运动总部之后就病倒了。他怀疑自己在那里喝的一瓶可乐被下了毒。他经由叙利亚来到英国，在卡迪夫成功地接受了铊中毒治疗。他认为是渗透进库尔德游击队营地的萨达姆特工给他下的毒。

## 解毒药

铊能够模仿对人体来说具有重要营养价值的钾元素，因此能够通过肠壁进入血液。但是人体不久就会识破铊的骗局并将其排泄到肠道之中。但是这种排毒方法并不十分有效，因为被排进肠道内的铊很快又会被当作钾吸收进血液循环之中。铊中毒的最好的解毒药就是普鲁士蓝，也就是蓝墨水中的颜料。它是由钾、铁和氰化物组成的一种复杂化合物。1969 年，德国卡尔斯鲁厄市的一个名叫霍斯特·黑德劳夫（Horst Heydlauf）的药理学家建议将它用作铊中毒的解毒药。在当时人们还认为铊中毒是无药可救的。

在发现普鲁士蓝疗法之前，人们曾经用其他各种药物治疗铊中毒，其中包括二巯基丙醇疗法。这种疗法在有些病例中显然是很成功的，但是现在已不建议使用。双硫腙或二乙基二硫代氨基甲酸钠（见附录中的术语解释）疗法更为成功，其使用剂量为每日每公斤体重 25 毫克。二乙基二硫代氨基甲酸钠曾经被用于促进镍和铜在人体内的流动，从而便于其排出体外。1959 年，有人证明它可以保护老鼠不受硫酸铊的毒害。它于 1962 年首次被用来治疗人体铊中毒，结果挽救了一个人的生命。二乙基二硫代氨基甲酸钠促进铊排泄的能力在 1967 年的一个病例中得到证明。当时一名 18 岁的女大学生为了打胎服下了 375 毫克硫酸铊（后来人们发现当时她实际上并没有怀孕）。医生尝试对她使用了二乙基二硫代氨基甲酸钠和二巯基丙醇这两种螯合剂。试验表明，在没有螯合剂的情况下，她通过尿液排泄铊的速度仅为每天 1.7毫克；在使用二巯基丙醇的情况下，铊排泄速度不超过每天 1.6毫克；而在使用二乙基二硫代氨基甲酸钠的情况下，铊排泄速度上升到了每天 6.1 毫克。这位年轻妇女在住院治疗七周之后康复出院。当时她出现了铊中毒的大多数症状，包括呕吐、腹泻等短期症状以及脱发、失明、幻觉、严重头痛和昏迷等长期症状——更不用说可怕的疼痛了。F.W. 桑德曼（F.W.Sunderman）医生在《美国医学杂志》（*American Journal of Medical Science*，第 253

期第 209 页）上报告了她的病例。

二乙基二硫代氨基甲酸钠远非一种理想的解毒药。它与铊形成一种溶于水的化合物，从而有利于铊从体内排出。但不幸的是，由此而形成的可溶性铊化合物在人体内更具流动性，因而在更多的铊排出体外的同时，也有更多的铊流向中枢神经系统。换言之，这种药物在螯合治疗的同时又会造成新的毒害。

像二乙基二硫代氨基甲酸钠这种螯合剂可以促进通过尿液排出铊的过程，但是它们不能促进通过粪便排出铊的过程。铊趋向于聚集在肠壁上，然后进入粪便之中。不幸的是，这一过程是可逆转的。因此许多本来可以通过这种方法排出体外的铊又重新回到血液之中。而普鲁士蓝（其化学名称是亚铁氰化铁钾，见附录中的术语解释）则可以防止铊的重新吸收。普鲁士蓝可以用铊离子置换其钾离子，形成更为牢固的化学分子结构，并将其排出体外。

第一个接受普鲁士蓝治疗的铊中毒患者是一名 26 岁的妇女。她于 1972 年因服下 700 毫克铊而被送进南非的一家医院。医生对她每天使用四次普鲁士蓝，每次剂量为 3.75 克，经过 13 天的治疗之后她康复出院。

一些摄入超过致死剂量的铊的人通过每天使用每公斤体重 300 毫克普鲁士蓝的方法得到了非常成功的救治。这种药物可以口服，但是最为有效的方法是用管子直接将其注入十二指肠，因为铊中毒会使幽门即胃底部的括约肌关闭，从而妨碍药物从胃部向下流动。另外还应该对肠道进行润滑，以确保普鲁士蓝能够畅通地在肠中流动。

如果我们怀疑某人铊中毒的话，首先应对其血液或尿液进行分析。如果发现其铊含量超出正常值，那么使用解毒剂就可以挽救其生命。现代分析方法可以在人的体液或组织中探测到少于1ppm的铊含量。尸体中的铊含量可以通过以下方法进行分析：先将组织或骨骼样本用微波炉加热，使其变为干灰，然后再对其铊含量进行测试。

死于铊中毒的人器官中的铊浓度通常为数个 ppm，但是在肠道内的铊浓度可高达120ppm。由于铊可以在人体内停留很长时间，并且在自然条件下人体中是不应含有铊的，因此一旦在人体内探测到铊，往往就可以证明这是蓄意下毒的结果。在鲍勃·艾格尔谋杀案中，警方通过对艾格尔骨灰的分析证明他死于铊中毒。这也许是警方所破获的最令人瞩目的一起用铊谋杀的案件。该案也显示了现代化学分析方法的灵敏度。

# 第十六章

# 格雷厄姆·扬

格雷厄姆·扬是一个在人们眼中与铊永远联系在一起的系列谋杀犯。正如我们在前一章中所看到的，医生往往会将铊中毒的症状误诊为其他疾病的症状，并采取相应的治疗措施。因此我们很难根据治疗记录来了解铊对其受害者产生的影响。在格雷厄姆下毒案中，他的一些受害者的症状被仔细地记录下来，从而使我们能够重构扬对他们下毒的过程，但是我们很难推断出他当时是如何做出杀死哪些人而不杀死哪些人的选择的。

格雷厄姆使用了两种有毒的金属元素——锑和铊，前者用来惩罚，而后者则用来杀人。他在 14 岁的时候用醋酸铊谋杀了他的继母莫莉·扬，后来他又用这种毒药谋杀了他的同事鲍勃·艾格尔和弗雷德·比格斯。他用酒石酸锑钠和酒石酸锑钾给许多人下毒，并用低于致死剂量的醋酸铊给一些人下毒。总共有 13 个人——也许还有更多的人——感受到了格雷厄姆·扬的压抑的怒火。

## 性格形成时期

格雷厄姆·扬于 1947 年 9 月 7 日出生在伦敦一个不是很时尚的郊区——尼斯登。他的母亲生下他 15 个星期之后就死于肺结核。他的父亲弗雷德·扬显然无法对付一个单亲家庭的生活，于是就将格雷厄姆交给了住在北环路 768 号的姐姐和姐夫抚养，并让格雷厄姆 8 岁大的姐姐威妮弗蕾德与祖母一起生活。尽管有他的姑姑照顾，但是格雷厄姆早在婴儿时期就出现了情绪障碍儿童的常见症状：他经常坐在童床上不断地前后摇摆身体。

姑姑不可能提供所有的母爱。特别是幼年的格雷厄姆夜晚睡觉不好，往往使其姑姑不胜其烦。他在幼年时期在医院做了一次耳科手术，从而进一步打破了其心理平衡。在他 3 岁的时候，他的父亲再婚，于是他和他的姐姐威妮弗蕾德又跟他的父亲和后母住在了一起。这时格雷厄姆已经是一个非常内向的孩子了，而他的童年生活因为其继母变得更为悲惨。他公开对继母表示憎恨，而他的继母也以敌视相回报。有一次她因为格雷厄姆淘气而砸坏了他收藏的所有飞机模型。她很明显将格雷厄姆视为一种累赘。有时她以防止格雷厄姆爬梯子为借口将其关在房子外面，或者故意让格雷厄姆等候在她拉手风琴挣钱的酒吧外面。格雷厄姆的家人因为他身体肥胖、行为笨拙而称他为"布丁"。毫不奇怪的是他变得越来越内向，行为也越来越诡秘。

在学校中格雷厄姆的学习成绩不错，并且通过了当地高中的入学考试。作为奖励，他的父亲为他购买了一套化学实验仪器。他在休闲时间喜欢阅读的书籍有：犯罪故事，特别是用毒药实施

谋杀的犯罪故事；医学；玄学和巫术；等等 。格雷厄姆在化学
方面的兴趣促使他经常到当地药店的垃圾桶中寻找被丢弃的药
瓶。他还从学校的实验室中偷窃毒药。据说他用这些毒药毒死了
他后母特别喜欢的宠物猫。

## 幼年的投毒者

　　1960 年，12 岁的格雷厄姆已经准备好采取实际行动报复社
会，尤其是他的继母。在一开始他只是求助于巫术。他制作了一
个继母的雕像，在它上面扎满了针。不用说，作为一个新手，他
在这方面的努力是不成功的。于是他就求助于更为可靠的化学魔
法。1961 年 4 月，他在当地的一家药店购买了 25 克酒石酸锑钠，
在毒物购买登记册上署名为 M.E. 埃文斯。不幸的是，继母莫莉
在他的卧室中发现了这些毒药，并将此事报告给了她的医生。她
还投诉了这家向格雷厄姆出售毒药的药店。这件事情在他的家中
引起了轩然大波，他父母警告他以后再也不准购买毒药。

　　在这个阴谋被莫莉挫败之后，格雷厄姆又到另一家药店购买
了毒药，并将其购买的毒药藏在他家附近的威尔士竖琴水库旁边
的一个破旧的小屋中。他想办法购买了各种毒药，其中包括阿托
品、洋地黄、乌头草和醋酸铊。毒药并不是他在化学领域的唯一
爱好，他还醉心于烟火制造术，并购买了各种制造烟火的化学药
品。但是他在这方面的爱好导致了灾难：格雷厄姆把那个小屋给
点着了，而且警察也被叫了过来。他们对在那里发现的大量化学
药品感到疑惑不解。虽然其中有一些属于国家严格管理的毒药，

但是警方却没有对此开展进一步的调查。

在 1961 年这一年中，格雷厄姆多次对他的家人和他在学校的一个名叫克里斯·威廉姆斯的朋友下毒。他通常使用的是剂量 100—200 毫克的酒石酸锑钠，这足以产生与肠胃炎、食物中毒以及被认为无所不在的"胃虫"所导致的肠胃不适相似的症状。格雷厄姆劝说克里斯放弃学校提供的晚餐，然后让他吃下了有毒的三明治。在 1961 年 5 月份的每个星期天，克里斯都会吃下一份被格雷厄姆用锑下过毒而导致他剧烈呕吐的食物。有一天他们两个去动物园游玩，格雷厄姆给了克里斯一些柠檬水，并说里面含有一种能够帮助他恢复健康的特殊药粉。结果这些柠檬水却导致了克里斯更加剧烈的呕吐。克里斯的症状还包括胸痛、腹痛、严重头痛和四肢痉挛。他的家庭医生找不出他生病的原因。他被送往当地的一家医院救治，被诊断为由身心失调引起的偏头痛。所幸的是，克里斯在大多数时候可以躲避格雷厄姆。而格雷厄姆的家人则没有那么幸运了，他们不得不每天都和他生活在一起。

1961 年 11 月，格雷厄姆在他姐姐威妮弗蕾德的早餐茶中掺入了 50 毫克阿托品。由于掺入了毒药的茶味道不对，威妮弗蕾德只喝了一小部分。那天上午她在上班的路上感到头晕目眩，在她到达其工作场所——位于伦敦丹麦街的出版公司——的时候就已经出现了严重的中毒症状，以至于她立即被送进了附近的米德尔塞克斯医院，在那里被诊断出阿托品中毒。（这种毒药是从致命的颠茄科植物中提取的。它曾经被用作化妆品，可以放大瞳孔，使人的眼睛产生一种在当时很时髦的像母鹿一样的神情。它由于具有可以抵消强光的作用，因此尤其受到演员和模特的青睐。）当天晚上这一事件不可避免地在家里引发了轩然大波。格雷厄姆竭力抵赖自己的下毒行为，并且说威妮弗蕾德的中毒症状是由其使用的洗发液中的化学物质引起的。

与毒死其后母的行为相比，格雷厄姆对他的朋友克里斯和他的姐姐威妮弗蕾德的下毒行为只能算是小打小闹。他从 1961 年初就开始用酒石酸锑钠在莫莉的食物中下毒，这一行为一直持续到 1962 年 2 月。我们不清楚格雷厄姆是否有意用小剂量的毒药对其后母投毒，以给人某种疾病反复发作的假象，然后最终用一次大剂量的投毒结束她的生命。但是实际上他就是这么做的。莫莉因此长期遭受肠胃不适的困扰，甚至因怀疑胃溃疡而被送进医院治疗。进入医院之后她的病情迅速好转，但是在出院之后同样的症状又出现了。她变得日益憔悴。在 1961 年夏天，她所乘坐的公共汽车发生交通事故，导致其头部遭受撞击，从而使她的身体状况雪上加霜。（当她最终在九个月之后死亡的时候，她的死因被归结于这次撞击所导致的脊柱顶部骨骼脱垂。）

格雷厄姆最终于 1962 年 4 月 20 日耶稣受难日在莫莉的食物中掺入了致命剂量的毒药。这次他选择了醋酸铊，在她的晚餐中掺入了 1300 毫克这种毒药。第二天早晨莫莉醒来的时候感到脖子僵硬，手脚像针刺一样疼痛。尽管如此，她还是坚持在上午出去购物，而弗雷德则前往当地的一家酒吧吃午餐。当他回到家的时候，发现他的妻子在后院痛苦地扭曲着身体，而格雷厄姆则在厨房隔着窗户观察她。弗雷德马上带妻子去看医生，而医生则立刻把她送到医院。莫莉于当天下午出人意料地死在了医院。

在验尸的过程中法医没有发现铊中毒，而把死因归结于颈部那块脱垂的骨头。莫莉的遗体于4月26日星期四在戈尔德斯格林火葬场被火化，而她的骨灰也被抛撒掉了。莫莉当时的症状毫无疑问是醋酸铊中毒所引起的，因为格雷厄姆在1971年承认，他在莫莉死的前一天将这种毒药掺入了她的食物。

在莫莉被毒死之前，格雷厄姆就已经开始用酒石酸锑钠对他父亲下毒了。在莫莉死后他可以专心致志、有条不紊地对付他的父亲了。他在前一年夏天莫莉住院治疗期间首次对他的父亲下毒。结果他的父亲就像莫莉一样变得越来越消瘦。弗雷德去找他的医生看病，而医生则建议他住院治疗。但是医院没有查出他有任何需要住院治疗的疾病，因此就让他回了家。他的医生推荐清淡饮食，但是即使是他所食用的本格斯疗养食品也被掺进了酒石酸锑钠。结果他仍然不断地呕吐，身体状况明显恶化。他又找到他的医生求助，而他的医生则又一次将他送进医院。这一次医院正确地判断出他的症状是由一种刺激性毒物——不是砷就是锑——所导致的。而测试结果很快就证明是后者导致了弗雷德的疾病。

这时格雷厄姆正住在他的姑姑家。他的姑姑指责他对父亲下毒，而他当然对此予以否认。他姑姑对他的房间进行了搜查，但是没有发现任何毒药，只找到了一个插满了针的假人。她知道格雷厄姆曾经给他的姐姐下过毒，于是就告诉医生说，她怀疑是格雷厄姆对其父亲下的毒。一张罗网已经在格雷厄姆身边张开，但是最终使他落网的还是他在学校的表现。

虽然格雷厄姆很聪明，但是他在大多数科目上都成绩平平，只有科学例外。在他所在的约翰·凯利中学，他的同学都称他为

"疯子教授"。他经常对他们说，自己的理想是成为一名伟大的投毒者。他甚至在学校的实验室中试图用氯仿麻醉一个男孩，并将各种毒药带到学校去。他对毒药的痴迷引起了老师的警觉。他的科学老师怀疑是他导致了他的朋友克里斯·威廉姆斯的疾病，并将此事告诉了校长。校长与格雷厄姆家的医生威利斯大夫通了电话，后者告诉了他格雷厄姆家人的怪病。根据这一情况以及格雷厄姆在学校的古怪行为，医生和校长决定寻求精神病专家的帮助。

1962年5月22日，一名假装儿童指导部门工作人员的精神病专家来到学校找格雷厄姆谈话。在这名精神病专家稍加引导之后，格雷厄姆开始谈论他在化学方面的知识。精神病专家恭维格雷厄姆说，凭他的聪明才智，完全有资格进入大学深造。听到这话，格雷厄姆开始炫耀自己的化学知识，而所有这些知识都涉及毒药。在谈话结束的时候，这位精神病专家已确信格雷厄姆是一个精神变态的投毒者了。第二天学校就把这一情况通知了警察，结果警察在格雷厄姆到达学校之后就逮捕了他，并在他的衬衣口袋里搜出了一瓶酒石酸锑钠。在被警察讯问的时候，格雷厄姆承认了自己对父亲下毒的事情，并且交代了他藏毒药的地方：一处在威尔士竖琴水库附近的小屋里，另一处在附近的一个灌木丛中。此外警察还在他的卧室中找到了其他一些毒药和化学药品。格雷厄姆被关押在阿什福德未成年犯羁押候审中心，以等候在中央刑事法院接受审判。在那里他试图用领带上吊自杀，但是没有成功——考虑到他以后的所作所为，这应该被看作一件非常不幸的事情。

对格雷厄姆的审判于 1962 年 7 月 5 日开始。他被指控试图谋杀他的父亲、姐姐和朋友克里斯·威廉姆斯，并承认有罪。阿什福德未成年犯羁押候审中心的高级医疗官员克里斯托夫·费希医生和科学家唐纳德·布莱尔博士都认为，对于格雷厄姆来说唯一安全的地方就是布罗德莫精神病院——一所专门关押精神病罪犯的著名机构。格雷厄姆的父亲告诉相关机构说，如果格雷厄姆被从精神病院释放出来的话，那么他将无家可归：他们在北环路上的房子已经被卖掉，而弗雷德先生则已寄住在他的妹妹家中。法官判处格雷厄姆在布罗德莫精神病院监禁 15 年。这一审判几乎刚刚开始就草草收场了。在审判过程中没有人提到莫莉的死亡，也没有人提到醋酸铊。

## 布罗德莫精神病院

格雷厄姆被关进布罗德莫精神病院时只有 15 岁。在所有曾经被关押在这所精神病院的人中，只有两个人比他年龄更小。一开始他非常不配合。但是在 18 岁的时候他意识到，如果要提前出院的话，他就必须治愈自己对毒药的变态痴迷——或者至少假装治愈。到了 1970 年秋天，在连续五年表现出改过自新的态度和正常行为之后，他终于使那里的医生相信他已治愈，并向当时的内政大臣雷金纳德·莫德林提出释放他的建议。这一建议得到了采纳。

事实上，当时莫德林也的确没有什么理由拒绝采纳这一建议：格雷厄姆在因对其父亲、姐姐和朋友下毒而被定罪的时候刚刚达到承担刑事责任的年龄。根据官方的结论，他并没有杀人，而只是对其受害者造成了轻微的伤害。其他一些少年精神病犯人所造成的伤害要比格雷厄姆严重得多，而他们却没有受到如此严厉的判决。格雷厄姆的精神状况很明显已经大为改善。如果现在不让他重返社会的话，那么精神病院就会对他产生永久性的不良影响，使他永远无法自食其力，过正常的生活。

建议让格雷厄姆重返社会的是帕特里克·麦戈拉斯院长和格雷厄姆的个人心理医生埃德加·乌德温大夫。格雷厄姆阅读了足够的医学材料，因而知道如何使他们相信自己已经治愈，但是他偶尔也会露出马脚。布罗德莫精神病院的医护人员以及其他病人肯定完全知道格雷厄姆仍然痴迷着毒药。

在格雷厄姆被关押在布罗德莫精神病院期间，那里发生了四起中毒事件。第一起是23岁的前军人、开枪杀死自己父母的约翰·贝里奇氰化物中毒死亡事件，对其死因调查的结论是自杀。毒药的来源一直没有被找到，但是有谣传说是格雷厄姆从种植在精神病院里的月桂树灌木中提取的。从这些树木中的确可以提取氰化物，而且格雷厄姆后来承认毒死了贝里奇。不管怎么说，后来那些月桂树都被砍掉了。

格雷厄姆对其他病人毫不掩饰自己的投毒者身份。事实上他非常陶醉于自己的臭名，并且将他自己装茶叶、咖啡和糖的罐子都贴上一些众所周知的毒药的标签。当格雷厄姆得到一张使其能够不受监视地在布罗德莫精神病院四处活动的绿卡的时候，感到惊恐万分的医护人员向一个名为《每日要闻》（*Daily Sketch*）的小报投诉。该小报于1963年8月报道了此事，并对麦戈拉斯的专业能力表示怀疑。然而实际上格雷厄姆的待遇与其他病人相比并没有什么区别，而那家小报最终不得不对麦戈拉斯公开道歉。

也许是为了打消大家的怀疑并证明医护人员的担心是没有根据的，麦戈拉斯医生还专门让格雷厄姆担任这些医护人员的送茶员。然而格雷厄姆有一次却将瑜辟牌厕所清洁剂掺入茶水之中，并因而失去了这一工作。后来他又故伎重演，在供其他病人饮用的茶罐中掺入了曼杰斯牌糖皂。这次他受到了院方更为严厉的惩罚。他被关了一段时间的禁闭，并且遭到了病友的殴打。以上这些以及其他一些事件都应该被视为危险的信号，但是都被忽视了。

在布罗德莫精神病院治疗期间，格雷厄姆成了一名政治活跃分子。他一直是希特勒及其纳粹运动的狂热崇拜者，并且用纳粹纪念品装饰其房间。他佩戴着一枚自制的黄铜纳粹党徽，并将自己想象成一名用毒气实施大规模屠杀的集中营看守。他参加了20世纪60年代成立的极右政党民族阵线在布罗德莫精神病院的分支。有一天，同为该党成员的一名老妇人到精神病院去探望格雷厄姆，送给他了一块她从希特勒在贝希特斯加登的度假山庄遗址中找到的砖头。

良好的表现以及貌似正常的生活态度终于有了回报。1970年6月16日，对自己获得假释信心十足的格雷厄姆给他姐姐写信说："再过几个月，你们友好的邻居弗兰肯斯坦就要重获自由了!!!"内政大臣最终同意释放他。在11月份，格雷厄姆获准在他姐姐和姐夫丹尼斯·香农位于赫默尔亨普斯特德的家度过了一个星期。一切都很顺利。当时格雷厄姆的行为举止仍然很冷漠。

他在圣诞节期间又被假释了一个星期。到了这个时候他已变得比较善于交际了。当他于 1971 年初被正式释放的时候，似乎各种迹象都表明他的情况会继续改善。但实际上 23 岁的格雷厄姆除了年龄的增长之外，在其他方面一点儿也没有变。

他在获释前不久曾经对一名护士说：他在这里被关押了多少年，出去之后就要毒死多少个人，以作为对社会的报复。他以前在学校中曾对同学声称，他将作为一个系列投毒杀人犯而"名垂青史"。在布罗德莫精神病院中他也经常在其他病人面前表露这一野心。但是他没有向任何人透露他将如何实现这一目标。他所掌握的有关铊的知识使他确信这是一种完美的毒药，而用这种毒药成功地谋杀他的继母则使他的野心由夸口变成了现实。醋酸铊可溶于水，无臭无味并且没有颜色。它的延迟产生作用的特性、它所导致的令人迷惑的症状，以及当时英国医学界对这种毒药的无知，使它成为完美的杀人工具。另外，使事情变得更加扑朔迷离的是，格雷厄姆还偶尔用酒石酸锑钠对他身边的人下毒。

## 成年投毒者

格雷厄姆于 1971 年 2 月 8 日星期四离开了布罗德莫精神病院。他首先在他的姐姐家度过了一个周末。威妮弗蕾德是他唯一可以投奔的人。他的父亲已经退休并搬到希尔内斯与他的妹妹和妹夫杰克住在一起。他们已经很多年没有与格雷厄姆联系，也不愿意再和他有任何关系。

在出狱的第二个星期，格雷厄姆来到了位于斯劳的政府培训中心，开始了为期三个月的库房管理方面的培训课程。这种课程完全在他的能力范围之内：在布罗德莫精神病院他曾用一些时间学习，并且通过了当时一些标准的学校考试。在斯劳参加培训班的时候，他居住在 10 公里之外奇朋汉姆的一个旅社之中，并在那里与 34 岁的特雷弗·斯帕克斯交上了朋友。没有人知道他为什么要对特雷弗投毒。而在对他的第二次审判中他也没有因此被定罪。但是他后来承认曾经用酒石酸锑钠对特雷弗下毒。

特雷弗于 2 月 10 日星期三晚上与格雷厄姆聊天并喝了他递过来的一杯水之后，他的麻烦就开始了。当天晚上他感到浑身难受，并且出现了腹泻的症状。这些症状持续了四天，并伴有睾丸疼痛。他在星期六又开始踢足球了，但是仍然感到身体不适，在踢了几分钟球之后就离开了场地。在这一事件过去大约六个星期之后，特雷弗与格雷厄姆一起度过了一个晚上并喝了一些酒，结果他又一次感到身体严重不适。他于 4 月 8 日星期四去看了他的医生，结果被诊断为尿道感染。所幸的是特雷弗于 4 月 30 日星期五离开了斯劳，并且直到 15 个月之后格雷厄姆接受审判的时候才再一次见到他。然而他的症状持续了整个夏天：他到医院去检查过两次，并因身心紧张和肌肉功能失调而接受治疗。直到那年秋天他的身体才开始恢复。

如果格雷厄姆是在特雷弗的酒中掺入了酒石酸锑钾的话，那么他是从哪里弄来的这种毒药呢？他第一次试图购买这种毒药是在 4 月 17 日，也就是特雷弗第一次中毒后九个星期和第二次中毒前一个星期。那天他来到位于伦敦威格摩尔街的约翰·贝尔和克罗伊登药店购买酒石酸锑钾，但是该药店的药剂师阿尔伯特·基尔纳因格雷厄姆没有书面授权而拒绝向他出售这种药品。第二个星期六，格雷厄姆拿着一张写在贝德福德学院信纸上的便条再次来到这家药店，要求购买 25 克酒石酸锑钾。当药剂师问他购买这种药物的用途时，格雷厄姆回答说他正在从事一项定性定量分析。当时这种化学药品的确可以用于一些合法的目的。由于他看上去的确像是贝德福德学院——该学院离威格摩尔街很近，是伦敦大学的一个部分——的从事研究的学生，于是药剂师就把这种药品卖给了他。格雷厄姆于 5 月 5 日星期三到这个药店购买了更多的酒石酸锑钾，还购买了一些醋酸铊。在那个时候格雷厄姆已经得到了一个助理仓库管理员的工作，并且在星期六离开了斯劳。

虽然据称格雷厄姆在那个旅社居住期间，那里的好几个房客都出现了肠胃不适的症状，但是他们的病因可能是真正的感染，而不是中毒。而另一种可能性就是，格雷厄姆在当地的一个身份不明的药剂师那里获得了酒石酸锑钠。无论如何，格雷厄姆在斯劳居住的最后两个星期中肯定拥有毒药，因此完全可能会对这一旅社的房客投毒。

当格雷厄姆在斯劳接受培训期间，有关当局一直在跟踪他的进展，并且有一位精神病医生走访了他三次。这位精神病医生报告说，格雷厄姆正在适应精神病院外面的生活，而且他的培训进展也令人满意。格雷厄姆每个星期都要到当地的假释犯监督官那里去报告。4 月 14 日，他申请了位于赫默尔亨普斯特德附近的博文顿村的一家公司助理仓库管理员的职位。他在求职信中声称自己学习过化学和毒物学。这家由约翰·哈德兰德所拥有的公司专门生产光学镜头和其他专业照相器材。4月23日星期五，该公司的总经理戈弗雷·福斯特对格雷厄姆进行了面试。他自然会问到他的背景和为什么这是他所申请的第一份工作。格雷厄姆解释说，他曾经因为母亲死于车祸而精神崩溃。在星期一，格雷厄姆在斯劳的培训进展报告和埃德加·乌德温所提供的医学报告被送到哈德兰德公司。这份标明日期为1971年1月15日的报告声称格雷厄姆"曾经患有严重的人格障碍……然而他的康复情况极好，已完全适合出院……他的智力高于平均水平……他在任何社会中都可以很好地适应并吸引人们的注意力"。该报告没有提到他的犯罪记录以及他曾被关押在布罗德莫精神病院这一事实。该公司有关格雷厄姆的所有怀疑都被排除了。戈弗雷·福斯特录用了他，工资为每周24英镑，并告诉他从5月10日星期一上午8点30分开始上班。格雷厄姆接受了这一工作。因此在星期一上午，这个衣冠楚楚、语气平和的年轻人被介绍给了该公司的一群工友：他们中间有4人被格雷厄姆用醋酸铊下毒，其中2人死亡。另外还有4人被他用锑下毒。

哈德兰德公司是一家雇用70名员工的非常成功的企业。约翰·哈德兰德创建了这家公司，并通过购买紧邻赫默尔亨普斯特德附近博文顿村一个废弃的军用机场的纽豪斯农庄对公司进行了扩展。该公司以生产依麦康照相机而闻名。这种照相机能够以百万分之六十秒的曝光时间照相。一个奇怪的巧合就是该公司是英国少数几个合法使用铊的公司：这种金属可以使得用于生产镜头的玻璃具有很高的折射率。含铊玻璃是无害的，因为这种金属被牢牢地固定在玻璃体内。在哈特兰德公司的仓库中没有铊化合物，格雷厄姆必须到伦敦去购买醋酸铊。

威妮弗蕾德居住在赫默尔亨普斯特德。格雷厄姆在刚出院的时候就借住在她家。他仍然必须每个星期与当地的假释犯监督官见一次面。后者建议他寻找一个自己的住所，以便过更为独立的生活。格雷厄姆立即采纳了这个建议，很快就在赫默尔亨普斯特德的梅纳斯路 29 号找到了一处理想的住所。他在来自巴基斯坦的莫哈米德·沙迪克夫人拥有的房子中租下了一个很小的卧室兼起居室，租金为每周 4 英镑（不允许做饭）。他很少与房东太太或其他房客接触，而这也正是他所希望的。他现在有了一个完全属于自己的房间。他可以在那里悬挂或摆放各种纳粹纪念品，并储藏各种毒药。在随后的六个月内，没有任何人进入他的房间，而这也正是他希望的。

从表面上看来，格雷厄姆是一个孤独的单身汉，过着正常的生活。（他似乎并不是一个同性恋，但是无法与女性建立关系。）他在哈德兰德公司每周工作五天，定期去姐姐家做客——在那里他总是可以吃上一顿丰盛的饭菜。其他时间他在当地的一家快餐店就餐。在周末，他有时会到圣奥尔本斯去看望他的表妹桑德拉，并且顺便购买一些毒药。他偶尔也会到希尔内斯去看望他的父亲。

格雷厄姆有一些古怪的习惯：他在每次吃过东西之后都要刷牙，并且随身携带着一个牙刷。他还热衷于杀虫。他像大多数有工作的人一样抽烟喝酒。但是他与别人交谈的话题有些奇怪：他总是喋喋不休地谈论死亡、战争、纳粹和玄学。他有关医学和化学的知识使他的工友认为他是一个因考试不及格而从大学医学院辍学的学生。到了 5 月底，他在工作上已经得心应手，并且在他位于梅纳德路的房间中存储了各种毒药。现在他已经准备好出击了。他的第一个目标是 59 岁的仓库主任鲍勃·艾格尔。

## 鲍勃·艾格尔谋杀案

格雷厄姆的惯用做法就是在鲍勃的早咖啡或下午茶中投毒。他作为低级仓库管理员的职责之一就是从走廊的活动茶几上为大家取饮料，这使他可以在不引起怀疑的情况下对他们投毒。由于每个人的杯子都印着不同图案，这使他能够以很确定的方法对他所选择的目标投毒。另外，在从活动茶几到仓库之间的一段送饮料的路程中任何人都看不见他。在这些地方他都可以很轻易地将随身携带的毒药倒入任何一个得罪了他的人的饮料之中。

哈德兰德公司的仓库包括一个服务区和一个后室。格雷厄姆就是在后室中在鲍勃·艾格尔的监督下工作的。他在库房中的工友包括担任地方议员的弗雷德·比格斯、罗恩·休伊特和戴安娜·斯马特。鲍勃于 6 月 3 日星期四第一次被格雷厄姆用酒石酸锑钠投毒。他感到身体不适，于是就回家卧床休息了三天。在此期间他出现了恶心和腹泻的症状。他于星期一回去工作，但是在这个星期以及随后的一个星期中又出现了上述症状。因此他和他的妻子决定休一次假。他们于 6 月 19 日星期六一起去了位于诺福克海岸的大雅茅斯，在那里待了一个星期。他于星期一回去上班的时候健康状况已经大大改善了。

就在艾格尔去海边度假的那个星期的星期五，格雷厄姆来到威格摩尔街的那家药店购买了 25 克醋酸铊。当艾格尔于星期一回来的时候，格雷厄姆在他的下午茶中投入了致死剂量的醋酸铊。第二天铊就开始产生作用了。在下午的时候艾格尔抱怨他的手指顶端失去了知觉，在当天晚上他的情况急剧恶化。他的背部疼痛，双脚失去了知觉。他感到痛苦万分，彻夜无法入睡。由于他看上去病得很重，他的妻子在第二天早晨 6 点 30 分叫来了医生。医生做出了末梢神经炎的诊断，并为他开了一些药品。但这时鲍勃已无法吞咽药物了。随着鲍勃病情的进一步恶化，医生又一次被叫了过来。结果鲍勃被送到了位于赫默尔亨普斯特德的西哈特福德郡医院。到了 7 月 1 日星期四的时候，他因病情严重被转到了圣奥尔本斯城市医院的重症监护室之中。尽管那里的医护人员竭尽全力对他进行抢救——其中包括两次心脏复苏术，但是艾格尔还是逐渐全身瘫痪，并于 7 月 7 日星期三死亡。尸检得出的结论是，艾格尔死于由一种被称为吉兰－巴雷综合征的急性多神经炎所引发的肺炎。这种疾病是由神经周边的髓鞘遭受自身免疫攻击所引起的。由于这一病例不寻常的性质，艾格尔的两个肾脏被摘下保存了起来。后来对这两个肾脏的分析表明它们含有 2.5ppm 铊。

在艾格尔患病期间，格雷厄姆曾经数次打听他的病情。该公司的总经理戈弗雷·福斯特甚至还选择让格雷厄姆作为艾格尔的工友代表与他一起前去参加艾格尔的葬礼。格雷厄姆陪同福斯特参加了葬礼，然后前往火葬场，最后又一起回到了哈德兰德公司。在此过程中他抓住机会向福斯特展示他的医学知识。福斯特果然对他产生了深刻的印象，并让他担任了临时仓库主任，试用一段时期。他做出这一决定的部分原因也是出于需要，因为仓库中的另一名职员罗恩·休伊特在艾格尔死亡两天之后也离开了公司。

在艾格尔离开公司之后，休伊特成为格雷厄姆关注的焦点。在将近一个月的时间内，休伊特的身体状况时好时坏。格雷厄姆于6月8日第一次在他的茶中掺入了酒石酸锑钾，由此而产生的症状包括腹痛、腹泻和咽喉后部烧灼感。那天他不得不请病假回家。第二天——也就是星期三——他去看了医生。医生诊断他是食物中毒。在那个星期的后几天中，休伊特一直为呕吐、腹痛和腹泻等症状所困扰，但是到了下一个星期一的时候，他的身体已经恢复到可以上班的程度了。在随后的三个星期内他总共发病12次，每次都出现上述的症状，直到他跳槽离开哈德兰德公司之后才恢复健康。我们不知道格雷厄姆究竟为什么要对休伊特投毒。当时休伊特已经决定离开这个公司了，他在那里的最后一个月只是办理离职手续。事实上，正是因为休伊特将要离职，格雷厄姆才被这个公司聘用的。

格雷厄姆在参加工作仅仅两个月之后就完全凭自己的努力——虽然是通过不正当的手段——爬上了领导工作岗位。也许他曾经考虑过要珍惜这一机会，努力当一名好的仓库管理员，但是他往往会把事情搞得一团糟。无论如何，在随后的三个月内他采取了比较节制的态度，仅偶尔在戴安娜·斯马特的茶中掺入小剂量的酒石酸锑钠。这种剂量仅使她因身体不适而提前下班回家——这通常发生在她不小心得罪他的时候。

在这一时期，格雷厄姆变得更加合群了。他甚至还帮助过临时工弗雷德·比格斯。有一次比格斯抱怨他家的花园中害虫太多，格雷厄姆告诉他自己有尼古丁和醋酸铊，都可以用来杀死害虫。比格斯从他那里接受了一包 15 克的醋酸铊，并将其带回了家，但是一直没有使用。格雷厄姆再一次给比格斯的醋酸铊是放在他所喝的茶中的。

## 多毒之秋

在度过了相对平静的几个月之后，神秘的疾病于 1971 年秋天又一次出现了，而且来势更为凶猛。在仓库中所发生的接连不断的怪病引起了整个工厂职员的恐慌。他们认为这是由一种被称为博文顿虫的微生物引起的，并将这种微生物与当时在本地流行的肠胃炎联系起来。由于所谓博文顿虫产生的症状与轻度锑中毒相似，这使得格雷厄姆得以掩饰其投毒的行为。

戴安娜·斯马特似乎特别容易受到博文顿虫的感染，而且她还出现了一种非常令人不愉快的副作用，那就是体臭。这种臭味是如此难闻，以至于她的丈夫——他也是哈德兰德公司的职员——发现自己无法与她在一张床上睡觉。（医生认为她的脚臭是由脚癣导致的，并且对她进行了相应的治疗。）由于长期受到酒石酸锑钠的毒害，她得了抑郁症，情绪十分低落。在格雷厄姆被定罪之后，刑事赔偿委员会给予了她 367 英镑的赔偿。

大约在 10 月初，格雷厄姆开始在他同事的饮料中下毒。第一个受害者是进出口部门的文员戴维·蒂尔森。格雷厄姆于 10 月 8 日星期五上午第一次在蒂尔森的茶中掺入了醋酸铊。当时蒂尔森感到他的茶味道特别甜，不符合他的口味，因此只喝了一点儿。格雷厄姆试图用加糖的方式掩盖醋酸铊可能带有的味道，结果蒂尔森只喝下了少量的毒药。即便如此，蒂尔森还是出现了一些铊中毒的症状。如果他将那杯茶全部喝下的话，结果必然与艾格尔一样——死亡。

第二天星期六，蒂尔森感到双脚发麻，到了星期天他的双腿也失去了知觉。他于星期一去看了医生。到了星期三的时候，虽然他的双腿还有些僵硬，但他还是回公司上班去了。在那个星期的后三天他一直在公司上班。到了星期五的时候他第二次被格雷厄姆用醋酸铊下毒。格雷厄姆预见到了对蒂尔森第二次下毒的必要性，因为他原计划在他喝下第一个剂量的毒药之后到医院去看望他，同时给他送去一小瓶掺入第二个剂量的醋酸铊的白兰地。结果第二个剂量的醋酸铊被掺入了蒂尔森在公司所喝的茶中。

那个周末蒂尔森双脚麻木的症状越来越严重，而且出现了胸痛的症状，使他感到呼吸困难。他再一次去看了他的医生。到了星期一的时候他已无法入睡，而且感到身体无法承受被子的重量。他的病情急剧恶化，于10月20日星期三被送进圣奥尔本斯城市医院治疗。在那里他的情况开始好转，于下一周的星期四出院。第二天，也就是10月29日，他的头发开始脱落，在两天之内他已几乎完全秃顶了。11月1日星期一，他再次被送进医院。该医院的考恩医生认为他的症状属于中毒，并询问了有关他的生活习惯和饮食方面的问题，但是他的询问没有任何结果。五天之后蒂尔森又出院了。随后他在家中休养了好几个星期才回去工作。这次中毒给他留下的唯一的长期后遗症就是阳痿。刑事赔偿委员会最终给予了他 460 英镑的赔偿。

蒂尔森离开医院的前一天弗雷德·比格斯住进了医院。11 月 5 日，另一名哈德兰德公司的职员杰斯罗·巴特也因为相同的症状住进了医院。我们将把比格斯谋杀案放在后面讨论，而先在这里介绍巴特中毒案。巴特当时 39 岁，住在离博文顿很远的哈罗，因此他对自己的工作时间做出了特殊的安排，使自己比其他人都晚下班，以便错过交通晚高峰时段。他在下班之前有喝一杯咖啡的习惯。他后来与格雷厄姆交上了朋友。如果格雷厄姆下班也很晚的话，巴特还会顺便开车将他送到位于赫默尔亨普斯特德的家中。

10 月 15 日星期五，也就是格雷厄姆第二次在蒂尔森的茶中投毒的那天，巴特发现格雷厄姆也在仓库中加班，格雷厄姆还为他煮了一些咖啡。然而巴特觉得这咖啡煮得太浓了，因此只喝了一口。但是就像蒂尔森的情况一样，他所喝下的毒药已足以产生典型的铊中毒症状。他喝了一口咖啡之后就感到恶心欲吐，并在回到家中后不久决定卧床休息。在星期六的时候他感到双腿有些不对劲；到了星期天的时候他的双腿已经失去了知觉，并且出现了腹痛的症状。星期一上午他去看了他的医生。医生诊断他得了感冒。

蒂尔森和巴特的症状与过去使用铊盐治疗金钱癣的人的不良反应非常相似。按这种治疗方法，铊盐的成人剂量一般为 500 毫克。如果蒂尔森和巴特仅仅喝下了四分之一杯被下毒的茶或咖啡的话，那么格雷厄姆给他们投毒的剂量应该为 2 克，而这肯定是致死剂量。很明显，他当时是打算谋杀这两个人的。格雷厄姆后来承认他分两次一共在巴特的饮料中掺入了 4 克醋酸铊，这肯定是致死剂量。所幸的是巴特只喝下了这些毒药的一小部分，这足以解释他的症状，但还不足以致他死亡。

到了 10 月 21 日星期四的时候，巴特已经卧床不起了。他的双脚、胃部和胸部疼痛难忍。随着日子一天天过去，铊开始影响他的大脑，他开始说胡话，并且产生幻觉。他处于极度的抑郁之中，甚至考虑要自杀。到了他生病第二个星期的周末，他的头发开始脱落。到了第三个星期的周五，他被送进了医院。就像蒂尔森一样，他最终恢复了健康，但是留下了阳痿的后遗症。由于他已经结婚，因此阳痿对他造成的伤害显然大于对蒂尔森的伤害，因此刑事赔偿委员会给予他 950 英镑的赔偿。

## 弗雷德·比格斯谋杀案

现在戴维·蒂尔森和杰斯罗·巴特已经卧病不起，而且在短期内不大可能回到公司，因此格雷厄姆又重新使用酒石酸锑钠投毒了。在 10 月份的最后两个星期内，他多次用这种毒药对戴安娜·斯马特和 56 岁的弗雷德·比格斯投毒。结果他们两人又一次因博文顿虫而病倒。不幸的是，比格斯对格雷厄姆低下的工作能力感到十分恼火，这导致两人之间发生了冲突。对于格雷厄姆来说，只有一种解决方法，那就是醋酸铊。10 月 30 日星期六，他的机会来了。

那天比格斯在他妻子的搀扶下来到公司帮助格雷厄姆盘点库存。他把茶柜的钥匙交给格雷厄姆，以便他能够为他们三人准备一些饮料。格雷厄姆利用这个机会在比格斯的饮料中掺入了三个剂量的醋酸铊。他在日记中称为"特殊化合物"。在对他的审判中，他的这个记载了每次投毒经过的活页笔记本日记成了针对他的最为重要的一个证据。我们可以看出，他之所以把投毒的经过都记下来，是因为他相信自己永远都不会被抓住。

在盘点库存的那个星期六的晚上，比格斯还带着他的妻子到伦敦去游玩，但是到了星期天他很明显已经病倒了。星期一他因胸痛而卧床不起。星期二医生被叫了过来并发现他双脚疼痛难忍。在星期三比格斯被送进了赫默尔亨普斯特德综合医院。现在哈德兰德公司谣言四起：戴维·蒂尔森、杰斯罗·巴特相继因一种毒性很强的博文顿虫感染而病倒了。而格雷厄姆则更是对此津津乐道。但是人们知道他对医学有着特殊的兴趣，有时他甚至谈到了毒药。有一次他还开玩笑说有人在他们的茶中下了毒。

随着比格斯的病情不断恶化，他首先被转到了伦敦北部的惠廷顿医院，然后又被转到伦敦女王广场的国家神经疾病医院。医生们为挽救他的生命尽了一切努力，但他们是在黑暗中摸索。比格斯的中枢神经系统已经严重受损，以至于他无法说话，甚至无法呼吸。医生不得不对他做气管切开术，以使空气进入他的肺部。他的皮肤开始脱落。除此之外，他还出现了急性铊中毒的各种常见症状。他在痛苦地挣扎了三个星期之后，最终于11月19日死亡。

与此同时，格雷厄姆·扬的好日子也快到头了。

博文顿虫引起了卫生部门的关注。一个由当地公共卫生局局长罗伯特·海因德医生带领的医生小组在早些时候已前往该公司调查这种神秘疾病的原因。他们认为有三种可能性：一是饮用水受到污染，二是存在放射性物质，三是病毒感染。由于放射性物质可以导致头发脱落，因此它被认为是可能导致疾病的原因。于是调查小组对公司周边进行了放射性检测。当地报纸认为，放射性材料是导致博文顿虫病的最可能的原因，但是实际上这种可能性很小。

有两个人最终将调查的焦点集中在格雷厄姆身上。首先，格雷厄姆的同事戴安娜·斯马特注意到他从来没有受到博文顿虫的影响。她认为格雷厄姆可能是这种病毒的携带者，并对总经理福斯特先生说出了她的想法。与此同时，福斯特的助理菲利普·多格特也单独告诉福斯特：格雷厄姆对毒药表现出了病态的兴趣。在 11 月的第三个周末，也就是弗雷德·比格斯死后第二天，哈德兰德公司决定召开一个全体职工大会。该公司的医生阿瑟·安德森医生于午餐时间在公司餐厅召开的大会上，向员工们解释了导致这种神秘疾病的三种可能的原因，并且告诉他们说，有关调查小组已在公司展开了调查，但是仍然没有发现致病的原因。

然后安德森医生请全体员工一起讨论这个问题。格雷厄姆立即站了起来，开始炫耀他有关铊中毒方面的知识，并说这是最为可能的致病原因。他介绍了铊中毒的各种症状，特别是其典型的头发脱落的症状。当他结束发言坐下的时候，他实际上已经揭开了关于这一怪病的谜团，并且决定了自己的命运。在会后，安德森医生找到格雷厄姆并对他的一般性医学知识进行了试探，结果发现他的知识仅限于毒药学。

现在公司的管理层已经确信格雷厄姆是罪魁祸首。但他是从哪里弄来的铊呢？在工厂的库房中并没有这种化学物质。第二天，他们决定与警方联系，并通过苏格兰场的犯罪记录对格雷厄姆开展了背景调查。但是这一调查没有任何结果，也就是说，他们没有发现有关格雷厄姆的犯罪记录。在公司的强烈要求下，警方再次对格雷厄姆的背景开展了调查，结果可怕的真相浮出了水面：格雷厄姆曾经因为对自己的家人下毒而被关进布罗德莫精神病院。

那天晚上，正在希尔内斯的姑姑家过周末的格雷厄姆被逮捕了，第二天他坦白了所有罪行，甚至还建议用二巯基丙醇和氯化钾对杰斯罗·巴特进行解毒治疗。警方搜查了他在梅纳德路的房间，发现了他存储在那里的各种毒药和一本日记。这本日记按时间顺序记录了他在 10 月份投毒的历史，以及他的受害者病情的发展。他藏匿的毒药包括 3 克醋酸铊、32 克酒石酸锑钠以及其他各种毒药。

11 月 23 日星期二，格雷厄姆被指控谋杀了弗雷德·比格斯。随后警察和法医学专家对铊中毒的作用及其检测开展了深入的研究。圣托马斯医院医学院的法医学高级讲师休·默尔斯沃思－约翰逊教授对比格斯进行了尸检。他发现了铊中毒的所有症状，但是没有在尸体中发现铊元素。比格斯的一些器官组织样本被送到大都市警察刑事技术实验室，由奈杰尔·富勒进行了检测，结果他在里面发现了铊。富勒的分析显示，比格斯各器官的铊含量为：肠，120ppm；肾，20ppm；肌肉和骨骼，5ppm；大脑组织，10ppm。也许在对格雷厄姆案的调查过程中最具戏剧性的一个环节就是富勒对鲍勃·艾格尔的骨灰的分析。所幸的是，艾格尔的骨灰没有被抛撒，而是被送回了他的出生地——诺福克郡的吉灵厄姆。他的骨灰总重量为 1780 克，其中含有 9 毫克铊。这一含量相当于 5ppm，与弗雷德·比格斯骨骼中的铊含量相同。

为了确保这些铊不是自然存在于人体之中的，富勒分析了另一个被火化的人的骨灰，结果在那里没有探测到任何铊。这一分析结果也能够判定格雷厄姆谋杀了艾格尔。这一事件被载入了法律史：这是历史上第一个在被害人的尸体已经火化，其体内的所有有机毒物被破坏的情况下，投毒者仍然被定罪的案件。

格雷厄姆声称他对受害者分别投下了以下剂量的醋酸铊：

鲍勃·艾格尔和弗雷德·比格斯：各 18 谷（分两次投毒），相当于 1200 毫克；

戴维·蒂尔森：5—6 谷，相当于 325—390 毫克；

杰斯罗·巴特：4 谷，相当于 260 毫克。

格雷厄姆是通过以下方式准备投毒剂量的：他首先将一片含量为 5 谷（325 毫克）的治疗头痛的药片碾碎，然后通过目测的方式取出与之相同剂量的醋酸铊用于下毒。我们知道这一剂量并不大，不足以解释人们在受害者身上观察到的症状。由于这些剂量小于以前医生为了使病人脱发而让他们服用的醋酸铊的剂量，因此我们几乎可以肯定，格雷厄姆投毒时所用的剂量要远远大于这些剂量。我们从格雷厄姆的日记中可以看出，他有时对自己的所作所为感到悔恨。例如，他曾写道："我对自己伤害 J（指杰斯罗·巴特）的行为感到非常羞耻。"

格雷厄姆于次年 3 月 22 日被送上赫默尔亨普斯特德治安法庭。他的审判原定于 5 月举行。但是由于他坚持为自己做无罪辩诉，很难找到愿意为他出庭辩护的律师，因此他的审判被延期了两次，直到王室法律顾问阿瑟·欧文爵士同意为他辩护。审判最终定于 1972 年 7 月 19 日举行。审判地点是圣奥尔本斯刑事法院，主持审判的是伊夫利法官，检控方由王室法律顾问约翰·雷奥纳德带领。

格雷厄姆的第二次受审无疑是他一生中最风光的日子，他做了出色的表演。他令人信服的谎言以及与检控方之间的巧妙对答为报纸记者和他们的读者提供了不少消遣。他说自己的日记只是为将来写小说积累素材；而他当时之所以对警察做出供述，只是为了尽早结束审讯，以便能够得到一点儿休息。

他日记的部分内容被当庭宣读：

> 昨天戴（戴安娜）惹我生气了，于是我给她下了点儿毒，让她生病提前回家了。我只稍微让她吃了一点儿苦头。现在我后悔没有多给她下一点儿毒，让她在床上躺上几天。
>
> ……
>
> F（弗雷德·比格斯）现在已经病入膏肓了……让这样一个和蔼可亲的人遭受如此可怕的结局……似乎很不像话。但是我已经做出决定，因此他必须死……他现在已经昏迷不醒了，并且在最后几天病情会继续恶化。如果他活下来的话，肯定会留下永久性残疾的，因此死亡对他来说是一种仁慈的解脱，并且这样又可以使拥挤的战场上减少一名伤病员。

但是 F 却顽强地与死亡进行着抗争。几天之后格雷厄姆在日记中写道："这非常令人恼火。F 活得太长了，让我良心无法平静。"

法庭没有告诉陪审团有关格雷厄姆以前的犯罪记录，以及他多年前有关用铊谋杀其继母的供述。无论如何，他的罪行已经可以说是铁证如山了。陪审团退席之后只用了一个小时就回到了法庭。他们对有关格雷厄姆谋杀鲍勃·艾格尔和弗雷德·比格斯的指控做出了有罪裁决。在法官做出判决之前，格雷厄姆的律师在法庭上做出了陈述。他提到格雷厄姆是从布罗德莫精神病院释放出来的，并且说他宁可进监狱也不愿意再回到那个精神病院。于是法官判处格雷厄姆终身监禁，服刑地点是在怀特岛上的派克赫斯特。

格雷厄姆成了一个臭名昭著的邪教人物。他所创作的怪异图画的复制品被以每套 20 英镑的价格出售。在 1975 年 6 月，伦敦一个名叫罗宋汤与眼泪的时髦餐馆甚至将这些画免费赠送给顾客。格雷厄姆于 1990 年 8 月 1 日死于心脏病，时年 42 岁。有人说他是自杀。

1995 年上演了一部名叫《一个年轻投毒者的手册》(*A Young Poisoner's Hand book*) 的电影，讲述了格雷厄姆·扬的故事。在该影片中，休·奥康纳扮演格雷厄姆。考虑到其主题，这部电影的表现形式相对轻松，有时近乎闹剧。但是也许这是讲述格雷厄姆的故事的唯一方法，因为在现实生活中他的故事的确就像一场闹剧。格雷厄姆是否读过阿加莎·克里斯蒂的《白马酒店》仍然是一个有争议的问题，——他很有可能读过这本书，因为在他用铊对其继母投毒的时候，这本书非常畅销。虽然格雷厄姆否认读过这本书，但是这本书中所描述的巫术肯定对他很有吸引力，因为他也对玄学很感兴趣。

　　也许铊这种元素真的具有某种神秘的性质，也许只是某种奇怪的巧合，那些痴迷于这种有毒元素的人——如克鲁克斯、阿加莎·克里斯蒂和格雷厄姆·扬——也都痴迷于玄学。

other

其他

# 第十七章

# 其他有毒元素

人们常说毒药是相对于剂量而言的。的确，人体在摄入过量的任何物质之后都会发生不良反应，最终导致其自身的毁灭。我们甚至会因为摄入过多的氧气或水而中毒。太多的氧气会损害大脑。我们知道吸氧过量曾导致早产儿和深海潜水员死亡；一个极度口渴的人如果突然喝下大量的水，就会导致体内盐类失衡，从而使心肌停止工作。虽然以上是一些极端的例子，但是另外还有一些不太引人注目的元素，如果摄入过量的话也会导致危险，而本章所要讨论的就是这些元素。它们的毒性不强，因此很少被用于犯罪。它们包括钡、铍、镉、铬、铜、氟、镍、钾、硒、钠、碲和锡。当然还有其他一些致命的元素。如氯气就曾经在战场上被用作杀人武器（见第五章），但是据我所知它从来没有被用作实施谋杀的工具。（另一方面，加氯的饮用水每天都可以挽救无数人的生命——在这里氯杀死的只是致病微生物。）

一种元素可以以许多种形式存在：很少有具有毒性的纯元素；即使服下也不大可能导致中毒的不可溶化合物，以及很可能导致中毒的可溶性化合物。我们下面要介绍的第一种金属钡就很好地说明了可溶性是多么重要。

## 致命的钡餐

钡可以刺激人体的新陈代谢，使心脏发生不规则跳动（心室纤维性颤动）。可溶性钡盐有剧毒。小剂量的可溶性钡盐可以导致中枢神经系统瘫痪，而较大剂量的可溶性钡盐则可以导致心脏瘫痪。钡中毒的症状包括呕吐、急性腹痛、腹泻、震颤和瘫痪。我们知道，病人在照胃肠 X 光之前要服用钡餐。当钡餐通过消化道的时候，不可溶的硫酸钡会吸收 X 光，从而在底片上形成高亮度部分，而其周围的其他人体组织则可以被 X 光穿透。这样就可以发现由癌细胞增长所造成的异常收缩。但是有的病人却因为误将其他钡化合物当作钡餐服下而送命。

在正常情况下，钡餐由完全不可溶的硫酸钡组成，因而是安全的。如果病人误将看上去与硫酸钡完全相同的碳酸钡当作钡餐服下的话，那么碳酸钡就会与胃中的盐酸发生反应，形成有毒的可溶性氯化钡，偶尔会导致死亡。这种错误很快就会被发现，因为误服碳酸钡的病人不久就会开始上吐下泻。有些病人在服用大剂量的碳酸钡后 10 分钟之内就会死亡，但是大多数病人可以存活 24 小时以上。碳酸钡的致死剂量为 1 克，而通常一次钡餐所用的硫酸钡的剂量为几克。因此如果相同剂量的碳酸钡被当作钡餐服下的话，那么除非立即采取抢救措施，否则病人必死无疑。*

---

\* 解毒药为硫酸钠。它所含的硫酸根可以与钡离子形成不可溶的硫酸钡。但是这种解药必须在误服碳酸钡之后立即服下才能够挽救中毒者的生命。

钡在人体中没有任何生物学作用，但是成年人体内平均含有 22 毫克钡。这是因为我们所吃的许多食物中都含有钡。这些食物包括胡萝卜（干重钡含量为 13ppm）、洋葱（12ppm）、生菜（9ppm）、豆类（8ppm）和谷物（6ppm）。有报告说，巴西胡桃中的钡含量竟高达 10000ppm（1%）。即便如此，这些食物也不会对我们的健康构成威胁。

很少有用钡盐实施的谋杀案。1994 年，美国得克萨斯州曼斯菲尔德市的一名 16 岁的女学生玛丽·罗巴兹，用她从曼斯菲尔德高中的化学实验室中偷来的醋酸钡毒死了自己的父亲。他的死因被诊断为心力衰竭。如果不是玛丽在她的一个同学面前承认其所作所为的话，那么她很可能就会逃脱法律的惩罚。据说她是在参加学校的《哈姆雷特》话剧演出之后才向她的一个朋友承认毒死了父亲的。这一话剧讲述的是一个父亲遭到谋杀以及由此而产生的各种恶果。1996 年，玛丽受到审判，被裁定有罪，并被判处 28 年监禁。

## 铍：贵重而又致命的金属

1955 年，科幻小说家艾萨克·阿西莫夫（Isaac Asimov）写了一个具有预言性的短篇小说《圈套》（Sucker Bait）。在这篇小说中，一个太空探险队前往一个物产丰富的星球开展调查。前往这个星球的第一批地球移民都得了一种怪病，他们感到呼吸越来越困难，最终都在几年之内死掉了。这一星球上的植物种类繁多，似乎很适于人类居住。那么究竟是怎么回事呢？这些地球移民都表现出了慢性中毒的症状，但是对他们的测试并没有发现任何毒药。最终调查人员发现，这个星球的土壤有很高的铍含量，而导致这些地球移民死亡的正是铍。

所幸的是，铍在地球上是一种稀有金属，我们的土壤中的铍含量仅为 2ppm。由于铍没有任何生物学作用，因此植物从土壤中吸收的铍很少。但是它们仍然会吸收一些，结果成人体内都会含有微量的铍——大约为 35 微克，但是这不足以影响我们的健康。铍与人体所需的重要元素镁有类似之处，因此它可以模仿镁元素，在某些重要的酶中取而代之，从而使这些酶无法正常工作。摄入过多铍的人会出现被称为铍肺或慢性铍中毒的症状——肺部发炎并感到呼吸困难。很久以前它就被承认为某些冶金工人的一种职业病。一次性摄入大量的铍或长期摄入少量的铍都会导致这种疾病。

所幸的是，如今已经很少有铍肺病例的报告了。这种疾病仍然无法治愈，但是使用类固醇可以缓解其最严重的症状。虽然肺部对铍中毒特别敏感，但这并不是由于铍在肺部聚集造成的。人在吸入含铍的粉尘之后，其中的铍很快就会被吸收到血液中，并被带到身体的其他部分——通常是骨骼，并在那里沉积。这种疾病的潜伏期长达五年。它会导致大约三分之一的患者死亡，其余的患者终身残疾。

1990 年，在苏联靠近中国边境的一个加工用于核弹头的铍的军工厂发生了爆炸，从而引发了可能发生大规模铍中毒的恐慌。这一爆炸在乌斯卡门诺哥斯克镇上空形成了含有 4 吨氧化铍尘埃的云团。随后的检测表明，该镇的 12 万人口中有 10% 受到了影响，其血液中的铍含量水平有所升高。但是让俄罗斯当局感到如释重负的是，这一血铍水平只是略微高于背景水平。

由工业上的铍污染而导致死亡的事件偶有发生。最容易受到铍污染的是那些生产和处理荧光灯的人。在美国有超过 400 名工人罹患铍肺。其他可能使工人受到铍污染的工业过程包括一些铍合金的生产过程，如用于制造优质弹簧的铍镍合金，以及用于制造在有爆炸危险的工业领域中使用的防火花装置的铍铜合金。英国在 20 世纪后半叶有 30 人死于铍肺。铍这种金属在很久以前就被停止使用了，但是铍中毒的潜伏期可达数十年之久这一事实已得到公认。在一个病例中，一名金属机械工在受到严重铍污染 29 年之后才死于铍肺。

到目前为止还没有使用铍化合物实施谋杀的案例，但是有一部描写用铍化物实施谋杀的侦探小说。这部由伯克利大学退休物理学家卡米尔·米尼奇诺（Camille Minichino）创作的名为《铍谋杀案》（*The Beryllium Murder*）的小说于 2000 年出版。故事发生在伯克利。一个人突然死亡，看上去是由意外铍中毒引起的。当然事情的真相远非像看上去那么简单。

## 在人体中积累的镉

镉是一种累积性的有毒元素。一般人到了 50 岁的时候，体内就会积累大约 20 毫克镉，其中大部分在肝脏中。如果肝脏中的镉水平超过 200ppm 的话，那么它就会妨碍肾脏重新吸收蛋白质、葡萄糖和氨基酸的功能，并损害其过滤系统，从而导致肾衰竭。镉被联合国环境规划署列为最危险的 10 种污染物之一。

我们不可能完全将镉排除在我们的饮食之外：它存在于诸如肝脏、贝类和大米等食物中。有些蔬菜，如生菜、菠菜、圆白菜和萝卜等，具有吸收镉的能力，而一种名为毒蝇鹅膏菌（Amanita muscaria）的蘑菇可以从环境中吸收大量镉。生长在诸如旧锌矿周边等受到镉污染的土壤中的植物可能含有很高水平的镉，因而是不能食用的。甚至在这种土地上放牧的羊的肾脏和肝脏中也积累了大量镉。

人每天的镉摄入量在 10—100 微克之间，但是平均值很可能少于 25 微克。世界卫生组织推荐的最大日摄入量为不超过 70 微克。镉的问题在于这种元素的化学性能与人体内多种酶所需的锌非常相似。值得庆幸的是，人的肠子能够将进入胃中的大部分镉排出体外，但是总有一部分会突破这道防线，与金属硫蛋白酶结合。这种蛋白酶能够与数个镉原子相结合，将其带到肾脏之中，以便通过尿液排出。不幸的是，由于镉原子与这种酶结合得太紧，它们趋向于沉积在肾脏中而不是被尿液冲走，其结果是镉原子在人体内的平均滞留时间为 30 年。这就是人们担心这种金属对人体健康的影响的原因。

历史上曾经发生过数起严重的镉中毒事件。我们知道，镉可以在几天之内导致死亡，可吸入的氧化镉颗粒尤为危险。1966年，一个在英格兰塞汶路大桥上施工的建筑队就是因为吸入这种粉尘而集体中毒的。当时他们使用氧乙炔炬去除桥上的一些螺栓，但是他们不知道这些螺栓为了防腐而被镀上了一层厚厚的镉。由此而产生的烟雾使他们中毒。第二天，这个建筑队的所有成员都病倒了，出现了呼吸困难和剧烈咳嗽的症状。其中一人被送进医院，并于一周后死于急性镉中毒。其他人也被送进医院治疗，但是都活了下来。

府中是日本的一个拥有 4.5 万人口的小镇，位于东京西北320 公里的本州西部的芦田川上。在 20 世纪 50 年代，这个镇上出现了一种叫做"痛痛病"的怪病（以病人每次挪动身体时所发出的呻吟命名）。导致这种病的原因是当地居民食用的受到镉严重污染的大米。污染源为三井公司拥有的神冈庄矿井的矿石堆。当地居民从饮食中摄入的镉的量为每人每天 600 微克。最终有5000 人罹患此病。

在有些事件中，在尸体中发现的很高的镉水平导致下毒嫌疑人被逮捕。居住在佛罗里达海岸圣彼得堡附近的帕拉斯派克市的46 岁的油漆匠兼木匠约翰·克雷默就是一个例子。他于 2002 年的情人节带着他 37 岁的妻子杰恩去奥兰多参加了一个庆祝晚宴，杰恩在几个小时之后死亡。刑侦技术分析显示，她血液中的镉含量高于正常值 12 倍。杰恩的亲戚指控克雷默毒死了他的妻子，这导致克雷默于 2002 年 12 月被逮捕。事实上杰恩的姐妹说杰恩在她死的那天给她发了一个电子邮件，说她觉得丈夫在她的杜松子酒中掺进了什么东西。分析显示，克雷默夫人的血液中含有高量值的酒精、镉和她所服用的一种名叫赞安诺的抗抑郁药。在克雷默被逮捕后，警察在他的家中发现大量镉盐，但是这些镉盐也很可能是合法的涂料。*

2003 年 10 月，检控方取消了针对克雷默的指控并将其从监

---

\* 镉黄——其成分为硫化镉（CdS）——就是这种涂料之一，它曾经被广泛使用了很多年。

狱中释放，其原因就是曾经做出杰恩被用镉化合物毒死的结论的验尸官沙西·戈尔在前一个月得知，对血液镉含量的分析往往会导致虚假的高读数。于是他让人对杰恩的肝脏和肾脏进行了刑侦技术分析，结果发现其中的镉水平是正常的。很明显，检控方已无法成功地起诉克雷默。

2002 年，居住在宾夕法尼亚州印第安纳县的 61 岁的托马斯·里潘突然死亡，他的死因似乎是心脏病发作。但是随后在该县暴发了一场镉中毒"流行病"。里潘的一些家人认为他死得可疑，于是就对他进行了开棺验尸。验尸结果表明，他的血液中含有很高量值的镉。在当地的其他一些死亡事件也引起了验尸官的注意。尸检表明，这些死者体内的镉水平都高于正常值，其中有些人血液的镉含量竟高达每升 1000 微克（美国环境保护局认为可以接受的血液镉含量为每升 5 微克）。在当地是否有一个用镉实施犯罪的系列投毒犯还有待调查，但是由于在这些死亡事件之间没有什么联系，因此这种可能性似乎不大。现在人们怀疑这些镉来自环境。

## 铬：好东西如果太多就变成了很坏的东西

铬对于人体来说是一种必不可少的元素，但是人体对这种元素的需要量很小。人体中所含的铬一般不超过 2 毫克。有的人体内的铬含量可以高出这一平均含量好几倍，而不会产生不利影响——条件是这些铬不是以剧毒的铬酸盐的形式存在的。*

---

\* 铬酸根离子的化学式为 $CrO_4^{2-}$。

人们每天摄入的铬因其饮食而异，在 15—100 微克之间，而在复合维生素片中标准的铬含量为 25 微克。铬之所以对人体重要，是因为它在能量分子葡萄糖的消化过程中起着不可缺少的作用。人体缺铬会导致轻度的糖尿病。但是这种情况非常罕见，并且可以通过服用诸如醋酸铬等可溶性（三价）铬盐治疗。富含铬的食物包括牡蛎、小牛肝、蛋黄、葡萄汁、黑胡椒、土豆和胡萝卜。

那些在工作中接触铬化合物的人很容易得一种被称为铬溃疡的病。有关这种疾病的最早报告出现于 1827 年，发病人群为苏格兰格拉斯哥市的工人。铬溃疡成为诸如镀铬、法式磨光、棉布印花和制革等使用铬酸盐和其他铬盐的工业领域中的一种常见职业病。这种溃疡只有在持续接触污染物数个月之后才会突然出现，它们的直径大约为 1 厘米，其暴露的创口奇痒难当。那些吸入含铬尘埃的工人可能会发生鼻腔溃疡。接触铬酸盐的工人罹患肺癌的概率是一般人的三倍。

铬酸盐颜料呈鲜黄色，过去曾被广泛用于为油漆、塑料、橡胶、陶瓷和地板加色。它们的基本成分为铬酸铅（又称铬黄）和铬酸钡（它有各种不同的名称，如柠檬铬和斯坦布尔黄）。这些颜料一般对使用者没有危险，但是其生产者很容易罹患铬溃疡。

铬没有被看作一种对环境构成威胁的主要污染物，但是一些工厂，特别是皮革加工厂所排放的未经处理的废水曾经对河流造成污染。在土壤中的可溶性铬酸盐会逐渐转化为三价铬盐，由于其中大部分都是不可溶的，不会被植物所吸收，因而使食物链得到了保护。有些地方的环境受到了铬的污染，这对人们的身体和经济都造成了损害。铬对人体的危害主要体现在罹患癌症的概率上升，而这种危险几乎无法量化。经济方面的损害则更容易量化，因为建筑在被铬污染的土地上的房产是卖不出去的。

2002 年公开上映的电影《艾琳·布劳克维奇》（*Erin Brockovich*，又译《永不妥协》）的主题就是铬酸盐废料所导致的地下水污染以及由此造成的危害。它讲述了加利福尼亚州辛克利市居民为其家园受到铬污染而争取赔偿的故事。在该片中朱莉娅·罗伯茨扮演发起这一运动的单亲母亲，而阿尔伯特·芬尼则扮演那个玩世不恭的老律师。

无论在现实生活中还是在谋杀小说中，都没有关于使用铬化合物实施谋杀的记录，但是曾经有人通过吞服重铬酸钾或铬黄的方式自杀，这种化合物的致死剂量为 5 毫克。

## 铜也可以杀人

人体细胞需要 C 氧化酶生产能量，并需要超氧化物歧化酶来保护自己免受自由基的伤害。这两种酶都含有铜原子，这就是铜这种元素对人体那么重要的原因。人体最需要铜的器官包括大脑、肝脏和肌肉。人体内多余的铜也存储在那里，以便需要时使用。但是如果存储在那里的铜太多的话，就会妨碍这些器官的工作。在这种情况下，铜就变成了一种毒药，甚至会危及生命。而人体缺铜也会危及生命。

威尔森氏病和卷毛病就是由于身体不能正常利用铜元素所导致的遗传性疾病。在前一种情况下，铜元素在大脑中累积到了危险的水平；而在后一种情况下，生产负责运输铜元素的蛋白质的基因的缺失导致人体器官极度缺铜。由于卷毛病是不可治愈的疾病，它会导致人体发育迟缓以及婴儿的夭折。而威尔森氏病则可以通过促进体内的铜排泄的药物进行治疗。

人体的平均含铜量为 70 毫克。为了维持这一水平，人必须每天摄入至少 1 毫克铜。而给婴儿哺乳的妇女则每天需要摄入 1.5 毫克左右的铜。有人认为上述标准太低，每天摄入 2 毫克铜对每个人都有好处。这一观点似乎得到了有关低铜饮食对人体影响的实验的支持。实验人员发现，这种饮食会导致人体的胆固醇水平和血压升高以及乏力等症状。

要补充体内的铜并不困难，只要食用肉类等富含铜的食物就可以了。羊肉、猪肉和牛肉尤其富含易于吸收的铜蛋白。在禽类中，鸭肉的含铜量最高。而牡蛎、螃蟹和龙虾也富含铜。含铜量最高的植物性食物包括杏仁、核桃、巴西坚果、葵花籽、蘑菇和麦麸。如果大量食用以上食物的话，一个人每天最高可以摄入 6 毫克铜。食品加工企业曾经使用铜盐来使罐装蔬菜看上去更绿，但是现在这种做法已被禁止。

一些研究人员认为我们所摄入的铜太多了。这些铜会取代人体中铁和锌，从而妨碍其工作。这也许就是过量的铜会妨碍男人精子的生产的原因：因为精子中有很高水平的含锌酶。那些在含有大量的铜化合物的环境中工作的人会受到这种元素的有害影响，而受到这种影响最大的莫过于在果园和葡萄园中工作的农场工人，因为这些地方经常要使用硫酸铜配制的波尔多液来防治诸如霉病、叶斑病、枯萎病、苹果黑星病等由真菌和细菌引起的植物疾病。

　　有一些人曾试图用喝硫酸铜溶液的方法自杀。据估计，硫酸铜的致死剂量仅为 1 克。但是由于硫酸铜对胃部有刺激作用，并会自动导致呕吐，因此不大可能导致死亡。只有那些喝下比这大得多的剂量的人才能够成功地自杀。但是那些用这种方式自杀未遂的人，他们的胃、肠、肾和大脑等器官很可能会受到严重损伤。曾经发生过误食硫酸铜导致死亡的事件。如有一个儿童就是因为吃下了化学组合玩具中的硫酸铜样本而死亡的。这就是为什么现在儿童教育玩具中已不再包括这种看上去安全的美丽蓝色晶体的原因。

　　虽然铜化合物曾经被用于自杀并导致过意外中毒死亡事件，但是谋杀者不大可能选择铜化合物作为谋杀工具。这主要是由于唯一的一种很容易获得的铜盐就是硫酸铜，而这种毒药具有很容易被察觉的天蓝色和金属味道。即便如此，在 2003 年 4 月 17 日，加拿大阿尔伯塔省旅游小镇希尔文的 H.J. 科迪学校中有三名女生——其中两人年龄为 14 岁，一人年龄为 15 岁——还是决定用它来对她们的一个同学下毒。她们从学校的实验室中偷了一些硫酸铜，将其掺入从当地的便利店中购买的一份雪泥狗仔饮料中。这种蓝色的饮料由果汁和刨冰做成，非常适合用来掩盖这种毒药的颜色和味道。不幸的是，这一饮料在一群女孩中被传递品尝，最终有七个女孩喝下了这种饮料，其中包括两个下毒的女孩，当然她们只是嘬了一小口。在几个小时之内，其他五个女孩开始感到身体不适，出现了呕吐、颤抖、剧烈头痛、口腔干燥和烧灼感等症状。她们被送进希尔文医疗中心治疗。所幸的是，她们当中没有人死亡。

这三个投毒的女孩被指控犯有谋杀未遂罪，于 2003 年 8 月
受审。但是她们通过诉辩交易接受了较轻的以危害他人生命为目
的投放有毒物质罪以及盗劫和过失犯罪等指控。她们于 11 月 12
日被判处在少年监狱监禁 60 天。在刑满释放后她们被监视居住
1 个月，然后又假释 18 个月。由于这是一起少年犯罪案件，因
此这三个女孩的姓名没有被透露。

## 氟化物可能是致命的

氟元素是一种剧毒和高活性的气体。在工业领域它被用来生
产各种化学物质，其中最有名的就是特氟隆。在大自然中，氟是
以负离子（F⁻）的形式存在于活性相对较低的氟化物之中的。早
在 1802 年，人们就发现氟在生命体中扮演着某种角色，因为在
象牙、骨骼和牙齿中都可以探测到这种元素。到了 19 世纪中期，
人们在血液、海水、鸡蛋、尿液、唾液和头发中都发现了氟。虽
然这种元素似乎存在于所有生物之中，但是这并不能证明它是一
种重要的元素。后来实验证明，如果实验室动物的饮食中缺乏氟
的话，那么这些动物就无法正常生长，并且会出现贫血和不育等
症状。如今氟被认为是人体必不可少的一种元素，但是人体对这
种元素的需要量很小。

氟化物在人体中的平均含量为 3—6 克——这相当于一份致
死剂量。正如我们在下面所介绍的一起谋杀案中看到的，一茶匙
氟化钠可以在数小时之内致人死亡。但是在我们身体内的氟化物
是非常安全的，因为它们大多数被存储在牙齿和骨骼之中。在那

里，它被牢牢地固定在牙齿和骨骼的主要成分磷酸钙上。这一化学反应的产物就是比磷酸钙要坚硬得多的氟磷灰石。作为牙齿的珐琅质，它能够更好地抵抗龋齿。这就是氟化物被加入饮用水和牙膏之中的原因。由于氟离子对酶的破坏力很大，可以有效地妨碍其工作，所以如果我们允许其在我们体内自由活动的话，那么它们就会对我们的健康造成严重伤害。

一般成年人每天从其饮食中摄入 0.3—3 毫克氟化物，其中大部分来自加氟的自来水，此外大多数人还可以从鸡肉、猪肉、鸡蛋、奶酪和茶中获得氟元素。我们可以从一杯茶中摄入 0.4 毫克氟。鱼类体内尤其富含氟，因为它们生活的环境——海水——含有 1ppm 的氟化物。鲭鱼体内的含氟量为 27ppm（鲜重）。

在适量的氟和过量的氟之间仅存在着很细微的区别。在很多个世纪之前人们就知道，在有火山灰沉积的牧场放养的牛往往会得病并且跛足。现在我们知道这是因为它们摄入了太多的氟化物。1970 年在冰岛开展的研究显示，受到火山灰污染的牧草的氟含量可高达 0.4%（干重）。就像动物一样，人类在摄入过多的氟化物之后也会罹患慢性氟中毒。这种中毒的第一个征兆就是斑釉牙，随后就会出现骨骼硬化，并可能导致骨骼畸形。这种疾病在印度的旁遮普等地区非常普遍，因为这些地区的饮用水的氟含量很高。在有些村庄，井水的氟含量可高达 15ppm。在印度，大约有 250 万轻度氟中毒患者和成千上万的骨骼畸形患者。

氟化物中毒导致的死亡事件很少，其中大多数都是意外事故。1943 年发生在美国一家医院的情况就是如此。在这一事件中，医院的厨师误将氟化钠当作氯化钠（食盐）放进了他所做的炒鸡蛋中，结果导致 163 人中毒，其中 47 人死亡。氟化钠是作为杀虫剂出售的。但是无论这种毒药是作为灭老鼠、灭蚂蚁还是灭蟑螂药出售的，总是存在被用来杀人的危险。曾经在美国出售的一些灭蚂蚁药和灭蟑螂药中含有 80% 的氟化钠。1949 年 1 月，美国路易斯安那州博加卢萨市的一个名叫玛丽·弗尔的妇女就是因为被人用氟化钠下毒而突然死亡的。

1 月 25 日早晨，玛丽像往常一样到当地的一家盒子厂去上班。在午休的时候她回到家，应其邻居科拉·雷明夫人的邀请到隔壁去喝咖啡。一个邻居看见这两名妇女在雷明家的后门廊内一起喝咖啡和说话。她们之间的谈话可能并不是在友善的气氛中进行的，因为科拉曾经在前一年 10 月份与玛丽的丈夫威尔私奔，并在新奥尔良以夫妻的名义同居。虽然他们后来回到了博加卢萨市各自的配偶身边，但是科拉仍然希望有一天能够与威尔结婚，并且已说服了他与妻子离婚。

玛丽在回到家中几分钟之后就感到身体非常难受，开始呕吐，并且在不久之后开始吐血。她让另一个邻居去叫来了她的丈夫。一辆救护车被叫了过来，把玛丽送进了医院。但是她在一小时之后就死了。与此同时，一个邻居看见雷明夫人坐在她家后门廊的摇椅中，自言自语地说道："上帝，我都做了什么呀？"

雷明夫人所做的就是将一些氟化钠杀虫剂掺进了玛丽的咖啡之中。对玛丽的胃容物、呕吐物以及雷明夫人厨房中一块桌布的刑侦技术分析表明，它们都明显含有氟化钠。当地的验尸官毫不费力地得出了玛丽死于氟化物中毒的结论。科拉·雷明被逮捕，并于 1950 年 3 月受审。她的辩护律师试图证明玛丽曾经数次威胁自杀，但是这一策略没有对陪审团起到什么作用。实际上陪审团得知，雷明夫人于 1949 年新年回到博加卢萨市后不久就发誓要不惜代价重新成为威尔·弗尔的性伴侣。她所付出的代价就是被认定犯有谋杀罪。虽然她没有被判处死刑，但是她被判定终身在路易斯安那州监狱服苦役。

## 镍可能是非常有害的

镍可能对整个社区和环境造成毒害。地球上镍污染最严重的地方当属俄罗斯西北部摩尔曼斯克地区以镍矿开采和冶炼为支柱产业的蒙切戈尔斯克镇了。该镇的居民因吸入笼罩在其上空的含镍烟雾而具有极高的呼吸道疾病和肺病发病率。当地环境污染严重，地上寸草不生，到处都是枯死的树木。

尽管有毒，但是镍似乎是人体不可缺少的一种元素，只不过人体每天只需摄入 5 微克。人体究竟为什么需要镍？为什么会在体内保持 15 毫克左右这种元素？这个问题我们至今仍然不是很清楚。但是对于一些物种来说，镍在其生长方面起着重要的作用。人平均每天摄入大约 150 微克镍。罐装甜豆富含这种元素，因为这种食品所含的氨基水解酶的每个分子上都附有 12 个镍离子。茶也富含镍元素。

虽然镍可能是人体所必需的，但是它一旦与人体接触就会导致麻烦。这些麻烦可以按照我们与镍接触的方式分为三类：触摸镍金属或镍合金，服下可溶性镍盐，吸入含镍粉尘或碳酸镍蒸气。与镍金属或诸如不锈钢等镍合金接触可能会导致接触性皮炎，其表现形式为镍痒症。那些易患此种疾病的人不宜使用由不锈钢做成的手表、衣物扣件、眼镜架和耳环。在过去，有数以百万计的妇女因为吊带袜上的不锈钢扣件而过敏。后来人们发现有 10% 的妇女对镍过敏（相比之下，只有 1% 的男人对镍过敏）。

另一些面临镍的危害的人是那些在工作中接触镍或镍盐的人。流行病学研究显示，从事镍冶炼工作的人，甚至那些曾经在很多年前从事这一工作的人，都面临着较高的罹患肺癌和鼻腔癌的风险。人们认为其致病机理在于它可以取代参与复制人体脱氧核糖核酸的脱氧核糖核酸聚合酶上的锌或镁原子。由于镍离子与锌离子或镁离子有很细小的区别，因此它会影响这种酶的工作，导致异常脱氧核糖核酸序列以及癌细胞。

一旦进入人体，镍就会与清蛋白结合，通过血液被传输到身体的某些器官，如肾脏、肝脏和肺，然后在那里逐渐累积。它主要是通过尿液排出体外的。因服下镍化合物而死亡的事件极为罕见。但是曾经有一个吃下了 15 克硫酸镍晶体的两岁的儿童在四个小时之内就死亡了。一群做肾透析治疗的病人，由于其透析液中被意外地加入了镍盐而出现了极为严重的中毒症状，但是他们都活了下来。虽然镍盐有剧毒，但是它们不向公众出售。据我们所知，从来没有人将镍盐用作谋杀工具。

镍最致命的形式就是碳酸镍。在其危险被人们认识之前，在威尔士的镍冶炼厂曾有数名工人因吸入这种蒸气而死亡。1888年，工业家路德维希·蒙德（Ludwig Mond）和他的助手卡尔·朗格（Carl Langer）在调查一个泄漏一氧化碳气体的阀门时，意外地发现了这种化合物。他们发现一氧化碳气体与阀门上的镍发生反应，产生易于挥发的碳酸镍 $[Ni(CO_4)]$ 液体。这种液体的沸点为 43℃，有着一股发霉和煤灰的气味。他们利用这一发现设计出一种提炼高纯度镍金属的工艺——蒙德镍提炼工艺。但是在这一工艺投入生产之后，在工厂的工人中出现了无法解释的突然死亡事件。

一个人只要吸入几口碳酸镍，立即就会感到咽喉疼痛和胸闷，不久之后就会出现头痛、恶心和头晕等症状。如果一个人暴露在这种有毒蒸气之中的时间很短，那么这些症状在几天之后就会消失。如果一个人摄入大量这种蒸气，他在随后几天内也会表现出好转的迹象，但是在一个星期之后就会出现更为严重的症状，尤其是肺部会受到严重损害。在这种情况下死亡的可能性就很大。

最为引人注目的碳酸镍中毒事件发生在 1957 年。当时一名 25 岁的男子脸上被意外地喷上了碳酸镍。他很快就感到无法呼吸，而且脸色开始发青。急救人员立即让他吸入纯氧，并给他服用了一种叫二乙氨荒酸（DDC）的解毒药，然后将其送进医院。在医院中的检测显示，他尿液中的镍含量达到了创纪录的 2ppm。由于抢救及时，他最终活了下来并且完全恢复了健康。在一些碳酸镍中毒事件中，尿液中的镍含量远远低于 2ppm 的中毒者都没有被救活。有一个人尿液中的镍含量仅为 0.5ppm，而且还服用了二乙氨荒酸，但是最终还是不治身亡了。

## 钾：本质上是一种致命的毒药

钾在人体中有许多功能，其中最重要的功能就是控制神经冲动和收缩肌肉。在人体中钾以正离子（$K^+$）的形式存在并且集中在细胞之内。与钠和钙不同，人体中的钾有95%存在于细胞之中，而前者则有很多存在于细胞之外。细胞膜上有数百万个可供钾离子流动的通道，每个通道中每秒钟都有数百个钾离子进出细胞。这一过程的功能就是传输来自大脑的神经冲动，因为这些钾离子就像电流一样沿着神经纤维呈波状运动。

细胞膜上的一些通道仅允许钾离子通过，黑曼巴毒蛇的毒液就是通过阻断这些通道致人死亡的。向血管中注入高浓度的氯化钾溶液也可以起到相同的作用，因为这可以导致细胞外的钾浓度过高，从而阻碍细胞内的钾向外流出。所有的身体功能都会受到其影响，而受到影响最大的则是心肌——它会因此而停止跳动。氯化钾曾经被用于谋杀。医护人员曾经通过注射氯化钾溶液的方法对患有不治之症的人实施安乐死。在美国，氯化钾注射液也被用来对谋杀犯执行死刑。

尽管钾可以成为致命的毒药，但它仍然是饮食中一种主要的营养成分。缺钾可以导致肌无力的症状。许多人都没有认识到人体需要从饮食中摄取的钾盐的量要大于钠盐。权威机构推荐的钾盐日摄入量为3.5克，而钠盐则为1.5克。素食者摄入的钾盐量要远远大于非素食者，因为所有植物性食物中都富含钾元素。由于人体没有存储钾元素的机制，因此我们需要定期从饮食中补充这种元素。尽管如此，很少有人会罹患钾缺乏症，因为几乎我们所吃的所有食物中都含有钾。一些食物含钾特别丰富，它们包括葡萄干、杏仁、花生和香蕉。一根香蕉可以提供我们每日钾需要量的四分之一。其他富含钾元素的食物包括土豆、咸肉、麦麸、蘑菇、巧克力和果汁。

替代盐含有 60% 的氯化钾和 40% 的氯化钠。用这种盐烹饪不仅不会危及生命，而且可以挽救生命，因为它可以减少心脏病患者的食盐摄入量。在一些罕见的病例中，有人因食用过多的氯化钾而死亡。其中有一个人在服下半盎司（14 克）氯化钾之后死亡。但是对于一般人来说，导致严重中毒反应的剂量为 20 克。

有一个臭名昭著的系列谋杀犯曾经选择使用氯化钾谋杀婴儿和幼儿。她就是曾经担任英格兰林肯郡格兰瑟姆和凯斯蒂文综合医院的儿科护士的贝弗莉·阿利特。她在 10 个星期的时间内对 10 名儿童注射了氯化钾，其中 4 名儿童死亡。

虽然阿利特接受过护士培训，但是她多次参加护士资格考试都没有通过。1991 年，当地的那家医院因为人手短缺而临时雇用了她。她的第一个受害者是于 2 月 21 日因肺淤血住进儿科病房的 7 个星期大的利亚姆·泰勒。阿利特向利亚姆的父母保证他将得到很好的照顾。但是当他的父母在几个小时之后回到医院来看他的时候，他们被告知利亚姆已被送进急诊室，但当时他的情况已经好转。他的父母希望在医院过夜，于是就被带到了专门供人过夜一间卧室。当得知阿利特将在夜晚值班并且陪伴在利亚姆身边，以便在紧急情况下及时给予救助后，他们对此安排感到非常满意。在午夜时分，利亚姆果然出现了紧急状况：阿利特突然发出呼救信号，说利亚姆的心脏停止了跳动。虽然医护人员竭力抢救，但已回天无术。

1991 年 3 月 5 日，11 岁的脑瘫男孩提莫西·哈德威克因严重癫痫发作而被送进医院，并交给阿利特照顾。阿利特在别人面前表现出对提莫西特别关心，但是在人们将这个男孩交给她单独照料后不久，男孩的心脏就停止了跳动。阿利特立即叫来了医生。尽管一名儿童专家很快赶来对这个男孩开展了急救，但是这个孩子还是死了。随后相关人员对他进行了尸检，但是没有发现明显的死因。因此在医院的记录上他的死因为癫痫发作。

3月10日，一个名叫凯利·德斯蒙德的1岁女孩因肺淤血住进了医院，被交给阿利特看护。虽然这个女孩的病情似乎有了好转，但是她的心脏突然停止了跳动。医院的急救人员救活了她，并将她转到诺丁汉的一家更大的医院。在那里她完全恢复了健康。医生注意到她的胳肢窝下有一个针眼，并且在有针眼的皮肤下面发现了一个气泡。我们现在知道，阿利特在对这个女孩注射氯化钾之前没有排尽注射器中的空气。（难怪她没有通过护士资格考试。）

阿利特对未能杀死凯利感到非常沮丧，于是她转而改用胰岛素作为下毒工具。3月20日，5个月大的保罗·克兰普顿因严重的支气管炎住进医院。他突然陷入昏迷之中，但是医生们救活了他，并发现他的血糖水平低到了危险的程度。这是他被注射了胰岛素的结果。尽管医护人员做出了各种努力，但是他又出现了两次危及生命的低血糖症状。他因此被转到了诺丁汉医院接受更为专业的治疗，并且活了下来。

第二天，阿利特又重新使用氯化钾作为下毒工具。她的下一个受害者是5岁的布拉德利·吉布森：他突发心脏病，但是医生救活了他。那天晚上他又一次心脏病发作，结果也被转到了诺丁汉医院，并在那里得到了康复。同样的情况也发生在阿利特的下一个受害者——两岁大的陈宜弘（音译）——的身上。他因从窗户上跌下而颅骨骨折。他在这个医院的经历与布拉德利完全相同，并且也因为被转到了诺丁汉医院而得救。但是阿利特的下几位受害者就没有那么幸运了。

凯蒂·菲利普斯和贝姬·菲利普斯是一对早产的双胞胎姐妹。她们出生后被留在医院中照顾了一段时间，然后于 1991 年 3 月出院回家。贝姬因患肠胃炎于 4 月 1 日重新住进了医院，由阿利特负责照顾。当天夜晚这个婴儿就出现了惊厥的症状。一个医生诊断说这是由她的肠胃炎引起的。虽然她的父母整夜都守候在她的身边，但她还是于当晚死亡。对她的尸检没有发现明显的死因。随后她的双胞胎姐妹凯蒂也被送进医院，在之后的两天中她两次心脏病发作。在此期间，阿利特表面上为挽救这个女孩而做出的努力给她的父母留下了深刻的印象。当这个女孩被转到诺丁汉医院的时候，他们发现她有五根肋骨骨折（很可能是在做心脏复苏的过程中造成的），而且她的大脑由于缺氧而受损。然而凯蒂的父母仍然为她活了下来而感到欣慰，他们认为这得益于阿利特及时采取的措施。因此他们请求这个护士当凯蒂的教母，而阿利特也欣然接受了这个请求。于是在几天之后凯蒂的洗礼仪式上阿利特成为她的教母。

与此同时，由阿利特照顾的其他儿童也陆续出现意想不到的奇怪症状，但是他们都在其他医护人员的努力抢救下活了下来。最初医院怀疑这些症状是由一种病毒引起的，并且对儿科病房进行了消毒。在这一措施没有起到任何作用的情况下，他们才开始怀疑是有人在做手脚。他们发现在这些儿童发病的时候都只有一个人在场，那就是阿利特。他们的怀疑很快就得到了证实。

克莱尔·佩克因哮喘而住院。她的病情非常严重，以至于医生不得不在她的喉咙中插入一根管子帮助她呼吸。有一天这个小女孩突然心脏病发作，而当时她的病房中只有阿利特一名护士。急救人员立刻赶来救活了克莱尔。但是急救人员离开不久，仍然由阿利特单独照顾的这个女孩又一次心脏病发作，而这一次急救人员没有能够挽救她的生命。对她的尸检包括血液分析。分析结果显示，在她血液中的钾水平高于正常值。随后被医院叫来的警察逮捕了阿利特。

对阿利特的审判于 1993 年 5 月开始，持续了将近两个月。她被认定有罪并被判处 13 个终身监禁，这是历史上女性获得的最长的刑期。那么她为什么要毒害这些孩子呢？答案可能在于阿利特所患的一种被称为代理孟乔森综合征的罕见的精神疾病。这种病的患者会恶意攻击那些由其照顾的人。

## 散发着臭气的硒

硒是另一种身体必需然而又对人体有毒的微量元素。自从 1817 年被发现之日起，人们就对它避之唯恐不及。它的第一批受害者中就包括其发现者——瑞典的化学家荣斯·雅各布·贝采利乌斯（Jöns Jacob Berzelius）。在他的管家抱怨他口中发出恶臭并指责他食用生蒜之后，他才注意到了硒中毒的一个最为明显的症状——口臭。当时他还没有意识到这一点，而他当时口中散发出的气体为二甲硒。它是人们所发现的最难闻的气体之一。这并不是荣斯与这种有毒元素的唯一一次接触。另一次，他因吸入硒化氢（$H_2Se$）气体而中毒。他在制作这种化合物的时候没有意识到它是一种致命的气体，他因此而病了两个星期。

长期暴露于受到硒污染的环境之中会导致贫血、消瘦、皮炎以及社交孤立等症状。从事某些行业的人群容易罹患这种疾病。硒因此被视为元素中没有人愿意接触的"贱民"。但是在 1975 年它被证明是一种任何人都无法回避的东西，即它对人体来说是一种不可缺少的元素。得克萨斯州加尔维斯顿市的尤戈什·阿瓦斯蒂（Yogesh Awasthi）发现它是一种名叫谷胱甘肽过氧化物酶的抗氧化酶的组成部分。这种酶能够在过氧化物形成危险的自由基之前将其消灭。因此硒是保护人体的一种元素。1991 年，柏林哈恩－迈特纳研究所在促进甲状腺肿荷尔蒙生产的脱碘酶中发现了硒。在我们身体的数万亿个细胞中的每一个都包含数百万个硒原子。人体总共含有 14 毫克硒。权威机构推荐的最大硒摄入量为每天 450 微克。超过这个剂量我们就面临硒中毒的危险，其最明显的症状就是极为难闻的口臭和体臭，这是我们的身体试图排出多余的硒的表现。

我们每天摄入的硒元素的量取决于我们所吃的食物。一般人每天的硒摄入量为 65 微克，这虽然低于权威机构推荐的男人每天摄入 75 微克的标准，但已足以防止硒缺乏症。在人体的器官中，头发、肾脏和睾丸中的硒含量最高。硒在保护精子方面起着重要的作用。大多数人从其早餐的麦片粥和面包中获得硒元素。两片全麦面包就可以提供 30 微克硒——其具体含量取决于农田土壤中的硒含量。特别富含硒的食品包括巴西坚果、牡蛎、金枪鱼、鳕鱼、三文鱼、肝脏、肾脏、花生和麦麸。

没有证据表明硒曾经被用于谋杀。它也不太可能被用于谋杀，因为受害者独特的口臭立刻就会使人们意识到他们是中什么毒了。

## 受到怀疑的钠

含钠的化合物很多，但是我们在生活中接触最多的钠化合物就是食盐（氯化钠）。在这种化合物中，钠以最为稳定的阳性钠离子（$Na^+$）的形式存在。从技术上说氯化钠并不是一种毒药，但它是一种令人担心的元素，因为医生们认为太多的食盐会使人体承受不必要的压力。对于那些高血压和心脏病易发人群来说尤其如此。它会导致身体排出过多盐类的功能下降，因而通过保留更多的水分的方式加以补偿，使动脉的压力增加，进而导致高血压以及由此而产生的各种健康危害。由于肾脏不断地将钠从血液中析出并排出体外，因此有必要每天补充一定量的钠。

钠的日摄入量因个人和文化而异，在有些人群中仅为 2 克，而在另一些人群中则高达 20 克。含有大量钠的食物包括金枪鱼、沙丁鱼、鸡蛋、肝脏、黄油、奶酪和腌制食品。蔬菜一般含盐量很小。虽然身体中的很多钠被循环利用，但是仍然有许多通过尿液（尿液的钠含量为 350ppm）、粪便和汗液排出体外。

血液之所以带有咸味，是因为它含有很多氯化钠，具体含量为 0.35%。我们的骨骼的钠含量也很高（1%），其他大多数组织也是如此。因此一个人身体中所含的钠总量为 100 克左右。人体中的钠主要存在于细胞外的体液之中，这与钾的情况恰恰相反。血液需要大量的钠来调节渗透压和血压，并帮助其溶解蛋白质和氨基酸。

食盐在热带地区曾经挽救过数以百万计的生命。据报告，在那些地区痢疾及其所导致的脱水每年都要夺走数百万儿童的生命。对于这一可能致命的疾病，有一个简单的治疗方法，那就是饮用葡萄糖和食盐的溶液。联合国儿童基金每年在这些地区分发数百万袋用于配制这种溶液的盐糖混合物。

虽然食盐可以挽救生命，但是它也会对人体造成伤害，甚至可能导致死亡。摄入单一大剂量的食盐可导致呕吐这一中毒反应，这意味着不可能通过用食盐下毒的方法实施谋杀。然而苏格兰爱丁堡市 39 岁的苏珊·汉密尔顿却正是用食盐反复对她自己的女儿下毒的。汉密尔顿于 2003 年 6 月 6 日受审，经过三个星期的审判，她被认定犯有"攻击他人和威胁他人生命罪"，并被判处 4 年监禁。她是在三年前的 2000 年 3 月 10 日实施这一犯罪的。当时她向医生插在她女儿胃中的饲管中注入了浓盐水。

她的女儿——由于法律的原因在这里不能透露她的姓名——出生于 1991 年，由于患有肌肉疾病而吞咽困难。医生认为她得的是消耗性疾病。在她 4 岁的时候，医生决定通过从鼻孔插入胃部的饲管对她喂食。但是这一方法不是很成功，于是就改用直接将导管插入胃部的经皮内镜胃造瘘术。考虑到她母亲当时的所作所为，医生的这些方法似乎都是不必要的。但是在当时，这似乎是正确的治疗方法。

汉密尔顿反复向医生报告说她女儿病重，这导致她女儿被反复送进爱丁堡皇家医院。每次检查都显示女孩的血液中钠量值很高。由于有一些医学理由可以解释血液中钠水平的升高，因此这在一开始并没有引起人们的怀疑。但是最终负责治疗这个孩子的医生得出了有人对她蓄意下毒的结论。医生对这个女孩所喂的特殊食品以及她所服用的药物都不至于使其血液中的钠含量上升到如此高的量值。他们叫来了警察。警察在搜查汉密尔顿家的过程中发现了一个内含几滴某种液体的注射器。刑侦技术分析显示，这种液体是高浓度的盐水。

苏珊·汉密尔顿最后一次对她女儿下毒几乎导致这个孩子死亡。虽然这个孩子活了下来，但是她的身体受到了永久性的损伤。医院记录显示，汉密尔顿曾反复向她女儿的饲管中注射盐水。她曾经导致她女儿 17 次因病情恶化而住进医院。事实上，医生曾认为这个可怜的女孩得了白血病，并为她安排了一次专门为罹患不治之症的孩子组织的游览欧洲迪士尼乐园的"梦想成真"之旅。

汉密尔顿在 2000 年 3 月对她女儿最后一次下毒时，向她胃中注入了相当于 2 茶匙的食盐。这导致了这个女孩中风，使她的大脑遭受了永久性的损害。对这个母亲行为的解释也是代理孟乔森综合征。

## 碲及其标志性的气味

碲的化学性能与硒相似，但与硒不同的是，它会在人体内累积。硒会导致非常难闻的口臭和体臭，而碲所导致的气味则更为糟糕。这两种元素的化学性能极为相似，但与硒不同的是，碲在人体中没有生物学作用。尽管如此，人体仍然含有 0.7 毫克碲。如果我们体内的碲超过了这一水平，那么我们的身体就会散发出恶臭，使我们身边的人退避三舍。

成年人平均的碲摄入量为每天大约 0.6 毫克。碲是我们每天饮食的一部分，因为大多数植物都含有这种元素。植物可以从土壤中吸收碲。有的植物的碲含量可以高达 6ppm，其中洋葱和大蒜的碲含量最高。我们摄入的碲通过肠胃吸收进入血液循环系统，然后通过尿液排出体外。但是有大约 10 微克碲被转化为易挥发的二甲基碲，通过肺或汗腺排出。

那些在工作中接触碲的人往往会出现所谓"碲口臭"的症状。空气中的碲含量达到每立方米 3 微克就可以导致这种症状。有关专家建议那些接触碲的人服用额外的维生素 C，因为这种维生素可以大大减轻碲所引起的口臭。1884 年研究人员曾经开展过一项实验，他们让一些志愿者口服 0.5 微克二氧化碲（$TeO_2$），在 1 个小时之后就能够从他们的呼吸中闻到"碲口臭"，这种臭气在 30 个小时之后仍然没有消失。一些口服了 15 毫克二氧化碲的人在 8 个月之后仍然有"碲口臭"！

碲中毒偶尔也会导致死亡。2 克碲酸钠（$Na_2TeO_3$）就可以致人死命。在 1946 年，有 3 名士兵因服用了贴错标签的药瓶中的碲酸钠而中毒，其中两人在 6 个小时之内死亡。急性碲中毒可以导致呕吐、肠炎、内出血和呼吸衰竭。慢性碲中毒的症状包括口臭、疲倦和消化不良。

由于其标志性的气味立刻会引起人们的怀疑，因此碲化合物似乎也不大可能被用作谋杀工具。

## 锡是安全的，但有机锡是致命的

有迹象表明人体需要锡，而对于某些生物来说，锡还是一种必不可少的元素。用完全没有锡的饲料喂养的老鼠无法正常生长，在其饲料中添加锡元素之后，它们的生长就恢复了正常。这表明锡在老鼠的生长过程中起着重要的作用。至于我们人体是否需要锡，这仍然是一个有待研究的问题。但是我们体内大约含有30毫克锡，它来自我们所吃的食物。在未受到污染的土壤中生长的植物含有30ppm锡，而在受到污染的土壤中生长的植物的锡含量可能非常高：生长在化工厂附近的甜菜的锡含量为0.1%（干重），而在锡冶炼厂附近生长的植物的锡含量可达0.2%。

一般成年人每天摄入大约0.3毫克锡，其中0.2毫克来自食物。我们从食物中摄入的锡仅有3%被我们的身体吸收，而我们身体所吸收的锡中的大部分又通过尿液排出体外。但是其中有一些在骨骼和肝脏中累积。这就是我们身体中的锡会随着时间的推移而逐渐增加的原因——但是不会达到危害健康的水平。人类的饮食中一直是含有锡的，但是自从18世纪罐头食品出现以来，其含锡量有了大幅度的增长。美国规定罐头食品中的锡含量不得超过300ppm，而英国的最高限量为200ppm。罐头盒内壁涂漆的技术大大减少了从罐头盒渗入其中食品的锡的量。

无机锡化合物一般被认为是无毒的。然而有机锡化合物是有毒的——在锡原子与三个有机基结合的情况下尤其如此。这种有机锡化合物能够穿透生物膜。一旦进入细胞，它们就会干扰各种代谢过程，并导致致命的后果。三甲基锡，特别是三乙基锡对人类的毒性特别大。但是更大的有机锡分子的毒性则要小得多。这就是为什么其中的一些——诸如三丁基锡（TBT）——会被广泛地用作杀虫剂。三丁基锡被放进 T 恤衫等容易出汗的衣服中，以抑制细菌在那里繁殖并释放出难闻的气味。

在 20 世纪 60—70 年代，法国医生曾用二碘化二乙基锡（斯塔利农）治疗葡萄球菌皮肤感染。在二乙基锡中只有两个有机基与锡原子结合在一起，因此被认为是安全的。但是这种治疗方法造成了数起被认为是二碘化二乙基锡中毒导致的死亡事件。

在 20 世纪 60 年代，三丁基锡被加入海船油漆中，从而导致了环境问题。这种油漆当时非常受欢迎，因为它可以防止海洋生物在船底生长以及由此而导致的阻力。它减少了船只在干坞中停留的时间。有些船只甚至只需每隔五年重新油漆一次。三丁基锡每年可以节省大约价值为 70 亿美元的能源和其他资源。但是到了 20 世纪 80 年代，诸如牡蛎、海生蜗牛和荔枝螺等在海岸附近生长的海洋生物发生了奇怪的性别变异，从而失去了繁殖能力。导致这种变异的原因是三丁基锡，每升海水中仅需 1 微克（1ppb）就可以引起这种变异。如今大多数国家已经禁止了三丁基锡的使用。

到目前为止还没有用锡化合物实施谋杀的案件记录。

# 附　录

# 附录一

一个体重为 **70 千克**的普通人身体中所含的各种重要元素

| 元素 | 在人体中的存在形式 | 在人体中的总含量 |
|---|---|---|
| 氧 | 主要以水 * 的形式存在于人体的各个部位 | 43 千克 |
| 碳 | 除水之外的所有物质 | 12 千克 |
| 氢 | 主要以水的形式存在于身体各个部位 | 6.3 千克 |
| 氮 | 蛋白质、脱氧核糖核酸等 | 2 千克 |
| 钙 | 骨骼 †、牙齿和细胞信使 | 1.1 千克 |
| 磷 | 骨骼、牙齿、脱氧核糖核酸和 ATP‡ | 750 克 |
| 钾 | 电解质，主要存在于细胞内 | 225 克 |
| 硫 | 氨基酸，特别是存在于头发和皮肤中 | 150 克 |
| 氯 | 电解质平衡剂 | 100 克 |
| 钠 | 电解质，主要存在于细胞之外 | 90 克 |
| 镁 | 代谢电解质 | 35 克 |
| 硅 | 结缔组织 | 30 克 |
| 铁 | 血红蛋白 | 4200 毫克 |
| 氟 | 骨骼和牙齿 | 2600 毫克 |
| 锌 | 酶的构成部分 | 2400 毫克 |

---

\* 水占人体重量的 60%。

† 骨骼占人体重量的 13%。

‡ 即三磷酸腺苷。

| 元素 | 在人体中的存在形式 | 在人体中的总含量 |
|:---:|:---:|:---:|
| 铜 | 酶辅助因子 | 90 毫克 |
| 碘 | 甲状腺素 | 14 毫克 |
| 锡 | 未知 | 14 毫克 |
| 硒 | 酶、抗氧化剂 | 14 毫克 |
| 锰 | 酶的组成部分 | 14 毫克 |
| 镍 | 酶的组成部分 | 7 毫克 |
| 钼 | 酶辅助因子 | 7 毫克 |
| 钒 | 脂代谢促进因子 | 7 毫克 |
| 铬 | 耐糖因子 | 2 毫克 |
| 钴 | 维生素 $B_{12}$ 的构成部分 | 1.5 毫克 |

## 附录二

# 术语解释

（楷体字部分参见其他词条）

**急性病**：很快对健康构成严重威胁的疾病，相对于持续时间长、对威胁生命的可能性较小的慢性病而言。

**化学物质的各种不同的名称**：它们在锑、砷、铅和汞等元素的词条下列出。

**分析样本**：为确定某一物体内化学元素的含量，分析样本必须被完全溶解在溶液中。有几种方法可以达到这一目的。如将仔细称重的组织样本放入浓硝酸中加热到 140 ℃，然后再加入硫酸和高氯酸，并将温度加热到 300 ℃左右，以确保所有有机物质完全氧化；土壤样本一般用王水溶解；而对于那些特别难以溶解的样本则使用氢氟酸。微波加热也是一种被广泛使用的方法。最终的溶液应该是完全透明的，以确保其中已没有任何未溶解的物质。然后这种溶液就可以通过诸如原子吸收光谱测试法或电感耦合等离子体分析法等方法进行分析。后者必须与质谱分析法一起使用。

**解毒药**：解毒药以其最常用的名字列出，如二巯基丙醇（BAL）、硫汞撒和乙二胺四乙酸盐。那些专门针对某种毒物的解毒药被放在砷的解毒药、锑的解毒药、铅的解毒药、汞的解毒药和铊的解毒药等词条下介绍。

**锑**：第 51 号元素，原子重量为 122，化学符号 Sb，是元素周期表第 15 族中的一个成员。锑可以以两种形式存在：一种是银色光亮、坚硬而易碎的金属形式。其熔点为 631 摄氏度，密度为每立方米 6.7 千克；另一种是灰色粉末状的非金属形式。锑可以以两种氧化物的形式存在：三价锑和五价锑，前者更为稳定。

在历史上锑化合物有各种不同的名称，其中包括：

| 常用、历史或医学名称 | 化学名称 | 化学式 |
| --- | --- | --- |
| 锑金属 | 锑元素 | Sb |
| 碱性棕 | 锑化氢 | $SbH_3$ |
| 吐酒石 | 酒石酸锑钾 | $K（SbO）C_4H_4O_6 \cdot 1/2H_2O$ |
| 硫化锑、橘红硫锑矿、辉锑矿 | 三硫化二锑 | $Sb_2S_3$ |
| 氧化锑 | 三氧化锑 | $Sb_2O_3$ |
| 锑黄油 | 三氯化锑 | $SbCl_3$ |
| 氯化氧锑 | 氯化氧锑 | SbOCl |

**锑含量分析**：过去人们曾经使用"马什测试"（见第七章）来分析物体中的锑含量。但是使用这一方法分析锑和砷，其结果非常相似，因此很难区分这两种元素。与砷含量分析方法一样，要分析锑含量就首先必须使被分析样本中的锑完全溶解。当所要分析的所有器官组织都被溶解之后，就可以对产生的溶液进行各种分析了。如果溶液中存在五价氧化锑，那么还必须将其转化为三价锑，这可以通过向溶液中加入碘化钾溶液的方法实现。（在此过程中碘化物首先被转化为暗棕色的碘，然后又与抗坏血酸发生反应，形成无色的碘化物。）

旧的锑含量分析方法是将锑转换为锑化氢气体，然后再确定和测量这种气体。在 20 世纪 60 年代有人发明了一种更好的、能够探测到几微克锑的分析方法。这种方法要求将溶液中的锑转化为深蓝色的四碘化亚锑酸钾。这种化合物能够发出波长为 330 纳米的光线；溶液中所含锑的量可以通过测量这种光线的强度计算出来。比这更小量的锑可以通过原子吸收光谱测试法测量出来。如今我们可以通过电感耦合等离子体分析法测量更小量的、以纳克（十亿分之一克）为计量单位的锑。这种测量方法是有关锑的环境和生物学研究所需要的，它甚至也可以应用于刑事调查。它还可以帮助我们确定微量的铅的来源。

**锑的解毒药**：它们是螯合剂。其中最为常用的是 BAL，又称二巯基丙醇。这种解毒药的服用方法是：在头四天中每六个小时服用一次，此后每天服用两次，每次剂量为 200 毫克。在不能立即获得这种解毒药的情况下，应该让中毒者饮用大量的茶水，其中的单宁酸可以与锑形成复杂的分子，从而延缓其吸收。如果一个人因吸入锑化氢而中毒的话，那么就应立即对他进行输血。

**酒石酸锑钾**：化学式为 $K_2[Sb(O_2CCH(OH)CH(OH)CO_2)_2Sb]$。它包含与两个酒石酸离子相连接的两个锑原子，每个锑原子都与分子中的数个氧原子相结合。

**砷**：第 33 号元素，原子重量为 75，化学符号 As，是元素周期表第 15 族中的一个成员。砷可以以两种形式存在：灰砷是一种金属，密度为每立方米 5.8 千克；黄砷密度为每立方米 2 千克。金属砷易碎，并且容易失去光泽，在受热的情况下它不会熔化，而是会在 616℃升华（直接转变为蒸气）。它与氧气发生反应，生成三氧化二砷（$As_2O_3$）。

在历史上砷化合物有各种名称，其中包括：

| 常用、历史或医学名称 | 化学名称 | 化学式 |
|---|---|---|
| 砒霜、白砷、三氧化砷 | 三氧化二砷 | $As_2O_3$ |
| 雄黄、红砷 | 四硫化四砷 | $As_4S_4$ |
| 谢勒绿 | 亚砷酸铜 | $CuHAsO_3$ |
| 福勒溶液 | 亚砷酸钾 | $KH_2AsO_3$ 和 $K_2HAsO_3$ |
| 砷酸 | 不是一种得到承认的化学物质，仅存在于溶液中 | |
| 雌黄 | 三硫化二砷 | $As_2S_3$ |
| 刘易斯毒气 | 二氯胂 | $ClCH{=}CHAsCl_2$ |

**砷的解毒药**：它们是螯合剂。其中 BAL——又称二巯基丙醇——是最好的一种。其使用方法是每四小时注射 150 克。这一般可以救活那些摄入大剂量砷的人。另一种解毒药是乙二胺四乙酸盐。

**原子吸收光谱测试法（AAS）**：这种方法用炽热的火焰或激光使分析样本气化，然后测量其原子所吸收的辐射。通过这种方法可以确认其中所含的金属元素并计算其量。这种方法很快捷，并且能够以纳克（十亿分之一）为计量单位测算。

**BAL**：英国抗刘易斯剂的英文缩写。其化学名称为 2，3- 二氢硫基 –1– 丙醇，普通名称为二巯基丙醇，化学式为 $HSCH_2CH(SH)CH_2OH$。BAL 是为了治疗那些因受到刘易斯毒气等含砷化学武器伤害的士兵而研制出来的，它被证明是一种非常有效的解毒药，并因此成为治疗任何形式的砷中毒的标准医学方法。在 20 世纪 40 年代，美国的研究人员开始对 BAL 进行动物测试，以确定它是否可以被用作铅的解毒药。这一实验获得成功，于是它被用于对志愿者所进行的实验。在这一实验也取得成功之后，它也成为治疗铅中毒的药物。如今所有医院和药店都存有 BAL，将其作为砷、锑、铅等有毒元素以及所有重金属中毒的解毒药。BAL 后来也成为治疗威尔森氏病的药物。这种病会导致铜元素在大脑和肝脏中累积，进而导致完全残疾。

**乙二胺四乙酸钙**：见螯合剂。

**螯合剂**：这种化学物质能够通过其分子上的两个或两个以上的原子与金属原子结合，就像螃蟹的螯一样紧紧夹住这些金属原子。（螯合剂的英文 chelate 来自希腊文的"蟹螯"。）在医学上用于排除人体内的有毒金属的螯合剂包括 BAL、乙二胺四乙酸钙、双硫腙、二乙基二硫代氨基甲酸钠和邻苯二甲酸二甲酯（DMPS）。它们依赖其螯合功能将金属原子从血液中析出或从酶中拉下来，然后将它们运送到肾脏中随尿液排出。

乙二胺四乙酸钙，又称乙二胺四乙酸盐，是乙二胺四乙酸（EDTA）的钠盐和钙盐的混合物。

双硫腙的化学式为 $C_6H_5N=N \cdot CS \cdot NH \cdot HNC_6H_5$（其中 $C_6H_5$ 为苯基）。由于它含有硫原子，因此螯合重金属的能力特别强，但是如果用作解毒药的话，它会产生副作用。

二乙基二硫代氨基甲酸钠的化学式为 $Et_2N \cdot CS \cdot SNa$。它也因为含有硫原子而具有很好的螯合重金属的能力。

DMPS 是邻苯二甲酸二甲酯的英文缩写。这种化合物与 BAL 相似，其化学式为 $HSCH_2CH(SH)CH_2SO_3H$。它的钠盐二巯丙磺钠也是一种螯合剂。

**慢性病**：持续时间长、威胁生命的可能性较小的疾病，相对于很快对健康构成严重威胁的急性病而言。

**二巯基丙醇**：BAL 的普通名称。

**DMPS**：见螯合剂。

**EDTA**：是乙二胺四乙酸的英文缩写。其化学式为（HO₂C）₂NCH₂CH₂N（CO₂H）₂。这一复合酸的钠盐和钙盐是极好的螯合剂。见乙二胺四乙酸盐。

**EPA**：美国国家环境保护局的英文缩写。

**FDA**：美国国家食品药品监督管理局的缩写。

**谷**：在重量公制成为标准之前使用的最小的重量单位。1 谷等于四百八十分之一金衡制盎司。1 金衡制盎司等于十二分之一英制标准磅。1 谷相当于 65 毫克。

**电感耦合等离子体分析法（ICP）**：这种方法将所要分析的样本作为气雾剂喷在氩气中，然后用高频能量加热含有被分析样本的氩气。其所使用的高频发生器的频率可高达 90 兆赫，所输出的能量可高达 10 千瓦。氩气可被加热至接近 10000℃，这足以将所有分子分解为单个原子并激发其电子。当这些电子回到其正常的能量状态的时候，它们会发出特定波长的光。通过测量这种光的强度可以计算出样品中特定元素的含量。极微量的元素可以通过将 ICP 与发射光谱测定法或质谱分析法相结合的方法进行测量。

**铅**：第 82 号元素，原子重量为 207，化学符号 Pb，是元素周期表第 14 族中的一个成员。铅的熔点为 334℃，密度为每立方米 11.4 千克。它是一种柔软的金属，其化合物以两种氧化形式存在——二价铅和四价铅，其中前者更为稳定。大多数铅化合物都是不可溶的。铅有四种自然存在的同位素：铅 –204、铅 –206、铅 –207 和铅 –208。除第一种同位素外，其他三种都是铀、钍等更高序号的原子衰变的最终产物。通过测量含铀岩石中的铅含量可以估计其年龄。另外，一个铅样本中各种同位素的比例，尤其是铅 –206 和铅 –207 的比例因铅的来源而不同，这使我们可以确定某个特定铅样本的原产地。

在历史上铅化合物有各种名称，其中包括：

| 常用、历史或医学名称 | 化学名称 | 化学式 |
| --- | --- | --- |
| 铬黄 | 铬酸铅（二价） | $PbCrO_4$ |
| 方铅矿 | 硫化铅（二价） | $PbS$ |
| 铅黄 | 一氧化铅（二价） | $PbO$ |
| 红铅、铅丹 | 四氧化三铅 | $Pb_3O_4$ |
| 铅糖、萨帕 | 醋酸铅（二价） | $Pb(CH_3Co_2)_2$ |
| TEL | 四乙铅 | $Pb(CH_2CH_3)_4$ |
| 铅白、碳酸铅白 | 碱式碳酸铅（二价） | $2PbCO_3 \cdot Pb(OH)_2$ |

**铅的解毒药**：包括乙二胺四乙酸钙、BAL 和 DMPS 等螯合剂。其中，如乙二胺四乙酸钙可以使血铅量值迅速下降，但是在停药之后，随着更多的铅被从人体组织中释放出来，血铅量值还可能上升。使用太多的解毒药会使骨骼中的铅释放过快，而这本身就会导致严重铅中毒。

**铅中毒**：铅会干扰人体生产血红素分子的功能。而血红素又是负责运送氧气的红细胞中的血红蛋白的关键组成部分。铅导致用于生产血红素的氨基酮戊酸在体内堆积，从而导致铅中毒的许多症状。

**质谱分析法（MS）**：这种分析方法首先将一束分子流离子化，使其分解为各种碎片。然后让这束碎片流通过一个很强的电磁场，从而使其按照质量和电荷发生分离。这样就可以根据质荷比确定离子的种类，进而确定分子流中所含的分子的种类。这种技术在区分同一元素的不同同位素方面特别有用。人们往往会将它与电感耦合等离子体分析法一起使用。

**汞**：第 80 号元素，原子重量为 200.5，化学符号 Hg，是元素周期表第 12 族中的一个成员。它是一种罕见的在室温下呈液态的金属。其凝固点为零下 39℃，沸点为 357℃。它与酸不发生反应。

在历史上汞化合物有各种名称，其中包括：

| 常用、历史或医学名称 | 化学名称 | 化学式 |
|---|---|---|
| 甘汞 | 氯化亚汞（一价） | $Hg_2Cl_2$ |
| 辰砂、朱砂 | 硫化汞（二价） | $HgS$ |
| 升汞 | 氯化汞（二价） | $HgCl_2$ |
| 红色氧化汞 | 红色氧化汞（二价） | $HgO$ |
| 黄色氧化汞 | 黄色氧化汞（二价） | $HgO$ |

第二章列出了被用于医药的各种汞化合物。

**汞分析**：需要将汞转化为可溶性离子的形式，然后再向溶液中加入诸如二苯卡巴腙等试剂。如果溶液中含汞，那么它就会与试剂发生反应，使溶液变成蓝色。一种旧的测试方法是向可能含汞的溶液中加入几滴碘化钾溶液，这会使其中的碘离子与汞离子相结合，生成鲜黄色的碘化汞沉淀物。如果再加入更多的碘化钾，这种沉淀物就又会被溶解。质谱分析法和电感耦合等离子体分析法等现代分析方法能够精确地测出特定样本中汞的含量。但是如果样本中所含汞的量较大，使用传统的将汞离子转化为不可溶的硫化汞沉淀物，然后再称量其重量的方法更为简单。

2004 年，由伦敦皇家学院的詹姆斯·杜朗带领的一个研究小组发明了一种目视汞检测技术，它可以探测到水中浓度仅为

0.5ppm 的汞。这种测试所使用的探测器中包含一个固定在二氧化钛粒子上的钌染色剂。当它与汞离子接触的时候，其颜色会由红色变为橘黄色。这种方法即使在存在会干扰某些旧的分析方法的铜或镉等与汞相似离子的水中也能够探测出汞来。

**汞的解毒药**：它们为螯合剂，其中 BAL 最为常用。如果我们知道某人服用了大剂量的汞化合物，那么可以使用 BAL 捕捉其体内的汞，但是这种解毒药必须在中毒后三个小时之内使用。具体的方法是首次注射 300 毫克 BAL，然后每六小时注射 150 毫克。这种方法一般都可以挽救中毒者的生命。如果救治及时，那么在 48 小时之后中毒者体内的汞就可以全部排出。如果汞已经被身体吸收，那么要将其排出体外就需要更多的时间，而且汞中毒的症状也将会持续很长时间。

如果汞已对肾脏造成了过于严重的损伤，那么这种解毒药就无法挽救中毒者的生命了。在这种情况下，使用人工肾脏并配合低蛋白饮食一般可以挽救中毒者的生命。即使在 BAL 被发现之前，大约也有 70% 的急性汞中毒患者能够活下来。而在使用现代治疗方法的情况下，生存率可超过 95%。只有那些拖延了很长时间才得到救治的中毒者才有死亡的危险。

**甲基汞**：所有通过甲基（$CH_3$）与汞原子相结合的化合物，如氯化甲基汞（$H_3C-Hg-Cl$）和二甲基汞（$H_3C-Hg-CH_3$）。由于甲基汞化合物可以穿透保护大脑的血脑屏障，因此其危害特别大。

**核磁共振波谱分析法（NMR）**：将分子暴露在强大的电磁场中，然后根据原子所吸收的无线电频率确定其在分子中的位置的分析方法。强电磁场会使氢和碳 –13 等原子的原子核的旋转方向发生改变。达到这一效果所需的能量受到原子核周边的电子的影响，而这些电子又受到分子的化学键的影响。

**中子活化分析（NAA）**：可以测量单一的一根头发中某种金属元素含量的灵敏分析技术。这一技术的缺点就是要使用原子炉。当原子受到原子炉中的中子轰击的时候，它们会吸收这些中子，然后转化为特定的寿命很短的同位素。这些同位素随后就会衰变，并释放出诸如 $\gamma$ 射线等特有的射线。通过测量这些射线可以确定样本所含某种特定原子的量。这一方法非常灵敏，可以探测到以纳克（十亿分之一克）甚至微微克（万亿分之一克）为计算单位的原子的量。

**有机汞和有机铅**：具有直接联系碳与金属的化学键的化合物。"有机"是指碳及其化合物。最简单的有机基是甲基（$CH_3$）。在这一有机基中碳原子可以形成四个化学键，其中三个与氢原子结合，还剩一个可以与金属原子结合。因此甲基汞化合物是带有 $H_3C–Hg$ 基团的化合物，而甲基铅化合物则带有 $H_3C–Pb$ 基团。更为复杂的有机基团包括更为复杂的碳化合物，如含有两个碳原子的乙基（$CH_2CH_3$）。四乙铅的化学式为 $Pb(CH_2CH_3)_4$。可以与汞或铅相结合的另一种有机基团就是苯基。它是由苯衍生出来的，其化学式为 $C_6H_5$。它是由六个碳原子组成的一个环，其中五个碳原子与氢结合，另外一个碳原子与金属结合。

**普鲁士蓝**：亚铁氰化铁钾，化学式为 $KFe^{III}[Fe^{II}(CN)_6]$。它是蓝色墨水中的有效成分。

**酒石酸**：其化学式为 $CO_2H–CH（OH）\cdot CH（OH）–CO_2H$。它可以以三种形式存在：内消旋酒石酸、D- 酒石酸和 L- 酒石酸。

**吐酒石**：酒石酸锑钾的常用名称。

**铊**：第 81 号元素，原子重量为 204，化学符号 $Tl$，是元素周期表第 13 族中的一个成员。它是一种柔软的银白色金属。其熔点为 304℃，密度为每立方米 11.9 千克，比铅稍重一些。它是一种活泼的金属，在潮湿的空气中很容易失去光泽，并且很容易被酸腐蚀。铊可以以两种氧化物的形式存在：一价铊和三价铊。一价铊离子（$Tl^+$）与钾离子很相似。三价铊存在于海水之中。而岩石和土壤中的铊则为一价铊。如果怀疑一个人铊中毒，可以用二硫代卡巴腙的酒精对其尿液进行检测。如果加入这种试剂后尿液变成樱桃红色，那么检测结果就是阳性。

**铊的解毒药**：普鲁士蓝，其化学式为 $KFe^{III}[Fe^{II}（CN）_6]$。它由一个三维分子笼网络组成。这些分子笼每隔一个里面就装有一个钾离子。这些钾离子可以被铊离子所替换，形成更为稳定的亚铁氰化铁铊（化学式为 $TlFe^{III}[Fe^{II}（CN）_6]$），然后排出体外。

**硫汞撒**：一种汞化合物，有时被用作保护诸如疫苗等敏感材料的抗微生物剂。它是苯的一种衍生物，化学式为 $CH_3CH_2HgSC_6H_4CO_2Na$。它在苯环的相邻的两个碳原子上连接着一个（$CO_2Na$）盐基团和一个（$CH_3CH_2HgS$）汞基团。由于其中的汞离子是连接在一个乙基而不是甲基上的，因此它不具有甲基汞化合物所具有的那种毒性。

**乙二胺四乙酸盐**：乙二胺四乙酸的二钠盐的常用名，于20世纪50年代开始被用作重金属的螯合剂。当它首次被用于六名铅中毒患者的时候，人们发现它是一种极佳的解毒药。事实上，有一个当时已处于昏迷状态的女孩在使用这种药物两天之内就能够坐起来，自己吃东西了。如今人们优先选择的乙二胺四乙酸的二钠盐是乙二胺四乙酸的二钠盐钙，简称EDTA钙。

**X光荧光光谱仪（XRF）**：一种使用高能射线将电子撞出原子内层轨道的分析技术。在内层轨道的原子被撞出后，它被下一层轨道的原子所替代。在此过程中原子会释放出其所特有的X光射线。在第六章中讨论的对拿破仑墙纸的分析中所使用的射线是由钷–147同位素（Pm–147）发射的。

# 参考书目

## 导　言

Ball,P.,*Bright Earth*,Viking,London,2001.

Bowen,H.J.M.,*Environmental Chemistry of the Elements*,Academic Press,London,1979.

Butler,I.,*Murderer's England*,Robert Hale,London,1973.

Camps,F.E.(ed.),*Gradwohl's Legal Medicine*,2nd edn,John　Wright & Son,Bristol,1968.

Cooper,P.,*Poisoning by Drugs and Chemicals,Plants and Animals*,3rd edn,Alchemist Publications,London,1974.

Cox,P.A.,*The Elements*,University Press,Oxford,1989.

Drummond,J.C.and Wilbraham,A.,*The Englishman's Food*,Pimlico,London,1994.

Duffus,J.H.and Worth,H.G.J.(eds),*Fundamental Toxicology for Chemists*,Royal Society of Chemistry,Cambridge,1996.

Emsley,J.,*The Elements*,3rd edn,Oxford University Press,1995.

Emsley,J.,*Nature's Building Blocks*,Oxford University Press,2001.

Evans,C.,*The Casebook of Forensic Detection*,John Wiley & Sons.,New York,1996.

Feldman,P.H.,*Fack the Ripper*,Virgin Books,London,2002.

Fergusson,J.E.,*The Heavy Elements*,Pergamon,Oxford,1990.

Finlay,V.,*Colour*,Hodder and Stoughton,London,2002.

Glaister,J.,*The Power of Poison*,Christopher Johnson,London,1954.

Hunter,D.,*Diseases of Occupations*,5th edn,Hodder and Stoughton,London,1976.

Jacobs,M.B.,*The Analytical Chemistry of Industrial Poisons,Hazards,and Solvents*,2nd edn,Interscience,New York,1949.

Kaye,B.H.,*Science and the Detective*,VCH,Weinheim,1995.

Kelleher,M.and Kellether,C.L.,*Murder Most Rare*,Dell,New York,1998.

Kind,S.,*The Sceptical Witness*,Hodology Ltd,Forensic Science Society, Harrogate, 1999.

Lenihan,J.,*The Crumbs of Creation*,Adam Hilger,Bristol,1988.

*Martindale:The Extra Pharmacopoeia*,27th edn,The Pharmaceutical Press,London,1977.

McLaughlin,T.,*The Coward's Weapon*,Robert Hale,London,1980.

Mann,J.,*Murder,Magic and Medicine*,revised edn,Oxford University Press,2000.

Montgomery Hyde,H.,*Crime Has its Heroes*,Constable,London,1976.

Ottoboni,M.A.,*The Dose Makes the Poison*,2nd edn,Van Nostrand Reinhold,New York,1991.

Polson,C.J.and Tattersall,R.N.,*Clinical Toxicology*,EUP,London,1965.

Rentoll,E.and Smith,H.,*Glaister's Medical Furisprudence and Toxicology*,13th edn,Churchill,Ediburgh,1973.

Root-Bernstein,R.and Root-Bernstein,M.,*Honey,Mud,Maggots,and Other Medical Marvels*,Macmillan,London,1997.

Roscoe,H.E.and Schorlemmer,C.,*Treatize on Chemistry*,Macmillan,London,1913.

Rowland,R.,*Poisoner in the Dock*,Arco,London,1960.

Simpson,K.,(ed.),*Taylor's Principles and Practice of Medical Furisprudence*, Vol. II,12th edn,Churchill,London,1965.

Stevens,S.D.and Klarner,A.,*Deadly Doses*,Writer's Digest Books,Cincinnati,1900.

Stolman,A.and Stewart,C.P.,'The absorption,distribution,and excretion of poisons',in *Progress in Chemical Toxicology*,Vol.2(ed.A.Stolman),p.141,Academic Press,New

York,1965.

Stone,T.and Darlington,G.,*Pills,Potions and Poisons*,Oxford University Press,2000.

Sunshine,I.(ed.),*Handbook of Analytical Toxicology*,Chemical Rubber Co.,Cleveland,Ohio,1969.

Thompson,C.J.S.,*Poisons and Poisoners*,Harold Shaylor,London,1931.

Thorwald,J.,*Proof of Poison*,Thames & Hudson,London,1966.

Timbrell,J.,*Introduction to Toxicology*,Taylor & Francis,London,1989.

Waldron,W.A.,'Health Standards for Heavy Metals', in *Chemistry in Britain*, p.354,1975.

Weatherall,M.,*In Search of a Cure*,Oxford University Press,1990.

Wilson,C.and Pitman,P.,*Encyclopaedia of Murder*,Arthur Barker,London,1961.

Witthaus,R.A.,*Manual of Toxicology*,William Wood,New York,1911.

Wootton,A.C.,*Chronicles of Pharmacy*,Milford House,Boston,1910(Republished 1971).

# 炼金术

Clegg,B.,*The First Scientist*,Constable,London,2003.

Cobb,C.,*Magick,Mayhem,and Mavericks*,Prometheus Books,Amherst,NY,2002.

Fara,P.,*Newton*,Picador,London,2002.

Greenberg,A.,*A Chemical Mystery Tour*,Wiley-Interscience,New York,2000.

Greenberg,A.,*The Art of Chemistry*,Wiley-Interscience,New York,2003.

Mackay,C.,*Extraordinary Popular Delusions and the Madness of Crowds*,Richard Bentley Publishers,London,1841(Reprinted by MetroBooks New York 2002). This book has a 158-page chapter on the alchemists.

Marshall,P.,*The Philosopher's Stone*,Macmillan,London,2001.

Morris,R.,*The Last Sorcerers*,Joseph Henry Press,Washington,DC,2003.

Multhauf,R.P.,*The Origins of Chemistry*,Oldbourne,London,1966.

Schwarcz,J.,*The Genie in the Bottle*,W.H.Freeman,New York,2002.

Szydlo,Z.,*Water Which Does Not Wet Hands*,Polish Academy of Sciences,Warsaw,1994.

# 汞

Banic,C.*et al.*,'Vertical distribution of gaseous elemental mercury in Canada',in *Fournal of Geophysical Research*,Vol.108,p.4264,2003.

Barrett,S.,'The mercury amalgam scam;how anti-amalgamists swindle people',at<http://www.quackwatch.org/01 Quackery Related Topics/mercury.html>.

Caley,E.R.,'Mercury and its compounds in ancient times',in *Chemical Education*,Vol.5,p.419,1928.

Cook.J.,*Dr Simon Forman*,Chatto & Windus,London,2001.

Devereux,W.B.,*Lives and Letters of the Devereux,Earls of Essex*,Vol.II,John Murray,London,1853.

Freemantle,M.,'Chemistry for water',in *Chemical & Engineering News*,19 July 2004.

Goldwater,L.J.,'Mercury in the Environment',in *Scientific American*,Vol. XX,p.224,May 1971.

Goldwater,L.J.,*Mercury*,York Press,Baltimore,1972.

Goodman,J.(ed.),*The Christmas Murders*,Allison & Busby,London,1986.

Holmes,F.,*The Sickly Stuarts*,Sutton Publishing,Stroud,Glos.,2003.

Irwin,M.,*That Great Lucifer*,Chatto and Windus,London,1960(Somewhat inaccurate).

McElwee,W.,*The Murder of Sir Thomas Overbury*,Faber & Faber,London,1952.

McElwee,W.,*The Wisest Fool in Christendom*,Faber and Faber,London,1958.

Mitra,S.,*Mercury in the Ecosystem*,Trans Tech Publications,Switzerland,1986.

Rimbault,E.F.(ed.),*The Miscellaneous Works in Prose and Verse of Sir Thomas Overbury,Kt.*,Reeves and Turner,London,1890(Also contains notes and a biographical account).

Rowse,A.L.,*The Elizabethan Renaissance*,Macmillan,London,1971.

Rowse,A.L.,*Simon Forman*,Weidenfeld and Nicolson,London,1974.

Smith,W.E.and Smith,A.M.,*Minamata*,Chatto & Windus,London,1975.

Somerset,A.,*Unnatural Murder*,Weidenfeld & Nicolson,London,1997.

White,B.,*Cast of Ravens*,John Murray,London,1965.

# 砷

Beales,M.,*The Hay Poisoner*,Robert Hale,London,1997.

Bentley,R.and Chasteen,T.G.,'Arsenic curiosa and humanity',in *Chemical Educator*,Vol.7,p.51,2002.

Bentley,R.and Chasteen,T.G.,'Microbial methylation of metalloids: arsenic, antimony,and bismuth',in *Microbiology and Molecular Biology Reviews*,Vol.66,p.270,2002.

Christie,T.L.,*Etched in Arsenic*,Harrap,London,1969.

Gerber,S.M.and Saferstein,R.(eds),*More Chemistry and Crime*,American Chemical Society,Washington,DC,1997.

Gunther,R.T.(ed.),*The Greek Herbal of Dioscorides*,translated by John Gooyer,Oxford University Press,1934.

Heppenstall,R.,*Reflections on the Newgate Calendar*,W.H.Allen,London,1975.

Irving,H.B.,*Trial of Mrs Maybrick*,Notable British Trials Series,William Hodge,Edinburgh and London,1930.

Islam,F.S.*et al.*,'ole of metal-reducing bacterial in arsenic release from Bengal delta sediments',in *Nature*,Vol.430,p.68,2004.

McConnell,V.A., *Arsenic Under the Elms*,Praeger,Westport,CT,1999.

Nriagu,J., *Arsenic in the Environment: Human Health and Ecosystems*,John Wiley & Sons,New York,1994.

Norman,N.C.(ed.),*Chemistry of Arsenic,Antimony and Bismuth*,Thomson Science,London,1998.

Odel,R.,*Exhumation of a Murder*,Harrap,London,1975.

Przygoda,G.*et al.*,'The arsenic eaters of Styria:a different picture of people who were chronically exposed to arsenic',in *Applied Organometallic Chemistry*,Vol. 15,pp.457—462,2001.

Vallee,B.L.,Ulmer,D.D.and Wacher,W.E.C., 'Arsenic Toxicology and Biochemistry',in *Archives of Industrial Health*,Vol.58,p.132,1960.

Whittington-Egan,R.,*The Riddle of Birdhurst Rise*,Harrap,London,1975.

## 锑

Adam,H.L.,*The Trial of George Chapman*,Notable British Trials Series,William Hodge,Edinburgh and London,1930.

McCormick,D.,*The Identity of Fack the Ripper*,2nd edn,revised,John Long,London,1970.

Wilson,W.,*A Casebook of Murder*,Leslie Frewin,London,1969.

Farson,D.,*Fack the Ripper*,Michael Joseph,London,1972.

Jones,E.and Lloyd,J.,*The Ripper File*,Arthur Barker,London,1975.

McCallum,R.I.,*Antimony in Medical History*,Pentand Press,Durham,UK,1999.

Roughead,W.,*Trial of Dr Pritchard*,Notable British Trials Series,William Hodge,Edinburgh and London,1925.

Shotyk W.*et al.*,'*Anthropogenic impacts on the biochemistry and cycling of antimony*',in Biogeochemistry,Availability,and Transport of Metals in the Environment,*Vol.44(ed.A.Sigel* et al.),p.177,Marcel Dekker,New York,2004.

Shotyk,W.*et al.*,'Antimony in recent,ombrotrophic peat from Switzerland and Scotland',in *Global Biogeochemical Cycles*,Vol.18,Art.No.GB1017,January 2004.

Sylvia Gountess of Limerick CBE,chairman,*Expert Group to Investigate Cot Death Theories*,Final Report May 1998,Department of Health,London.

## 铅

Baker,G.,'An inquiry concerning the cause of endemial colic of Devonshire',in *Medical Transactions of the Royal College of Physicians*,p.175,1772.

Beattie,O.and Geiger,J.,*Frozen in Time*,E.P.Dutton,New York,1988.

Beattie,O.,'Did solder kill Franklin's men?', *Nature*,Vol.343,p.319,1990.

Boulakia,J.D.C.,'Lead in the Roman world',in *American Fournal of Archaeology*,Vol.76,p.139,1972.

Chisholm Jr.J.J.,'Lead Poisoning',in *Scientific American*,p.15,February 1971.

Dagg,J.H.,*et.al.*,'The relationship of lead poisoning to acute intermittent porphyria',in *Quarterly Fournal of Medicine*,Vol.34,p.163,1965.

Gilfillan,S.C.,'Lead poisoning and the fall of Rome',in *Fournal of Occupational Medicine*,Vol.7,p.53,1965.

Griffin,T.B.and Knelson,J.H.(eds),*Lead*,Georg Thieme,Stuttgart,1975.

Hammond,P.B.,'Lead poisoning;an old problem with new dimensions', in *Essays in Toxicology*,Vol.1(ed.S.R.Blood),p.115,Academic Press,New York,1969.

Hernberg,S.,'Lead poisoning in a historical perspective',in *American Fournal of Industrial Medicine*,Vol.38,p.244,2000.

Macalpine,I.and Hunter,R.,*George III and the Mad Business*,Alan Lane,London,1969.

Nriagu,J.O.,*Lead and Lead Poisoning in Antiquity*,Wiley & Sons,New York,1983.

Patterson,C.C.,'Lead in the environment',in *Connecticut Medicine*, Vol. 35, p. 347,1971.

Waldron,H.A.and Stofen,D.,*Sub-clinical Lead Poisoning*,Academic Press,London,1974.

Warren,C.,*Brush with Death*,Johns Hopkins University Press,Baltimore,2000.

Weiss,D.,Shotyk,W.and Kempf,O.,'Archives of atmospheric lead pollution',in *Naturwissenschaften*,Vol.86,p.262,1999.

A website that discusses all aspects of leaded petrol can be found at<Chem Cases. com/tel>,which is produced by the Kennesaw State University,Georgia,USA.

# 铊

Cavanagh,J.B.,'What have we learnt from Graham Frederick Young?Reflections on the mechanism of thallium neurotoxicity',in *Neuropathology and Applied Neurobiology*,Vol.17,p.3,1991.

Christie,A.,*The Pale Horse*,Collins,London,1952.

Deeson,E.,'Commonsense and Sir William Crookes',in *New Scientist*,p.922,1974.

Holden,A.,*The St.Albans Poisoner*,Hodder & Stoughton,London,1974.

Lee,A.G.,*The Chemistry of Thallium*,Elsevier,Barking,Essex,1971.

Marsh,N.,*Final Curtain*,Collins,Toronto,1948.

Matthews,T.G.and Dubowitz,V.,'Diagnostic mousetrap',in *British Fournal of Hospital Medicine*,p.607,June 1977.

Paul,P.,*Murder Under the Microscope*,ch.21,Macdonald,London,1990.

Prick,J.J.G.,Sillevis-Smitt,W.G.,and Muller,L.,*Thallium Poisoning*,Elsevier,Amsterdam,1955.

Sunderman,F.W.,'Diethyldithiocarbamate therapy of thallotoxicosis',in *American Fournal of Medical Science*,Vol.253,p.209,1967.

Van der Merwe,C.F.,'The treatment of thallium poisoning by Prussian blue',in *South African Medical Fournal*,Vol.46,p.960,1972.

Young,W.,*Obsessive Poisoner*,Robert Hale,London,1973.

## 其他

Asimov,I.,'Sucker Bait', in *The Martian Way*,Grafton Books,London,1965.

Baldwin,D.R.and Marshall,W.J.,'Heavy metal poisoning and its laboratory investigation',in *Annals of Clinical Biochemistry*,Vol.36,pp.267—300,1999.

Brown,S.S.and Kodama,Y.(eds),*Toxicology of Metals*,Ellis Horwood,Chichester UK,1987.

Cooper,P.,*Poisoning by Drugs and Chemicals,Plants and Animals*,3rd edn, Alchemist Publications,London,1974.

Hunter,D.,*Diseases of Occupations*,5th edn,Hodder and Stoughton,London,1976.

Minichino,G.,*The Beryllium Murder*,William Morrow,New York,2000.

Ottoboni,M.A.,*The Dose Makes the Poison*,2nd edn,Van Nostrand Reinhold,New York,1991.

Simpson,K.(ed.),*Taylor's Principles and Practice of Medical Furisprudence*, Vol. II,12th edn,Churchill,London,1965.

Witthaus,R.A.,*Manual of Toxicology*,William Wood,New York,1911.

## 术语解释

Bennett,H.(ed.),*Concise Chemical and Technical Dictionary*,3rd edn,Edward Arnold,New York,1974.

Budavari,S.(ed.),*The Merck Index*,13th edn,Merck,Rahway NJ,2001.

Greenwood,N.N.and Earnshaw,A.,*Chemistry of the Elements*,2nd edn,Butterworth Heinemann,Oxford,1997.

Hawley,G.G.,*The Condensed Chemical Dictionary*,Van Nostrand Reinhold,New York,1981.

Pearce,J.(ed.),*Gradner's Chemical Synonyms and Trade Names*,9th edn,Gower Technical Press,Aldershot,UK,1987.

Sharp,W.A.(ed.),*The Penguin Dictionary of Chemistry*,3rd edn, Penguin, London, 2003.

# 致 谢

在本书的写作过程中我得到了许多朋友和熟人的帮助。他们中的有些人向我提供了我自己无法获得的信息；有些人帮我审读相关章节，以确保其内容在科学上的正确性；而有些人审读了全部手稿。在此我要对他们表示衷心感谢。他们包括（按字母顺序排列）：

约翰·阿什比博士（Dr John Ashby）：来自斯塔福德郡利克市。在柴郡毒物学实验室中心工作；审查了与砷有关的章节，并向我提供了更多有关这一元素的信息。

艾伦·贝利博士（Dr Alan Bailey）：在伦敦司法证据科学部分析中心工作，审查了有关铊元素的章节以及术语解释。

托马斯·比廷杰（Thomas Bittinger）：在利洁时公司市场部工作，为我翻译了一篇有关教皇克莱门特二世毒杀案的文章。

保罗·博德（Paul Board）：在位于兰迪德诺的福格罗·罗宾逊公司工作；为我提供了有关莫扎特之死和女谋杀犯祖拉·沙的资料以及其他一些材料，还帮我审读了全书的手稿。

戴维·迪克森（David Dickson）：科学发展网（www.scidev.net）负责人，他告诉我一项为寻找孟加拉国和孟加拉湾水源受到砷污染的原因而开展的研究。

琼·埃姆斯利（Joan Emsley）：我的妻子。她审读了本书的全部手稿，发现我在有些问题上似乎将普通读者当作化学专业毕业的人来对待了，并为我澄清了这些问题。

雷蒙德·霍兰德（Raymond Holland）：布里斯托尔化学工业协会布里斯托尔和西南地区分会主席；审查了本书中有关汞的那些章节，并向我提供了有关氯化汞（Ⅱ）在木材防腐方面的应用的资料。

史蒂夫·汉弗雷（Steve Humphrey）：在伦敦政府司法证据科学部门毒物学科工作，审读了本书中有关砷的章节。

迈克尔·克拉奇勒博士（Dr Michael Krachler）：在德国海德堡大学工作，他向我提供了有关锑元素分析的最新进展并审查了本书中有关这一元素的章节。

史蒂夫·利（Steve Ley）教授和罗斯·利（Rose Ley）女士：在剑桥大学化学系工作，他们审读了本书的手稿并为改进本书的内容提供了宝贵的意见。

西尔维亚伯爵夫人（Sylria Countess）：利麦立克人。她给了我一份1988年在她的主持下完成的《童床猝死理论专家调查小组报告：有毒气体的假设》。她还审读了本书中有关锑元素的章节。

威廉·肖蒂克（William Shotyk）教授：在海德堡大学工作；为我提供了有关锑元素的信息，并审读了本书中有关这一元素的章节。

C.哈里森·汤森（C.Harrison Townsend）：加拿大温哥华人。他为我讲述了有关被雪毒死的捕兽者的故事。

迈克尔·乌提简博士（Dr Michael Utidjian）：新泽西韦恩人。他为我提供了有关砷和汞的有趣的材料。

特雷弗·瓦茨博士（Dr Trevor Watts）：国王学院牙科系主任。他审读了本书中有关牙科汞齐的部分。